The series of
Guides for Beginners

Guide to C Langua

C語言
初學指引

第五版
修訂版

Time 研究室
陳錦輝

成為
高手的
奠基之路

- **觀念大釐清**：你知道你所學的C語□□□□□□為？
- **上手超簡單**：一語法一範例、大量□□說明、開發工具指引
- **學習最多元**：老師的叮嚀、Coding偷撇步、Coding注意事項
- **除錯大應用**：透過浮點數比較運算，展示開發環境的除錯功能

博碩文化

本書如有破損或裝訂錯誤，請寄回本公司更換

作　　　者：陳錦輝
責任編輯：陳錦輝

董 事 長：陳來勝
總 編 輯：陳錦輝

出　　　版：博碩文化股份有限公司
地　　　址：221 新北市汐止區新台五路一段 112 號 10 樓 A 棟
　　　　　　電話 (02) 2696-2869　傳真 (02) 2696-2867

發　　　行：博碩文化股份有限公司
郵撥帳號：17484299　戶名：博碩文化股份有限公司
博碩網站：http://www.drmaster.com.tw
讀者服務信箱：dr26962869@gmail.com
訂購服務專線：(02) 2696-2869 分機 238、519
（週一至週五 09:30 ～ 12:00；13:30 ～ 17:00）

版　　　次：2023 年 2 月 五版修訂 一刷
　　　　　　2023 年 9 月初版二刷
建議零售價：新台幣 620 元
Ｉ Ｓ Ｂ Ｎ：978-626-333-382-6
律師顧問：鳴權法律事務所 陳曉鳴

國家圖書館出版品預行編目資料

C 語言初學指引：成為高手的奠基之路 / 陳錦輝
著 . -- 修訂五版 . -- 新北市：博碩文化股份有限
公司 , 2023.02

　面；　公分

ISBN 978-626-333-382-6（平裝）

1.CST: C（電腦程式語言）

312.32C　　　　　　　　　　　　112000718
Printed in Taiwan

博碩粉絲團　歡迎團體訂購，另有優惠，請洽服務專線
(02) 2696-2869 分機 238、519

PREFACE 序

正如同 C 是一個歷史悠久的程式語言，這也是一本歷史悠久的書籍，如今正式邁入第五版。依靠著讀者的支持，本書得以不斷在銷售上取得佳績，同樣地，讀者也督促著我進行改版。尤其是當 Dev-C++ 邁入 5.x 版之後，在除錯的設定方面有了些許的不同，使本書第四版與現今的 Dev-C++ 5.x 有所出入，而這個問題困擾著初學的新讀者，因此，我著手進行本書的改版。

這些年來，有些讀者來信告訴我，作為一本初學者的學習母本來說，市面上有許多書籍都非常合適，也包含本書的最初版次。但因著這幾次改版加入的新內容，使本書又有別於其他非常初階的書籍。例如，一般初階書籍不會去釐清進階問題，而本書會探討這些進階問題。的確，這本書的厚度已經明白地詮釋了這個特色，然而，現在網路書局的盛行，故而並非所有的讀者在選擇書籍時都能依據實體書的厚度來判斷這本書是否適合於自己，因此，我在第五版中，加入了副標題「成為高手的奠基之路」。

本書最大的特色是由主標題「初學指引」與副標題「成為高手的奠基之路」共同詮釋的。在初學的書籍中，作者一般會期待讀者透過薄薄的內容，快速建立起程式設計的邏輯思維，本書同樣具備這樣的特色。然而一般初階書籍中不會詳細說明記憶體與 C 程式的關係，也不會強調傳指標與傳值的根本區別，甚至對於指標、陣列、字串之間的關係也無法說明清楚。對於這些，本書就有別於其他初階的 C 語言書籍了。

雖然程式設計不必然需要了解這些底層的變化，重點可以只放在邏輯思維，但我認為，既然選擇了 C 語言作為程式語言，那麼就有必要對於這些細節進行徹底的了解，才能成為 C 語言的高手。否則，還不如去選擇如 Python 等提供更多便利函式庫的語言作為程式設計的工具。

因此，我將副標題命名為「成為高手的奠基之路」，這代表著，讀完本書之後，你不是高手，但你也奠定了成為高手的基礎。在閱讀其他進階的 C 語言書籍時，你將不再困惑。這一點很重要，因為有太多的讀者在閱讀一般初階書籍後，仍無法看懂高階的書籍。這當中的鴻溝，正是本書試圖補強的地方。

希望這本書能夠幫助你，成為 C 語言的高手。

本書電子郵件信箱：jhchen1972@gmail.com（來信請標註『書名』）

本書 blog：http://jhchen1972.blogspot.com/

陳錦輝

2019 年 5 月　于　新北市

第五版之修訂版序

　　這一次的修訂版是應出版社要求而修訂的，主要是修改書中的部分小筆誤及排版錯誤。內容上並未進行更動。原本想要加入的 VS Core，在這個版本並未加入，很可能會在下個版本中加入，若需要使用 VS Core 來開發 C 程式，目前網路上有非常多的影片教學，只要上「YouTube」輸入「VS Core 開發 C 程式」就可以找到，由於設置過程較為複雜，不建議初學者在學習本書前就安裝，以免因為環境設定有問題而喪失學習興趣，建議大概等到第七章學習完畢後，再去安裝 VS Core。

陳錦輝

2023 年 1 月　于　新北市

CONTENTS 目錄

第二單元 進階篇

第三單元 預覽篇

本書導覽與範例安裝

0.1 本書起源與目的

　　歷經二十年，C 語言的重要性未曾改變過，並且在加入物件導向觀念而成為 C++ 語言後，更使得 C/C++ 成為開發大型軟體的不二選擇。在程式語言的發展歷程中，雖然也流行了 Visual Basic、Object Pascal 、Java、C# 等等程式語言，但始終無法撼動 C/C++ 的重要地位。這並不是沒有原因的，

　　第一個重要的原因，當然是大多數資深程式設計師幾乎都會 C/C++；第二個原因則是 C 的速度僅次於組合語言；第三個原因則是 C++ 的物件導向支援種類，僅次於 Ada；最後一個原因則是 C/C++ 可以跨越 Linux/Windows/MS-DOS/Mac 等多種平台，雖然它不如 Java 使用 Virtual Machine 達到這項功能，但卻由於編譯器的普及，使得在眾多平台上開發 C/C++ 完全不是問題。

　　對於專業的程式設計師而言，C++ 幾乎是必備的基本技能，而學習 C++ 也可以先從 C 語言開始著手，逐步培養寫程式的成就感，同時更能在由 C 轉換為 C++ 時，體會物件導向帶來的好處。除此之外，對於專攻較低階硬體程式（例如驅動程式、8051 等等）的工程師而言，除了學會組合語言外，使用 C 來開發程式也能夠縮短程式開發時程。

　　對於許多初學習程式設計的人來說，從文字模式 (Console Mode) 的 C 語言程式開始學習，雖稱不上是最適當的選擇，但卻可以打下非常深厚的程式設計基礎。爾後可以提升到物件導向的 C++ 程式設計，也可以轉為 Java 或 C# 等其他物件導向程式設計，並且在未來仍舊可以提升至視窗程式設計。

　　大量範例是入門書籍的必備條件，為了滿足初學程式設計的讀者，本書除了使用大量圖示及範例解說 C 語言之外，並且將範例區分為【觀念範例】與【實用範例】，在觀念範例中，我們將以解說 C 語法為主，而在實用範例中，則會加入許多常見好用的程式，並且循序漸進地組合成一個功能完整強大的程式，例如我們會先設計一個樂透開獎程式，並且逐步地改良該程式，使得該程式具有更大的彈性。

　　本書在不同的章節中，可能採用不同的方法來完成、增強或改寫同一個範例。讀者同樣應該培養相同的『程式設計』觀念－『程式設計沒有標準答案，只要能夠完成需求的方法，都算是正確的答案』。但重點是，讀者應該實際『撰寫』程式，而非用『看』程式的方式來學習。

由於本書的第一目標是做為一本教學及自學用書,因此除了上述特色之外,還具有下列三大特點:

(1) **嚴格要求正確性**:當本書提出與其他同題目之中文書籍不同的觀念時,必定引經據典,證明本書的正確性,而之所以膽敢提出與其他書籍不同的觀點,實在是筆者不願讓錯誤的觀念繼續延續下去。(詳見第七章的傳指標呼叫)

(2) **提供預覽篇**:為了搭配各資訊科系的課程安排需求,我們在預覽篇中加入了『資料結構與演算法』、『邁向物件導向之路』、『好用的 C++ 標準函式庫』等三章。這些都是本科系學生在未來不可避免需要學習的課題。

(3) **包含 project 規模的期末專題**:有些老師反應,許多學生在資料結構課程中,雖然能夠學會『資料結構』的理論,但是無法將之應用於程式設計之中,因此,在本書第十章介紹 struct 之後,我們也加入了鏈結串列與二元樹的簡單程式設計,並且由該章開始,提出一個期末 project,請學生實作一個遊戲樹專題,讓學生能夠充分利用資料結構,並設計出一個中型的程式。

0.2 預覽篇的目的

在預覽篇中,我們針對『資料結構與演算法』進行簡單的說明,最重要的目的,是讓學生能夠在接受『資料結構』課程之前,先理解何謂 " 資料結構 ",以及為何要學習資料結構。我們將從『Algorithms + Data Structures = Programs』為出發點來釐清這些議題。

至於『邁向物件導向之路』一章,則主要是介紹物件導向的觀念,並說明 C 語言較為複雜的函式指標機制,以及簡單整理 C++ 與 C 語言的差別。最後一章的『好用的 C++ 標準函式庫』是要讓學生充分體驗物件導向的好處,當學生使用 cin、cout 改寫程式時,會發現運算子多載的好處,進而產生對物件導向的學習興趣。並且在使用 string 類別來表達字串時,也可以避免程式因指標字串而發生意外的錯誤。

0.3 本書簡介

本書實體內容共分為 14 章(不包含第 0 章)6 附錄,另額外提供兩個與 Linux 開發環境有關的電子附錄。在第 0 章中,我們首先介紹本書起源與本書目的,並且提供閱讀本書所需要的檔案安裝方法(博碩官網下載)。

　　剩餘 14 章的章節安排則主要來自多位老師依照教學經驗所提供的意見加以編排，並大略可以分為三個單元，分別是基礎篇、進階篇及預覽篇。

　　在基礎篇中，我們將介紹程式設計最基本的資料處理、輸出與輸入、流程控制，在學習完本單元後，讀者將能夠設計一些小型程式。本單元所含章節有『計算機概論與 C 語言簡介』、『C 語言從零開始（C 語言的基本結構）』、『基本的資料處理（資料型態與運算式）』、『基本的輸出與輸入』、『流程控制』等五章。這一篇的重頭戲落在第五章的流程控制，這裡的重點放在邏輯思考的訓練，也是程式設計最重要的地方，因此，本章提供了大量的習題給學生們練習。

　　在進階篇中，我們將介紹 C 語言程式設計中較為進階的機制及函式，在學習完本單元後，讀者不但能夠徹底了解 C 語言，並且將能夠利用 C 語言設計一些中大型程式。本單元所含章節有『陣列與字串』、『函式與巨集』、『指標與動態記憶體』、『變數等級』、『C 語言的進階資料型態』、『檔案處理』等六章。當中我們將釐清 C 語言的陣列、字串與指標究竟有何異同，也將釐清 C 語言的傳值呼叫與傳指標呼叫，並且在介紹 struct 之後，會立刻介紹自我參考 (self-reference) 機制，這是製作鏈結串列的基礎。

　　在預覽篇中，我們將介紹如何使用 C 語言實現簡單的資料結構，例如堆疊與佇列，並且介紹物件導向之觀念與預覽 C++ 程式設計，在學習完本單元後，讀者將能對於未來學習之路有初步的認識。本單元所含章節有『資料結構與演算法』、『邁向物件導向之路』、『好用的 C++ 標準函式庫』等三章。

　　附錄除了列出所需要的各項資料之外（例如：ASCII 碼），也將常見的整合開發環境使用說明納入其中。並且我們也提供了本書所提及的 C 函式庫速查表列於附錄 F。而對於初學程式設計的讀者而言，透過流程圖描述問題解答的步驟將有助於思考如何透過程式來解決問題，因此，我們也將流程圖的說明放在附錄 A 中，提供初學者學習。

　　如果您想要在 Linux 環境中開發 C 語言程式，則可以參考電子附錄。當中包含了 gcc、g++、GDB 的介紹，以及 RHIDE、Xwpe 等 IDE 的介紹。

　　習題是本書的一項貼心設計，讀者可以從各章最後所附的習題中複習該章所學習的各項技術。在程式設計方面，由於程式設計並沒有一定的標準答案，讀者只要想盡各種辦法完成習題所要求的需求即可。

以下是本書章節簡介

第 0 章：本書導讀與範例安裝

第一單元　基礎篇

第 1 章：計算機概論與 C 語言簡介

第 2 章：C 語言從零開始（C 語言的基本結構）

第 3 章：基本的資料處理（資料型態與運算式）

第 4 章：基本的輸出與輸入

第 5 章：流程控制

第二單元　進階篇

第 6 章：陣列與字串

第 7 章：函式與巨集

第 8 章：指標與動態記憶體

第 9 章：變數等級

第 10 章：C 語言的進階資料型態

第 11 章：檔案處理

第三單元　預覽篇

第 12 章：資料結構與演算法

第 13 章：邁向物件導向之路

第 14 章：好用的 C++ 標準函式庫

附錄

附錄 A　流程圖

附錄 B　整合開發環境 Dev C++

附錄 C　整合開發環境 Visual C++

附錄 D　ASCII 字元對應表

附錄 E　Linux 的 System Call

附錄 F　本書 C 函式速查表

電子附錄

PDF 檔案　電子附錄 A　C 語言的 Linux 開發環境 (含 GCC,RHIDE,Xwpe)

PDF 檔案　電子附錄 B　GDB 使用說明

HTML 檔案　C 語言文法

0.4　本書範例

　　本書的某些章節範例有『範例』、『觀念範例』、『實用範例』之分，範例一般出現在本書前幾章中，通常是非常簡單的範例，而觀念範例則是用來解說 C 語言的某些特性，例如指標、傳值呼叫等等。實用範例則將日常生活中的許多需求，使用程式設計來完成，例如設計一個樂透程式。

 本書範例中的行號是為了說明方便起見所設定的，所有的實際文件內容都不應該含有這些行號。

0.5　作業系統的選擇

　　本書範例可以適用於所有的 Windows 平台以及大多數的 Unix-like 平台（例如 Linux）。

0.6　編譯器及整合開發環境的選擇

　　您可以使用 GCC 2.95、Dev-C++ 4.0 以上、C++ Builder 6、Microsoft Visual C++ .NET 等編譯器或整合開發環境來編譯本書範例。如果您執意使用歷史悠久的 Turbo C/C++ 及 Borland C++ 來編譯本書範例，通常也不會發生錯誤。而本書範例開發時，採用的是 Dev-C++ 環境。

0.7　下載檔案使用說明

　　網站下載之檔案的內容：

(1) 『C_language』目錄：內含本書所有的範例。

(2) 『C_language\excise』目錄：存放各章習題所需要檔案。

 本目錄下包含許多空的子目錄，這只是為了提供讀者設計習題所保留的目錄，並非忘了放入檔案。

(3) 『tools』目錄：內含 Linux 的整合開發環境 RHIDE,Xwpe 之安裝檔。

(4) 『DevCPP』目錄：內含 Dev C++。

(5) 『e_appendix』目錄：內含 C 語言的 Linux 開發環境（PDF 格式）、GDB 使用說明（PDF 格式）及 C 語言文法 (HTML 網頁格式)。

(6) 根目錄：內含『C_language.exe』自動解壓縮執行檔，您可以在 Microsoft Windows 系統中執行，執行後會將範例安裝到預設目錄「C:\C language\」（可修改解壓縮路徑）（解壓縮後的檔案並非唯讀檔）。

(7) 根目錄：內含『C_language.tar.gz』壓縮打包檔，如果您是 Linux/Unix 的管理者或者可以取得 Unix/Linux 主機控制權的話，您就可以在 Linux/Unix 系統中將之解壓縮並安裝範例（解壓縮後的檔案並非唯讀檔）。以下是經由將檔案燒錄為光碟後的安裝步驟，若非燒錄而是在 Linux/Unix 系統中透過網路直接取得，則可直接從 STEP3 開始安裝範例檔。

1
STEP 將燒錄光碟放入 Linux 主機的光碟機中，接著開始 mount 光碟機。

```
[root@localhost root]# mount /dev/cdrom /mnt/cdrom
```

2
STEP 複製 C_language.tar.gz 到家目錄。

```
[root@localhost root]# cp /mnt/cdrom/C_language.tar.gz .
[root@localhost root]# ls C_language*
C_language.tar.gz
```

3
STEP 解壓縮。

```
[root@localhost root]# tar zxvf C_language.tar.gz
```

4
STEP 完成後，您可以在家目錄下看到 C_language 子目錄，裡面放的就是本書的所有範例。

```
[root@localhost root]# ls C_language*
C_language C_language.tar.gz
```

0.8　本書範例注意事項

　　由於 Microsoft Windows 與 Unix-like 的部分檔案系統對於換行字元會採用不同的儲存策略，因此當您將範例檔案放到 Unix/Linux 等系統並使用 gcc、g++ 來編譯本書範例檔案時，可能會出現下列警告訊息，您可以不加理會；或者將檔案使用 Unix/Linux 上的編輯器（例如 Vi、Vim）開啟後，立刻重新存檔（例如 Vi、Vim 的存檔指令為『:wq』）即可。

```
ch4_01.c:12:1: warning: no newline at end of file
```

0.9　出版後記

(1) 為提供教學之便利，本書提供相關教具，請各位教師與【出版社】聯繫取得。本書之教學投影片為一學期適用（原則上每周一章，但第七章與第十三章建議使用兩週來授課）。您可以視課程之需要自行增減投影片內容。

(2) 本書將盡力取得各項編譯器及整合開發環境之個人及教學授權，並將之放置於官網下載檔案處。

筆記頁

第一單元
基礎篇

01

計算機概論與C語言簡介

在本章中，我們將回顧一些計算機概論的基本知識，藉由這些基本知識，進而學習電腦的程式設計。除此之外，我們也將針對 C 語言的編譯器及執行環境做一些說明，加強讀者在往後章節中練習範例時所需要的基本知識。

在本章中，我們將回顧電腦的基本知識，並介紹 C 語言的編譯器與程式設計工具，以便讀者在練習本書習題時，能夠得心應手。

1.1 電腦硬體

電腦硬體就是您可以看到的電腦設備（拆開外殼），不過若光是這樣形容電腦硬體未免過於簡單。實際上，若從功能面加以區分，可將電腦硬體分為 5 大單元（如下圖），5 個單元分別負責不同的工作。

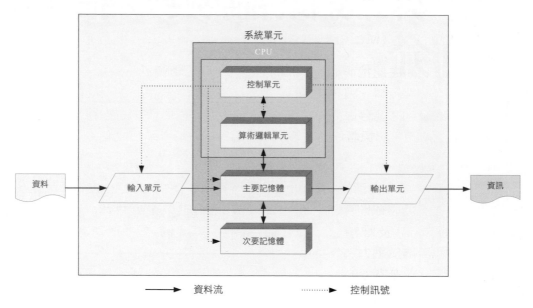

圖 1-1　電腦組成的 5 大單元

> 註　算術邏輯單元與控制單元合稱**中央處理單元**（就是常聽到的 **CPU**)，**中央處理單元和主記憶體**則為電腦的核心部分，其餘的周邊設備（輸入單元與輸出單元）必須與之連結，透過中央處理單元的控制，使周邊設備正常運作。

1.1.1 算術邏輯單元 (Arithmetic and Logic Unit)

算術邏輯單元（簡稱 **ALU**）是執行程式中各類運算的實體單位。這些運算則可以分為兩大類：算術運算與邏輯運算。算術運算包含加、減、乘、除等等的數值運算，而邏輯運算則包含 AND、OR、NOT、移位等位元／位元組的邏輯運算。

1.1.2 控制單元 (Control Unit)

控制單元（簡稱 CU）的功能為控制流程及協調輸入、輸出、記憶、算術邏輯等 4 大單元的運作。控制單元中包含 (1) 記錄指令運作順序的微程式（microprogram）、(2) 取得下一指令的邏輯電路 (3) 驅動元件的解碼器（decoder）及 (4) 眾多選擇器（multiplexer）。

當指令進入 CPU 之後，控制元件會先進行指令解碼 (Decode)，並按照指令種類執行對應的微程式，發出不同的訊號完成該指令所需要完成的各項功能，最後執行邏輯電路以便取得下一個指令。

1.1.3 記憶體單元 (Memory unit and Storage Unit)

記憶體單元分為**主記憶體 (main memory)** 與**輔助記憶體 (secondary memory)**，主要功能是用來儲存資料（程式也是一種資料），任何要被執行的程式都必須放置於主記憶體中，CPU 才能存取該程式，對於新型的作業系統而言，會將部分的輔助記憶體當作是虛擬的主記憶體以便解決程式過多或過大而無法完全載入主記憶體的問題。

主記憶體（又稱為內部記憶體），目前以半導體元件製成，特性為存取速度快、成本高。主記憶體依照存取特性又可以分為**隨機存取記憶體 (Random Access Memory；簡稱 RAM)** 及**唯讀記憶體 (Read Only Memory；簡稱 ROM)**。RAM 的成本較低，但是無法於電力消失時保存資料，故為揮發性記憶體的一種。ROM 成本較高，但卻可以在無電力的狀況下保存資料，傳統的 ROM 只能寫入資料一次，因此通常只會把啟動電腦所需要的小程式儲存在 ROM 裡面，例如 BIOS 就是使用 ROM 做為記憶體；由於 BIOS 更新的頻率越來越高，因此，目前大多採取可重複讀寫的 Flash ROM 做為儲存體。

輔助記憶體（又稱為外部記憶體），目前以磁性物體或光學材料組成，例如：硬碟機、軟碟片、光碟片。輔助記憶體的存取速度相對於主記憶體慢了數十倍以上，但製作成本則比主記憶體低了數十倍以上，因此適合儲存大量的資料。

有些新型輔助記憶體 SSD 硬碟是採取半導體元件製成的，但容量不大且價格昂貴，通常還是會搭配其他磁性材料的輔助記憶體來儲存大量的資料。

1.1.4 輸入單元 (Input unit)

　　輸入單元是「具有輸入功能的週邊設備」，例如鍵盤、滑鼠、搖桿等等。使用者可以藉由這些輸入裝置與電腦取得溝通的管道。

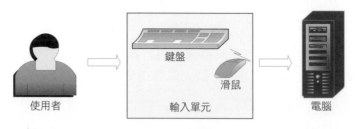

圖 1-2　輸入單元

1.1.5 輸出單元 (Output unit)

　　輸出單元恰與輸入單元相反，所有「具有輸出功能的設備」皆屬輸出單元的元件，主要功能是將程式執行的結果（文字、聲音、影像）輸出或顯示。常見的輸出裝置有螢幕、印表機等等。某些週邊設備同時具有輸入與輸出的功能，例如：觸控式螢幕、會震動的搖桿等等。

 對於 Linux/Unix 作業系統而言，任何除了 CPU 與主記憶體之外的設備都可將之視為週邊輸出入設備，因此，硬碟機也被視為輸出入的裝置（device），如果您對 Linux 指令熟悉的話，可以很簡單的把原本應該輸出到螢幕的文字，轉換為輸出到檔案。

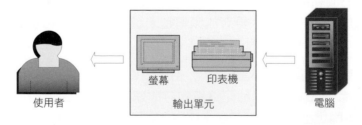

圖 1-3　輸出單元

1.2 電腦軟體

電腦軟體分為資料與程式兩大類,事實上不論是哪一類,都是以 0、1 的二位元表示法儲存在電腦設備中(例如:儲存於硬碟機中)。而程式又可以分為**系統程式**(System Program)與**應用程式**(Application Program)。系統程式一般為較接近硬體底層的低階程式,例如:作業系統 (Operating System)、編譯程式 (Compiler)、組譯程式 (Assembler),連結程式 (Linker) 等都屬於系統程式。應用程式則是架構在系統程式之上,依據某種特殊需求而開發出來的軟體,例如:Office、帳務系統、電腦遊戲等等。

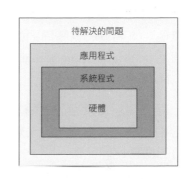

圖 1-4　系統程式與應用程式關係圖

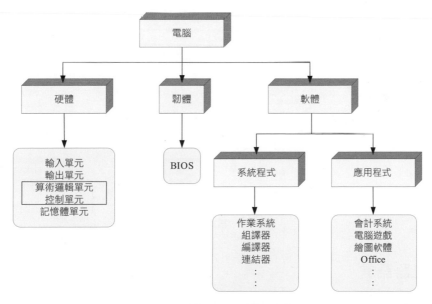

圖 1-5　系統程式與應用程式階層圖

1.3 程式語言

語言的用途是做為人與人溝通的橋樑，例如：和美國人交談就要用英文溝通。同樣地，人若要和電腦溝通的話，就必須使用電腦『懂』的語言，這種語言稱為程式語言（Programming Language）。而一般我們用來與人溝通的語言則稱為自然語言（Natural Language）。

程式語言依據與自然語言的相似度又可以分為 3 種：機器語言、低階語言及高階語言。其中高階語言與人類所使用的自然語言最為相近，而機器語言則和人類所使用的語言南轅北轍。

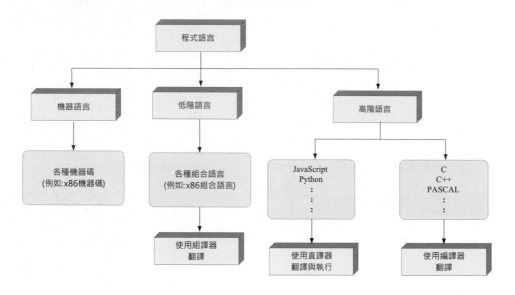

圖 1-6　程式語言分類

1.3.1 機器語言

機器語言（Machine Language）是電腦硬體唯一能辨識、能解讀的語言，換句話說，機器語言就是一連串的 0、1 二進位數字組合，因此又稱為機器碼。一般人通常看不懂這些 0、1 所代表的特殊涵義，其實對於電腦而言，這些 0、1 的組合數字，可能代表某種資料，也可能代表某個指令。由於大多數的人無法了解或記憶這一連串 0、1 數字所代表的涵義，因而發展了低階語言與高階語言。

註 資料或程式確實是用二進位表示，但有的時候為了縮短這一連串的二進位數字表示，某些書籍或軟體會將機器語言使用 16 進制來加以表達。例如：01001001 → 49H。

1.3.2 低階語言

低階語言（Low-level Language）是一種接近機器語言的表示方法，不過卻使用人類比較容易記憶的單字形式來對應一連串的 0、1 組合。最典型的低階語言就是**組合語言**（Assembly Language）。在組合語言中，使用運算子與運算元來表示一連串的 0、1 組合，而這些運算子則使用類似英文的縮寫以利人類的記憶與理解，故稱為助憶碼。例如：使用 INC 來代表 Increment（累加指令）。

8051 機器語言指令	8051 組合語言指令	意義
00000100	INC	執行累加 1
10000100	DIV	執行除法

表 1-1　8051 組合語言指令與機器語言指令的對應

在上表中，很明顯的可以看出，組合語言的指令與機器語言的指令是一對一的對應關係，但是卻比機器語言容易記憶，除此之外，其他關於組合語言的設計都與機器語言的設計相同，我們可以從下表中更明確地看出兩者的相同與相異處：

x86 機器語言	x86 組合語言	意義
0000001111001000	ADD CX,AX	執行暫存器加法
1011100100110100000010010	MOV CX,1234H	將 CX 暫存器的值指定為 1234H

表 1-2　x86 組合語言與機器語言的對應

由上述的兩個表格中，我們可以得知幾件事：

(1) 組合語言比機器語言更接近人類所使用的自然語言。

(2) 不同的 CPU 所使用的組合語言也不相同。

(3) 任何一個完整的組合語言指令恰好對應一組機器語言的 0、1 串列。

組合語言與機器語言一對一的特性，使得組合語言可以完全掌控電腦的硬體結構，如此一來，在執行效率上自然也就完全交由程式設計師決定。不過，由於不同的 CPU 必須使用不同的組合語言並且必須對於該 CPU 的組織結構有充分認知，因此，這種低階語言仍舊無法被絕大多數的人所接受，因而發展了更接近於人類自然語言的高階語言。

 註 組譯程式 (Assembler；又稱組譯器) 是一種用來將組合語言轉換為機器語言的一套程式，相較於其他系統程式而言，組譯程式屬於一種比較容易開發的系統程式。

1.3.3 高階語言

組合語言雖然比機器語言更接近於自然語言，但組合語言的程式設計師必須對於執行程式的處理器有更多的了解，並且各類處理器的組合語言並不相同，因此，一種比組合語言更接近自然語言且不因更換機器而改變語法的程式語言也被發展出來，此種語言就是高階語言。

高階語言（High-level Language）的出現，使得程式設計師可使用更接近人類思維的方式來設計程式。當程式設計完成之後，必須先通過翻譯程式的翻譯，才能夠被電腦執行。高階語言的運算子通常具有比較強大的功能，單一行的高階語言程式可能被翻譯成許多的機器碼，因此可完成較為複雜的工作。

翻譯高階語言的系統程式有兩種，分別是**編譯器**（compiler）與**直譯器**（interpreter）。高階語言通常具有較高的硬體獨立性 (machine independent)，也就是具有可攜性(portable)。因此，編譯器與直譯器比起組譯器的功能更為強大及複雜。換句話說，程式設計師在 A 機器上所撰寫的高階語言程式，如果想要拿到 B 機器上執行時，通常不需要修改程式（或只需要小幅度的修改），因為程式設計師只需要更換另外一套在 B 機器上執行的編譯器或直譯器，就可以將程式重新翻譯並在 B 機器上順利執行。

編譯器

編譯器採用整批作業（Batch）方式來處理程式翻譯的工作，換句話說，當我們將程式設計完畢並交由編譯器翻譯之後，編譯器會將之先轉換為中間碼，再將中間碼翻譯為目的碼並存入**目的檔**（object file）中，而這個目的檔再經由連結其他目的檔及程式庫之後，會形成**可執行檔**（execute file），然後才能在電腦上直接執行。使用編譯器翻譯的程式語言有 C、C++（編譯器為 gcc、g++、VC++）等等。一個使用編譯器翻譯的程式處理流程如下圖。

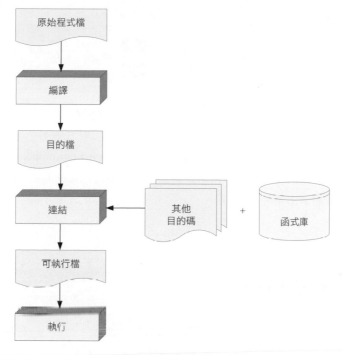

圖 1-7　採用編譯器翻譯的程式處理流程

　　這類語言允許（或要求）程式設計者使用模組化技巧來設計程式，也就是把某些具有特殊功能的片段程式獨立成一個個的函式，並將之集合成一個函式庫檔案，如此一來，就可以讓需要使用該功能的程式透過連結的方式加以結合，縮短撰寫程式的時間。例如：ANSI-C 的 math 函式庫中就包含許多求三角函數值的函式，所以程式設計者並不需要自行撰寫求三角函數值的詳細步驟，只要在需要求三角函數值時，引用 math 函式庫即可。

直譯器

　　直譯器與編譯器處理程式的最後步驟不同，它同樣會將原始程式翻譯為中間碼，但並不產生目的檔或可執行檔。直譯器會逐行翻譯中間碼並送交電腦執行，因此，每一次要執行程式時，都必須啟動直譯器來重新翻譯程式。也正因為如此，當程式中有錯誤發生時，前面正確程式碼對應的中間碼仍會被執行，並且停留在錯誤的那一行程式，換句話說，直譯器具有監督執行狀況的效果，因為可觀察程式執行過程，故較適合用於程式開發過程。常見的 JavaScript、Python 等都是採用直譯器翻譯的程式語言。

圖 1-8　採用直譯器翻譯的程式處理流程

> **註** 近年來，由於整合式開發環境（Integrated Development Environment，簡稱 IDE）的發展，使得採用編譯器翻譯也同樣可以具有監督程式逐行執行的能力，因此，也改善了此類程式開發除錯的困難。

1.4　C語言簡介

　　C 語言與 C++ 語言有著奧妙的關係，因此有人說，C++ 是 C 語言的延伸，也有人說，C++ 是一種全新的語言，這兩種說法都算正確。因為 C++ 使用了基本的 C 語言語法，但 C++ 更重要的是完整加入了物件導向的程式設計觀念。在本節中，我們將介紹 C 語言的特色與歷史背景，並討論 C 語言與 C++ 的差異之處。

　　C 語言的歷史與 UNIX 作業系統有非常大的關係，在 1970 年，貝爾實驗室的 Ken Thompson 將 BCPL 語言進行修改，並命名為 B 語言，且利用 B 語言撰寫了第一個 UNIX 作業系統。

　　B 語言的功能非常簡單，因此在 1973 年，同為貝爾實驗室的 Dennis Ritchie 將之延伸功能而成為 C 語言，取名為 C 語言的原因是兩者都是由 BCPL 語言發展而來的（不過後來並沒有 P 語言或 L 語言），在同一年，Ken Thompson 與 Dennis Ritchie 共同使用了 C 語言開發了 UNIX 第 5 版，而此版本之 C 語言日後也被人稱呼為 K & R C。

　　在那個年代，電腦大多為工作站等級以上的電腦，因此 UNIX 系統的流行也幫助了 C 語言的推廣。UNIX 系統核心的大部分程式碼都是使用 C 來撰寫，並且在 UNIX 作業系統中的公用程式及 C 語言的編譯器也是由 C 所撰寫的。

> ▷ **動動腦**

為何 C 的編譯器程式可以用 C 來撰寫呢？那用來撰寫編譯器的 C 程式又必須用什麼東西來編譯呢？答案當然也是編譯器，但這個編譯器又是用什麼語言撰寫的呢？您可以想像一個問題的解答，亦即在沒有其他高階語言的輔助情況下，一種程式語言的第一個編譯器是如何寫成的呢？答案當然是組合語言，但這個編譯器僅完成了最常用的 C 語言指令的編譯。

為了讓 C 語言更具有可攜性，故而 Dennis Ritchie 在 1977 年開始開發可移植的 C 語言編譯器，隨著 C 語言被廣泛使用，在 1983 年，美國國家標準協會（ANSI）將 C 語言標準化，制訂出一套標準的 C 語言，稱為 ANSI-C（於 1988 年完成制定），此版本是各種 C 語言編譯器統一支援的版本，其語法請見電子附錄。（事實上，C 語言的後續標準版本為 C99 與 C11，但由於與前版差異過大，因此大部分的書籍及編譯器不是以此版本來發展程式。）

有了標準版本之後，C 語言便具有可攜性。除此之外，C 語言不但提供指標，供程式設計師直接存取記憶體的資料，同時也被視為高階語言中最低階的一種程式語言，例如，C 語言在某些環境下還能操控硬體資源，甚至於直接嵌入組合語言（不過在使用這些指令的時候，將會降低 C 語言原本的可攜性）。以上種種，使得 C 語言成為一個非常成功的語言，雖然它並不適合開發大型程式，但在加入物件導向形成 C++ 語言之後也改善了此一缺點。故而，直到目前為止，C 及 C++ 仍是最多程式設計師所使用的程式語言。

命令式型態程式語言（Imperative Paradigm Programming Language）

命令式型態的程式語言是透過一連串指定敘述 (assign statement) 組合而成，指定敘述是一種由運算式 (expression) 組成的敘述，而運算式又可由子運算式加以組合而成，只要依序執行這些敘述就可以得到結果，C 語言是一種命令式型態的程式語言，其他諸如 BASIC、Pascal、FORTRAN、COBOL 等也都屬於此類程式語言。

```
x = x+1;
```

上述是一個 C 語言的指定敘述，說明了 C 語言屬於命令式型態的程式語言。上述運算式，若以數學式子來表示，則為 $x_{t+1} = x_t + 1$，其中 t 代表時間。

命令式型態的語言通常提供了幾種基本的控制流程結構，包含循序流程結構、選擇流程結構、迴圈流程結構、無條件跳躍等等，除了無條件跳躍之外，我們將在本書中陸續介紹其餘幾種流程控制。

結構化程式語言 (Structural Programming Language)

C 語言是一種結構化程式語言,也就是採用結構化分析設計的方法,將問題由上向下,由大到小切割成許多子問題,分別尋得子問題的解答,最後再結合起來解決所要解決的問題。這種方法,也可以稱為模組化設計。解決子問題的方法被分成一個個的模組,在 C 語言中則稱為函式。在 C 的程式設計中,程式設計師必須設計並組合這些函式來解決問題。

除此之外,一個結構化的程式語言還有另一項重要的特性,也就是使用 for、while 等條件式迴圈來取代 goto 無條件跳躍指令。換句話說,結構化程式語言與命令式型態程式語言最大的差別在於是否建議程式設計師採用無條件跳躍來設計程式。C 語言是結構化的程式語言,雖然它仍提供了 goto 敘述(在 C 語言中,指令被稱之為**敘述**),但卻建議使用者萬不得已不要使用 goto 敘述。

C++ 物件導向程式語言(OOPL;Object-Oriented Programming Language)

C 語言在發展超大型程式時遇到了一些維護上的困難,因此後來貝爾實驗室的 Bjarne Stroustrup 博士將 C 語言加上物件導向設計 (OOD;Object-Oriented Design) 而成為 C++ 語言。簡單的說,C 語言可以視為 C++ 語言的子集,而更明確的說,C++ 是基於 C 的語法並加上物件導向觀念所構成的一種新的程式語言,因此我們可以將 C++ 與 C 以集合關係表示如圖 1-9。

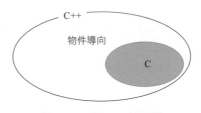

圖 1-9　C 與 C++ 關係圖

從上圖可知,C 語言是 C++ 語言的一部份,但並不包含物件導向概念。所以一般常聽到的 C++ 程式設計,其實也已經包含了 C 程式設計。由於 C++ 語言推廣非常順利,並且包含了所有的 C 語言語法,因此,目前幾乎沒有純 C 語言的編譯器了,而大多數程式設計師都會使用 C++ 編譯器來編譯 C 語言程式。

C++ 語言比 C 語言複雜一些,因此,更適合發展大型程式。但基於 C 語言的效率以及更接近硬體的特性,因此,在某些強烈要求效率的場合中(例如:撰寫作業系統及驅動程式),我們仍會使用純 C 語言(有時與組合語言配合)來設計程式。

1.5 程式開發流程與編譯器

開發 C 語言程式完成後，必須經過編譯才能夠被執行，在附錄中，我們列出了許多可以編譯 C 語言程式的編譯器，以及介紹了許多關於編譯器的基本觀念，在本節中，我們將說明 C 語言程式的開發流程、如何在整合開發環境中開發 C 語言程式以及如何執行編譯後的程式。

1.5.1 C 語言程式的開發流程

開發 C 語言應用程式的流程如下圖；事實上，所有使用編譯器做為翻譯工具的程式開發流程都可以適用於該圖。

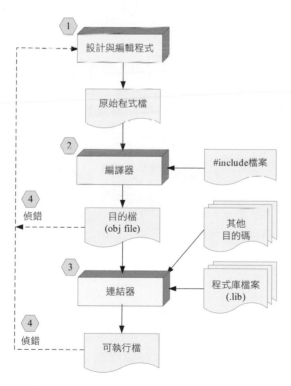

> **註** 若您未曾學習過流程圖（Flowchart），可參考附錄 A 之說明。熟悉流程圖的應用，對於開發程式時的邏輯思考有非常大的幫助。

圖 1-10　C 程式開發流程（使用編譯器翻譯）

1
STEP
編輯與設計程式：您可以使用任何的純文字編輯器來編輯 C/C++ 程式（例如：Windows 的記事本、Linux 的 Vim 或 pico 等等），然後存成副檔名為『.c』與『.cpp』的原始程式檔，其中純 C 語言程式可存檔為『.c』，而包含 C++ 語法或函式庫的程式則存檔為『.cpp』。

2
STEP
使用**編譯器**來編譯原始程式（例如：GCC 的 gcc/g++），編譯結果將是一個目的檔案（object file）。

3
STEP
使用**連結器**將目的程式（目的檔）及其他目的程式與程式庫共同連結成一個可執行檔，目前大多數的編譯器都具有連結器的功能。

4
STEP
不論是在編譯過程或連結過程中發生錯誤，或是程式本身的邏輯出現錯誤而無法達到程式需求時，都必須進入偵錯階段，重新檢查並修正原始程式中的錯誤。如此週而復始，直到程式完成設計者的需求為止。

1.5.2 編譯器 (Compiler)

傳統編譯器的功能是將原始程式轉換為目的碼（如下圖為 C 語言編譯器的工作），目的碼中包含了機器指令、資料值及相關位址。就程式設計師而言，設計高階語言程式比較不需要考慮程式執行的機器平台，只要在不同的平台上，使用不同的編譯器產生適合於該平台的目的碼即可。

圖 1-11　C 語言編譯器的工作

前置處理程式 (Pre-Processor)

編譯的過程中，並非一開始就做實際程式碼的轉換，而是必須先經過某些前置處理，前置處理的工作包含了去除註解、載入標頭檔、展開巨集等等。負責前置處理工作的軟體稱之為**前置處理程式**，它通常已經包含在編譯器之中（一般常見的 C 語言編譯器已經包含前置處理程式）。

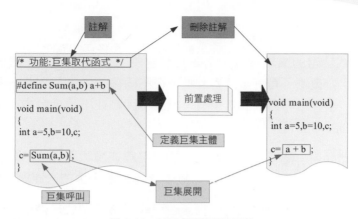

圖 1-12　前置處理及巨集展開

編譯器的主要工作

　　編譯器的工作主要分為下列 5 個階段，並透過符號表記錄程式中相關的名稱。其中三個階段是必要階段，分別為字彙分析程式、語法分析程式（此程式一般也包含了語意分析程式）、目的碼產生器。關於編譯器各階段之工作內容，詳見附錄說明。

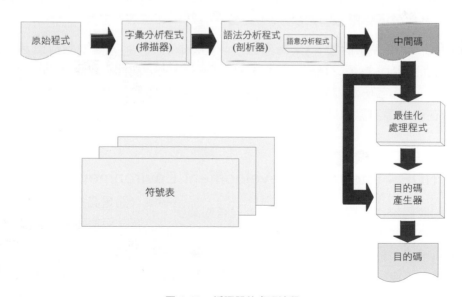

圖 1-13　編譯器的處理流程

語法與語意的不同

　　語法是程式語言的文法格式，例如 C 語言的文法規則如電子附錄之 EBNF 描述，而語意則比較複雜，有許多讀者反應，在不同書籍中常見到此一名詞，但似乎說法並不相同，事實上，這些說法都沒有錯誤，因為在不同場合中，語意代表的意義可能不同，總計可能有下列幾種：

(1) 對於編譯器而言，語意分析工作代表的是將敘述實際要完成的功能以中間碼格式來描述。例如一個 c=a+b; 敘述，其中間碼必須產生加法運算與指定運算。

(2) 對於編譯器與程式設計師而言，語意也可能是資料型態是否能正確對應。例如 c=a+b; 中，a 與 b 若為實數，而 c 為整數，則可能會產生語意上的問題。

(3) 對於程式設計師而言，語意也代表著程式是否能夠正確完成預先所設定的目標。在這方面，編譯器完全無法幫程式設計師進行檢查，因為編譯器並不理解程式究竟要完成什麼樣的功能。

　　舉例來說，程式設計師在使用 C 語言設計程式時，若想要表達 a 是否等於 1 的條件運算式，應該撰寫為 (a==1)，但如果撰寫為 (a=1) 也合乎語法，因此，程式將會通過編譯，但 (a==1) 與 (a=1) 有著完全不同的語意，因此，這個程式對程式設計師而言，就產生了語意上的錯誤。(本書會在第四章討論這個問題)

　　再舉一個例子，假設 x,y,z 為實數，x=y=z=1/3，因此，程式設計師想要透過 a=x+y+z; 而得到 a 為 1 之結果，但程式執行時卻無法得到此一結果，這也算是語意上的錯誤，而這部份牽涉到浮點數運算的特性，與純數學的計算會產生一些誤差。(本書會在第三章討論這個問題)

1.5.3 整合開發環境
(IDE；Integrated Development Environment)

　　傳統使用編譯器翻譯程式的開發流程有些繁複，程式設計師必須先用文書編輯器撰寫原始程式檔，然後再交由編譯器、連結器，將原始程式檔編譯為具有除錯功能的可執行檔，最後經過除錯無誤後，才重新編譯連結為最終的可執行檔。不過這個流程通常不會一次就完成，因為程式可能發生語法、語意等錯誤，而必須在編輯器、編譯器、除錯器間切換許多次，才能夠得到最後正確的原始程式與執行檔。

　　整合開發環境（Integrated Development Environment；簡稱 IDE）是一套整合性軟體，它將編輯器、編譯器、連結器、除錯器、執行程式等功能整合在同一套軟體之內，以方便程式設計師開發程式之用。

　　目前大多數的視窗程式整合開發環境除了提供上述功能之外，還提供了許多的視窗套件供程式設計師使用（這些套件也都被整合在 IDE 之中）。例如：Microsoft 公司所推出的 Visual Studio C++ 就是一套包含許多元件的視窗程式整合開發環境。

圖 1-14　Microsoft 所推出的 Visual Studio C++ 提供了 C++ 編譯器的完善功能及該公司所開發的各種視窗元件

延伸學習 編譯器與整合開發環境的差別

由於整合開發環境已經包含了編譯器的功能，因此我們常常會用整合開發環境的名稱作為編譯器的名稱，例如 Visual Studio C++ 是一個整合開發環境，但我們也可以稱它為一種編譯器，因為它同樣具有編譯器的功能。但反之則較為不當，例如 GCC 只具有編譯器的功能，而未將編輯器等其他功能納入，因此，我們只會稱 GCC 為一種編譯器，而不會稱 GCC 為整合開發環境。

命令列式應用程式與視窗應用程式

　　開發應用程式分為兩大類，分別是**命令列式的應用程式 (Console Application)** 以及**視窗應用程式 (Windows Application)**。命令列式的應用程式只能夠在命令列環境中來執行，例如 Unix/Linux 的各種 Shell 以及 Dos 作業系統或 Dos 工作視窗。而 Microsoft Windows 則為視窗程式的執行環境。

　　開發這兩個不同種類的應用程式必須透過不同的編譯器來完成，並且開發視窗程式還必須透過視窗作業系統所提供的各種 API（Application Programming Interface；應用程式介面）來完成某些構成視窗的重要功能。開發命令列式的 C 語言編譯器有 GCC、Turbo C、Turbo C++、Borland C++ 等等，而開發視窗程式的編譯器有 Visual C++、Embarcadero C++ Builder 等等。並且，能夠開發視窗應用程式的編譯器也可以開發命令列式的應用程式。本書將只針對開發命令列式的應用程式來加以說明。

1.5.4 GCC 編譯器

　　GCC 是由 FSF 免費軟體協會所發展的一套 C 與 C++ 的編譯器。早期 gcc 只能編譯 C 語言，而 g++ 則是用來編譯 C++ 語言（另外還有 g77 是用來編譯 Fortran 語言），但後來 GNU 將多種語言的編譯器統稱為 GCC(GNU Compiler Collection)，並且成為 Unix/Linux 作業系統中最常被使用的編譯器。GCC 從 1987 年推出 0.9/1.0 版本後，仍舊不斷發展中，其中比較著名的版本則為 2.7、2.95 及 3.0 版。

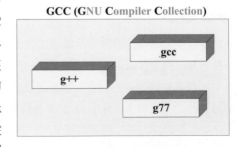

GCC (GNU Compiler Collection)

圖 1-15　GCC 編譯器

以下，我們透過一個範例實際示範在 Unix/Linux 中開發 C 語言程式的完整流程。

範例*1-1* 在 Unix/Linux 中發展 C 語言程式。

1
STEP
啟動 Vim 並編輯 ch1_01.c（請參閱相關書籍操作，例如筆者所著的 Linux 常用指令集 - 第 6 章）。

```
gis89807@cissol11:[~/ch01]$vim ch1_01.c
```

2
STEP
輸入以下程式內容。

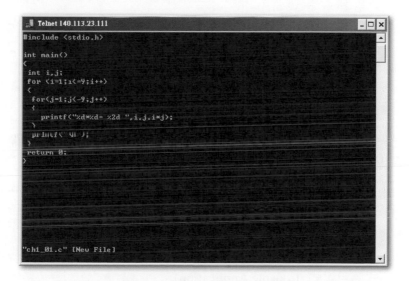

圖 1-16　使用 vim 編輯 C 語言程式

3
STEP
離開 Vim 並存檔。（按下【Esc】鍵，然後輸入【:wq】。）

4
STEP
執行編譯及連結。

```
gis89807@cissol11:[~/ch01]$gcc ch1_01.c
```

5
STEP
執行 a.out 執行檔。

```
gis89807@cissol11:[~/ch01]$./a.out
1*1=  1 1*2=  2 1*3=  3 1*4=  4 1*5=  5 1*6=  6 1*7=  7 1*8=  8 1*9=  9
2*1=  2 2*2=  4 2*3=  6 2*4=  8 2*5= 10 2*6= 12 2*7= 14 2*8= 16 2*9= 18
3*1=  3 3*2=  6 3*3=  9 3*4= 12 3*5= 15 3*6= 18 3*7= 21 3*8= 24 3*9= 27
4*1=  4 4*2=  8 4*3= 12 4*4= 16 4*5= 20 4*6= 24 4*7= 28 4*8= 32 4*9= 36
5*1=  5 5*2= 10 5*3= 15 5*4= 20 5*5= 25 5*6= 30 5*7= 35 5*8= 40 5*9= 45
6*1=  6 6*2= 12 6*3= 18 6*4= 24 6*5= 30 6*6= 36 6*7= 42 6*8= 48 6*9= 54
7*1=  7 7*2= 14 7*3= 21 7*4= 28 7*5= 35 7*6= 42 7*7= 49 7*8= 56 7*9= 63
```

```
8*1=  8 8*2= 16 8*3= 24 8*4= 32 8*5= 40 8*6= 48 8*7= 56 8*8= 64 8*9= 72
9*1=  9 9*2= 18 9*3= 27 9*4= 36 9*5= 45 9*6= 54 9*7= 63 9*8= 72 9*9= 81
gis89807@cissol11:[~/ch01]$
```

 gcc 可以用來編譯 C 程式，但必須將程式存檔為小寫『.c』副檔名，若將程式存檔為大寫『.C』副檔名，則會被 gcc 當作是 C++ 程式來加以編譯，雖然 gcc 也可以用來編譯 C++ 程式，但是卻必須另外修正其他許多連結之處。

由於 C++ 已經包含 C 語言的所有語法，因此，我們也可以直接使用 g++ 來編譯 C 程式，但此時請將檔名儲存為 C++ 程式，也就是將程式副檔名指定為『.cpp』（請將 Step1 的 vim ch1_01.c 改為 vim ch1_01.cpp、Step4 的 gcc ch1_01.c 改為 g++ ch1_01.cpp）。

 gcc 與 g++ 可以將編譯與連結分開完成，並且可以指定輸出檔案的檔名（不一定必須是 a.out）。這些關於 gcc 與 g++ 的其他設定都是透過參數設定來加以完成，讀者可以參閱附錄 A 操作。

1.5.5 Dev-C++ 整合開發環境

Dev-C++ 是一個免費軟體 (Free Software)，您可以在下列網址中下載這套軟體，Dev-C++ 是一個 C/C++ 語言的整合開發環境，它使用 GCC 編譯器，並且支援 GTK+ 的圖形介面 (GUI) 以及 OpenGL 樣板 (Template)，同時也能夠開發視窗應用程式 (Windows Application)，不過在本書中，我們將只介紹如何使用 Dev-C++ 開發 C 語言命令列式應用程式 (Console Application)。

https://sourceforge.net/projects/orwelldevcpp

 本書截稿時的最新版本為 Dev-C++ 5.11，亦為本書所使用之版本，當中使用的編譯器為 GCC 4.9.2。

範例1-2 在 Windows 中使用 Dev-C++ 發展 C 語言程式。

1
STEP　安裝 Dev-C++ 後，執行【開始／所有程式（程式集）／ Bloodshed Dev-C++ ／ Dev-C++】指令。

圖 1-17　啟動 Dev-C++

2
STEP　執行【檔案／開新檔案／專案】指令，開啟一個新的程式專案。

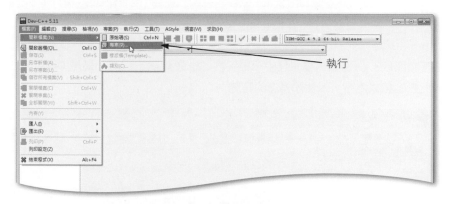

圖 1-18　開啟新專案

$\frac{3}{STEP}$ 指定程式專案為 C 語言、命令列式應用程式 (Console Application) 專案。

圖 1-19 指定程式專案格式

$\frac{4}{STEP}$ 指定專案檔的存放目錄（例如將範例存放到 C:\C_language\ch01\）。

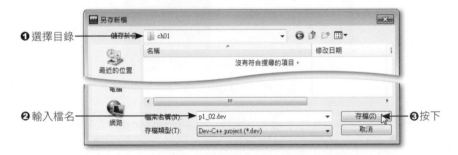

圖 1-20 指定專案檔的存放目錄

$\frac{5}{STEP}$ 此時將開啟 C 語言程式檔，其中已經包含了一些 C 語言程式，這是 Dev-C++ 自動幫您
加上去的程式內容，以便節省您的時間。

圖 1-21 Dev-C++ 預設的 C 語言程式

6
STEP 請輸入下圖中的額外程式，然後按下全部存檔快捷鈕 🖫 。

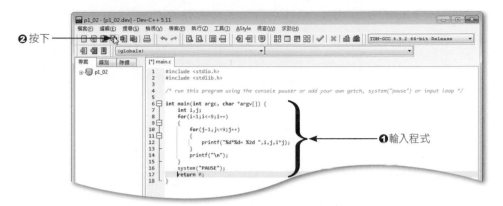

圖 1-22　輸入程式並存檔

7
STEP 輸入 C 語言原始程式檔名，例如 ch1_02 或 ch1_02.c。

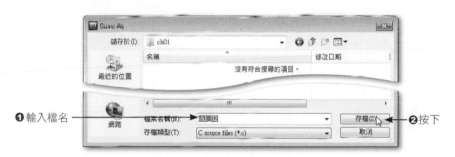

圖 1-23　輸入 C 語言原始程式檔名

8
STEP 按下**編譯**快捷鈕 🔡 ，編譯剛剛輸入的程式。

圖 1-24　編譯程式

9
STEP 程式編譯完畢，此時會顯示編譯結果。

語法沒有警告 (Warnings 代表程式可能出現危險，但仍可通過編譯)

語法沒有錯誤 (Errors 代表程式的某些語法出現錯誤，無法通過編譯，不會產生執行檔)

圖 1-25　編譯無誤

10
STEP 按下**執行快捷鈕** 　，執行程式。

執行程式

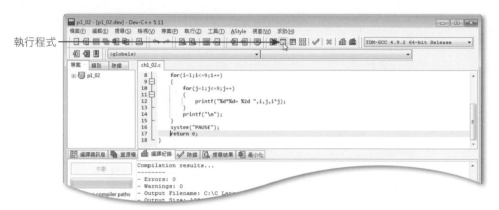

圖 1-26　執行程式

11
STEP 由於我們撰寫的是命令列應用程式，所以此時 Dev-C++ 會開啟一個 Dos 視窗，並執行剛才所編譯完成的程式。(由於我們在 Step6 輸入了 system("pause")，因此程式執行到該行敘述時，會等待我們按下任一鍵才繼續執行。)

圖 1-27　自動開啟 Dos 視窗並執行程式

12
STEP
在 Dos 視窗中，按下任意鍵之後，將會回到 Dev-C++ 視窗中。事實上，Step8~Step11
可以自動依序完成，只要按下**編譯並執行**快捷鈕 即可。

按下**編譯並執行**快捷鈕等同於 Step8~Step10 的動作

圖 1-28　按下編譯並執行快捷鈕，會先進行編譯然後自動執行編譯後的執行檔

13
STEP
您可以開啟檔案總管，到先前設定的目錄中觀看，即可發現 Dev-C++ 除了 .c 程式檔之
外，還產生一些其他的檔案。例如之前我們執行了編譯，因此產生 p1_02.exe 執行檔。

圖 1-29　除了原始程式檔與專案檔之外，Dev-C++ 還會產生其他檔案

註 如果我們的原始 C 程式檔案只有一個時（如範例 1-1~1-2），則使用 GCC 編譯器只需要
給定一個『.c』的程式原始檔。在後面的章節及附錄中，我們將會介紹在多原始檔程式
開發時，需要另外的編譯環境設定，在此先不多談。

筆者的話：書中範例

本書範例可以在本書所介紹的所有編譯器中執行（含附錄所介紹的編譯器），專案檔名
可自行指定，因此從第二章開始，本書將只會提供副檔名為『.c』的 C 原始程式檔以及
少數副檔名為『.cpp』的 C++ 原始程式檔。

1.6 本章回顧及下章預覽

　　在本章中，我們介紹了組織電腦系統的兩大元件，分別是硬體與軟體。其中軟體可以分為程式與資料，而程式又可以分為系統程式與應用程式。使用 C 語言不但可以開發應用程式，甚至連系統程式也可以使用 C 語言來開發，例如 Unix 作業系統就是其中一例。

　　使用 C 語言開發程式最大的優點就是程式效率高，而且 C 語言又比組合語言更容易撰寫，因此獲得眾多程式設計師的喜愛。C 語言從早期的 K & R C 演變為 ANSI C 標準，使得眾多編譯器有了依循的標準，這同時使得 C 語言的可攜性得以提高。

　　C 語言的原始程式是副檔名為『.c』的純文字檔，它必須經過編譯器、連結器的處理才能夠變成可執行檔。目前大多數的編譯器都具備了連結器的功能，以及某些在正式編譯前的前置處理功能（這些額外的功能可以在編譯器的設定中加以指定）。

　　C 語言後來被衍生發展為 C++ 程式語言（加入了物件導向技術），因此目前大多數的編譯器都是 C++ 的編譯器，但由於 C++ 包含了所有的 C 語法，因此，我們也可以使用 C++ 編譯器來編譯 C 語言程式，或甚至將原始程式儲存為 C++ 程式檔（副檔名為『.cpp』）。

　　由於開發程式通常無法一次就能夠完成，因此程式設計師必須常常切換於編輯器、編譯器、連結器、除錯器之間來編輯、修正、編譯、執行程式。為了免除這種困擾，因此目前大多數程式設計師都會使用包含編輯器、編譯器、連結器、除錯器的整合開發環境 (IDE) 來開發 C 語言程式。某些視窗整合開發環境（例如 VC++）甚至還提供了視窗元件供程式設計師取用，以節省程式設計的時程。

　　在本章中，我們實際練習了如何使用 GCC 編譯器／ Dev-C++ 整合開發環境來開發 C 語言程式，但我們並不了解所輸入 C 語言程式有何用途，這些 C 語言敘述的實際功能，我們將從下一章開始陸續學習。

問答題

1. 簡述程式語言的分類以及軟體程式的分類。

2. 簡述 gcc 與 g++ 的差別。

3. 使用編譯器與直譯器翻譯程式,各有何優缺點?

4. 簡述 C 程式的開發流程。

5. 何謂整合開發環境?它與編譯器有何差別?

實作題

1. 請利用 gcc 編譯下列 C 程式,並且將輸出執行檔的檔名設定為 ex1_01。
   【提示:編譯時請輸入 gcc ex1_01.c –o ex1_01】

```
#include <stdio.h>
main()
{
 printf("Hello!\n");
}
```

(ex1_01.c)

2. 請利用 Dev-C++ 輸入下列程式,並存檔為 ex1_02.c,然後編譯並執行程式。
   (專案檔請自行選擇檔名)

```
#include <stdio.h>
#include <stdlib.h>
int main(int argc, char *argv[])
{
 printf("Hello!\n");
 system("pause");
 return 0;
}
```

筆記頁

02

C語言從零開始
(C語言的基本結構)

在第一章中，相信讀者已經熟悉如何編譯 C 語言程式。在本章中，我們將透過一個非常簡單的程式來說明 C 語言的程式結構。

從本章開始，我們將實際撰寫每一個 C 語言範例程式，在撰寫程式之前，我們必須先提醒讀者以下幾件事。

(1) 寫程式就和學數學一樣，必須親手練習，每當讀者看完一個範例之後，請自行動手將程式內容一個字一個字的輸入到檔案中。並且詢問自己，本行程式的意義為何，是否可以略過以及改寫。除此之外，我們並不建議讀者強記各種指令敘述及語法細節，但由逐字輸入及練習撰寫程式的過程中，讀者將自然地記住這些指令敘述及語法。

(2) 寫程式著重在邏輯思考能力的培養，從第 5 章開始將會介紹一些程式的控制流程，讀者在思考新問題的解答或觀看範例時，若一時無法理解程式，請盡可能畫出對應的流程圖，如此將有助於學習程式的控制流程。

(3) 使用 C 語言來設計程式與其他高階語言最大的不同在於，C 語言的程式設計師應該在設計程式時，腦海中不斷地出現資料在記憶體中變化的情況，充分理解記憶體內容的變化才算是一個好的 C 語言程式設計師。

(4) 千里之行，始於足下。寫程式就像是堆積木一樣，任何一個大型程式都是由小型程式、函式或程式區塊所組成，因此當學習完本書所有範例後，不必懼怕開發中大型程式的挑戰，閱讀本書完畢，您應該具有開發 1000 行以上程式的能力。

註　開發有效率的大型程式尚須要配合軟體工程的理論以及系統分析的能力，此時您可能需要更多有關於這方面的訓練。

2.1　簡單入門的C語言程式範例

下面是一個簡單的 C 程式範例，請逐字將之輸入到『 .c 』的檔案中，慢慢培養屬於自己的程式風格。(若您的 IDE 已經幫您建立了某些預設內容，請先將它刪除後再輸入。)

範例2-1 ch2_01.c（ch02\ch2_01.c）。

```
1    /*****************************/
2    /*    檔名:ch2_01.c           */
3    /*    功能:簡單的C程式範例      */
4    /*****************************/
5
6    #include <stdio.h>
7    #include <stdlib.h>
8
9    main(void)
10   {
11    printf("歡迎使用C語言!\n");
12    printf("這是一個簡單的C程式.\n");
13    system("pause");
14   }
```

執行結果

歡迎使用C語言!
這是一個簡單的C程式.
請按任意鍵繼續 ...

➜ 範例說明

雖然範例 2-1 是一個只有 14 行的 C 語言程式，但是卻說明了 C 程式的基本結構如下，我們將分別加以說明。

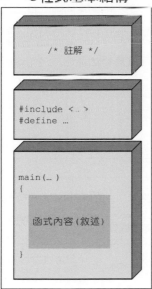

圖 2-1　C 程式基本結構

2.2 註解

　　程式的註解 (Comment) 有助於理解程式，C 的註解符號為『/*…*/』，在『/*』到『*/』之間的所有文字都將被編譯器忽略（事實上，註解將被前置處理器刪除後才輸入給編譯器）。換句話說，沒有這些註解並不會影響程式的正確性。所以這些文字可以當作說明該程式或程式片斷之用，善用註解文字將有助於日後維護程式時，快速了解程式功用。（在程式的任何地方都可以加入註解）

　　『/*…*/』具有換行功能，也就是可以將註解跨行描述，因此範例 2-1 的註解可以改寫如下。

```
/********************************
 *   檔名:ch2_01.c            *
 *   功能：簡單的 C 程式範例    *
 ******************************/
```

Coding 注意事項

由於編譯器在處理註解符號時，會從第一個遇到的『/*』開始視為註解文字，直到遇到第一個『*/』為止，因此編譯器不允許使用巢狀註解文字，例如下列的程式碼中，就犯了這個錯誤。

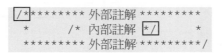

```
/******** 外部註解 *********
 *     /* 內部註解 */      *
 ******** 外部註解 *********/
```

錯誤的巢狀註解

延伸學習 C++ 的單行註解格式

C++ 提供了另一種單行註解符號『//』，凡是『//』之後的整行文字都會被視為註解。

✋ 小試身手 2-1

將範例 2-1 的第 1~4 行刪除，並修改為 C++ 的單行註解格式「// 這是範例 2-1」，然後進行編譯，看看您的編譯器是否允許純 C 程式使用 C++ 的 單行註解格式？

2.3　前置處理指令－#include

在 C 語言中，前置處理指令是前面出現「#」符號的指令，嚴格說起來，前置處理指令並非 C 語言的指令，因為這些指令會在程式進行編譯之前，先被前置處理器（preprocessor）置換成某些程式碼，因此前置處理指令又稱為假指令。在此，我們先說明 #include 這個前置處理指令，至於其他的前置處理指令，則留待後面章節中再做說明。

#include 的功用在於引入**標頭檔**，所謂標頭檔就是包含某些函式內容的函式庫檔案，這些標頭檔可能是由編譯器所提供，也可能是自行撰寫的函式庫。我們必須先引入標頭檔，才可以使用標頭檔內提供的函式。例如：stdio.h 標頭檔中定義了 printf() 與 scanf() 函式的內容，stdlib.h 標頭檔中定義了 system() 函式的內容。因此，若我們在程式中要使用這些函式的話，就必須使用 #include <stdio.h> 及 #include <stdlib.h> 將這些函式庫檔案引入。

#include 引入標頭檔可分為下列兩種格式：

◉　#include <xxx.h>

xxx.h 為 C 編譯器提供的標頭檔，並且存放在編譯器內定的目錄中，使用此種格式，前置處理器會自動到內定目錄中找到標頭檔。

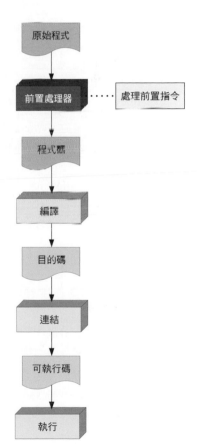

圖 2-2　包含前置指令的編譯過程

註　目前絕大部分的 C 編譯器都提供了 ANSI C 所規範的標頭檔及其函式，除此之外，某些編譯器還提供了一些特別的標頭檔函式庫，不過我們並不建議使用這些非 ANSI C 的函式，否則將會降低程式的可攜性。下列是所有 ANSI C 所規範的函式庫標頭檔名稱及功能。

函式庫標頭檔名稱	函式種類
<stdio.h>	標準輸入與輸出
<ctype.h>	字元分類測試
<string.h>	字串處理與轉換
<math.h>	數學函式
<stdlib.h>	標準函式庫，提供各類基本函式
<assert.h>	例外偵測，有助於除錯
<stdarg.h>	引數串列的測試
<setjmp.h>	非區域跳躍
<signal.h>	訊號偵測
<time.h>	提供各類時間函式
<limits.h> 及 <float.h>	float.h 提供浮點數的精確位數定義，limits.h 提供某些極限值的定義

表 2-1　ANSI C 函式庫標頭檔

老師的叮嚀

引入的函式庫會在前置處理時被載入，通常函式庫會記錄許多的函式。除此之外，函式庫也可能定義了某些符號常數，例如數學的無限大在電腦中根本無法完全實現，因此只能用可儲存的最大值來代表，例如 INT_MAX 代表在 int 資料型態下的最大值 2147483647，而 INT_MAX 的定義也被包含在 limits.h 之中。

◾ #include "ooo.h"

ooo.h 不是編譯器提供的標頭檔，所以程式設計師必須標明該檔案所在目錄，以便前置處理器取得該檔案。

Coding 偷撇步

大多數由編譯器所提供的標頭檔，都會使用英文縮寫來表示該檔案所包含的函式庫類型，例如：math.h 就是包含數學函式庫的標頭檔，stdio.h 就是包含標準輸出入（standard input and output）的標頭檔，您最好根據此原則來命名自行撰寫的函式庫檔案，並於檔案內註解該檔案各函式庫的功用及各引數的規定，以便日後自行使用或提供他人使用。

✋ 小試身手 2-2

請刪除範例 2-1 的第 6 行與第 7 行，然後進行編譯，看看會發生什麼結果？並試圖解釋為何會發生這樣的結果。

✋ 小試身手 2-3

請將範例 2-1 的第 6 行改為 #include "stdio.h"，然後進行編譯，看看會發生什麼結果？並試圖解釋為何會發生這樣的結果。

2.4 C程式的進入點main(…)函式

　　C 語言屬於模組化設計的一種語言，而 C 語言的模組則是以「函式」來加以表示。換句話說，C 程式是由各個不同功能的函式所組成，並且函式與函式之間可透過呼叫及回傳值方式加以聯繫，一個函式的基本定義格式如下：

```
函式回傳值型態　函式名稱（參數）
{
    函式內容（敘述群）
}
```

　　函式的基本格式為『函式名稱 ()』，由於被呼叫函式可以於被呼叫時，以參數來接收呼叫者傳入的引數，因此這些參數必須在『()』內加以宣告，而函式也可以回傳資料給呼叫者，所以我們也必須在函式名稱前面宣告回傳值的資料型態（關於資料型態請見第三章）。函式的內容則是包含在『{』與『}』之間。

　　main() 函式是命令列 (Console Mode)C 程式的進入點，換句話說，當我們在命令列式的作業系統中執行由 C 所撰寫的應用程式時，會先從 main() 函式開始執行。

在範例 2-1 中，我們將 main 函式宣告為 main(void)，其中將 void 寫在 () 內，代表該函式不接受傳入任何引數資料。

老師的叮嚀

main 函式的呼叫者為作業系統，因此範例 2-1 的程式並不接受作業系統傳入引數，也不會回傳任何數值給作業系統。但有的時候作業系統會傳入引數給 main 函式，例如：我們撰寫一個可接受指定總球數及開獎球數的大樂透程式，並將之編譯為 big_lotto 執行檔，此時可以在作業提示符號後面輸入『big_lotto 49 7』，來要求該程式以最大號碼 49 號的基本條件開出 7 個隨機號碼（6 個基本號 +1 個特別號）。這個時候，我們就必須在 main 的『()』中宣告參數的資料型態（詳見第 7 章）。

若將 void 寫在函式名稱前，例如：void main()，則代表該函式執行完畢後不回傳任何資料。

Coding 注意事項

有些編譯器會要求 main 函式宣告「回傳值型態為 int」，否則會出現警告訊息，在此我們先不加以理會此警告訊息（範例仍可編譯與執行），留待第 7.5.7 節再作說明。

大多數的編譯器都接受省略 void 的宣告語法（但可能會出現 warning 警告訊息），也就是當省略宣告 void 時，自動判定為不接受傳入引數或函式不回傳資料。例如我們可以將範例 2-1 的 main 函式定義改寫如下：

```
main()
{
  ...
}
```

```
void main()
{
  ...
}
```

```
main(void)
{
  ...
}
```

```
void main(void)
{
  ...
}
```

除了上述的介紹之外，main 函式還具有以下兩個特點：

(1) **唯一性**：在 C 函式中，任何函式都具有唯一性，main 函式也是如此。

Coding 偷撇步

有些工程師認為，C99 及 C11 版納入了 C++ 的多型策略，允許出現相同名稱的函式（但含參數之署名不可完全相同），而由於 C99 版與 C89 版的互換性很差，因此大部分的編譯器都是以 ANSI C89 版為主來實作，本書內容也是以 C89 版為主要介紹對象，而 C89 版並不允許函式同名。

(2) **必要性**：為了讓作業系統能夠找到程式進入點，因此不可省略或缺少 main 函式。

Coding 偷撇步

純指令模式 (console mode) 下的 C 程式之程式進入點為 main() 函式。但若在 Windows 或 Mac OS 上所發展的 C/C++ 程式，則由於作業系統上層還包含一層複雜架構 (Framework)，因此，如果要設計視窗程式，則必須遵循 Framework 的設計規範，而這將改變 C/C++ 程式的運作規則，例如：Windows 下的 C/C++ 程式進入點為 WinMain() 函式。

2.5 敘述

　　C 語言是模組化設計，並利用區塊來撰寫程式內容，區塊的符號為『{}』，不論是函式、迴圈、決策都是使用區塊符號來包裝內容。

```
#include <stdio.h>
#include <stdlib.h>

main(void)
{
 printf("歡迎使用 C 語言 !\n");
 printf("這是一個簡單的 C 程式 .\n");
 system("pause");
}
```

【解說】

[1] 區塊內容是由**敘述**（statement）所組成，算式與函式呼叫敘述後面必須加入『;』做為結束。例如：範例 2-1 中，main 函式內容共有 3 個敘述，分別如下：

(1) printf(" 歡迎使用 C 語言 !\n");

(2) printf(" 這是一個簡單的 C 程式 .\n");

(3) system("pause"); 。

[2] 前兩個敘述都是呼叫 printf() 函式，『()』內的字串則是傳入 printf() 函式的引數，而 printf() 函式則已經定義在 <stdio.h> 標頭檔中。

[3] 最後的敘述是呼叫 system() 函式，『()』內的字串 "pause" 則是傳入 system() 函式的引數，代表要作業系統執行 pause 指令，而 system() 則定義於 <stdlib.h> 標頭檔中。執行結果中的『**請按任意鍵繼續 . . .**』其實就是**執行 system("pause") 的效果**，它會等待使用者按下任意鍵之後才會繼續後面的動作，您可以開啟一個 Dos 環境，並且單獨輸入 pause 指令，看看會有什麼結果。

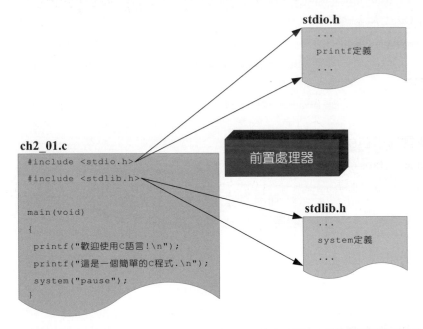

圖 2-3 前置處理器會將需要引入的標頭檔加入到程式中，使得編譯時，能夠找到相關函式的定義

🖐 小試身手 2-4

在範例 2-1 的第 12 行與第 13 行間加入一行敘述 system("dir"); ，然後進行編譯與執行，看看會發生什麼結果？

C 語言的敘述除了函式呼叫之外，還有以下幾種類型，我們將在後面章節中加以說明：

- 算式敘述 (Expression Statement)
- 複合敘述 (Compound Statement)
- 選擇敘述 (Selection Statement)
- 迴圈敘述 (Iteration Statement)
- 標籤敘述 (Labeled Statement)
- 跳躍敘述 (Jump Statement)

老師的叮嚀

算式敘述的結束符號『;』非常重要不可省略，因為編譯器將以『;』做為算式敘述或其他敘述的結束（例如函式呼叫及 do-while 迴圈敘述），而不是以換行符號做為算式敘述的結束。

在範例 2-1 中，#include <stdio.h> 沒有『;』結束符號，事實上，該行根本不是一個 C 語言的敘述，而是前置處理指令，因此到了編譯階段時，並不存在該行程式碼。

2.6 自由格式與空白字元

C 語言採用自由格式撰寫，換句話說，您可以去除程式中各敘述間的所有空白字元 (spaces、tabs…等等) 及換行符號（carriage、return），編譯器仍會正確編譯程式，例如：您可以將範例 2-1 中 main 的內容改寫如下：

```
main(void){ printf(" 歡迎使用 C 語言 !\n"); printf(" 這是一個簡單的 C 程式 .\n");
            system("pause");}
```

雖然省略空白字元以及換行符號能夠使得程式行數減少，但並不會加速程式的執行效率，因為不論是範例 2-1 的表示方法或上述表示方法，編譯器都將產生相同的輸出結果。不過上述的撰寫格式，則比範例 2-1 更難以閱讀。為了日後維護的方便，強烈建議讀者應該培養程式碼縮排及適當換行的習慣。

老師的叮嚀

『"』內的空白字元並不會被編譯器忽略，因為『"』在 C 語言中，是用來表示字串。

C 程式和 Unix/Linux 作業系統一樣，對於字元的大小寫是有所區別的，因此您不能將 main(void) 改寫為 Main(void) 或 MAIN(VOID)。

2.7 本章回顧

在本章中，我們學習到 C 程式的基本結構。本章所學習到的內容如下：

C 程式的基本結構包含 3 大部分：

程式註解、前置處理指令、函式及敘述

(1) 在 C 程式中，可使用『/*…*/』做為註解符號。

(2) 純文字模式的 C 程式進入點為 main( ) 函式。

(3) 算式與函式呼叫敘述以「;」做結尾。

(4) C 語言的輸出函式 printf( ) 的簡單使用方法如下（我們將在第四章中，說明 printf() 的進階使用方法）

```
printf(" 輸出內容 ");
```

(5) C 語言執行作業系統環境的指令可以透過 system() 來執行，將想要執行的指令包裝為字串當作引數傳送給 system() 函式即可，格式如下。（並非所有的作業系統指令都可以用這個方式來執行，實際上還必須視作業系統與編譯器提供了哪些指令。）

```
system(" 作業系統指令 ");
```

在 C 程式結構中，除了上述的 3 大部分之外，還包含其他細節，例如：全域變數的宣告應該出現在其他函式宣告之外。這些細節，我們將於後面章節中分別加以介紹。

延伸學習 句元與文法

C 語言程式是一個純文字檔，內容由眾多字元所構成，這些字元將會被編譯器的字彙分析程式分割為句元 (Token)。這些句元可能代表的是關鍵字或保留字、識別字（如函式名稱或變數名稱）、運算子、或常數資料值。

眾多句元又可以組合成敘述 (statement)，其中算式敘述的結尾是『;』。而眾多的敘述則成為函式內容。編譯器的語法分析程式會針對 C 程式的敘述是否符合 C 語言的文法 (Grammar) 加以判斷，若不符合文法，則會產生錯誤訊息。

ANSI C 語言的文法列於電子附錄中，它使用特殊的 EBNF 描述語法來表示，對於初次接觸程式語言的讀者來説，並不容易理解，讀者可以於學習完 C 語言後再回頭來看完整的 C 語言文法。

筆記頁

問答題

1. 試繪圖說明 C 程式的基本結構。

2. 在文字模式（命令列模式）下，C 程式的進入點是哪一個函式？

3. 哪一個字元是 C 程式碼的算式敘述結束符號？

4. 使用 C 語言來撰寫的程式，可以使用『/* ... */』做為註解符號，但當出現巢狀註解時，為何會發生錯誤？

5. int main() 與 int main(void) 是否等義？

實作題

1. 請修改下列的程式碼（並做適當的換行與縮排），使得可正確編譯與執行。

```
#include <stdio.h>;#include <stdlib.h>;
main();{ printf(" 您好 \n").system("pause").};
```
(ex2_01.c)

2. 請修改下列不合法的註解格式。

```
/********************************
 *                             *
 * /*   簡單的printf()練習   */   *
 *                             *
 ********************************/
#include <stdio.h>
void main(void)
{
 printf(" 歡迎使用C語言 !\n");
}
```
(ex2_02.c)

3. 撰寫一個 C 程式（存檔為 ex2_03.c），程式執行後將在螢幕上出現下列輸出。（C 前後各間隔一個空白字元）

```
我也會寫   C   程式
```

4. 撰寫一個 C 程式（存檔為 ex2_04.c），程式執行後將在螢幕上出現下列輸出。（每出現一個字就換一行顯示）

```
我
也
會
寫
C
程
式
```

5. 圖 2-3 顯示出，#include 會將某個標頭檔載入到程式中，換句話說，我們只要找到該檔案並自行將內容複製到原始程式，則不需要引入該標頭檔。請找到 stdio.h 與 stdlib.h 兩個標頭檔（一般會位於編譯器安裝目錄下的某個子目錄），將內容複製到範例 ch2_01.c 中，刪除 #include 指令，然後重新編譯並執行。

03
基本的資料處理
(資料型態與運算式)

　　資料處理是 C 程式的核心，它包含了兩大部分：資料宣告與資料運算。在本章中，我們將說明如何進行資料的宣告，以及透過各種運算子完成資料的運算。

在 C 語言中，資料以變數來加以儲存，並且需要經過宣告後才可以使用。而資料運算則是利用 C 所提供的眾多運算子來處理資料。在這一章中，我們將說明這兩大重點。

3.1 基本資料型態

C 語言的基本資料型態共有整數 (int)、列舉 (enum)、單精準度浮點數 (float)、雙精準度浮點數 (double)、字元 (char)、空型態 (void) 等六種，隨著編譯器及作業系統的不同，每種資料型態所占的記憶體空間也有些許差異。由於資料 (變數或常數) 在宣告時，必須指定資料型態，因此在本節與下一節中，我們將一一說明與討論這些資料型態。

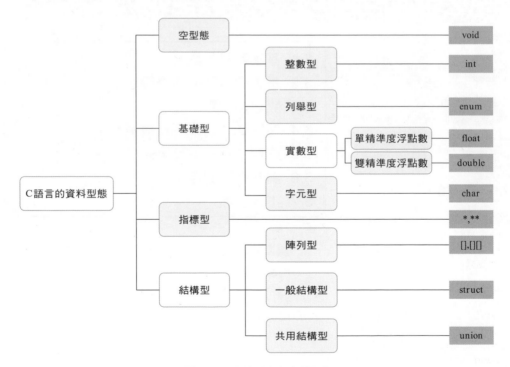

圖 3-1　C 程式的所有資料型態

資料型態決定了資料存放在記憶體的方式與限制，在上述的基本資料型態中，有些還可以搭配 short、long、unsign、signed 等修飾字來規範存放的內容以及大小。C 語言規格書中並未規範各種資料型態的實際大小，只規範了資料型態的大小關係如下：

$$char \leqq short \leqq int \leqq long \leqq long\ long$$

3.1.1 整數資料型態 (int)

整數資料型態可用來代表帶有正負號的整數，整數應使用 int 來宣告資料型態。因規格書中，並未規定 int 資料型態的大小，故 int 整數資料型態可表示的數值範圍，隨著硬體、作業系統、編譯器而有所不同。一般在 32 位元的平台中，（例如使用 Windows 與 Linux 32 位元作業系統、32 位元編譯器、32 位元以上的電腦），會使用 4 個位元組（32 個位元）來儲存宣告為 int 資料型態的變數，因此，int 資料型態的範圍是 -2147483648 ~ +2147483647，計算方式如下：

$$-2^{32-1} \quad \sim \quad 2^{32-1} -1 \qquad\qquad -2^{31} \quad \sim \quad 2^{31} -1$$

$$-214783648 \sim 214783647$$

小試身手 3-1

您可以編譯且執行範例目錄中的 ch03\datatype.c，該程式將顯示 C 程式的各種資料型態在該環境下，佔用記憶體多少個位元組。

執行結果

```
在此作業系統使用該編譯器的資料型態記憶體分佈如下：
int           資料型態佔  4 個位元組
float         資料型態佔  4 個位元組
double        資料型態佔  8 個位元組
short int     資料型態佔  2 個位元組
long int      資料型態佔  4 個位元組
unsigned int  資料型態佔  4 個位元組
long double   資料型態佔 12 個位元組
```

以上的執行結果是在 Windows 7 32 位元作業系統中，使用 Dev-C++ 進行編譯後的執行結果，在本書後續內容中，我們將以此平台為預設平台進行解說。

3.1.2 單精準度浮點數資料型態 (float)

浮點數是可包含小數的正負數值，一般分為**單精準度**與**雙精準度**兩種。在 C 語言中，float 資料型態可用來存放宣告為**單精準度浮點數**的變數或常數。浮點數資料型態在 IEEE 協會已經制定了固定規格，而 C 語言也依照該規格來設計 float 資料型態。float 資料型態的變數或常數佔記憶體 4 個位元組（32 位元），精確位數為 7 位，在正數方面可表示的範圍是 3.4E-38~3.4E+38（E 後面的數字代表 10 的次方數）。

在顯示浮點數資料時，可分為小數表示法與科學記號表示法兩種。當數值的絕對值很大或很小（接近 0）的時候，通常會用科學記號來表示。

小數點表示法	科學記號表示法
7654.321	7.654321E+03
0.004721	4.721000e-03
-123.456	-1.234560e+02
【註】：e 或 E 後面的數字代表 10 的次方數。	

延伸學習 實數為何稱為浮點數呢？

整數資料的小數點，「固定」在最右邊的位元之後，而浮點數表示法的小數點位置則必須由數值與精確度來決定（小數點位置是「浮動」的，因此稱為浮點數表示法）。

3.1.3 雙精準度浮點數資料型態 (double)

double 是用來表示**雙精準度浮點數**的資料型態，宣告為 double 資料型態的變數或常數將佔用記憶體 8 個位元組（64 位元），精確位數則為 15 位，在正數方面可表示的範圍是 1.7E-308~1.7E+308，double 資料型態同樣可接受科學記號的表示方法。

3.1.4 字元資料型態 (char)

char 稱為字元資料型態，可以用來儲存單一字元。在 C 語言中，每個字元資料型態佔用記憶體 1 個位元組（8 位元），因此可以表達 256 種不同的字元符號，表示法則可以使用 0~255 或 -128~127，例如：'A'、'B'、'a'、'5' 等等。每個字元符號都有相對應的字元碼，本書將之整理於附錄 E 的 ASCII 表，例如字元碼為『65』就是對應 ASCII 字元的『A』。

老師的叮嚀

在 C 程式設計中,單引號之間的字元稱為**字元常數**。

字串(例如:"Hello")並非 C 語言的基本資料型態,它必須使用特殊的字元陣列來儲存,我們會在後面章節中介紹。

Coding 注意事項

中文字並不採用 ASCII 編碼,通常採用 BIG5 或 Unicode 編碼,採用 BIG5 編碼時需佔用兩個位元組,採用 Unicode 編碼時則占用兩個以上的位元組。在 C 語言中,表達中文一般佔用兩個位元組,無法記錄在只占用一個位元組的 char 資料型態之變數或常數中,因此,在 C 語言程式設計中,要存放中文字,一般需要使用字串來表達,並且 個中文字會佔用兩個位元組。

3.1.5 空型態 (void)

void 資料型態可以用於函式與指標,使用於函式時,代表不接受傳入引數或該函式不回傳任何值,在前一章中,我們已經示範過了,而使用在指標宣告時,則留待往後的章節中再做介紹。

【範例】

呼叫 f1() 函式時,不可傳入引數。

```
int f1(void)
{
    .........
}
```

f2 函式執行完畢,不回傳任何資料。

```
void f2(int p1)
{
    .........
}
```

> **延伸學習 C++ 的布林資料型態 (bool)**
>
> 對於 C 語言來說，它對於只有『真』與『假』的布林函數並未特別定義資料型態來加以對應，但布林型態的變數卻時常需要在流程控制中充當判斷式的值或運算結果。雖然 C 語言未特別定義布林資料型態，但所幸我們可以使用一般的數值變數型態（例如整數變數型態）來當作布林變數。而 C 語言的編譯器會認定所有非 0 變數值的變數為『真』，只有當變數值為 0 時，才會被判斷為『假』。
>
> 在 C++ 中，布林資料型態被納入考慮，並多定義了一種 bool 資料型態來加以對應，它只可以接受『真 (true)』或『假 (false)』兩種值，我們使用 true 來表示「真」、用 false 來表示「假」。當然，您必須使用能夠編譯 C++ 的編譯器才會看得懂 bool 資料型態，並且在某些編譯器中，您還需要將檔案類型儲存為 C++ 的檔案類型（例如 .cpp）才能使用 bool 資料型態。

3.2 基本資料型態的修飾字

為了使基本資料型態更多樣化，以符合各種需求，C 語言特別定義了 short、long、unsigned、signed 等修飾字。透過這些修飾字與基本資料型態的結合就可以宣告更多種類的資料型態，但並非每種基本資料型態都可以使用全部的修飾字，其中 short 與 long 為同一類，unsigned 與 signed 為另一類，我們將在本節中詳加介紹這些修飾字的使用方法。

3.2.1 short 修飾字

short 修飾字是為了節省記憶體空間而設計的修飾字，可以用來修飾 int 資料型態，也就是 short int（也可以直接縮寫為 short）。使用 short 修飾 int 時，資料只會佔用 2 個位元組（16 個位元），數值範圍為 -32768 ~ +32767。

3.2.2 long 修飾字

long 修飾字則是為了擴充更大的數值表示範圍而設計的，可以用來修飾 int、double 資料型態，以表達更大的數值或更精確的數字。

當使用在 int 時，請撰寫為 long int（也可以直接縮寫為 long），此時資料會佔用 1 或 2 倍的記憶體空間 (必須視編譯器實作而定)。

　　使用 long 來修飾 double 時，必須撰寫成 long double（不可省略 double），如此電腦便會使用 12 個位元組來存放資料，以便增加精確度。

3.2.3 unsigned 修飾字

　　在 3.1 節中，說明了不論是 int、float、double、char 都可以包含正值與負值，不過 C 語言允許程式設計師使用 unsigned 修飾字，來強迫將這些資料型態的內容視為正值，由於 unsigned 並不影響資料所佔用的位元數，因此，可表達的數字範圍可以增加 1 倍。例如：unsigned int 可以表達的數字範圍是 $0 \sim 2^{32}-1$。

　　同樣地，當只撰寫 unsigned 時，代表的是 unsigned int 的精簡寫法。除此之外，unsigned 也可以和 short、long 等聯合使用，例如：unsigned long double。

老師的叮嚀

在計算機概論的課程中，我們理解負值資料在存入記憶體時，採用了 2′s 補數來表達。當我們將變數型態宣告為 int 時，可以由第一個位元判斷該值為正值或負值。而當宣告為 unsigned int 時，則不採用 2′s 補數來存放，因此，即便第一個位元為 1，仍代表正值，故而表達範圍可以增加一倍。

3.2.4 signed 修飾字

　　signed 代表允許出現正數與負數，因此，除了配合 char 資料型態之外，對於其他資料型態而言並無影響，因此可視為預設的修飾字。signed char 可表達的範圍則是 -128~127。（signed 也可以與 short、long 聯合使用）

Coding 注意事項

char 型態的資料如果指定為負數時，其實電腦仍舊會依照該位元組內的 2 進制對照出實際的字元，例如：在 unsigned char 指定『224』以及在 signed char 指定『-32』都是符號『α』。因為在記憶體中，該位元組內容都是『11100000』。若不了解負數的 2 進位表示法 (2's 補數)，則請參閱計算機概論或邏輯設計的書籍，或者盡量使用 unsigned char 與 char。

3.3 變數與常數

　　C 程式的資料處理基本單位即為「變數」與「常數」，想要撰寫一個好的程式，必須先建立一些有關於變數與常數的正確觀念。

> **延伸學習 句元與敘述**
>
> 變數與常數都是句元 (token) 的一種，其他如關鍵字等也都是一種句元，而眾多句元則構成了敘述。

3.3.1 變數的意義

　　變數代表在程式執行過程中可能會被改變的某個數值。以現實的環境來說，我們所身處的世界就是一個多變數的世界，例如：全球人口數每天都不同，受出生人口、死亡人口、意外事件發生率、甚至於季節條件等而變化。而其他的條件也都是一個不斷改變的變數（也可能再受其他變數的影響）。

　　在程式的運作過程中，事實上也是靠眾多變數的變化來完成工作的，例如：一個計算長方形面積的程式，至少就必須包含 3 個變數：長、寬、面積。如果長與寬都不能改變數值的話，這個程式將只能解決某一個固定的小問題，例如：只能固定計算長為 3、寬為 2 的長方形面積。因此，若要程式具有較大的彈性解決更多的問題，就必須將長、寬設為可接受使用者輸入數值的變數，由於長與寬可以變動，因此面積也必須是一個可以變動的變數。

　　程式的運作主要是靠 CPU 與記憶體的合作來完成，而程式中的變數將存放在記憶體（實際運作時可能會被搬移到 CPU 的暫存器中）。因此，以上面的範例來說，在記憶體中，就必須儲存長、寬、面積等 3 個變數如右圖。

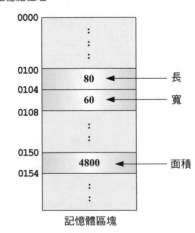

圖 3-3 變數與記憶體

3.3.2 變數的命名

變數在記憶體中佔用了某一小塊記憶體空間,程式可以由記憶體位址來取得這些變數內容,但是,對於人來說,記憶體位址是非常難以記憶與了解的,因此,所有的高階語言都以名稱來代替變數在記憶體中的位置,換句話說,我們只要賦予該變數一個名稱,就可以直接透過名稱來取得變數值,而不用煩惱該變數究竟被放在記憶體中的哪一個位置。

延伸學習 可重置位址

針對目前流行的作業系統與程式語言來說,想要事先明確知道程式執行時,變數在記憶體中的位址是不可能的,因為,當程式被編譯完成後,是一種可重置位址的機器碼,由作業系統重新加以分配位置,而取得變數的方式,是透過相對位址表示法,而非絕對位址。因此,只有在程式實際被執行時,才可能得知各變數在記憶體中的位址。

不同的程式語言對於變數名稱的規定也不相同,在 C 語言中,變數的名稱必須符合下列規定:

(1) 變數名稱必須由英文字母、阿拉伯數字、_(底線符號)三種字元構成,但變數的第一個字元不可以為『阿拉伯數字』。

合法的變數名稱:

```
length
width
Length2
WIDTH2
_length
```

不合法的變數名稱:

```
21length     不可以用數字做為起始字元
NT$          不可以包含 $ 符號
X,Y,Z        不可包含 , 符號
int          不可使用關鍵字
_asm         不可使用系統保留字
```

Coding 注意事項

C 語言中,字母大小寫視為不同,因此,變數 abc 與變數 ABC 與變數 aBc 是 3 個不同的變數。

---

(2) 變數名稱不可與 C 語言內定的關鍵字 (keyword) 或保留字 (reserve word) 相同,因為這些關鍵字或保留字對於編譯器而言,具有特殊意義。C 語言的關鍵字與保留字如下:

auto	double	int	struct
break	else	long	switch
case	enum	register	typedef
char	extern	return	union
const	float	short	unsigned
continue	for	signed	void
default	goto	sizeof	volatile
do	if	static	while

表 3-1　ANSI C 語言的關鍵字

__cdecl	_cdecl	__interrupt
__pascal	_pascal	__near,__far,__huge
__cs,__ds,__es,__seg,__ss	__near,__far,__huge	__near,__far
__export	__import	__loadds
__saveregs	__fastcall	__stdcall

表 3-2　Borland 相關 C/C++ 編譯器所規定的保留字

> **延伸學習 關鍵字與保留字的區別**
>
> 關鍵字 (keyword) 與保留字 (reserve word) 都是程式設計師不可拿來當作變數名稱的字,兩者的差別在於程式語言一般只規範關鍵字,但編譯器除了規範關鍵字之外,還會規範保留字。舉例來說,一個完全結構化的程式語言不會提供 goto 敘述,因此對於此類程式語言而言,goto 不會被規範在關鍵字中,但編譯器在處理迴圈敘述時 (例如 while,for),會將之轉換為 goto,因此為了避免紊亂,所以編譯器會規範 goto 為保留字,請使用者不要使用這個字,"保留"給編譯器使用。

3.3.3 變數的宣告

　　C 語言規定,任何變數使用前必須先加以宣告。而變數的宣告應該以最適當的資料型態為主,宣告不適當的資料型態可能無法負擔未來變數的變化(產生溢位),或者浪費記憶體空間。

　　此外,不適當的變數宣告,可能導致資料處理結果並非預期想要的結果。舉例來說,若 X 為 int 資料型態,Y 為 float 資料型態,經過以下運算後,會得到不同的結果。這是因為在做數學運算時，整數變數無法儲存小數的數值，因此運算後，變數 X 的內容與預期有所差距。

```
X = 20/5 = 4          Y = 20/5 = 4
X = 20/6 = 3          Y = 20/6 = 3.333333
```

老師的叮嚀

上述範例中的 Y 變數之記憶體內容不可能存放真實的 **20/6** 之結果，這是因為記憶體的長度有限，不可能完整表達無理數。因此，使用電腦計算無理數時常會發生誤差，但這些誤差在一般應用時是可接受的，而在特殊應用狀況下（例如航太工業），則必須透過數值方法等更特殊的程式技巧來減少誤差範圍。

變數宣告（不設定初始值）

【語　法】

```
[修飾字] 基本資料型態     變數名稱 1, 變數名稱 2, 變數名稱 3…；
```

【範　例】

宣告 x,y 為整數變數，z 為正整數變數，p 為單精準度浮點數變數，q 為長度加大的雙精準度浮點數變數：

```
int x,y;
unsigned int z;
float p;
long double q;
```

【說　明】

您可以將資料型態當作一種製作箱子的模子，模子可用來製作變數或常數，不同種類的模子製作出來的箱子只能放入特定種類的資料，如果硬要放進不合規定的資料，可能導致無法通過編譯，或者資料在放入後箱子後，可能會發生變形而喪失原本的完整資訊。

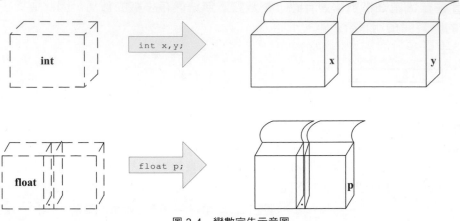

圖 3-4　變數宣告示意圖

變數宣告（設定初始值）

【語　法】

> [修飾字] 基本資料型態　變數名稱 = 初始值；

【範　例】

　　宣告 x 為整數變數，並同時指定初始值 100；宣告 y 為字元變數，並同時指定初始值為『H』：

```
int     x=100;
char    y='H';
```

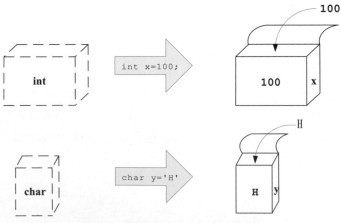

圖 3-5　變數宣告並放入初始值示意圖

變數宣告（設定動態資料初始值）

C 語言允許將變數的初始值指定為『動態資料』。所謂動態資料代表使用運算式來設定變數的初始值，並且運算式中包含了變數。

【範　例】

假設在程式之中，已經宣告了 length 與 width 兩個變數。則我們可以宣告 area 變數的動態資料初始值如下：

```
int length=10,width=20;
int area=length*width;
```

Coding 偷撇步

宣告變數時，變數名稱也是一個應該注意的重點，變數名稱除了必須符合 3.3.2 節的規定之外，通常我們會將變數命名為有意義的名詞或名詞的組合，並且善用 C 語言之大小寫視為不同的特點，例如：某一個變數代表檔案的總行數，則可以命名為 Line_Count 或 LineCount，如此一來勢必比 linecount 及無意義或過於簡單的變數名稱（如：l），容易讓維護程式的設計師了解該變數的實際意義。當您必須與他人共同發展大型程式時，更需要協議與遵守變數命名的一致性原則。

放入不合規定的資料

當您將資料存放到無法完整保存的資料型態變數時，被存入的資料可能會與原始資料有一些差異，例如，當您將 3.14 欲存入整數變數 p 時，變數 p 的內容只會存放 3。

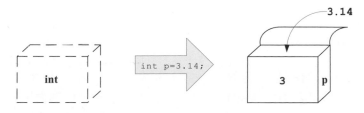

圖 3-6　若硬要將資料存入不適當的資料型態變數時，將喪失原始資料值

3.3.4 常數的意義

常數在日常生活中無所不見，例如：圓周率 π、自然指數 e、光速…等等，代表的意思是在宇宙間永遠不會變動的數值。但是對於程式而言，常數則是一個「在程式執行過程中不會被改變的某個數值、字元或字串」。換句話說，常數在執行過程中，同樣會佔用某些記憶體，但是該記憶體內容卻不會改變。

3.3.5 常數的種類

對於 C 語言而言，常數一共分為 6 種：整數常數、浮點數常數、字元常數、列舉常數、字串常數、變數常數。其細節說明如下：

 在 ANSI C 文法中，將整數常數、浮點數常數、字元常數、列舉常數列為同一類，字串常數為第二類，變數常數為第三類。

整數常數 (integer-constant)

整數常數非常簡單，就是一般的正整數、0、負整數，例如：3、15、-52、0、-23。若以八進位來表示，則前面必須加上 0，例如 0571。若以十六進位來表示，則前面必須加上 0x 或 0X，例如 0x4e、0X5F 等等（x 的大小寫代表 a,b,c,d,e,f 的大小寫）。

浮點數常數 (floating-constant)

浮點數常數是可包含小數的數值，例如：3.156、-4.567。另一種表示浮點數常數的方式則是科學記號表示法，您可以使用 e 或 E 來代表 10 的次方數，例如：3.000067e+004 就是 30000.67。

字元常數 (character-constant)

'a'、'A'、'0'、'#' 等都是字元常數，字元常數必須使用單引號『'』括起來。這些字元常數都具有相對應的 ASCII 碼，例如：'A' 的 ASCII 碼為 65。除了這些可以列印在螢幕上的圖形字元之外，還有另一類字元稱為**跳脫序列字元**（Escape sequence character）簡稱**跳脫字元**，這些字元必須使用『\』做為開頭來加以表示，例如『\n』代表換行的跳脫字元，能夠使得螢幕游標跳到下一行。跳脫字元可以使用 8 進位或 16 進位來表示其 ASCII 碼，例如：'\007' 代表響鈴（bell）、'\0x0A' 代表換行（NewLine，也就是 \n）。這些跳脫字元還有很多，詳見 4.1.4 節。

列舉常數 (enumeration-constant)

列舉常數是將可能出現的變數值列舉出來，對應到有序的整數常數，在此先不多談，詳見第十章。

字串常數 (string constant)

字串常數 (string constant 或 string literal) 又稱為字元字串 (character string)，它代表「由 0 個以上的字元所組合而成的常數」，例如："" （空字串）、"Hello"、" 您好 " 等等都是字串常數，在 C 語言中，字串常數必須使用雙引號『"』括起來。

事實上，在 C 語言中，字串是由字元陣列所組成，並且以 '\0' 字元（稱為 NULL 字元，其 ASCII 值為 0）做為結束，因此一個 "Hello" 字串常數在記憶體的分布狀況，如右圖所示。我們將於陣列及指標等章節中，重新介紹字串的各類資料型態。

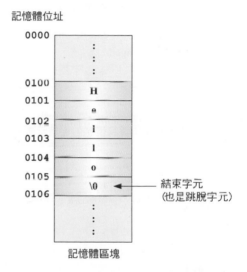

圖 3-7　字串常數的記憶體配置

變數常數 (qualifier const)

變數常數這個名詞很容易讓人困惑，其實這個名詞看似矛盾，卻只是一個特例的稱呼。C 語言的變數必須經由宣告才能使用，而在宣告時，我們可以指定它為一個常數，**也就是該變數的變數值一開始就被指定，並且不允許在程式中被再次更改**（您可以將之想像為宣告並填入初值後，箱子上方開口就被關閉無法再放入另一個新的值），然後就能夠像變數一樣，以名稱在程式中加以運用（但不可以更動其值）。

　　另一種比較容易接受的說法是，變數常數（或稱符號常數）如同變數一樣，也可以使用某一個符號來當做名稱。不同的是，變數常數所代表的常數不允許改變，變數（名稱）所代表的變數值，則可以在程式執行中改變。

　　變數常數必須經由 const 關鍵字來加以宣告，並且指定**起始值**（也就是**固定值**）。自此之外，不論在程式的哪個地方，都不允許重新指定變數常數的值。

> 註 本書使用變數常數來翻譯 qualifier const，並非按照字面意義而翻譯的，而是按照 C 語言發明人在其著作 The C Programming Language 中對於 qualifier const 的解釋而做出此名詞之翻譯。其解釋之原文如下（它將 qualifier const 視為變數的特例之一，其特別處在於不可更改其值）：
>
> The qualifier const can be applied to the declaration of any variable to specify that its value will not be changed.

【語　法】

```
const [修飾字 基本資料型態] 變數常數名稱 = 常數值；
```

【範　例】

　　宣告 pi 為變數常數，資料型態為 float：

```
const float pi=3.14;
```

【說　明】

　　變數常數同樣可以依照資料特性區分為多種資料型態，但若省略宣告資料型態時，則內定為 int 資料型態，例如：『const int a=100;』與『const a=100;』具有相同效果。

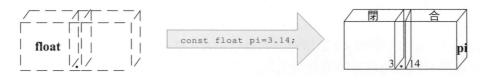

圖 3-8　變數常數（符號常數）宣告並放入初始值示意圖

範例**3-1** ch3_01.c (ch03\ch3_01.c)。

```
1   /************************
2       檔名 :ch3_01.c
3       功能：求圓面積
4    ************************/
5
6   #include <stdio.h>
7   #include <stdlib.h>
8
9   void main(void)
10  {
11   int r=3;
12   const float pi=3.1416;
13   float area=pi*r*r;
14   printf(" 半徑為 %d",r);
15   printf(" 的圓面積為 %f\n",area);
16   system("pause");
17  }
```

執行結果
半徑為 3 的圓面積為 28.274399
請按任意鍵繼續 . . .

➔ 範例說明

(1) 範例中，一共宣告了 r 與 area 等 2 個變數，其中第 11 行宣告的 r 為整數變數，初始值為 3。第 13 行宣告的 area 為單精準度浮點數變數，使用動態資料做為初始值，也就是 area 的值隨著 r 的值而改變。

(2) 第 12 行宣告的 pi 為單精準度浮點數變數常數，使用 const 宣告為 3.1416。

(3) printf 是 C 語言的輸出函式，需要引用 stdio.h 標頭檔。第 14 行的 **%d** 代表印出整數資料，其資料來源為後面的變數 r。第 15 行的 **%f** 代表印出浮點數資料，其資料來源為後面的變數 area。至於『\n』則是換行符號，它屬於跳脫字元的字元常數。而我們將在下一章詳細介紹 printf 函式。

(4) 『" 半徑為 "』及『" 的圓面積為 "』都是字串常數。

3.4 運算式（運算子及運算元）

程式的目的是解決問題，而手段則是依靠各個變數值的改變，想要變更變數值就必須透過運算式加以完成。**運算式 (Expression)** 也是敘述的一種，它是由**運算元 (Operand)** 與**運算子 (Operator)** 共同組成；常見的數學公式就是最基本的運算式，例如：area=r*r*3.14。其中的『r』、『3.14』就是運算元，而『=』、『*』就是運算子。

C 語言提供了許多的運算子，並且允許運算元為一個或多個的『常數』、『變數』、『函式呼叫敘述』或甚至是『其他運算式』的組合，在本節中，我們將針對這些 C 語言所提供的運算子詳加說明。

3.4.1 『=』設定運算子

『=』設定運算子 (Assignment Operator) 可以說是最常見的運算符號，『=』的作用是將符號右邊的運算式計算後的結果指定給左邊的變數，因此稱為**設定運算子**或**指定運算子**。

【語　法】

```
變數 = 運算式；
```

【範　例】

```
a = 10;
b = 'w';
c = p+q;
```

【說　明】

『=』運算子的左邊只能有，也必須有唯一的一個變數，不能是數值、函式、其他的複合運算式，例如下列都是錯誤的使用範例：

```
10 = x+40;    /* 左邊不可以是數值 */
f(h) = 15;    /* 左邊不可以是函式 */
x+y = z;      /* 左邊不可以是複合運算式 */
```

老師的叮嚀

在 C 語言中『=』的意義為指定或設定，與數學上的相等有些許不同，對於 C 語言而言，相等代表一種比較，因此必須使用比較運算子的『==』符號。

Coding 注意事項

雖然『=』運算子為運算式中最常見的運算子，但並非所有的運算式都必須包含『=』運算子，例如：a++ 也是一個運算式（3.4.7 節將介紹 ++ 遞增運算子），但卻不必使用『=』符號。此外，運算元是一種遞迴式的定義，也就是運算式可以做為其他更大的運算式的某一個運算元，例如：z=x+y。其中『x+y』是一個運算式，而『z=x+y』也是一個運算式，並且 x+y 為『=』運算子的運算元。

3.4.2 算術運算子

算術運算子 (Arithmetic Operator) 可用來做數學的運算，C 語言提供的算術運算子共有 5 種：『+』、『-』、『*』、『/』、『%』，如下表所列：

算術運算子	使用範例	說明
+	a + b	a 加 b
-	a - b	a 減 b
*	a * b	a 乘 b
/	a / b	a 除以 b
%	a % b	取 a 除以 b 的餘數

範例3-2 ch3_02.c（ch03\ch3_02.c）。

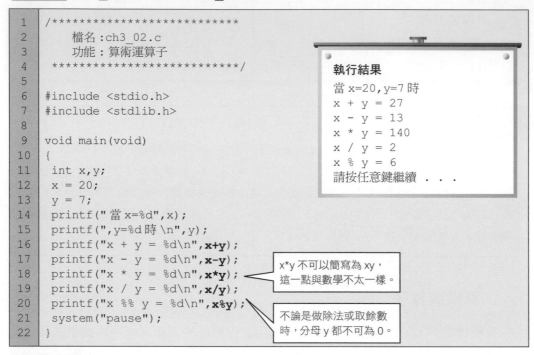

```
1   /***************************
2       檔名 :ch3_02.c
3       功能：算術運算子
4   ***************************/
5
6   #include <stdio.h>
7   #include <stdlib.h>
8
9   void main(void)
10  {
11   int x,y;
12   x = 20;
13   y = 7;
14   printf(" 當 x=%d",x);
15   printf(",y=%d 時 \n",y);
16   printf("x + y = %d\n",x+y);
17   printf("x - y = %d\n",x-y);
18   printf("x * y = %d\n",x*y);
19   printf("x / y = %d\n",x/y);
20   printf("x %% y = %d\n",x%y);
21   system("pause");
22  }
```

執行結果

當 x=20,y=7 時
x + y = 27
x - y = 13
x * y = 140
x / y = 2
x % y = 6
請按任意鍵繼續 . . .

x*y 不可以簡寫為 xy，這一點與數學不太一樣。

不論是做除法或取餘數時，分母 y 都不可為 0。

➡ **範例說明**

(1) 第 16 行的 %d 代表要印出整數資料，其資料來源為 x+y 的結果。其餘第 17~20 行亦同理。

(2) 第 20 行為何需要用『%%』來代表印出「%」符號呢？這是因為 % 在 printf 內有特殊意義（用來帶領 %d、%f 等等），因此必須重複兩次。

(3) 20%7 取餘數運算的結果是 6。

(4) 由於 x、y 都是整數資料型態，因此 x/y 會被轉換成整數資料型態（只能記錄整數部分）。（印出整數 2 和 %d 並無關係，即使改用 %f 也無法印出 2.857…的浮點數資料，因為 x、y 都是整數資料型態）

$$\frac{x}{y} \; = \; \frac{20}{7} \; = \; 2.857\cdots \xrightarrow{\text{只取整數部分}} 2$$

延伸學習 編譯器會自動產生暫時變數

x、y 都是整數資料型態，編譯器在處理 x/y 時，會認定其結果也為整數資料型態，雖然我們並未使用一個整數變數來存放該值，但編譯器仍會自動產生一個對應的暫時變數來存放，而該暫時變數在轉換為組合語言或機器語言時，將只會使用整數類的暫存器或整數類的算術指令，故而只會顯示整數。

範例**3-3** ch3_03.c（ch03\ch3_03.c）。

```
1    /***************************
2        檔名:ch3_03.c
3        功能：複雜的算術運算
4     ***************************/
5
6    #include <stdio.h>
7    #include <stdlib.h>
8
9    void main(void)
10   {
11     float   answer;
12     float   a=2.1,b=3.5,c=4;
13     printf("a=%f      ",a);
14     printf("b=%f      ",b);
15     printf("c=%f\n",c);
16     answer = b*b-4*a*c;
17     printf("b^2-4ac=%f\n",answer);
18     system("pause");
19   }
```

➡ 執行結果

```
a=2.100000     b=3.500000     c=4.000000
b^2-4ac=-21.349998
請按任意鍵繼續 . . .
```

➡ 範例說明

　　第 16 行的運算式『answer=b*b-4*a*c』會先做『*』乘法，再做『-』減法，最後才是『=』指定。這是因為『*』號的運算子優先權比『-』號還高，並且『-』號運算子優先權比『=』號還高的緣故，詳細的各種運算子優先權，請見 3.4.7 節，如果您記不住所有的優先權，又沒有資料或書籍可以查閱時，可以將想要先做的部分運算式，使用『()』小括號括起來即可。

▷ 動動腦

假設有下列程式，請先預測會輸出何值？然後撰寫一個相同的程式，編譯並執行，與您的
預期結果相比，若與預期不同，請想一想為何會如此？

```c
#include <stdio.h>
#include <stdlib.h>
void main(void)
{
 float a=0;
 a=1.0/3.0;
 printf("%.15f\n",a*3);
 system("pause");
}
```

3.4.3 比較運算子

C 語 言 提 供 的 比 較 運 算 子 (Comparison Operator) 有『==』、『!=』、
『>』、『<』、『>=』、『<=』等六種。其運算結果為布林值，也就是真（True）或假
（False），真會以整數 1 來表示，假會以整數 0 來表示。所以比較運算子常用在條件
判斷之用，詳細說明如下表所示：

比較運算子	意義	使用範例	說明
==	等於	x==y	比較 x 是否等於 y
!=	不等於	x!=y	比較 x 是否不等於 y
>	大於	x>y	比較 x 是否大於 y
<	小於	x<y	比較 x 是否小於 y
>=	大於等於	x>=y	比較 x 是否大於等於 y
<=	小於等於	x<=y	比較 x 是否小於等於 y

範例3-4 ch3_04.c（ch03\ch3_04.c）。

```c
1  /***************************
2      檔名:ch3_04.c
3      功能：比較運算子
4   ***************************/
5
6  #include <stdio.h>
7  #include <stdlib.h>
8
```

```
9   void main(void)
10  {
11   int x=10,y=20;
12
13   printf(" x=%d",x);
14   printf(" y=%d\n",y);
15   printf("1 代表真 ,0 代表假 \n");
16   printf("x==y ==> %d\n", (x==y));
17   printf("x!=y ==> %d\n", (x!=y));
18   printf("x>y  ==> %d\n", (x>y));
19   printf("x<y  ==> %d\n", (x<y));
20   printf("x>=y ==> %d\n", (x>=y));
21   printf("x<=y ==> %d\n", (x<=y));
22   system("pause");
23  }
```

執行結果

```
x=10  y=20
1 代表真 ,0 代表假
x==y ==> 0
x!=y ==> 1
x>y  ==> 0
x<y  ==> 1
x>=y ==> 0
x<=y ==> 1
請按任意鍵繼續 . . .
```

範例說明

　　比較運算子的執行結果會回傳一個布林值，以 1 代表真、0 代表假。所以比較運算子常做為條件判斷之用。

3.4.4 邏輯運算子

　　邏輯運算子 (Logical Operator) 可以對布林資料 1(True) 或 0(False) 做某些運算，若將邏輯運算子與其他比較運算子搭配使用，運算結果仍然是邏輯資料（布林值），因此常被當做條件判斷之用。在 C 語言中，邏輯運算子共有 NOT、AND、OR 等 3 種，其符號分別為『!』、『&&』、『||』，我們以真值表方式來加以介紹。

!（NOT）

　　『!』邏輯運算子會將緊接著的運算元的值給反相，若輸入的值為 1(True)，輸出的值將為 0(False)。反之，輸入的值為 0(False)，輸出的值將為 1(True)。

真值表：!X

X	!X
0	1
1	0

&& （AND）

當前後兩個運算元都是1(True)，輸出才
會是1(True)，其餘的各種情況都是輸出
0(False)。

真值表：X && Y

X	Y	X && Y
0	0	0
0	1	0
1	0	0
1	1	1

|| （OR）

當前後兩個運算元中只要有一個是
1(True)，輸出就會是1(True)，只有當兩
個運算元都是0(False)時，輸出才會是
0(False)。

真值表：X || Y

X	Y	X || Y
0	0	0
0	1	1
1	0	1
1	1	1

Coding 注意事項

事實上 C 語言規定，所有非 0 的值，都被視為真（不只有 1 會被視為真）。只有 0 才會
被視為假。但一般我們想要指定某個值為真時，通常會將它指定為 1，但其實指定為其
他非 0 值也可以。

範例3-5　ch3_05.c（ch03\ch3_05.c）。

```
1   /*************************
2       檔名 :ch3_05.c
3       功能 : 邏輯運算子
4    *************************/
5
6   #include <stdio.h>
7   #include <stdlib.h>
8
9   void main(void)
10  {
11   int x=1,y=0;          /*  x為真 ,y為假   */
12   printf("1 代表真 ,0 代表假 \n");
```

```
13   printf(" x=%d",x);
14   printf(" y=%d\n",y);
15   printf("-------------------\n");
16   printf("not x     ==> %d\n",!x);
17   printf("x and y   ==> %d\n",(x && y));
18   printf("x or y    ==> %d\n",(x || y));
19   printf("x nand y ==> %d\n",!(x && y));
20   printf("x nor y  ==> %d\n",!(x || y));
21   system("pause");
22  }
```

執行結果
1 代表真 , 0 代表假
  x=1 y=0
----
not x   ==> 0
x and y   ==> 0
x or y   ==> 1
x nand y ==> 1
x nor y ==> 0
請按任意鍵繼續 . . .

➡ 範例說明

(1) 若使用 C++ 編譯器並將檔案儲存為 C++ 檔案，則第 11 行的 x,y 可宣告為 bool 資料型態，更符合邏輯資料型態。

(2) 在範例中，我們使用 3 種邏輯運算子，完成更多樣的邏輯運算，例如：nand（not and）、nor（not or）。您若不了解這些邏輯運算，請參考計算機概論或邏輯設計的書籍。

小試身手 3-2

在範例 3-5 中，int x=1,y=0,，請寫一個程式印出 x xor y 的結果。

xor 為互斥運算，其真值表如右，當前後兩個運算元的值不相同時，才會輸出 1(True)。並且 x xor y 等價於 ((x and (not y)) or ((not x) and y))。

真值表：X XOR Y

x	y	x xor y
0	0	0
0	1	1
1	0	1
1	1	0

3.4.5 位元邏輯運算子

　　C 語言為何被視為最接近低階語言的高階語言呢？主要是因為 C 語言提供了 (1) 對位元直接運算的能力，(2) 可嵌入組合語言及 (3) 可透過指標直接存取記憶體等三大特色。

　　在位元運算方面，C 語言提供六種位元邏輯運算子 (Bitwise Logical Operator)，透過這些運算子，我們可以只針對某些位元 (bit) 做運算處理，不必像前面所介紹的運算子必須針對變數整體做運算。例如：整數變數 x 在記憶體佔用 32 個位元（4 個位元組）長度，若 x 為 1234，則實際在記憶體中的內容如下：

$$x = 1234_{10} = 0000\ 0000\ 0000\ 0000\ 0000\ 0100\ 1101\ 0010_2$$

我們只要透過位元邏輯運算子，就可以針對某一些位元單獨做運算，進行更低階的資料處理。C 語言提供的位元邏輯運算子如下表。

位元邏輯運算子	意義	範例	說明
~	反相	~x	將 x 的所有位元做 NOT 運算
&	且	x & y	將 x 與 y 相對應的位元做 AND 運算
|	或	x | y	將 x 與 y 相對應的位元做 OR 運算
^	互斥	x^y	將 x 與 y 相對應的位元做 XOR（互斥）運算
>>	右移	x >> p	將 x 的內容往右移動 p 個 bit（左邊補 0）
<<	左移	x << p	將 x 的內容往左移動 p 個 bit（右邊補 0）

範例3-6 ch3_06.c（ch03\ch3_06.c）。

```
1   /*      檔名:ch3_06.c       功能：位元邏輯運算子 */
2
3   #include <stdio.h>
4   #include <stdlib.h>
5
6   void main(void)
7   {
8    unsigned short int x=100,y=50,p=3,xx;
9    xx=~x;
10   printf("p=3\n");
11   printf("x=01100100\n");
12   printf("y=00110010\n");
13   printf("--------------------\n");
14   printf("not x    ==> %d\n",xx);
15   printf("x and y  ==> %d\n",(x & y));
16   printf("x or y   ==> %d\n",(x | y));
17   printf("x xor y  ==> %d\n",(x ^ y));
18   printf("x >> p   ==> %d\n",(x >> p));
19   printf("x << p   ==> %d\n",(x << p));
20   system("pause");
21   }
```

執行結果
```
p=3
x=01100100
y=00110010
--------------------
not x    ==> 65435
x and y  ==> 32
x or y   ==> 118
x xor y  ==> 86
x >> p   ==> 12
x << p   ==> 800
請按任意鍵繼續 . . .
```

⊙ **範例說明**

(1) 第 8 行將 x,y 宣告為 unsigned short int 資料型態,所以變數長度為 2 個位元組,並且不考慮負號。因此 x=100=01100100、y=50=00110010。

(2) 範例執行結果為何出現這些數字呢?請見以下的實際運算。

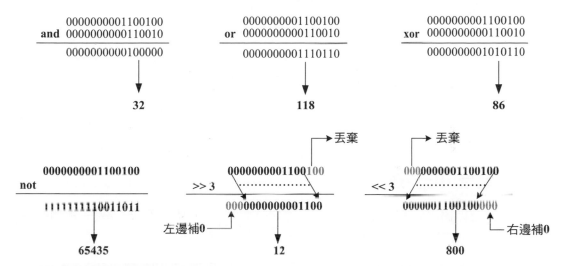

(3) 善用左移位元符號『<<』可以將數值更快速地做 2 的倍數乘法,例如:100 左移 3 個位元得 800,也就是 $100 \times 2^3 = 800$。

3.4.6 複合式指定運算子

C 語言除了簡單的指定運算子『=』之外,還提供另一種同時具有運算及指定功能的運算子,此類運算子有很多,如下表所列。

複合式指定運算子	使用方法	功能等同於
+=	i += j;	i = i + j;
-=	i -= j;	i = i – j;
*=	i *= j;	i = i * j;
/=	i /= j;	i = i / j;
%=	i %= j;	i = i % j;
|=	i |= j;	i = i | j;
&=	i &= j;	i = i & j;
^=	i ^= j;	i = i ^ j;

複合式指定運算子	使用方法	功能等同於
>>=	i >>= j;	i = i >> j;
<<=	i <<= j;	i = i << j;

延伸學習 為何要發展複合式運算子呢？

既然使用 i+=j 與 i=i+j 功能相同，那 C 語言為何要發展複合式運算子呢？這是因為機器特性的緣故，在組合語言中，常常會出現 ADD AX,BX 這類指令，所代表的涵義是 AX ← AX+BX。為了使得編譯器能夠將 C 程式轉換為最有效率的機器碼，因此，i+=j 這類複合式指定運算子被發明出來對應硬體結構特性，不過，現在的編譯器最佳化技術已經很成熟了，因此，使用 i+=j 與 i=i+j 在效能上常常是相同的，究竟要使用哪一種表示法，則視使用者的習慣而定。

3.4.7 遞增與遞減運算子

C 語言提供兩個特別的運算符號：遞增符號「++」、遞減符號「- -」。遞增符號會將運算元的內容加 1，遞減符號會將運算元的內容減 1。

複合式指定運算子	使用方法	功能等同於
++	a++; ++a;	a = a + 1;
--	a--; --a;	a = a - 1;

延伸學習 為何要設計遞增與遞減運算子呢？

同樣地，在組合語言中，遞增（INC）與遞減（DEC）指令也具有快速執行的特性，且由於遞增與遞減是迴圈常用的技巧，因此 C 語言也特地設計了遞增與遞減運算子。

『++』和『--』可以放在運算元的後面，也可以放在運算元的前面。放在運算元後面時，代表要做前置運算，如：i ++。放在運算元前面時，代表要做後置運算，例如：++i。兩種運算的意義不同，分述如下：

前置運算（例如：i++）：運算元先進行其他運用，再進行加一或減一的動作。

後置運算（例如：++i）：運算元先進行加一或減一的動作，再進行其他運用。

範例3-7 ch3_07.c（ch03\ch3_07.c）。

```
1   /*      檔名:ch3_07.c     功能:遞增/遞減運算子    */
2
3   #include <stdio.h>
4   #include <stdlib.h>
5
6   void main(void)
7   {
8    int i=5,j=10,a,b;
9    int x=5,y=10,c,d;
10
11   a = 1+ i++;
12   b = 1+ j--;
13   c = 1+ ++x;
14   d = 1+ --y;
15
16   printf("i = %d\n",i);
17   printf("j = %d\n",j);
18   printf("x = %d\n",x);
19   printf("y = %d\n",y);
20   printf("a = %d\n",a);
21   printf("b = %d\n",b);
22   printf("c = %d\n",c);
23   printf("d = %d\n",d);
24   system("pause");
25  }
```

先執行 b=1+j，然後再執行 j=j-1

先執行 y=y-1，再執行 d=1+y

執行結果

```
i = 6
j = 9
x = 6
y = 9
a = 6
b = 11
c = 7
d = 10
請按任意鍵繼續 . . .
```

➡ 範例說明

(1) 雖然 i,j,x,y 的執行結果都各自遞增或遞減 1 了，但由於將『++』與『--』放在不同位置，所以 a,b,c,d 的執行結果並不相同。第 11 行是先執行 a=1+i 然後再執行 i=i+1，所以 a=6、i=6。而第 13 行程式，則是先執行 x=x+1 再執行 c=1+x，所以 x=6、c=7。

(2) 另外，讀者會發現 c=1+ ++x 若刪除空白，並且將 1 也用變數取代時，讀者可能會對於運算結果產生疑惑，例如：c=p+++q，到底是 c=p+(++q) 還是 c=(p++)+q 呢？這其實和運算子的優先權有關，『++』的運算子優先權比『+』優先權還高，因此，c=p+++q 相當於 c=(p++)+q。

3.4.8 其他運算子

除了上述運算子之外，C 語言另外還提供一些運算子，分述如下：

sizeof() 運算子

sizeof( ) 運算子可以用來計算任何資料型態或變數所佔的記憶體大小 (以位元組為單位)。

【格　式】

```
sizeof 運算式 ;                        或
sizeof ( 運算式 );                     或
sizeof ( 資料型態 );                   或
sizeof ( 常數 );                       或
sizeof ( 變數 );
```

範例3-8 ch3_08.c (ch03\ch3_08.c)。

```
1   /*      檔名:ch3_08.c     功能:sizeof 運算子        */
2
3   #include <stdio.h>
4   #include <stdlib.h>
5
6   void main(void)
7   {
8    int a=10,b=10;
9    int w,x,y,z;
10
11   w=sizeof a++;
12   x=sizeof(a+b);
13   y=sizeof("Hello!");
14   z=sizeof(double);
15
16   printf("w = %d\n",w);
17   printf("x = %d\n",x);
18   printf("y = %d\n",y);
19   printf("z = %d\n",z);
20   system("pause");
21  }
```

執行結果

```
w = 4
x = 4
y = 7
z = 8
請按任意鍵繼續 . . .
```

字串常數『"Hello!"』共有 6+1 個字元，最後一個字元應該是『 \0 』，所以共佔用記憶體 7 個位元組。

⇨ 範例說明

(1) sizeof 的優先權比某些運算子（例如：＋）高，因此，如果要取得運算結果所佔用的記憶體大小，建議使用『()』格式。

(2) 您可以利用 sizeof() 來測試各種資料型態在您的作業系統及編譯器條件下所佔用的記憶體大小。

條件運算子

C 語言提供了條件運算子『?:』，可以用來當做簡單的判別指令 (if-else)，如下列範例，我們會在條件判斷一節中詳加說明。

條件運算子	使用範例	說明
?:	a ? b : c	若 a 為真，則取 b，否則取 c

其餘的運算子

除了以上所介紹的運算子之外，C 語言還提供了某些運算子如下表，表格中某些運算子，我們早就已經在使用了（例如：『,』分隔運算子），有些則於後面章節使用時，再做明確的說明，目前讀者只需要理解 C 語言的運算子還有很多即可。

運算子	說明
()	應用廣泛，不同位置有不同涵義，例如：函式宣告的參數串列、呼叫函式時包裝引數串列，提高部分運算式的優先權、控制流程的判斷式等。
{}	區塊的起始與結束。
[]	指定陣列維度及存取陣列元素。
,	分隔運算子，例如：變數宣告的間隔。
.	直接存取自訂結構體的成員。
->	存取指標結構體運算子以及間接存取自訂結構體的成員。
*	在數學運算式中扮演乘法，在定義變數或函式時扮演指標變數或函式指標。
&	在位元運算式中扮演 AND 功能，應用於變數時扮演取得變數位址或將變數設為參考。

3.5 運算子結合性及優先權

當出現 z=a*x+y 時,我們知道要先做 a*x 再做 +y,最後才是做 z=。這是因為從小到大,我們都熟背『先乘除後加減』的規定。事實上,這就是運算子優先權的規定。在 C 語言中也規定了所有的運算子優先權,我們將之整理如下表,優先權越高的運算子會越先被處理,因此,如果您不確定運算子的優先權時,最好使用小括號『()』將想要先處理的部分運算式括起來,以免出錯。

另外一個會影響運算式最後結果的因素是運算子的結合性,就如同數學上的 1+2+3 會先計算 1+2 再計算 (1+2)+3,而次方計算則並非如此,如圖 3-4:

$$2^{3^2} = 2^9 = 512$$
$$\neq 8^2 = 64$$

圖 3-4 結合性對於運算結果的影響

明顯地,『+』號的結合性為由左向右,但次方的結合性為由右向左,雖然 C 語言並未提供次方運算子,但同樣也有某些運算子的執行方向是由右向左的,有時方向並不會影響最後結果(例如:『+』),但有的時候卻會嚴重導致結果不同,例如:1-2-3=(1-2)-3 ≠ 1-(2-3),因此我們將 C 語言的所有運算子之結合性也整理於下表中。

優先權	運算子	結合性
高	() [] -> . ++(後置)--(後置)	由左而右
	! ~ ++(前置)--(前置)+ - *(type) sizeof	由右而左
	* / %	由左而右
	+ -	由左而右
	<< >>	由左而右
	< <= > >=	由左而右
	== !=	由左而右
	&	由左而右
	^	由左而右
	|	由左而右
	&&	由左而右
	||	由左而右
	?:	由右而左
低	= += -= *= /= %= &= ^= |= <<= >>=	由右而左
	,	由左而右

表 3-3 運算子優先權順序及結合性

3.6 資料型態的轉換

在 C 語言中，運算式允許出現不同資料型態的運算，但是可能會發生資料型態轉換的問題，本節將就資料型態轉換之觀念與方法加以詳加討論。

3.6.1 運算式的型態轉換

若某一個運算式中包含不同的資料型態，則編譯器會自動對資料做最適當的轉換。我們以範例來加以說明：

範例3-9 ch3_09.c（ch03\ch3_09.c）。

```
 1  /*      檔名:ch3_09.c      功能：自動型態轉換    */
 2
 3  #include <stdio.h>
 4  #include <stdlib.h>
 5
 6  void main(void)
 7  {
 8    int a=8,b;
 9    double c=3.1416;
10    b=a+c;
11
12    printf("b = %d\n",b);
13    system("pause");
14  }
```

執行結果
```
b = 11
請按任意鍵繼續 . . .
```

◆ 範例說明

本範例在編譯過程中，可能會出現 warning 警告訊息，但仍可編譯與執行。當編譯器處理 b=a+c 時，會先將 a 的記憶體配置提升為 8 個位元組（即 double 所佔記憶體大小），經由計算 a+c 完畢後，再依據 b 的資料型態來指定（＝）數值。所以 b=11。

事實上，編譯器在處理不同資料型態時，有一定的步驟與規則必須遵守，如下所述：

1
STEP 進行實際運算前，將所有的基本資料型態按照下表，初步轉換為 int 或 double 型態：

轉換前	轉換後
char、unsigned char、(unsigned) short int、int	int
float、double	double

2
STEP 經由初步轉換之後，運算式中只剩下 int、double、long int、unsigned long 等四種資料型態，然後再依照如下的優先權高低，選擇優先權最高的資料型態加以再次轉換：

資料型態的轉型優先權： int > long int > unsigned long > double

3
STEP 轉換完畢後就進行實際運算，並且將運算結果轉換為等號左邊變數所屬的資料型態，最後將運算結果回存到左邊的變數中。

【 範　例 】

假設我們共有 5 個變數，其資料類型如下，當出現運算式為 x=(a-b)+(c*d)/b 時，會以右圖步驟來轉換資料型態。

```
int a;
char b;
float c;
double d;
int x;
```

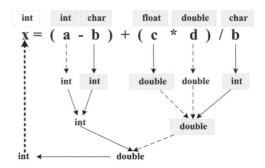

3.6.2 強制型態轉換

自動資料型態轉換非常複雜，使得我們難以控制，不過 C 語言也提供了另外一個方法來解決資料型態轉換的問題，也就是允許使用者強制指定要將變數轉換為哪一種資料型態，格式如下。

【 格　式 】

（強制轉換型態）運算式或變數；

【範　例】

　　若 x=15，y=4 皆為整數變數，z 為浮點數變數，則運算式『z = x / y』，會得到『z=3』（因為 x 與 y 都是整數，而 15/4=3.75，取整數為 3，因此 z=3）。但若是以強制型態轉換來重寫運算式『z = (float)x / (float)y』，則運算前會先將 x、y 都轉換為浮點數，而 15.0/4.0=3.75，因此 z=3.75。

3.6.3 使用函式轉換資料型態

　　除了上述轉換資料型態的方法外，在 C 函式庫 <stdlib.h> 中也提供了多個函式可以用來轉換資料型態（大多是數字與字串的轉換），整理如下：

字串轉數值（<stdlib.h>）

函式原型	輸入值	回傳值	說明
double **atof**(const char *string);	要被轉型的字串	double 資料型態	將字串轉成 double 資料型態
int **atoi**(const char *string);	要被轉型的字串	int 資料型態	將字串轉成 int 資料型態
long **atol**(const char *string);	要被轉型的字串	long 資料型態	將字串轉成 long 資料型態
【註 1】：若無法成功轉型，則回傳 0（atoi）、0.L（atol）、0.0（atof）。			
【註 2】：函式在讀取傳入字串時，將循序讀取，直到第一個無法判定為數值的字元為止，通常是字串結尾『'\0'』。			

範例*3-10*　ch3_10.c（ch03\ch3_10.c）。

```
1    /*     檔名:ch3_10.c     功能:atoi、atof、atol 型態轉換     */
2
3    #include <stdio.h>
4    #include <stdlib.h>
5
6    void main(void)
7    {
8        char *string;
9        double d;
10       int i;
11       long l;
```

```
12
13      string = "1234567";
14      l = atol( string );
15      printf("%s \t 轉換為 long=>%d\n",string,l);
16
17      string = "12345jhchen";
18      l = atol( string );
19      printf("%s \t 轉換為 long=>%d\n",string,l);
20
21      string = "1234567persons";
22      i = atoi( string );
23      printf("%s \t 轉換為 int=>%d\n",string,i);
24
25      string = "-1234.56E-7";
26      d = atof( string );
27      printf("%s \t 轉換為 double=>%.9f\n",string,d);
28      system("pause" );
29 }
```

⊙ 執行結果

```
1234567         轉換為 long=>1234567
12345jhchen     轉換為 long=>12345
1234567persons  轉換為 int=>1234567
-1234.56E-7     轉換為 double=>-0.000123456
請按任意鍵繼續 . . .
```

⊙ 範例說明

　　第 17 行的 string 字串變數為『12345jhchen』，轉換時只能轉換數字部分，所以轉換結果為『12345』。(本範例中使用了非常多有關於 printf 的符號，例如 %s、%.9f、\t，別擔心，我們馬上將於下一章中說明這些符號)

數值轉字串（<stdlib.h>）

函式原型	輸入值	回傳值	說明
char *_itoa (int value, char *string, int radix);	value：欲轉換的數值。 string：存放轉出來的結果。 radix：數值的基底，範圍必須是在 2~36。	指標字串	將整數轉為字串
char *_fcvt (double value, int count, int *dec, int *sign);	value：要被轉換的數值。 count：小數點後的位數。 dec：小數點所在的位置。 sign：正負號，0 代表正，非 0 整數代表負。	指標字串	將浮點數轉為字串

【註】：fcvt 函式會將浮點數轉為字串，根據 count 將指定的小數點位數之後以四捨五入方式進位。（上述兩個函式並未列入 ANSI C 的標準函式庫）

3.7 本章回顧

在本章中，我們學習到 C 語言的變數與常數宣告以及運算式、運算子、運算元的表示方法。並且瞭解了 C 語言對於不同資料型態之間的轉換規則與方法。本章重點整理如下：

(1) C 語言的基本資料型態有：整數 (int)、列舉 (enum)、單精準度浮點數 (float)、雙精準度浮點數 (double)、字元 (char)、空型態 (void) 等六種。

(2) short、long、unsigned、signed 可用來修飾資料型態的長度及資料的表示方式（是否包含正負表示法）。

(3) 在 C 語言程式中，任何變數在使用前必須先經由宣告。

(4) 變數的命名原則：

　　☑ 變數名稱必須由英文字母、阿拉伯數字、_（底線符號）三種字元構成，但變數的第一個字元不可以為『阿拉伯數字』。

　　☑ 變數名稱不可以是 C 語言的關鍵字或保留字。

　　☑ 變數名稱大小寫不同。

(5) 變數常數使用 const 宣告，在程式執行過程中，其數值不可更改。

(6) 運算式由運算子與運算元組成，可以用來改變各個變數的數值。

(7) 相較於其他程式語言的運算子，C 語言還提供了特殊的複合式運算子與遞增／遞減運算子。

(8) 在一個運算式中，若出現不同資料型態的變數，則編譯器會自動將資料做最適當的型態轉換。

(9) 在 C 語言中，強制型態轉換的語法如下：

（強制轉換型態） 運算式或變數；

(10) 我們可以透過 <stdlib.h> 函式庫所提供的多個函式來執行數值與字串的轉換。

筆記頁

問答題

1.　除了列舉型態之外，請說明 C 語言中的其他五種基本資料型態？

2.　哪些修飾字會對 int 資料型態產生改變？

3.　假設在 32 位元的環境中，請計算 int、long、short 的數值範圍？

4.　請將下列數值以科學記號來表示。

　　[1] 1234567.89　　[2] 0.1234567　　[3] 0.0123456　　[4] -567.89

5.　unsigned 修飾字有何用途？試舉例說明之。

6.　下列敘述中，是否出現變數與常數？

```
int number=10;
```

　　[1] 只有常數　　[2] 只有變數　　[3] 有常數也有變數　　[4] 沒有常數也沒有變數

7.　如果您想要在程式中宣告變數用來表達下列數值，您會使用哪些變數名稱呢？

　　[1] 兩端的距離　　　　　　　[2] 班級人數　　　　　　　[3] 全班平均分數

　　[4] 今日氣溫　　　　　　　　[5] 幸運字母　　　　　　　[6] 幸運數字

8.　呈上題，您會希望將上述變數宣告為哪些基本資料型態呢？

9.　變數被宣告為 char 資料型態時，存入英文字母會存入哪一種編碼數值？

10.　每一個字元需要占用一個位元組，那麼在 C 語言中要保存字串常數 "How are you?" 需要使用幾個位元組？

11.　請問在 C 語言中，下列兩個敘述是否合法？若合法，其意義又為何？

```
int num1,num2;
num1=num2=5;
```

12.　下列哪些變數名稱是不合法的，請說明原因。

　　[1] AloHa97　　　　[2] _GAME　　　[3] 4D_World　　[4] 0086x　　　　[5] X+Y

13.　下列數值，哪一些應該使用浮點數資料型態？

　　[1]50　　　　　　[2]50.1　　　　　[3]18.01　　　　[4]3.1e-3

14.　在 C 語言中，宣告 long x; 與下列何者意義相同？

　　[1]int long　　　[2]double long　　[3]long int　　　[4]long double

15.　使用 Dev-C++（GCC）編譯 C 程式時，下列哪一項不是合法的變數宣告？

　　[1]float x;　　　　[2]float double x;　　　　[3]long float x;

　　[4]long double a;　　[5]unsigned long double x;

16.　C 語言採用 2 補數來存放負整數值，請問當宣告 int x;（假設 sizeof(x) 為 4），並執行下列兩種敘述後，x 的記憶體內容為何？請使用 16 進制來表達記憶體內容。

　　[1]x=1;　　　　　　[2]x=-1;

17. 經由下列運算，length 的整數值應該為多少？

```
int   length;
char a = 'e';
char b = 'o';
length = b - a;
```

18. 經由下列運算，請問 result1、result2 的值為多少？

```
float a=100,b=30,c=20,result1,result2;
result1=a+b+c;
result2=a/b/c;
```

19. 經由下列運算，請問 result 的值為多少？

```
int a=25,b=4;
int result=a/b;
```

20. 下列何者為真？

```
a = sizeof(int);
b = sizeof(unsigned short int);
c = sizeof(double);
d = sizeof(char);
```

[1] a > b > c > d   [2] d > c > b > a   [3] c > a > b > d

[4] c > a = b > d   [5] c > a > b = d

實作題

1. 假設 x,y,z 的初始值皆為 1，請預測下列運算式執行之後的變數 x,y,z 的值，並撰寫程式證明您的預測是正確的。

```
z = ++x-y++;
z = z + x++ + ++y;
```

2. 撰寫程式，以求出下列運算式的執行結果（假設 x,y,z 初始值為 3）。

```
z+=++x*y++;
```

3. 撰寫程式，求出下列 result 的值。

```
int    x;
float  y;
float  result;

x = 15;
y = 7.125;
result = (float)x/y;
```

4. 請先利用筆或計算機計算右列公式，求出 x 之值，然後再撰寫程式，求出右列數學公式 x 之值（請宣告適當的資料型態）。若發現兩者有所不同，則請修正運算式或資料型態。

$$a=2 \quad b=6 \quad c=4 \quad d=5 \quad e=6$$

$$x = \frac{b^2 - 4ac}{d + \dfrac{1}{2e}}$$

5. 下列是關於前置後置運算子的練習，請修正程式（改變其中一個運算子），使其符合執行結果。

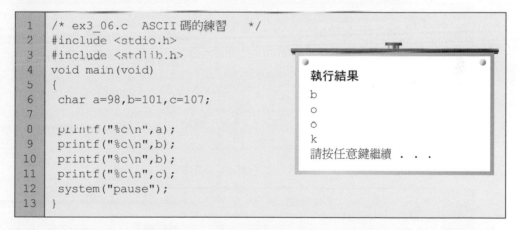

```
1   /* ex3_05.c    前置後置運算子 */
2   #include <stdio.h>
3   #include <stdlib.h>
4   void main(void)
5   {
6    int a=3,b=4,c=5;
7    a+=b*++c;
8    printf("a=%d\n",a);
9    printf("b=%d\n",b);
10   printf("c=%d\n",c);
11   system("pause");
12  }
```

執行結果
a=23
b=4
c=6
請按任意鍵繼續 . . .

6. 下列是關於字元編碼資料的程式，請修改其數值，使之符合執行結果。

```
1   /* ex3_06.c   ASCII 碼的練習    */
2   #include <stdio.h>
3   #include <stdlib.h>
4   void main(void)
5   {
6    char a=98,b=101,c=107;
7
8    printf("%c\n",a);
9    printf("%c\n",b);
10   printf("%c\n",b);
11   printf("%c\n",c);
12   system("pause");
13  }
```

執行結果
b
o
o
k
請按任意鍵繼續 . . .

7. 下列是關於 overflow 的示範程式，亦即當資料型態不足以存放資料時會產生非預期的效果。請修改資料型態的宣告，使之符合執行結果。

```
1   /* ex3_07.c   overflow 的練習    */
2   #include <stdio.h>
3   #include <stdlib.h>
4   void main(void)
5   {
6    short int a=30000,b=30000;
7    short int c;
```

執行結果
60000
請按任意鍵繼續 . . .

```
8    c=a+b;
9    printf("%d\n",c);
10   system("pause");
11  }
```

8. 下列是 underflow 的示範程式，亦即當精確度不足，將導致喪失完整的資料，請修改資料型態的宣告，使之符合執行結果。

```
1   /* ex3_08.c   underflow 的練習    */
2   #include <stdio.h>
3   #include <stdlib.h>
4   void main(void)
5   {
6    float a=3.3E-38;
7    float c=0;
8    c=a*a;
9    printf("%E\n",c);
10   system("pause");
11  }
```

執行結果
1.089000E-075
請按任意鍵繼續 . . .

9. 下列是資料型態轉換的範例，請修改程式碼，使之符合執行結果。

```
1   /* ex3_09.c   資料型態轉換的練習    */
2   #include <stdio.h>
3   #include <stdlib.h>
4   void main(void)
5   {
6    int a=4,b=5;
7    printf("%f\n",a/b);
8    system("pause");
9  }
```

執行結果
0.800000
請按任意鍵繼續 . . .

10. 下列是資料型態轉換的範例，請修改程式碼，使之符合執行結果。

```
1   /* ex3_10.c   字串轉整數的練習    */
2   #include <stdio.h>
3   #include <stdlib.h>
4   void main(void)
5   {
6    char *date="2012/1/1";
7
8    printf("%d 謠傳是世界末日的一年 \n",date);
9    system("pause");
10  }
```

執行結果
2012 謠傳是世界末日的一年
請按任意鍵繼續 . . .

基本的輸出與輸入

電腦除了內部的資料處理之外,必須藉由輸出與輸入裝置與外界產生互動。輸出與輸入裝置包含很多類型,例如:檔案、螢幕、印表機、鍵盤等等。在本章中,我們先介紹最常見的螢幕與鍵盤,透過螢幕,電腦可以將運算結果輸出,讓使用者看到運算結果;透過鍵盤的輸入,則可以取得使用者的輸入,使得程式根據輸入而產生變化。

在 C 語言中，對於標準輸出裝置 (stdout) 螢幕與標準輸入裝置 (stdin) 鍵盤的輸出入提供了不少的函式，其中最常用的則為輸出函式 printf( ) 及輸入函式 scanf( )。本章將針對這兩個函式詳加介紹。

4.1　printf()—C的格式化輸出函式

C 語言最常見的輸出函式為 printf( )，由 <stdio.h> 函式庫所提供。printf() 除了可以輸出簡單的字串之外，還可以先將要輸出的資料做格式化之後，再輸出到螢幕上。在前面章節中，我們已經使用過 printf() 函式了，使用 printf() 最簡單的方法，就是將字串（用雙引號『"』括起來）直接當做 printf( ) 函式的引數，螢幕即可輸出字串。

4.1.1 簡單的 printf() 使用方法

我們直接透過範例來說明 printf() 函式的簡易使用方法。

範例4-1 ch4_01.c（ch04\ch4_01.c）。

```
1   /*      檔名:ch4_01.c     功能:簡單的printf()     */
2   #include <stdio.h>
3   #include <stdlib.h>
4
5   void main(void)
6   {
7    printf(" 您好 .");
8    printf(" 歡迎學習 C 語言 .");
9    /*  system("pause");  */
10  }
```

執行結果
您好 . 歡迎學習 C 語言 .

在往後的範例中，我們都會將 system("pause"); 設定為註解。

範例說明

(1) 由執行結果很容易會發現一個現象，printf( ) 輸出的兩個字串都列印在同一行，這是由於未指定輸出換行字元的緣故。因此當第一個字串輸出之後，游標仍停留在字串尾端而非下一行，而第二個字串便直接顯示在游標停止之處，因此就與第一個字串相連在一起了。由於『換行』其實就是對游標的一種控制，算是一種跳脫字元，而非一個可見文字。C 語言將換行控制字元指定為『\n』，若 printf( ) 看到字串中出現『\n』時，就會自動將螢幕游標移往下一行。

(2) 我們將第 9 行改為註解的用意是為了避免作業系統的指令輸出與 ch4_01.c 的 printf 輸出混為一談，在往後的範例中，我們都會將 system("pause"); 設定為註解，讀者如果擔心程式一執行完畢就返回 IDE 的話，可以將此註解符號取消。

範例4-2 ch4_02.c（ch04\ch4_02.c）。

```
1    /*      檔名:ch4_02.c      功能:\n 的練習              */
2
3    #include <stdio.h>
4    #include <stdlib.h>
5
6    void main(void)
7    {
8     printf(" 您好 .\n");
9     printf(" 歡迎學習 C 語言 .");
10    /*  system( "pause" );  */
11   }
```

執行結果
您好 .
歡迎學習 C 語言 .

範例說明

　　這次我們在第 8 行加入了『\n』控制字元，所以執行結果會將字串分為兩行來顯示。除了『\n』之外，在 C 語言中還定義了許多的控制字元，我們將在接下來的小節中陸續介紹。

小試身手 4-1

請將範例 4-2 第 8 行的『\n』控制字元移到第 9 行 printf() 字串的第一個字元，使第 9 行成為『printf("\n 歡迎學習 C 語言 .");』，然後編譯執行，看看是否能達到與範例 4-2 相同的效果？

4.1.2 printf() 語法

　　printf() 除了簡單輸出字串的方法之外，也提供了格式化輸出功能，並且我們可以透過控制符號，來設計我們想要的輸出格式，printf() 就會自動把資料輸出成符合我們要求的格式。

printf() 語法

```
#include <stdio.h>                    /*  使用 printf() 必須載入 stdio.h 標頭檔  */
int printf(const char *format[,argument,…]);
```

註　printf() 函式會回傳一個整數，但一般使用時大多不會去接收這個回傳的整數。

printf() 函式的引數分為兩區域：**輸出字串格式化區域**與**輸出變數區**。

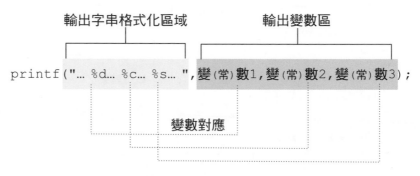

圖 4-1　printf 函式示意圖

(1) 輸出字串格式化區域

　　本區域內容由一般字元與『%』字元組成，一般字元會忠實地顯示於螢幕上（跳脫字元則產生效果），而『%』字元代表一個『%』符號後面跟隨某些已經定義好的字元，例如：『%c』、『%d』等等，此類字元則會依據輸出變數區的變數之變數值決定要輸出什麼資料。並且『%』後面所接的字元具有特殊意義，例如『%c』代表輸出字元，『%d』代表輸出整數。

(2) 輸出變數區

　　本區域存放 0 個以上的變數，視輸出字串格式化區域中，包含有多少個『%』字元而決定本區域的變數數目。並且這些變數將與『% 字元』以一對一的方式對應，因此，您應該根據本區域的變數，選擇適當的『% 字元』格式。

4.1.3 魔術『%』

　　在輸出字串格式化區域中，凡是以『%』為開頭的字元，其實就是代表某種特殊的資料規格，例如：%d 代表將相對應的變數，以整數的方式來表現。事實上，這個特殊的『d』稱之為**格式化符號**。

　　『%』後面所接的格式，並不只單一個字元，其完整格式如下，我們將在本節中說明各參數的意義及組合變化。

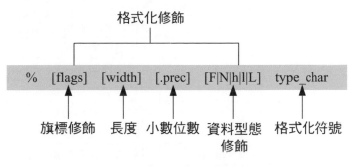

圖 4-2『%』格式示意圖

註　木書的語法規則中，若使用 [ ] 者，代表該選項可有可無。

參數	選擇／必要	功能
[flags]	可選擇	用做正負號、左右對齊之控制。
[width]	可選擇	指定欄位寬度（可以與 .prec 搭配使用）
[.prec]	可選擇	指定小數位數及字串長度
[F|N|h|l|L]	可選擇	重新修飾資料型態
type_char	必要	配合變數資料型態，用來指定輸出格式，例如：%c、%d、%f 等等。

表 4-1　printf() 的格式化參數

type_char（格式化符號）

　　type_char（格式化符號）是最重要的一個參數，不可省略。我們應該依據對應的變數或常數的資料型態決定要選用哪一種的格式化符號，例如：輸出浮點數時使用『f』格式化符號，也就是『%f』。各種格式化符號細節如下表：

分類	%type_char	傳入之引數型態	輸出格式
字元類	%c	char	字元
	%s	char *（即字串）	字串
	%%	無	輸出『%』字元
整數類	%d、%i	int	十進位整數（signed int）
	%o	int	八進位整數（unsigned int，前面不含 0）
	%u	int	無正負號十進位整數（unsigned int）
	%x	int	小寫十六進位的整數（unsigned int）
	%X	int	大寫十六進位的整數（unsigned int）
浮點數類	%f	float、double	浮點數（有效位數 6 位數）
	%e	float、double	以科學符號 e 表示的浮點數（有效位數 6 位數）
	%E	float、double	以科學符號 E 表示的浮點數（有效位數 6 位數）
	%g	float、double	以輸入值的精確度自動決定使用 %f 或 %e 輸出數值，小數以後多餘的 0 捨棄。
	%G	float、double	以輸入值的精確度自動決定使用 %f 或 %E 輸出數值，小數以後多餘的 0 捨棄。
指標類	%p	指標	指標位址
	%n	int 指標	回傳 %n 前一字元的輸出位置（也就是字元數）

表 4-2　printf()- 格式化符號參數

 註 無限大的浮點數會輸出 INF 或 -INF。

範例4-3 ch4_03.c（ch04\ch4_03.c）。

```
1   /*  檔名 :ch4_03.c      功能 :printf() 格式化符號   */
2
3   #include <stdio.h>
4   #include <stdlib.h>
5
6   void main(void)
7   {
8    int ch1 = 65;
9    char ch2='A';
10   char *str1="Hello!";
```

```
11    int data1 = 123456;
12    int data2 = -45678;
13    float f1,f2,sum;
14    int count;
15    f1 = 3.1415926;
16    f2 = 1.41421;
17    sum = f1 + f2;
18
19    printf("%%c 格式 %c\n",ch1);
20    printf("%%c 格式 %c\n",ch2);
21    printf("%%s 格式 %s\n",str1);
22    printf("--------------------\n");
23    printf("%%d 格式 %d  %%i 格式 %i\n",data1,data2);
24    printf("%%o 格式 %o\n",data1);
25    printf("%%u 格式 %u  %%u 格式 %u\n",data1,data2);
26    printf("%%x 格式 %x  %%X 格式 %X\n",data1,data1);
27    printf("--------------------\n");
28    printf("%%f 格式 %f\n",f1);
29    printf("%%c 格式 %e  %%E 格式 %E\n",f2,f2);
30    printf("--------------------\n");
31    printf("%%g 格式 %g  %%G 格式 %G\n",sum,sum);
32    printf("%%p 格式 %p\n",str1);
33    printf("123%n\n",&count);
34    printf("conut 為 %d\n",count);
35    /*  system("pause");  */
36  }
```

連續出現的『%%』，會視為顯示『%』字元。

%d 與 %i 都可以顯示整數（正負整數），一般我們常用的是 %d。

%e 與 %E 都會以科學記號方式表示浮點數，其差別在於科學記號 E 的大小寫。

執行結果

```
%c 格式 A
%c 格式 A
%s 格式 Hello!
--------------------
%d 格式 123456  %i 格式 -45678
%o 格式 361100
%u 格式 123456  %u 格式 4294921618
%x 格式 1e240  %X 格式 1E240
--------------------
%f 格式 3.141593
%e 格式 1.414210e+000  %E 格式 1.414210E+000
--------------------
%g 格式 4.5558  %G 格式 4.5558
%p 格式 00401210
123
conut 為 3
```

ch1 是數字 65，但若使用『%c』來顯示的話，則會依照 ASCII 的 'A' 來顯示字元。

%x 與 %X 都會依照 16 進制來表示數值，其差別在於『a~f』的大小寫。

→ 範例說明

(1) 第 25 行 ，『%u』只會顯示正整數，若填入負整數，則會將之視為正整數來顯示，例如：-45678 的 2′s 補數表示法為『1111 1111 1111 1111 0100 1101 1001 0010』，所以視為正數時，則為『4294921618』，因此若是負數，請用『%d』或『%i』。

(2) 第 31 行 ，『%g』與『%G』會刪除小數點末端多餘的 0。

(3) 第 32 行 ，『%p』會將該變數在記憶體的位址印出。

(4) 第 33 行，由於只列印 3 個字元，並使用『%n』指定 count 的值，因此 count 的值為『3』。

[width][.prec]（資料寬度及小數點位數）

width 為輸出資料的寬度，prec 則為精準度(precision)，其實也就是小數的位數。此兩個參數可有可無，並且可以互相搭配產生多種變化。請見以下說明：

(1) 當格式化符號屬於整數類型（例如：%d、%X）或字元型態（%c）時，prec 參數不會發生作用。

(2) 當格式化符號為浮點數類型（例如：%f、%g）時，prec 可以用來指定小數點後面要輸出多少位數。

(3) 當格式化符號屬於字串類型(例如：char *)時，輸出格式會以 prec 來切割字串。

[width]	輸出格式
n	最少輸出 n 個字元，若輸出的值少於 n 個字元，則前面會補上空白，使得寬度維持在 n。
0n	最少輸出 n 個字元，若輸出的值少於 n 個字元，則前面會補上 0，使得寬度維持在 n。
*	間接使用星號指定欄寬。
【註】：n 為數值，* 代表傳入參數時，間接指定修飾字的值。	

表 4-3　printf()-[width] 參數

範例4-4 ch4_04.c（ch04\ch4_04.c）。

```
1  /*      檔名:ch4_04.c     功能 :printf()[width] 參數      */
2
```

```
3    #include <stdio.h>
4    #include <stdlib.h>
5
6    void main(void)
7    {
8     int data1=1234;
9     float data2 = 45.67;
10
11    printf("           ==>123456789\n");              /* 對齊資料之用 */
12    printf("           ---------\n");
13    printf(" %%3d 格式 ==>%3d\n",data1);
14    printf(" %%6d 格式 ==>%6d\n",data1);
15    printf("%%03d 格式 ==>%03d\n",data1);
16    printf("%%06d 格式 ==>%06d\n",data1);
17    printf(" %%*d 格式 ==>%*d\n",5,data1);
18    printf("==================================\n");
19    printf("           ==>1234567890123456789\n");  /* 對齊資料之用 */
20    printf("           --------------------\n");
21    printf(" %%15f 格式 ==>%15f\n",data2);
22    printf("%%015f 格式 ==>%015f\n",data2);
23    printf("  %%*f 格式 ==>%*f\n",12,data2);
24    /*  system("pause");  */
25    }
```

➡ 執行結果

```
          ==>123456789
          ---------
%3d 格式 ==>1234
%6d 格式 ==>  1234
%03d 格式 ==>1234
%06d 格式 ==>001234
%*d 格式 ==>  1234
==================================
          ==>1234567890123456789
          --------------------
%15f 格式 ==>      45.669998
%015f 格式 ==>00000045.669998
  %*f 格式 ==>  45.669998
```

> data1 共有 4 位數『1234』，所以 %3d 與 %03d 都只會顯示完整的數值。當指定超過 4 位數時，就會產生變化，例如：%6d 會在數值前面補上 2 個空白，%06d 會在數值前面補上 2 個 0。

> data2 是浮點數（預設小數位數為 6），當指定為 %15f 時，會在前面補上 6 個空白（15-2-1-6=6），當指定為 %015f 時，會在前面補上 6 個 0。

➡ 範例說明

(1) 第 17 行，*d 由輸入的『5』，決定了輸出 5 位數。

(2) 第 23 行，*f 由輸入的『12』，決定了輸出 12 個數字（含小數點）。

[.prec]	輸出格式
無（預設值）	小數點位數之系統預設值如下： %d、%i、%o、%u、%x、%X：預設值為 0。 %f、%e、%E：預設為輸出小數點 6 位。 %g、%G：預設為輸出全部小數點位數（但最後多餘的 0 會去除）。 %s：預設輸出 '\0' 之前的所有字元。 %c：無作用。
.0	%d、%i、%o、%u、%x、%X：使用系統的精確度。 %f、%e、%E：不輸出小數部分。
.n	%s：輸出 n 個字元，若原始字串超過 n 個字元，則會被裁減。 %f、%e、%E：輸出小數點 n 位（會保留小數最後面多餘的 0）。 %g、%G：輸出至少 n 個數字。
*	設定位數精準度。
註：n 為數值，* 代表傳入參數時，間接指定修飾字的值。	

表 4-4　printf()-[.prec] 參數

範例 *4-5*　ch4_05.c（ch04\ch4_05.c）。

```
1    /*      檔名:ch4_05.c      功能:printf()[.prec] 參數      */
2
3    #include <stdio.h>
4    #include <stdlib.h>
5
6    void main(void)
7    {
8     int data1=1234;
9     float data2 = 45.6789;
10    double data3 = 78.900000;
11    char *str1="Hello!";
12
13    printf("    %%d 格式 ==>%d\n",data1);
14    printf("    %%f 格式 ==>%f\n",data2);
15    printf("    %%g 格式 ==>%g\n",data3);
16    printf("    %%s 格式 ==>%s\n",str1);
17    printf("================================\n");
18    printf("          ==>1234567890123456789\n");   /* 對齊資料之用 */
19    printf("            -------------------\n");
```

```
20    printf("%%.0d 格式 ==>%.0d\n",data1);
21    printf("%%.0f 格式 ==>%.0f\n",data2);
22    printf("================================\n");
23    printf("          ==>1234567890123456789\n");   /* 對齊資料之用 */
24    printf("          -------------------\n");
25    printf("%%.3s 格式 ==>%.3s\n",str1);
26    printf("%%.1f 格式 ==>%.1f\n",data2);
27    printf("%%.5f 格式 ==>%.5f\n",data2);
28    printf("%%.1g 格式 ==>%.1g\n",data3);
29    printf("%%.5g 格式 ==>%.5g\n",data3);
30    printf("================================\n");
31    printf("          ==>1234567890123456789\n");   /* 對齊資料之用 */
32    printf("          -------------------\n");
33    printf("%%.*f 格式 ==>%.*f\n",3,data2);
34    /*  system("pause");  */
35  }
```

● 執行結果

```
%d 格式 ==>1234
%f 格式 ==>45.678902
%g 格式 ==>78.9
%s 格式 ==>Hello!
================================
          ==>1234567890123456789
          -------------------
%.0d 格式 ==>1234          『.0d』與『.0f』都不會輸出小數位數。
%.0f 格式 ==>46
================================
          ==>1234567890123456789
          -------------------          『.3s』會將 "Hello" 剪裁為 3 個字元輸出。
%.3s 格式 ==>Hel
%.1f 格式 ==>45.7          『.1f』只會輸出一位小數。
%.5f 格式 ==>45.67890       『.5f』會輸出五位小數。
%.1g 格式 ==>8e+001
%.5g 格式 ==>78.9          『.1g』只會輸出一位數。
================================     『.5g』會輸出五位數，但小數後
          ==>1234567890123456789      面多餘的 0 會被刪除。
          -------------------
%.*f 格式 ==>45.679
```

● 範例說明

(1) 第 13~16 行沒有設定 [.prec] 參數，所以會照預設值來顯示，例如浮點數的小數位數為 6 位。

(2) 第 33 行『.*』會依照輸入指定小數位數，在本例中，指定小數位數為『3』位。

範例4-6 ch4_06.c（ch04\ch4_06.c）。

```
1   /*      檔名:ch4_06.c    功能:[width][.prec] 參數      */
2
3   #include <stdio.h>
4   #include <stdlib.h>
5
6   void main(void)
7   {
8    float data1=123.4;
9    float data2 = 45.678;
10   float data3 = 0.92;
11
12   printf("data1==>%09.5f\n",data1);
13   printf("data2==>%09.5f\n",data2);
14   printf("data3==>%09.5f\n",data3);
15   /*  system("pause");  */
16  }
```

執行結果
data1==>123.40000
data2==>045.67800
data3==>000.92000

➡ 範例說明

(1) 這是 [width] 與 [.prec] 參數合作的範例，可以用來對齊浮點數資料。

(2) 『09.5f』代表共有 9 個字元（含小數點），並且小數位數固定為 5 位。不足的整數部分前面會補 0，不足的小數位數後面也會補 0。

[flags]（正負旗標修飾）

flags 參數可有可無，並且除了可以單獨設定某一個參數之外，還可以重複設定其他參數值。此外，除了『-』號之外，其餘參數值只會對於數字資料發生作用。參數值說明如下：

[flags]	輸出格式
-	與 width 合作定義對齊方式。由於系統內定的資料對齊為靠右對齊，未達欄位寬度時，會在左邊補上空白或 0（如之前的範例），而將 flags 參數設為『-』，則可以將對齊方式改為靠左對齊，並以空白補齊右邊的空位。
+	將 flags 參數設為『+』，則不論是正數或負數都會在左邊出現『+』或『-』。
空白（blank）	輸出為正數時，數值前面以空白代替正號『+』，若同時出現『+』與空白參數值，則『+』優先權較高（也就是正數仍會印出『+』）。

[flags]	輸出格式
#	要求完整呈現所有的數值位數。當遇上『%o』時（也就是 %#o）會在數值前加上一個 0，以代表 8 進位。當遇上『%x』時（也就是 %#x）會在數值前加上一個 0x，以代表 16 進位。若遇上『%f、%e、%E、%g %G』，即使設定了不含小數位數（例 %#.0f），仍舊會保留小數點。當遇上『%g、%G』時還會將原本要去除的小數尾數 0 給保留下來。

表 4-5　printf()-[flags] 參數

範例4-7　ch4_07.c（ch04\ch4_07.c）。

```
1    /*      檔名:ch4_07.c      功能:[flags] 參數      */
2
3    #include <stdio.h>
4    #include <stdlib.h>
5
6    void main(void)
7    {
8     int var1=5555,var2=6666,var3=7777;
9     float data1=123.4,data2 =-45.678,data3 = 0.92000;
10
11    printf("%-10f<==data1\n",data1);
12    printf("%-10f<==data2\n",data2);
13    printf("%-10f<==data3\n",data3);
14    printf("--------------------\n");
15    printf("data1==>%+.5f\n",data1);
16    printf("data2==>%+.5f\n",data2);
17    printf("data3==>%+.5f\n",data3);
18    printf("--------------------\n");
19    printf("data1==>% .5f\n",data1);
20    printf("data2==>% .5f\n",data2);
21    printf("data3==>% .5f\n",data3);
22    printf("--------------------\n");
23    printf("data1==>%#g\n",data1);
24    printf("data2==>%#g\n",data2);
25    printf("data3==>%#g\n",data3);
26    printf("--------------------\n");
27    printf("var1==>%#x\n",var1);
28    printf("var2==>%#x\n",var2);
29    printf("var2==>%#x\n",var2);
30    printf("--------------------\n");
31    printf("%-#10g<==data1\n",data1);
32    printf("%-#10g<==data2\n",data2);
33    printf("%-#10g<==data3\n",data3);
34    /*  system("pause");  */
35   }
```

執行結果
```
123.400002<==data1
-45.678001<==data2
0.920000   <==data3
--------------------
data1==>+123.40000
data2==>-45.67800
data3==>+0.92000
--------------------
data1==> 123.40000
data2==>-45.67800
data3==> 0.92000
--------------------
data1==>123.400
data2==>-45.6780
data3==>0.920000
--------------------
var1==>0x15b3
var2==>0x1a0a
var3==>0x1e61
--------------------
123.400    <==data1
-45.6780   <==data2
0.920000   <==data3
```

⊙ 範例說明

(1) 第 11~13 行，由於設定了『-』，因此原本 10 個字元會靠左對齊，並且不夠的字元會以空白加以補齊。

(2) 第 15~17 行，由於設定了『+』，因此不論是正數或負數都會印出正負號。

(3) 第 19~21 行，由於設定了空白『 』，因此，負號會印出負號，正號則會出現空白一格。

(4) 第 23~25 行，由於設定了『#』，因此，所有的位數都會完整印出，並且小數尾端的 0 也被保留。

(5) 第 27~29 行，由於設定了『#』，因此 16 進制會以『0x』為開頭表示。

(6) 第 31~33 行，由於同時設定了『-』與『#』，因此不但會保留小數尾端的 0，同時會靠左對齊，並且不夠的字元會以空白加以補齊。

[F|N|h|l|L]（資料型態修飾）

[F|N|h|l|L] 資料型態修飾可以用來指定 printf() 函式應該使用哪一種資料型態來顯示傳入的變數值，例如：short int。參數值說明如下：

[F|N|h|l|L]	格式化符號	輸出格式
F	%p、%s	遠指標（far pointer）
N	%n	近指標（near pointer）
h	%d、%i、%o、%u、%x、%X	short int
	%c、%C	單位元組字元
	%s、%S	單位元組字串
l	%d、%i、%o、%u、%x、%X	long int
	%e、%E、%f、%g、%G	double
	%c、%C	單位元組字元
	%s、%S	單位元組字串
L	%d、%i、%o、%u、%x、%X	long double
	%e、%E、%f、%g、%G	__int64（若支援）
【註】：本書的語法規則中，若使用『|』者，代表『或』。		

表 4-6 printf()-[F|N|h|l|L] 參數

範例4-8 ch4_08.c（ch04\ch4_08.c）。

```
1   /*     檔名:ch4_08.c     功能:[F|N|h|l|L] 參數     */
2
3   #include <stdio.h>
4   #include <stdlib.h>
5
6   void main(void)
7   {
8    int var1=0x281a820e;
9
10   printf("var1==>%#8x\n",var1);
11   printf("var1==>%#8hx\n",var1);
12   /*  system("pause");  */
13  }
```

執行結果
var1==>0x281a820e
var1==> 0x820e

範例說明

(1) var1 宣告為 int（4 個位元組），並指定其值為『281a820e』（16 進制表示法）。

(2) 第 11 行使用參數『h』指定重新以 short int 來顯示資料（即 2 個位元組），所以顯示結果恰好剩下後半部（820e）。

4.1.4 在 printf() 中使用跳脫字元

在前面我們曾經介紹 ASCII 定義了許多跳脫字元，這些跳脫字元無法由鍵盤以圖文方式輸入，但是卻會產生某些效果，例如：\n（換行）、\a（響鈴）。而我們可以利用輸出函式來展現其效果，例如：使用 printf() 函式，並將跳脫字元加入其中，如下所示。

```
printf("……\n\n");
```

上述 printf 函式會在字串最後產生換兩行的效果。跳脫字元表如下所列：

跳脫字元	效果
\a	響鈴（Bell）
\b	退格一格（Backspace）
\f	通知印表機，資料由下一頁開始列印（Format）
\n	換行 (Newline)
\r	回到該行第一格 (Carriage Return)
\t	水平跳格，與 tab 鍵作用相同 (Tab)

跳脫字元	效果
\v	垂直跳格（Vertical tab）
\0	空字元 (Null)
\\	印出斜線符號『\』
\'	印出單引號『'』
\"	印出雙引號『"』
\?	印出問號『?』
\0	0 為 8 進制數字（最多 3 位數）
\xH	xH 為小寫 16 進制數字（最多 2 位數）
\XH	XH 為大寫 16 進制數字（最多 2 位數）

表 4-7　跳脫字元表

範例4-9 ch4_09.c（ch04\ch4_09.c）。

```
1    /*     檔名 :ch4_09.c     功能：跳脫字元           */
2
3    #include <stdio.h>
4    #include <stdlib.h>
5
6    void main(void)
7    {
8     printf("12345678901234567890\n");
9     printf("Hello\n");
10    printf("\tHello\n");
11    printf("\t\tHello\n");
12    printf("\t\rHello\n");
13    /*  system("pause");  */
14   }
```

執行結果

```
12345678901234567890
Hello              『\t』會間隔 8 個字元。
      Hello
              Hello
Hello
              『\t\t』會間隔 16 個字元。
```

範例說明

(1) 第 9 行，最後面『\n』會產生換行。

(2) 第 10 行，『\t』會間隔 8 個字元。

(3) 第 11 行，『\t\t』會間隔 16 個字元。

(4) 第 12 行，『\t』會間隔 8 個字元，但是又遇到『\r』所以退回第一個字元位置。

小試身手 4-2

請透過程式輸出一個三條線臉譜如下：

```
(\\\o   o   )
(     -      )
```

4.2 scanf()—C的格式化輸入函式

相對於 printf() 輸出函式，C 所提供的格式化輸入函式則是 scanf()，使用 scanf，同樣必須載入 <stdio.h> 函式庫。

4.2.1 scanf() 語法

scanf() 在 <stdio.h> 函式庫中的定義如下：

scanf() 語法

```
#include <stdio.h>                    /* 使用 scanf() 必須載入 stdio.h 標頭檔 */
int scanf(const char *format[,address,…]);
```

 註　scanf() 函式會回傳一個整數，但一般使用時大多不會去接收這個回傳的整數。此外，scanf() 函式要求將輸入值儲存在某一個變數中，而該變數必須提供記憶體位址給 scanf()，表示變數的記憶體位址必須使用『& 變數名稱』。

scanf() 函式的參數分為兩區域：**輸入字串格式化區域**與**輸入變數位址區**。

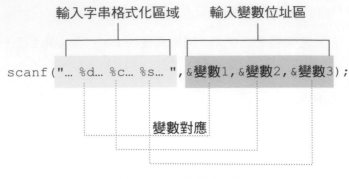

圖 4-3　scanf 函式示意圖

(1) 輸入字串格式化區域：

本區域決定輸入變數的資料格式，並與輸入變數位址區的變數一一對應。

(2) 輸入變數位址區：

由於 scanf 要求把輸入值填入變數在記憶體中的位址，因此必須提供變數在記憶體中的位址。取出變數記憶體位址使用的語法為『& 變數名稱』（若是字串指標，則直接指定即可）。

4.2.2 魔術『%』

和 printf() 類似，scanf 也使用『%』為開頭（稱為格式化符號）來表示某種特殊的資料規格，用以格式化輸入資料。例如：%d 代表將輸入的字元，以整數型態指定給對應的變數位址。

scanf() 的格式化符號與 printf() 格式化符號的語法有一點點的不一樣，其完整格式如下。

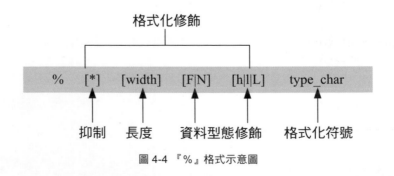

圖 4-4　『%』格式示意圖

參數	選擇／必要	功能
[*]	可選擇	抑制格式化符號，使得雖然 scanf 可取得相對應的資料，但是卻不會真的存入記憶體位址。
[width]	可選擇	指定輸入欄位寬度。
[F|N]	可選擇	重新修飾資料型態。
[h|l|L]	可選擇	重新修飾資料型態。
type_char	必要	配合變數資料型態，用來指定輸入的數值要以哪一種格式填入變數位址，例如：%c、%d、%f 等等。

表 4-8　scanf()- 格式化符號參數

type_char（格式化符號）

type_char（格式化符號）是最重要的一個參數，不可省略。其種類與 printf() 相同。

範例*4-10*　ch4_10.c（ch04\ch4_10.c）。

```
1   /*      檔名 :ch4_10.c      功能 :scanf() 格式化符號      */
2
3   #include <stdio.h>
4   #include <stdlib.h>
5
6   void main(void)
7   {
8    char ch1;
9    int data1;
10   float f1;
11   char *str1=(char *)malloc(sizeof(char)); /* malloc 請參閱 8.7 節 */
12   printf(" 請輸入字元，字串，整數，浮點數 ( 使用 Enter 加以間隔 )\n");
13   scanf("%c%s%d%f",&ch1,str1,&data1,&f1);
14
15   printf("====== 正在輸出 ======\n");
16   printf("ch1=%c\n",ch1);
17   printf("str1=%s\n",str1);
18   printf("data1=%d\n",data1);
19   printf("f1=%f\n",f1);
20   /*  system("pause");  */
21  }
```

> 將 str1 宣告為指標字串，為了避免不必要的錯誤，我們使用了 malloc 函式，在此，您先不用管這些原因為何，我們會在後面章節中陸續解釋。目前您暫時只需要知道宣告指標字串時，應該用如此的格式即可。

⊙ 執行結果

```
請輸入字元 , 字串 , 整數 , 浮點數 ( 使用 Enter 加以間隔 )
T
Hello
123
567.123
====== 正在輸出 =======
ch1=T
str1=Hello
data1=123
f1=567.122986
```

> 粗體文字為使用者透過
> 鍵盤輸入的資料。

⊙ 範例說明

(1) 當要求輸入多個變數值的時候，scanf 會自動以『空白』、『\t』、『\n』字元等當做分隔點。本例中，我們使用的是【Enter】所造成的『\n』字元。

(2) str1 由於是字串，並且以指標方式加以宣告，因此本身就是一個位址（詳見指標一章），因此不需要使用『&』來取變數位址。其餘的**整數、浮點數、字元變數**則需要使用取址運算子『&』來取得變數位址。

[width]（指定輸入資料的寬度）

width 參數會告知 scanf() 函式，應該讀取多少長度的輸入資料。

範例4-11 ch4_11.c（ch04\ch4_11.c）。

```
1   /*      檔名 :ch4_11.c     功能 :[width] 參數      */
2
3   #include <stdio.h>
4   #include <stdlib.h>
5
6   void main(void)
7   {
8    int data1;
9
10   printf(" 請輸入整數 :");
11   scanf("%4d",&data1);
12   printf("====== 正在輸出 =======\n");
13   printf("data1=%d\n",data1);
14   /*  system("pause");  */
15  }
```

> **執行結果**
> 請輸入整數 :**56789**
> ===== 正在輸出 ======
> data1=5678

範例說明

　　雖然我們輸入了『56789』，但由於 scanf() 函式中指定了 [width] 參數為『4』，所以變數 data1 實際取得的值為前 4 位數。也就是『5678』。而最後一個『9』可能會成為標準輸入緩衝區中的垃圾，此時，應該使用 fflush(stdin) 函式來加以清除。

[*]（抑制格式化符號）

　　* 參數會使得輸入的資料無法存入變數所佔用的記憶體空間。

範例4-12 ch4_12.c（ch04\ch4_12.c）。

```
1   /*       檔名:ch4_12.c     功能:[*] 參數      */
2
3   #include <stdio.h>
4   #include <stdlib.h>
5
6   void main(void)
7   {
8    int data1=1234;
9
10   printf(" 請輸入整數 data1 的值:");
11   scanf("%*d",&data1);
12   printf("====== 正在輸出 ======\n");
13   printf("data1=%d\n",data1);
14   /*  system("pause");  */
15  }
```

執行結果
請輸入整數 data1 的值:56789
====== 正在輸出 ======
data1=1234

範例說明

　　雖然我們輸入了『56789』，但是由於設定了『*』，所以 scanf() 並不會將之存入變數 data1 的記憶體位址中，所以 data1 的值仍是『1234』。

[F|N]、[h|l|L]（資料型態修飾）

　　scanf() 的 [F|N]、[h|l|L] 與 printf() 的 [F|N|h|l|L] 類似，也是用來修飾資料型態，F 可以改寫遠指標的預設值，N 可以改寫近指標的預設值。而 h 代表 short、l 代表 long 或 double、L 代表 long double，請看以下的範例，就很容易可以瞭解這些參數的作用。

範例4-13 ch4_13.c（ch04\ch4_13.c）。

```
1   /*      檔名:ch4_13.c      功能:[h|l|L] 參數      */
2
3   #include <stdio.h>
4   #include <stdlib.h>
5
6   void main(void)
7   {
8     int var1=0,var2=0;
9
10    printf(" 請用 16 進制輸入 var1 的值 :");
11    scanf("%x",&var1);
12    printf(" 請用 16 進制輸入 var2 的值 :");
13    scanf("%hx",&var2);
14    printf("var1==>%#x\n",var1);
15    printf("var2==>%#x\n",var2);
16    /*  system("pause");  */
17  }
```

執行結果
請用16進制輸入var1的值:**5a4f3eb2**
請用16進制輸入var2的值:**5a4f3eb2**
var1==>0x5a4f3eb2
var2==>0x3eb2

⊃ 範例說明

　　雖然我們兩次都輸入了『5a4f3eb2』，但是由於第 13 行設定了『h』參數，所以只會將後半部以 short int 方式指定給 var2，在列印結果中，可以很明顯地看到這個現象。而事實上，C 語言在宣告變數時，並不會自動做初始變數的動作，因此若將第 8 行改寫為『int var1,var2;』，則可以明顯看到 var2 後半部 2 個位元組被置換，而前半部則不會改變。

4.3 ANSI C所提供的其他輸出入函式

　　除了 printf() 與 scanf() 之外，ANSI C 語言的 <stdio.h> 函式庫還提供了許多好用的輸出入函式，在本節中，我們將這些函式的語法列出，並以範例來加以說明。

4.3.1 getchar() 與 putchar()

函式	引入標頭檔	說明
getchar()	<stdio.h>	由標準輸入裝置（鍵盤）取得單一字元（輸入完畢後，需要按【Enter】鍵）
putchar()	<stdio.h>	輸出單一字元到標準輸出裝置（螢幕）。

表 4-9　getchar() 與 putchar() 輸出入函式

【語　法】

```
#include <stdio.h>
int getchar(void);          /* 回傳值為輸入字元，失敗時回傳 EOF */
int putchar(int c);         /* 輸出字元 c，失敗時回傳 EOF */
```

範例4-14 ch4_14.c（ch04\ch4_14.c）。

```
1    /*      檔名:ch4_14.c     功能:getchar 函式與 putchar 函式      */
2
3    #include <stdio.h>
4    #include <stdlib.h>
5
6    void main(void)
7    {
8     char ch1='k';
9
10    printf(" 原始字元是 ");
11    putchar(ch1);
12    printf("\n 請輸入一個字元:");
13    ch1=getchar();
14    printf(" 您所輸入的字元 :%c\n",ch1);
15    /*   system("pause");   */
16   }
```

執行結果
原始字元是 k
請輸入一個字元 :e
您所輸入的字元 :e

● 範例說明

(1) 第 11 行透過 putchar(ch1) 輸出單一字元 ch1，此時 ch1 的內容是 'k'。

(2) 執行結果的第一個『e』是我們輸入的字元，由 getchar() 函式將之傳給 ch1 變數，第二個『e』則是 putchar() 函式輸出 ch1 字元。

4.3.2 puts() 與 gets()

函式	引入標頭檔	說明
puts()	<stdio.h>	輸出字串到標準輸出裝置（螢幕），並且自動產生一個換行。
gets()	<stdio.h>	從標準輸入裝置（鍵盤）讀入一個字串。

表 4-9　puts() 與 gets() 輸出入函式

【語　法】

```
標頭檔 :#include <stdio.h>
int puts(const char *s);      /*   將字串 s 輸出到螢幕上   */
char *gets(char *s);          /*   將輸入的字串儲存到 s   */
```

範例 4-15 ch4_15.c（ch04\ch4_15.c）。

```
1   /*      檔名 :ch4_15.c       功能 :puts 函式      */
2
3   #include <stdio.h>
4   #include <stdlib.h>
5
6   void main(void)
7   {
8    char *str1="Hello!";
9    char *str2="Welcome!";
10
11   puts(str1);
12   puts(str2);
13   /*  system("pause");   */
14  }
```

執行結果

Hello!
Welcome!

> puts() 函式執行完畢時，會自動換行。

➡ 範例說明

　　第 11 行與第 12 行分別利用 puts() 函式輸出字串 str1、str2。請注意，當 puts() 函式執行完畢時，會自動換行，所以字串中不必出現 \n 換行字元。

範例 4-16 ch4_16.c（ch04\ch4_16.c）。

```
1   /*      檔名 :ch4_16.c       功能 :gets 函式        */
2
3   #include <stdio.h>
4   #include <stdlib.h>
5
6   void main(void)
7   {
8    char str1[]="";
9    char *str2=" 您所輸入的字串如下 :";
10
11   printf(" 請輸入一個字串 :\n");
12   gets(str1); /* 不建議使用 gets*/
13   puts(str2);
14   puts(str1);
15   /*  system("pause");   */
16  }
```

執行結果

請輸入一個字串 :
I love C language
您所輸入的字串如下 :
I love C language.

● 範例說明

第 12 行的 gets(str1) 可以接收一個字串輸入，並將之儲存在 str1 字串中。不過，我們**強烈建議**不要使用 gets() 輸入字串，因為 gets() 並不會考慮輸入字串是否大於它所擁有的記憶體配置空間，所以當使用者所輸入的字串大於所配置的記憶體時，將可能會出錯。（事實上，許多編譯器也都將 gets 函式視為有問題的函式。）所以我們建議使用 fgets() 來代替 gets() 函式，請見下一個範例。

4.3.3 fgets() 與 fputs()

函式	引入標頭檔	說明
fgets()	\<stdio.h\>	從檔案或鍵盤讀入一個字串。
fputs()	\<stdio.h\>	輸出字串到檔案或螢幕上，不會自動產生換行。

表 4-10　fgets() 與 fputs() 輸出入函式

fgets( )－從檔案串流中，讀出一段文字

【語　法】

```
標頭檔：#include <stdio.h>
語法：char *fgets(char *s, int size, FILE *stream);
功能：由檔案中讀取一個字串。
```

【說　明】

(1) 回傳值：當回傳值等於 string，代表讀取成功；當回傳值等於 NULL 時，則代表檔案讀取指標已經讀到檔案盡頭。

(2) s：存放讀入的字串。

(3) size：讀入字串長度 +1。

(4) stream：一個已開啟的檔案指標，代表要讀取的檔案串流。若 stream 指定為 **stdin**，則目標會改為**鍵盤**，也就是從鍵盤中讀取一個字串。

範例4-17 ch4_17.c（ch04\ch4_17.c）。

```
1   /*     檔名:ch4_17.c     功能:fgets 函式     */
2
3   #include <stdio.h>
4   #include <stdlib.h>
5
6   void main(void)
7   {
8    char str1[]="";
9    char *str2=" 您所輸入的字串如上 ";
10
11   printf(" 請輸入一個字串:");
12   fgets(str1,80,stdin);          /* 使用 fgets 取代 gets*/
13   printf("%s",str1);
14   printf("%s",str2);
15   /*  system("pause");  */
16  }
```

執行結果

```
請輸入一個字串:I love C language
I love C language
您所輸入的字串如上
```

範例說明

(1) 第 12 行的 fgets() 可以接收檔案中的字串輸入，並將之儲存在 str1 字串中。由於我們將檔案指定為標準輸入裝置 stdin，所以 fgets() 將把鍵盤當作輸入字串的來源。而輸入字串的長度不可以超過 80 個字元（80 記載於 fgets 的引數中）。

(2) 我們可以發現第 13 行的輸出與第 14 行的輸出產生了換行現象，這是因為使用 fgets() 輸入字串時，它會將最後由【Enter】鍵所造成的 \n 換行字元也存入了 str1 字串中。所以在上述的執行結果中，事實上 str1 的內容為『I love C language\n』。

(3) 既然我們可以使用檔案輸入函式 fgets() 來讀取鍵盤輸入的字串，同理，我們也可以使用檔案輸出函式 fputs() 來輸出字串到螢幕上，請見下一個範例。

fputs( )－寫入字串到檔案串流內

【語　法】

```
標頭檔：#include <stdio.h>
語法：int fputs(const char *s, FILE *stream);
功能：寫入字串到檔案中。
```

【說　明】

(1) 回傳值：當回傳值等於 EOF，代表寫入出現錯誤；當回傳值不等於 EOF，代表寫入成功。

(2) s：欲寫入的字串。

(3) stream：一個已開啟的檔案指標，代表要寫入的檔案串流。若 stream 指定為 **stdout**，則目標會改為**螢幕**，也就是將字串輸出到螢幕中。

範例*4-18* ch4_18.c（ch04\ch4_18.c）。

```
1   /*      檔名:ch4_18.c      功能:fputs 函式      */
2
3   #include <stdio.h>
4   #include <stdlib.h>
5
6   void main(void)
7   {
8    char *str1="Hello";
9    char *str2="Welcome!";
10
11   fputs(str1,stdout);
12   fputs("\n",stdout);
13   fputs(str2,stdout);
14   /*  system("pause");  */
15  }
```

執行結果
```
Hello
Welcome!
```

● 範例說明

(1) 本範例改寫自範例 4-15，這一次我們使用 fputs() 來取代 puts() 函式，並且將目標檔案設為 stdout，也就是標準輸出裝置『螢幕』。

(2) 使用 fputs() 時，只會將字串輸出，而不會自動換行，因此我們必須在第 12 行中加入換行字串的輸出，才能夠完成範例 4-15 的效果。

4.4 非ANSI C所提供的輸出入函式

除了上述的輸出入函式外,在某些編譯器中,還提供了 getche() 與 getch() 等的輸出入函式,這些函式由於不是標準 ANSI C 定義的函式,所以您必須確認您的編譯器是否提供了該函式庫及函式,若讀者使用提供 <conio.h> 函式庫的編譯器則可以使用下表所列的各個函式:

函式	引入標頭檔	說明
getche()	<conio.h>	由標準輸入裝置(鍵盤)取得單一字元,並顯示於螢幕上。(輸入完畢後,不需要按【Enter】鍵)
getch()	<conio.h>	由標準輸入裝置(鍵盤)取得單一字元,但不顯示於螢幕上。(輸入完畢後,不需要按【Enter】鍵)

表 4-10 <conio.h> 所提供的輸入函式(非 ANCI C 標準)

範例4-20 ch4_19.c(ch04\ch4_19.c)。

```
1   /*    檔名:ch4_19.c    功能:getche() 函式    */
2
3   #include <stdio.h>
4   #include <conio.h>   /* 必須引入 conio.h */
5   #include <stdlib.h>
6
7   void main(void)
8   {
9    char ch1;
10
11   printf(" 請輸入一個字元 :");
12   ch1= getche();
13   printf("\n");
14   printf(" 您所輸入的是字元是 %c",ch1);
15   /*  system("pause");  */
16  }
```

執行結果
請輸入一個字元 :**p**
您所輸入的是字元是 p

● **範例說明** (本範例測試時所使用的平台為 Windows XP,編譯器為 Dev-C++)

本範例必須引入 <conio.h> 才能夠使用 getche() 函式。第 12 行的 getche() 函式會將輸入的字元『p』存入 ch1。而且在輸入字元『p』之後,**不必按下【Enter】鍵**,就會自動執行儲存字元的動作(但輸入字元的動作仍會顯示在螢幕上,若將 getche 函式改為 getch 函式,則在某些環境下,不會顯示輸入的字元)。

4.5 深入探討C語言的輸出入

在學會了 C 語言基本的輸出與輸入後，我們必須深入探討 C 語言有關於輸出入的相關問題，以便建立重要正確觀念。

4.5.1 沒有 I/O 的 C 語言

在第一章中，我們曾經介紹過電腦組成的 5 大單元，其中兩個單元為輸入及輸出單元（簡稱 I/O；Input/Output），通常是螢幕、鍵盤、磁碟檔案等等，C 語言其實並不具備 I/O 的處理能力，更明確的說，C 語言本身並不提供此類的指令，因此，當我們需要在程式中處理有關 I/O 的動作時，必須藉助 C 函式庫的函式來加以完成，這一點則與組合語言大不相同。

舉例來說，我們常常會使用 printf() 函式來輸出文字到螢幕 I/O 裝置，事實上，當編譯器編譯含有 printf() 函式的 C 語言程式時，並不會直接編譯 printf() 函式，而是將之留給連結器來做連結（Link），這是因為 I/O 與硬體結構息息相關，因此，為了提高 C 語言的可攜性，若將 I/O 功能從編譯器分離成為獨立的函式，將可以在不同機器上，使用不同的函式庫（名稱相同但實作不同），就可以達到不修改原始程式，而能夠重新編譯連結成可用於該機器的執行檔。

4.5.2 I/O 的轉向

設計程式時，我們會指定資料的輸入來源（例如：鍵盤）及輸出裝置（例如：螢幕），當程式完成後，若希望更改輸出入裝置，則必須修改程式內容，並且再度編譯、連結後才能改變這個現象，若在 Linux ／ Unix ／ Dos 等環境下，則可以透過 I/O 的轉向來改善這種狀況。

一般所謂的標準輸出入裝置（standard input/output；簡稱 stdio）指的是『鍵盤』與『螢幕』。許多作業系統提供的指令都是使用標準輸出裝置『螢幕』來做為指令的輸出，例如在 Dos 中執行『dir』或在 Linux/Unix 中執行『ls』，會將該目錄下的所有檔案資訊輸出到螢幕上，但其實我們可以改變這個 I/O 的輸出裝置，例如執行『dir > test.txt』及『ls > test.txt』會將目錄下的檔案資訊輸出到 text.txt 檔案中，而非輸出到螢幕上。

printf() 與 scanf() 函式都被納入 stdio.h 函式庫之中，目的分別為，輸出字元到螢幕上，以及從鍵盤取得輸入字元。如果想要將資料從檔案中取出或者將資料存入檔案的話，則必須改用 fscanf()、fprintf、fgets()、fputs() 等函式，如果不想要更動程式原始碼，則同樣可以利用 Linux ／ Unix ／ Dos 作業系統提供的轉向能力來加以完成。

Linux/Unix/Dos 所提供的轉向符號是『>』、『>>』、『<』，格式如下：

(1) **執行檔名稱 > 檔案 F1：**

將執行檔的輸出轉向送往檔案 F1，同時檔案 F1 內的原始資料會被清除；換句話說，原本應該輸出在螢幕上的文字將不會顯示在螢幕上，而是存入了檔案 F1 之中，並將檔案 F1 的原始資料覆蓋。

(2) **執行檔名稱 >> 檔案 F2：**

將執行檔的輸出轉向送往檔案 F2，同時檔案 F2 內的原始資料不會被清除；換句話說，原本應該輸出在螢幕上的文字將不會顯示在螢幕上，而是存入了檔案 F2 的末端（檔案 F2 的原始資料仍舊保存著）。

(3) **執行檔名稱 < 檔案 F3：**

將檔案 F3 的內容送往執行檔處理。

> **註** 凡是經由 stdio 函式庫實作的 I/O 函式，基本上都可以透過作業系統的轉向功能改變輸出入裝置，並且這些 I/O 函式實際將由作業系統來負責執行。

4.6　本章回顧

在本章中，我們學習了 C 語言的輸出入函式。printf() 是 C 語言 <stdio.h> 函式庫提供最常見的輸出函式，scanf() 則是 <stdio.h> 函式庫提供最常見的輸入函式，並且 scanf() 必須提供**變數位址**以供存放輸入值。除此之外，我們還介紹了 getchar()、putchar()、puts() 等 C 語言提供的輸出入函式。同時，我們建議使用 fgets() 來取代 gets()，以避免無法預期的錯誤。

值得注意的是，雖然我們學會了 printf 及 scanf 函式的眾多格式，但並不需要強記這些格式細節（真正需要時在查閱手冊即可），因為一方面，它並非程式設計的重點，同時在另一方面，由於視窗程式的流行，在未來實際應用上，也有許多 IDE 提供的輸出入元件比 printf 及 scanf 好用多了。

問答題

1. 寫出下列程式的執行結果

   [1]　printf("%c %d",'\x68','D');

   [2]　printf("%d + %d = %i",20,-6,14);

   [3]　printf(" 使用 %%f 符號顯示浮點數 %8f",10.0001e2);

2. 試寫出下列片段程式的執行結果？

   ```c
   #include <stdio.h>

   void main(void)
   {
    int i;

    i=10;
    printf("%d\n",++i);
    printf("%d\n",--i);
    printf("%d\n",i++);
    printf("%d\n",i--);
   }
   ```

3. 試比較 getchar()、getche()、getch() 等函式有何不同？

4. 試比較 puts()、putchar() 函式有何不同？

5. 試比較 puts()、printf() 函式在輸出字串時，有何不同？

實作題

1. 請撰寫程式，使用 printf() 輸出下列字串（輸出的字串中必須包含 " 與 %）。

   執行結果

   今日降價 "25%"，請把握機會。

2. 請撰寫程式，使用 printf() 輸出下列字串（輸出的字串中必須包含 \）。

   執行結果

   \t 是 Tab 鍵的效果。

3. 假設程式中有一個浮點數宣告，float a=12.38;，請撰寫程式，使用 printf() 輸出該數值，並符合下列格式。

   執行結果

   +0012.3800

4. 使用 printf() 與 scanf() 函式設計程式，可由使用者輸入學生姓名，計概成績，數學成績，英文成績。然後計算總分和平均，再輸出使用者輸入的資料、總分及成績。程式執行結果如下：

執行結果

```
請輸入姓名：陳錦輝
請輸入計概成績：97
請輸入數學成績：92
請輸入英文成績：77
統計中 . . . . . . . . . . . . . . . . .
陳錦輝的成績如下：
==================
      計概： 97
      數學： 92
      英文： 77
------------------
      總分：266
      平均：88.67
```

5. 使用 fgets() 取代上題的 scanf() 函式，完成上題的程式設計。（您可能需要使用 atof 來轉換資料型態）

6. 設計一個程式，由使用者輸入一個數值（可以是小數），然後輸出該數的 3 次方。（程式中，只允許使用一個變數）。程式執行結果如下：

執行結果

```
請輸入數值：-6.2
-6.200 的 3 次方為 -238.328
```

7. 設計一個程式，輸入一個十進位正整數，然後輸出大寫十六進位的表示法。

執行結果

```
請輸入 10 進位正整數：79
10 進位    16 進位
==============
79        4F
```

8. 設計一個面積單位轉換的程式，輸入台制的面積單位（坪），經由計算輸出公制與英制的面積。公式及程式執行結果如下：

$$1 \ 坪 = 3.306 \ 平方公尺 \qquad 1 \ 坪 = 3.95 \ 平方碼$$

執行結果

```
請輸入坪數：70
70 坪 =231.42 平方公尺
70 坪 =276.50 平方碼
```

9. 下列程式希望讓使用者分兩次各輸入一個字元，但實際執行後發現無法達到這個目的，請修改程式使之能夠達成目的。(您可能需要使用 fflush() 來清除緩衝區)

```
/*      檔名:ex4_09.c     功能：輸入兩個字元      */

#include <stdio.h>
#include <stdlib.h>

void main(void)
{
 char a,b,c;
 printf(" 請輸入一個字元 :",a);
 scanf("%c",a);
 printf(" 請再輸入一個字元 :",b);
 scanf("%c",b);
 printf(" 您輸入的兩個字元分別為 %c,%c\n",a,b);
 /* system("pause"); */
}
```

執行結果

請輸入一個字元 :**j**
請再輸入一個字元 :**k**
您輸入的兩個字元分別為 j,k

10. 由於 scanf() 會將空白當作是下一筆資料的分隔，因此，無法使用 scanf 取得一個包含空白字元的字串，而 fgets() 就沒有此一問題，請使用 fgets() 修改下列程式中的 scanf()，使得如執行結果般的預期。

```
/*      檔名:ex4_10.c     功能：輸入空白字元      */

#include <stdio.h>
#include <stdlib.h>

void main(void)
{
 char str1[80];
 printf(" 請輸入字串 :");
 scanf("%s",str1);
 printf("====== 您輸入的字串如下 =======\n");
 printf("str1=%s",str1);
 /* system("pause"); */
}
```

執行結果

請輸入字串 :I'm fine.
====== 您輸入的字串如下 ======
str1=I'm fine.

本章習題

筆記頁

05

流程控制

　　『流程控制』使得程式設計師可以依照自己的意願來控制程式的執行流程，也是初學程式設計最大的重點，一般而言，結構化的程式語言，除了循序流程外，至少還會提供條件判斷與迴圈兩種流程控制。並且不建議或不使用強制跳躍方式設計程式。

最直覺的程式執行方式當然是一行一行的往下執行，這種結構稱之為**循序結構**。除此之外，任何一種基本程式語言都必須具有其他種類的程式流程控制能力，否則將無法提供各類變化的執行結果。

這些非循序結構的流程控制是由**決策**與**跳躍**組成，而決策與跳躍也可以組合成**迴圈**。在一般的結構化程式語言中，都不允許（或不建議）使用者自行定義跳躍，而把跳躍移到**決策**與**迴圈**之內。例如：C 語言的流程控制結構有以下三種：

1. 循序結構 (Sequence Structure)

2. 選擇結構 (Selection Structure)

3. 迴圈結構 (Loop Structure)

選擇結構可以讓程式設計師依據不同的狀況，選擇不同的對應策略，在日常生活中，這種選擇性策略時常發生，例如：今天下雨，則開車上班；若沒下雨，則騎機車上班。**迴圈結構**則可以重複不停的做某些動作直到某個條件成立時，動作才會停止。

選擇結構與迴圈結構提供了條件判斷的能力，這使得程式設計師可以依照自己的意願來控制程式的執行流程，也就是所謂的『流程控制』，在 C 語言中，我們可以將流程控制再細分為**條件判斷控制**、**迴圈控制**、**強制跳躍**等三種，而這三種流程控制都將在本章中做詳細的介紹。

5.1 結構化程式語言與C程式設計

在程式語言的發展歷史中，出現了一種稱之為『結構化的程式語言』，C 語言即為一種結構化程式語言，結構化程式語言最大的特色之一為不允許使用『無條件式跳躍指令』（Goto）。更詳細地來說，一個程式語言足以稱為結構化程式語言，必須具有下列特性：

1. 只允許使用三種基本的邏輯結構：循序、選擇和迴圈。（不允許或不建議使用 Goto）

2. 使用由上而下（Top-down）的程式設計技巧。

3. 具模組獨立性。

上述三項特性，我們將在本書中陸續介紹。而在本章中，我們將首先簡介結構化程式設計的三項基本流程控制結構：循序、選擇和迴圈。

> **延伸學習** Goto 敘述
> ◇◇◇◇◇◇◇◇◇
> Goto 代表無條件跳躍到指定的位置執行程式。由於無條件跳躍敘述將導致程式難以維護與修改，因此，在結構化程式設計範式 (Paradigm) 中，大多不允許或不建議使用該類敘述。

5.1.1 『循序』結構

『循序』結構非常直覺而簡單，也就是『程式碼被執行的順序為由上而下，一個敘述接著一個敘述依序執行』。

循序結構：　　　　　　　　　　　　　範例：

 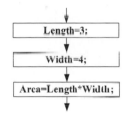

5.1.2 『選擇』結構

『選擇』結構代表程式在執行時，會依據條件（運算式的結果）適當地改變程式執行的順序。當滿足條件時，會執行某一敘述區塊（通常是接續的敘述區塊）；若條件不滿足時，則執行另一敘述區塊。

一般來說，選擇結構可以分為三種：單一選擇、雙向選擇、多向選擇。

單一選擇結構

單一選擇結構只能註明條件成立時，要執行的敘述區塊。當條件不成立時將不會執行該區塊內的敘述，並且也不會執行任何敘述而逕自前往執行選擇結構之後的敘述。而當條件成立時，會先執行區塊內的敘述然後才前往執行選擇結構之後的敘述。

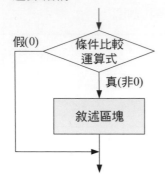

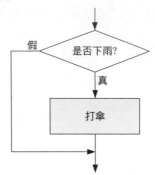

雙向選擇結構

雙向選擇結構能夠指定條件成立時要執行的敘述區塊，也能指定條件不成立時要執行的敘述區塊。敘述區塊執行完畢將會繼續執行選擇結構之後的敘述。

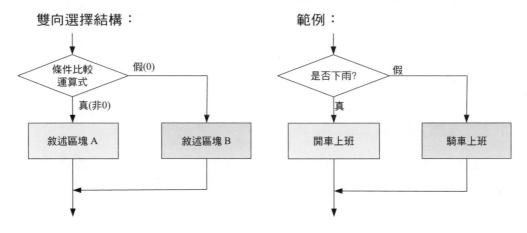

多向選擇結構

多向選擇結構可以設定條件值為各類狀況時要執行的敘述區塊，甚至還可以指定不符合所列之各類狀況時要執行的區塊。敘述區塊執行完畢將會繼續執行選擇結構之後的敘述。

多向選擇結構：

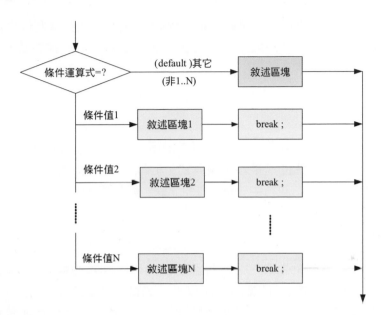

多向選擇範例：

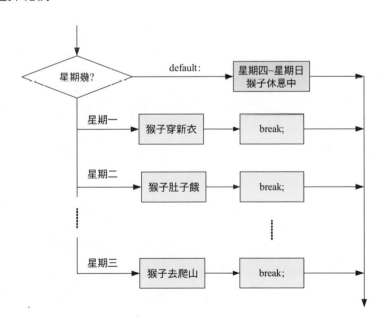

5.1.3『迴圈』結構

　　『迴圈』結構代表電腦會重複執行某一段敘述區塊，直到某個條件成立或不成立時，重覆動作才會停止。一般來說，迴圈結構可以分為：計數迴圈、前測式迴圈與後測式迴圈三種。

計數迴圈

　　計數迴圈具有『自動執行指定的迴圈初始運算式』、『自動檢測迴圈終止條件運算式』以及『自動執行迴圈增量變化運算式』的能力。計數迴圈通常用於可預測迴圈執行次數的情況。在 C 語言中，for 迴圈即為計數迴圈。

前測式迴圈

　　先測試條件，若條件為真，才執行敘述區塊（即迴圈內敘述），當敘述區塊執行完畢後，會再回到測試條件重新測試條件，若條件仍舊成立，則再一次執行敘述區塊。如此反覆『測試』、『執行敘述區塊』，直到條件不成立時才會離開迴圈。因此，在執行敘述區塊時，應該要有改變測試條件成立與否的機會，否則將造成無窮迴圈（迴圈永不停止）。

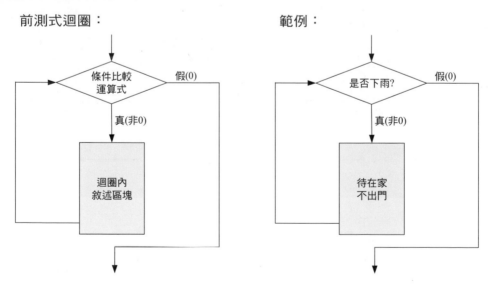

後測式迴圈

先執行迴圈內的敘述區塊一次，然後再測試條件，若條件為真，則重覆執行迴圈內敘述區塊，當敘述區塊執行完畢後，重回到測試條件重新測試條件，若條件仍舊成立，則再一次執行敘述區塊。如此反覆『測試』、『執行敘述區塊』，直到條件不成立時才會離開迴圈。因此，迴圈內的敘述區塊至少會被執行一次。至於實際被執行多少次，則必須視條件值而定。

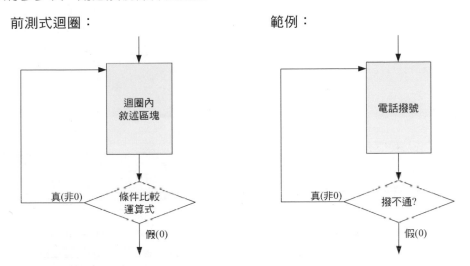

前測式迴圈：　　　　　　　　　　　　　　　範例：

5.1.4 『複合敘述』解析

我們在 2.5 節中，曾經提及過以下六種 C 語言的常見敘述。

- ◉ 算式敘述 (expression-statement)

- ◉ 複合敘述 (compound-statement)

- ◉ 選擇敘述 (selection-statement)

- ◉ 迴圈敘述 (iteration-statement)

- ◉ 標籤敘述 (labeled-statement)

- ◉ 跳離敘述 (jump-statement)

算式敘述 (expression-statement) 也就是將一個運算式當作一個敘述（運算式後面加上分號），並且我們已經在第三章介紹過運算式的組成。其他各種敘述，將在本章中完整描述。首先，我們先介紹何謂**複合敘述** (compound-statement)。

　　複合敘述 (compound-statement) 代表一個**敘述區塊**（又稱為**區段**），它可以將多個定義敘述（例如：int a;）及運算式敘述（例如：a=a*2;）合併為一個敘述，使用的符號為 {}。複合敘述 (compound-statement) 不可以隨意出現，必須配合其他敘述一起出現，例如配合選擇敘述一起出現。以下是 if 語法：

```
if (expression) statement

expression:
    assignment-expression
    expression , assignment-expression

assignment-expression:
    conditional-expression
    unary-expression assignment-operator assignment-expression

statement:
    labeled-statement
    expression-statement
    compound-statement
    selection-statement
    iteration-statement
    jump-statement
```

　　在上述語法中，expression（運算式）可以由 assignment-expression（指定運算式）單獨構成或由 expression（運算式）與 assignment-expression（指定運算式）組合而成。

　　而 assignment-expression（指定運算式）則可以是包含『指定運算子』的一般運算式【例如 a=1】；或包含『條件運算子』的條件比較運算式（conditional-expression）【例如 a==1】。通常我們會使用條件運算式做為 if 的條件判斷，而不會使用包含指定運算子的一般運算式（**盡量不用使用指定運算子，否則容易造成條件值永遠為真**）。

　　至於 statement 則可以是眾多種類的敘述，例如可以是含分號結尾的算式敘述（expression-statement），也可以是一個複合敘述（compound-statement），因此，下列兩種片段程式都是合法的。

片段程式一：   片段程式二：

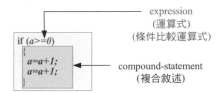

選擇敘述 (Selection Statement) 與迴圈敘述 (Iteration Statement) 則分別對應了 C 語言提供的選擇結構與迴圈結構。

 老師的叮嚀

上述的 C 語言文法對於學習過程式語言 (Programming Language) 或編譯器 (Compiler) 的讀者來說，可能比較熟悉，但對於一般初學者則難以接受。您對於上述關於 C 語言的文法產生困擾而無法接受嗎？不用擔心，當我們在後面章節開始正式介紹 C 語言時，不會採用這種方式來描述 C 語言文法與結構，而會改用更容易明白的流程圖區塊方式來描述 C 語言文法。

5.2 『循序』結構

循序結構非常簡單，會依序執行各個敘述，我們以範例來做說明。

範例5-1 ch5_01.c（ch05\ch5_01.c）。

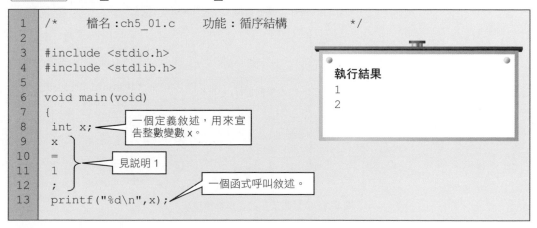

```
1    /*      檔名:ch5_01.c      功能:循序結構         */
2
3    #include <stdio.h>
4    #include <stdlib.h>
5
6    void main(void)
7    {
8      int x;        ─ 一個定義敘述，用來宣
                        告整數變數 x。
9      x
10     =            ─ 見說明 1
11     1
12     ;
13     printf("%d\n",x);  ─ 一個函式呼叫敘述。
```

執行結果
1
2

```
14    x=x+1;
15    printf("%d\n",x);
16    /*  system("pause");  */
17  }
```

> 運算式敘述,將變數 x 的值遞增 1,也就是變為 2。本行可替換為「x++;」。

> 一個函式呼叫敘述。

範例說明

(1) 第 9~12 行合起來才是一個『x=1;』的運算式敘述(C 語言以『;』作為運算式敘述結尾),設定變數 x 的值為 1。

(2) 這個程式只使用了循序結構,因此,所有敘述會依序執行,步驟如下:

1 STEP 執行第 8 行。

2 STEP 執行第 9~12 行。(因此變數 x 值為 1)

3 STEP 執行第 13 行。(因此輸出的值為 1)

4 STEP 執行第 14 行。(因此變數 x 值為 2)

5 STEP 執行第 15 行。(因此輸出的值為 2)

5.3 『選擇』敘述

C 語言支援選擇結構,並提供多種敘述,包含單一選擇、雙向選擇、多向選擇,整體分類如圖 5-1 所示。

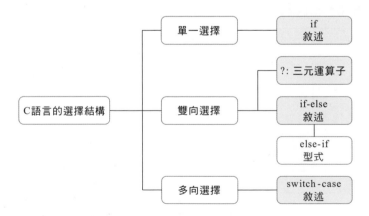

圖 5-1 C 語言支援的選擇結構種類

5.3.1 單一選擇敘述（if 敘述）

if 敘述很簡單，就是當某個**條件運算式**成立時，就去做某件事（或某些事），當條件運算式不成立時，就不會做這些事，下面是一個生活實例。

```
if(下雨)
    打傘;
```

在 C 語言中，寫上述的實例程式也是同樣的道理，只不過將『下雨』使用條件運算式來表達。把『打傘』用敘述來表達。例如：if(A>1)　B=100，就是當 A>1 時，將 B 的變數值指定為 100。

如果要做的事不只一件，我們又該如何撰寫呢？以下是一個生活實例。

```
if(感冒了)
{
    多喝水;
    多休息;
}
```

同樣地，上述範例也符合 C 的語法（使用的是複合敘述），從 { 到 } 之內的所有事情就是當 if 之後的條件運算式邏輯成立時所要做的事情，以下是 if 敘述的完整語法。

if 敘述標準語法

```
if (expression) statement
```

上述語法我們在前一節中已經說明過了，為了讓初學程式語言的讀者能夠更快上手，我們將 if 敘述之語法改寫如下（往後將只列出整理過後的語法結構），以便讀者能夠更快速地實際應用 if 敘述於您的程式中。

if 敘述語法一：

```
if(條件運算式)
    要執行的單一敘述
```

對應流程圖：

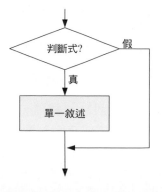

if 敘述語法二：   對應流程圖：

```
if( 條件運算式 )
{
        ………敘述區塊………
}
```

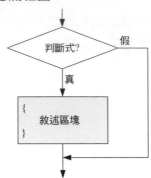

註 為了與一般的運算式區別，有時我們也會將**條件運算式**稱為**判斷式**。

範例5-2 ch5_02.c（ch05\ch5_02.c）。

```
1   /* 檔名 :ch5_02.c  功能 :if 敘述的練習 */
2
3   #include <stdio.h>
4   #include <stdlib.h>
5
6   void main(void)
7   {
8    int x;
9    char *str1;
10   str1=" 您輸入的是正數或 0";
11   printf(" 請輸入一個整數 :");
12   scanf("%d",&x);
13   if(x<0)
14       str1=" 您輸入的是負數 ";
15   printf("%s\n",str1);
16   /*  system("pause");  */
17  }
```

對應流程圖

```
str1="您輸入的是正數或0"
        ↓
printf("請輸入一個整數:");
        ↓
scanf("%d",&x);
        ↓
   x < 0 ?  ──假(0)──→
   真(非0)
        ↓
str1="您輸入的是負數"
        ↓
printf("%s\n",str1);
```

範例說明

(1) 在第 10 行指定了字串變數 str1 內容為『您輸入的是正數或 0』。

(2) 第 12 行的變數 x 將儲存使用者輸入的整數（例如：50 或 -10）。

(3) 第 13~14 行即為 if 敘述，『x<0』為條件運算式，『str1="您輸入的是負數";』為條件運算式成立時，要執行的單一敘述。因此，只有當 x<0 成立時，str1 的

字串內容才會變成『您輸入的是負數』，否則，str1 的內容將維持在『您輸入的是正數或 0』。

(4) 在執行結果中，當使用者輸入『50』時，判斷式『x<0』不成立，因此第 14 行不會被執行，str1 的內容仍維持在『您輸入的是正數或 0』。當使用者輸入『-10』時，判斷式『x<0』成立，因此第 14 行會被執行，str1 的內容將變成『您輸入的是負數』。

➔ 執行結果1

請輸入一個整數 :**50**
您輸入的是正數或 0

➔ 執行結果2

請輸入一個整數 :**-10**
您輸入的是負數

【實用範例 5-3】根據購買入場卷的數量是否大於 10 張，決定是否打折優待。

範例5-3 ch5_03.c (ch05\ch5_03.c)。

```
1    /*      檔名 :ch5_03.c     功能 :if 敘述的練習 */
:    :
6    void main(void)
7    {
8     int OnePrice,Qty;
9     float TotalPrice;
10    OnePrice=200;
11    printf(" 每張入場卷價格為 %d 元 \n",
                             OnePrice);
12    printf(" 請輸入您要購買的張數 :");
13    scanf("%d",&Qty);
14    printf("=====================\n");
15    TotalPrice = OnePrice*Qty;
16    if(Qty>=10)
17    {
18        TotalPrice=TotalPrice*0.9;
19        printf(" 購買 10 張以上打九折 \n");
20    }
21    printf(" 總價為 %.0f 元 \n",TotalPrice);
22    /*  system("pause");  */
23    }
```

對應流程圖

TotalPrice = OnePrice*Qty;

Qty>=10? 假(0)
真(非0)

TotalPrice=TotalPrice*0.9;

printf("購買10張以上打九折\n");

printf("總價為%.0f元\n",TotalPrice);

➜ 範例說明

(1) 第 16~20 行是 if 敘述，由於當條件運算式成立時要執行的運算式敘述超過一個，因此將之組合成複合敘述（第 17~20 行），也就是敘述區塊。

(2) 在執行結果中，當使用者輸入『5』時，判斷式『Qty>=10』不成立，因此第 17~20 行不會被執行。當使用者輸入『15』時，判斷式『Qty>=10』成立，因此第 17~20 行會被執行。而第 21 行是一定會被執行的，因為它並非 if 敘述的一部份。

➜ 執行結果1

```
每張入場卷價格為 200 元
請輸入您要購買的張數:5
=======================
總價為 1000 元
```

➜ 執行結果2

```
每張入場卷價格為 200 元
請輸入您要購買的張數:15
=======================
購買 10 張以上打九折
總價為 2700 元
```

【觀念範例 5-4】條件運算式的成立。

範例5-4 ch5_04.c（ch05\ch5_04.c）。

```
1    /*     檔名:ch5_04.c     功能:條件運算式(判斷式)的成立     */
:    :
6    void main(void)
7    {
8     int x;
9     char *str1;
10    str1=" 答錯了 ";
11    printf(" 請問 1+1=");
12    scanf("%d",&x);
13    if(x=2)
14        str1=" 答對了 ";
15    printf("%s\n",str1);
16    /*  system("pause");  */
17   }
```

執行結果
請問 1+1=5
答對了

必定會成立，因為並非使用比較運算子，而是使用設定運算子。

範例說明

(1) 這一個範例的重點在於第 13 行 if 敘述的條件運算式，在之前說明 if 標準語法時，我們曾經提及，if 後面小括號中應該出現一個運算式（expression），但為何我們稱這個運算式為**條件運算式**（或**判斷式**）呢？這是因為該條件運算式具有特殊效果。也就是說，該條件運算式的成立與否（真或假）將會決定是否執行小括號後面的單一敘述或複合敘述。

(2) 當我們在條件運算式中使用『比較運算子』時，事實上並不會真的影響變數值，而只會做運算式成立與否的檢查。但當我們在條件運算式中使用『指定運算子』時，變數值將真的被改變，並且運算式也一定會成立，也就是傳回「真（即 1）」，因此，if 小括號後面的單一敘述或複合敘述一定會被執行。例如本範例的執行結果中，不論使用者輸入的數字為何，第 13 行的『x=2』一定會成立，並且會執行第 14 行。除此之外，也會將變數 x 的值指定為 2。

(3) 本範例若要符合正常規範，則應該要將第 13 行改寫為『if(x==2)』，因為『==』才是比較運算子。

運算式	說明
X = = Y	當 X 等於 Y 時，運算式為真（非 0 值）
X = Y	當 X 為真（非 0 值），運算式恆為真

小試身手 5-1

將範例 5-4 的第 13 行改寫為下列幾種狀況，並實際執行，看看有何結果？

[1] if(x==2)　[2] if(1)　[3] if(0)

[4] if(2)　[5] if(x++)　[6] if(!(x!=2))

老師的叮嚀

運算式可以由其他較小的運算式組成，條件運算式（判斷式）也同樣可以用其他較小的條件運算式組成，例如：((a>=10) && (a=<20))，只有在 a 介於 10~20 之間時，該條件運算式才會成立。

Coding 偷撇步

有時呼叫函式會產生一個回傳值，而這個回傳值也可以充當條件運算式。例如下列程式是合法的。

```
if(printf(" 您好嗎 ?\n"))
    printf(" 成功印出問候語了 \n");
```

5.3.2 雙向選擇敘述（if-else 敘述）

使用 if 敘述無法在『當條件運算式不成立』時，指定所執行的動作。而 if-else 敘述就可以在『條件運算式不成立』的狀況下，執行某些指定的程式碼，其語法如下。

if-else 敘述語法：　　　　　　　　　　if-else 敘述流程圖：

```
if( 條件運算式 )
{
    條件成立時要執行的敘述區塊 A
}
else
{
    條件不成立時所執行的敘述區塊 B
}
```

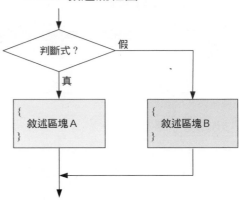

【語法說明】當敘述區塊僅僅只有一個敘述 (例如運算式) 時，可以省略外層的『 {} 』。

【實用範例 5-5】根據購買入場卷的數量是否大於 10 張，決定是否打折優待。

範例 **5-5** ch5_05.c（ch05\ch5_05.c）。

```
1    /*      檔名 :ch5_05.c      功能 :if-else 敘述的練習       */
2
3    #include <stdio.h>
4    #include <stdlib.h>
5
```

```
 6   void main(void)
 7   {
 8    int OnePrice,Qty;
 9    float TotalPrice;
10    OnePrice=200;
11    printf( "每張入場卷價格為 %d 元 \n",OnePrice);
12    printf( "請輸入您要購買的張數 :" );
13    scanf( "%d",&Qty);
14    printf( "==========================\n" );
15    if(Qty>=10)
16    {
17        TotalPrice=OnePrice*Qty*0.9;
18        printf( "購買 10 張以上打九折 \n" );
19    }
20    else
21    {
22        TotalPrice=OnePrice*Qty;
23        printf( "您未購買 10 張以上的入場券 , 恕不打折 \n" );
24    }
25    printf( "總價為 %.0f 元 \n",TotalPrice);
26    /*  system( "pause" );  */
27   }
```

➔ 範例說明

在執行結果中，當使用者輸入『15』時，判斷式『Qty>=10』成立，因此第 17~18 行會被執行（第 22~23 行不會被執行）。當使用者輸入『5』時，判斷式『Qty>=10』不成立，因此第 22~23 行會被執行（第 17~18 行不會被執行）。而第 25 行是一定會被執行的，因為它並非 if-else 敘述的一部份。對照的流程圖如下：

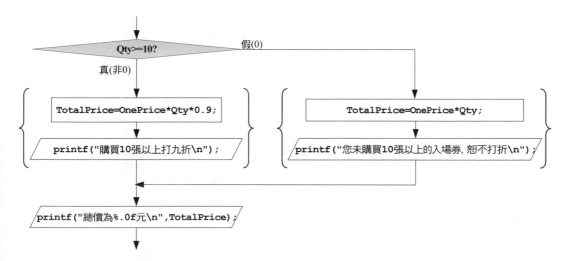

執行結果1

每張入場卷價格為 200 元
請輸入您要購買的張數 :**15**
==========================
購買 10 張以上打九折
總價為 2700 元

執行結果2

每張入場卷價格為 200 元
請輸入您要購買的張數 :**5**
==========================
您未購買 10 張以上的入場券，恕不打折
總價為 1000 元

5.3.3 e1 ? e2：e3 特殊選擇運算式

在前面章節介紹運算子時，我們曾介紹過條件運算符號「?:」，這個運算符號可以用來替代簡單的 if-else 敘述，其語法如下：

【語　法】

> 語法：（條件運算式 1） ？（運算式 2）：（運算式 3）；
> 功能：依照條件運算式 1 的成立與否，分別執行運算式 2 或運算式 3。

【語法說明】

(1) 條件運算式 1 為真時，執行運算式 2。條件運算式 1 為假時，執行運算式 3。

(2) 條件運算式 1、運算式 2、運算式 3 皆不含分號結尾。但整個敘述的最後必須含分號結尾。

【實用範例 5-6】設計一個猜數字遊戲，由使用者輸入的猜測數字，予與回覆是否為正確答案或數字太大、太小。

範例**5-6** ch5_06.c（ch05\ch5_06.c）。

```c
1   /*      檔名 :ch5_06.c      功能 :? 條件運算子的練習      */
2
3   #include <stdio.h>
4   #include <stdlib.h>
5
6   void main(void)
7   {
8    int Ans=38; /* 答案為 38 */
9    int Guess;
10   printf(" 請猜一個 1~99 的號碼 :");
11   scanf("%d",&Guess);
12   if(Guess==Ans)
13       printf(" 恭喜您猜到了 .\n");
```

```
14    else
15        (Guess>Ans) ? printf("您猜得太大了 \n") : printf("您猜得太小了 \n");
16    /*  system("pause");  */
17  }
```

➲ 執行結果1

請猜一個 1~99 的號碼 :**38**
恭喜您猜到了.

➲ 執行結果2

請猜一個 1~99 的號碼 :**50**
您猜得太大了

➲ 執行結果3

請猜一個 1~99 的號碼 :**12**
您猜得太小了

➲ 範例說明

(1) 在執行結果中，當使用者輸入『38』時，第 13 行會被執行。在執行結果中，當使用者輸入的數字不是『38』時，第 15 行會被執行。

(2) 第 15 行對應語法如下：

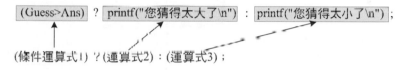

(條件運算式1) ? (運算式2) : (運算式3);

(3) 第 15 行會依照 (Guess>Ans) 是否成立，決定執行『printf(" 您猜得太大了 \n")』（例如輸入 50），還是執行『printf(" 您猜得太小了 \n")』（例如輸入 12）。所以整個流程如下。

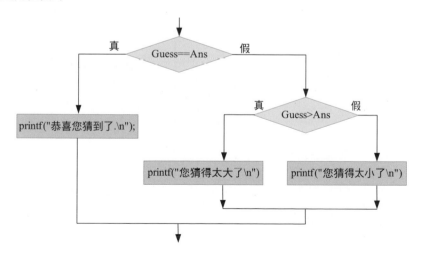

5.3.4 巢狀式選擇敘述

　　我們在提到 if 敘述的標準語法時曾經說過，statement 可以是算式敘述、複合敘述以及其他各種敘述，換句話說，選擇敘述的**敘述區塊中可以包含任何敘述**，因此，我們可以在該區塊中再放入另一個選擇敘述，如此一來就形成了所謂的兩層式『巢狀式選擇』。並且我們還可以利用此一技巧製作更多層次及更多樣化的『巢狀式選擇』。

　　巢狀式選擇的應用一般常見於程式判斷需要『兩個以上的選擇條件』時，當然我們也可以使用運算式來表達兩個以上的條件，不過使用巢狀式選擇有時卻比設計複雜運算式來得容易理解程式的流程。

　　巢狀式選擇敘述並未規定外層的選擇敘述必須使用哪一種，換句話說，我們可以把內層的選擇式敘述放在單一選擇（if 敘述）的敘述區塊，也可以放在雙向選擇（if-else）的敘述區塊 A 或 else 敘述區塊 B 中。圖 5-2 是一個巢狀式選擇的格式範例：

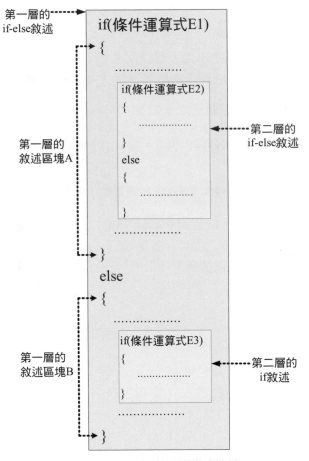

圖 5-2　巢狀式選擇格式範例

上述的巢狀式選擇敘述所對應的流程圖如下：

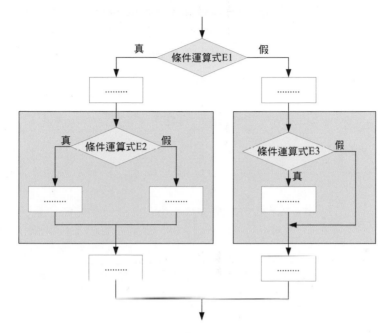

圖 5-3　巢狀式選擇範例的對照流程圖

【實用範例 5-7】根據輸入的繳款記錄、持卡年份評斷預借現金額度。其公式如下：

繳款記錄：不正常 ———————————→ 無法預借現金

繳款記錄：正常

　　持卡未滿半年 ———————————→ 無法預借現金

　　持卡滿半年未滿 1 年 ———————→ 預借現金額度為信用額度之 1/20

　　持卡滿 1 年 ———————————→ 預借現金額度為信用額度之 1/10

範例**5-7** ch5_07.c（ch05\ch5_07.c）。

```
1  /*     檔名:ch5_07.c      功能：巢狀選擇的練習        */
2
3  #include <stdio.h>
4  #include <stdlib.h>
5
6  void main(void)
7  {
```

```
8    long Credit;      /*  信用額度  */
9    int Status;       /*  繳款狀態  */
10   float Year;       /*  持卡年份  */
11   printf(" 請輸入信用額度 :");
12   scanf("%d",&Credit);
13   printf(" 繳款是否正常 (1: 正常 ,0: 不正常 ):");
14   scanf("%d",&Status);
15   if(Status)
16   {
17       printf(" 請輸入持卡年份 :");
18       scanf("%f",&Year);
19       if(Year>=0.5)
20       {
21           if(Year<1)
22           {
23               printf(" 預借現金金額為 %.0f 元 \n",(float)Credit*0.05);
24           }
25           else
26           {
27               printf(" 預借現金金額為 %.0f 元 \n",(float)Credit*0.1);
28           }
29       }
30       else
31       {
32           printf(" 預借現金金額為 0 元 \n");
33       }
34   }
35   else
36   {
37       printf(" 預借現金金額為 0 元 \n");
38   }
39   /*  system("pause");   */
40 }
```

範例說明

(1) 第 15~38 行：最外層 if-else 敘述，若條件 (Status) 成立（非 0 值），則執行第 16~34 行敘述區塊。若不成立則執行第 36~38 行。也就是符合題目之繳款不正常。

(2) 第 19~33 行：第二層 if-else 敘述，若條件 (Year>=0.5) 成立，則執行第 20~29 行敘述區塊。若不成立則執行第 31~33 行。也就是符合題目之持卡未滿半年。

(3) 第 21~28 行：第三層 if-else 敘述，若條件 (Year<1) 成立，則執行第 22~24 行敘述，也就是符合題目之持卡滿半年但未滿 1 年。若不成立則執行第 26~28 行，也就是符合題目之持卡滿 1 年。

➔ 執行結果1

請輸入信用額度 :**80000**
繳款是否正常 (1:正常 ,0: 不正常):**0**
預借現金金額為 0 元

➔ 執行結果2

請輸入信用額度 :**80000**
繳款是否正常 (1:正常 ,0: 不正常):**1**
請輸入持卡年份 :**0.3**
預借現金金額為 0 元

➔ 執行結果3

請輸入信用額度 :**80000**
繳款是否正常 (1:正常 ,0: 不正常):**1**
請輸入持卡年份 :**0.8**
預借現金金額為 4000 元

➔ 執行結果4

請輸入信用額度 :**80000**
繳款是否正常 (1:正常 ,0: 不正常):**1**
請輸入持卡年份 :**2**
預借現金金額為 8000 元

【實用範例 5-8】使用單　層的 if 或 if-else 敘述設計具有範例 5-7 效果的程式。

範例5-8 ch5_08.c (ch05\ch5_08.c)。

```
1   /*      檔名 :ch5_08.c      功能：條件運算式的練習      */
2
3   #include <stdio.h>
4   #include <stdlib.h>
5
6   void main(void)
7   {
8    long Credit;      /*  信用額度 */
9    int Status;       /*  繳款狀態 */
10   float Year;       /*  持卡年份 */
11   printf(" 請輸入信用額度 :");
12   scanf("%d",&Credit);
13   printf(" 繳款是否正常 (1: 正常 ,0: 不正常 ):");
14   scanf("%d",&Status);
15   if(!(Status))
16   {
17        printf(" 預借現金金額為 0 元 \n");
18   }
19   else
20   {
21        printf(" 請輸入持卡年份 :");
22        scanf("%f",&Year);
```

```
23    }
24    if((Status) && (Year>=0.5) && (Year<1))
25        printf(" 預借現金金額為 %.0f 元 \n",(float)Credit*0.05);
26    if((Status) && (Year>=1))
27        printf(" 預借現金金額為 %.0f 元 \n",(float)Credit*0.1);
28    if((Status) && (Year<0.5))
29        printf(" 預借現金金額為 0 元 \n");
30    /*  system("pause");  */
31    }
```

➲ 執行結果

（同範例 5-7）

➲ 範例說明

　　由本程式可以看出，不使用巢狀式選擇敘述也可以解決相同的問題，不過您可能必須思考更多關於條件運算式涵蓋的範圍，才不至於出錯。

Coding 偷撇步

範例 5-7、5-8 解決了相同的問題，讀者可以選擇任何一種方法或者自行設計程式，但最好掌握下列原則：

1. 正確並符合題意的執行結果。(這是絕對需要遵守的條件)

2. 容易維護的設計方法 (例如：易懂、適合除錯、具有擴充性)。

3. 縮短程式發展時程。

4. 考慮程式所需要的記憶體空間及執行效率。

5.3.5 else-if 格式

　　else-if 並非 C 語言的敘述，它只不過是將 if-else 敘述重新排列而已，如下圖所示。

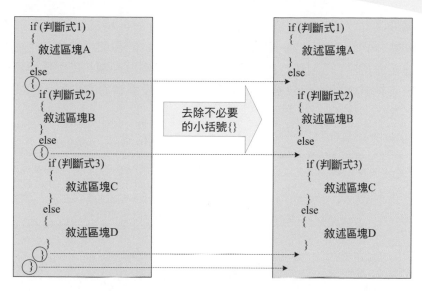

圖 5-4　if-else 轉換為 else-if 格式之步驟一

在上圖的左右兩個格式中，都是 if-else 敘述的語法，差別只在於 else 的 {} 是否存在，由於左圖中 else{} 內僅包含單一敘述（該敘述即為更內一層的 if-else 選擇敘述），因此可以將 {} 省略，形成右圖格式。

當我們進一步改變格式後，將變成 else-if 格式如下圖。

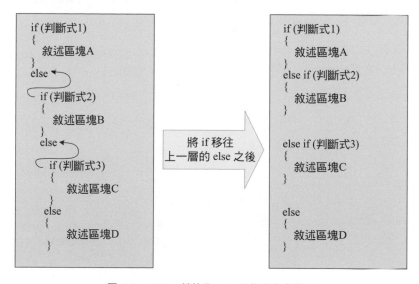

圖 5-5　if-else 轉換為 else-if 格式之步驟二

在上圖的左右兩個格式中,左邊明顯看出是 if-else 格式,而右邊只不過是將 else 與之後的 if 相連(中間空一個空白字元),由於 C 語言的格式屬於自由格式(也就是會去除多餘的空白),因此上述兩種格式對於編譯器而言,仍然是沒有差別的。明顯地,右邊格式已經比較像是 else-if 格式,但一般還會將之對齊,而變成下面的兩種 else-if 格式:

else-if 格式一:

```
if( 條件運算式 1)
{
    敘述區塊 A
}
else if( 條件運算式 2)
{
    敘述區塊 B
}
else if( 條件運算式 3)
{
    敘述區塊 C
}
else
{
    敘述區塊 D
}
```

else-if 格式二:

```
if( 條件運算式 1){ 敘述區塊 A }
else if( 條件運算式 2){ 敘述區塊 B }
else if( 條件運算式 3){ 敘述區塊 C }
else { 敘述區塊 D }
```

對應的流程圖:

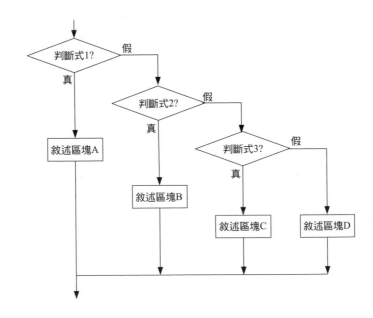

【實用範例 5-9】使用 else-if 格式設計一個評定分數等級的程式。

範例**5-9** ch5_09.c（ch05\ch5_09.c）。

```
1   /*      檔名:ch5_09.c     功能:else-if格式的練習     */
2
3   #include <stdio.h>
4   #include <stdlib.h>
5
6   void main(void)
7   {
8    unsigned int Score;
9    printf(" 請輸入計概成績 :");
10   scanf("%d",&Score);
11   if(Score<60) { printf(" 分數等級為丁等 \n"); }
12   else if(Score<=69) { printf(" 分數等級為丙等 \n"); }
13   else if(Score<=79) { printf(" 分數等級為乙等 \n"); }
14   else if(Score<=89) { printf(" 分數等級為甲等 \n"); }
15   else if(Score<=99) { printf(" 分數等級為優等 \n"); }
16   else if(Score==100) { printf(" 完美分數 \n"); }
17   else { printf(" 您輸入了不合法的分數 \n"); }
18   /*   system("pause");   */
19  }
```

執行結果
請輸入計概成績 :**99**
分數等級為優等

➡ 範例說明

else-if 格式的特點是，每一個敘述區塊的執行條件彼此是互斥的（因為它是巢狀 if-else 的 else 部分）。除了使用 else-if 來製作上述範例之外，在 5.3.8 節中，我們也將使用 switch-case 敘述的多向選擇來製作同樣功能的程式。

5.3.6 浮點數比較的注意事項

雖然 if-else 的程式流程簡單易懂，但實際在設計程式時仍需注意條件運算式的使用，尤其是在進行浮點數的相等比較，我們透過下列範例來說明該注意的事項。

【觀念範例 5-10】請設計一個出題程式，程式中預設一個台斤數（包含小數），請使用者輸入對應的公斤數，然後判別使用者是否輸入正確答案。

範例 *5-10* ch5_10.c（ch05\ch5_10.c）。

```
1    /*       檔名:ch5_10.c       功能:浮點數比較的陷阱      */
2
3    #include <stdio.h>
4    #include <stdlib.h>
5
6    void main(void)
7    {
8     float k,tk=40.5;
9
10    printf(" 一台斤 =0.6 公斤 \n");
11    printf(" 請問 %.2f 台斤等於幾公斤 :",tk);
12    scanf("%f",&k);
13    if(k==tk*0.6)
14      printf(" 答對了 !\n");
15    else
16      printf(" 答錯了 !\n");
17    /*  system("pause");  */
18   }
```

執行結果
一台斤 =0.6 公斤
請問 40.50 台斤等於幾公斤 :**24.3**
答錯了！

輸入正確的數值，但卻
會獲得錯誤的答案。

範例說明

(1) 這個範例的執行結果將出乎您的預料，大部分初級的程式設計師都找不出錯誤在哪裡，除非透過 IDE 的除錯功能，採用單步執行，並且每一步都觀察變數 k 與 tk 的值才能找出錯誤所在。

(2) 我們藉由這個範例，來示範如何使用 Dev-C++ 內的 GDB 進行除錯，步驟如下：

0
STEP 開啟 Dev-C++，然後執行【工具／編譯器選項】指令，開啟編譯器選項對話方塊後，切換到【編譯設定】頁籤，選擇【連結器】子頁籤，使【產生除錯資訊】選項為 Yes 及【移除所有符號表以及重定資訊】選項為 No，如此才能夠進行除錯。

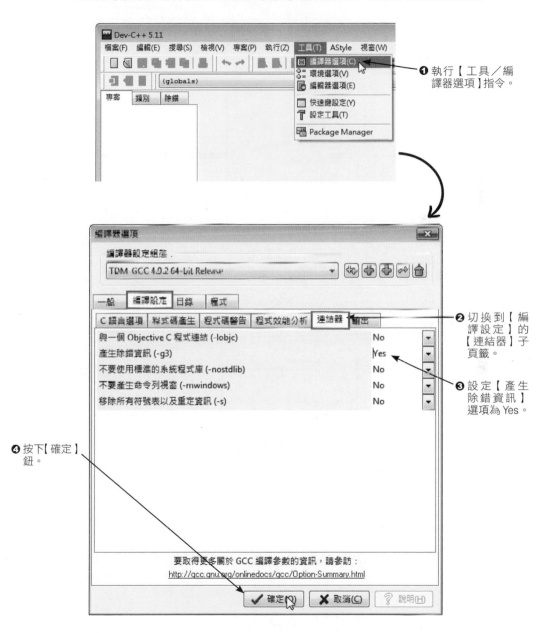

❶ 執行【工具／編譯器選項】指令。

❷ 切換到【編譯設定】的【連結器】子頁籤。

❸ 設定【產生除錯資訊】選項為 Yes。

❹ 按下【確定】鈕。

1
STEP

回到 Dev-C++ 中，開啟範例 5-10，並且將滑鼠游標移動到第 13 行旁按一下，會出現打勾符號在該行，這代表著該行已經被設定為中斷點。執行【執行／編譯】指令，先將本程式進行編譯，以便於後續的除錯。

❶ 將滑鼠移至本行前按一下，會出現打勾符號。

❸ 執行【執行／編譯】指令。

❷ 本行已經被設定為中斷點。

2
STEP

編譯成功後，執行【執行／除錯】指令。

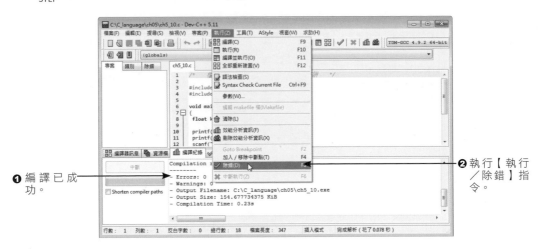

❶ 編譯已成功。

❷ 執行【執行／除錯】指令。

3
STEP

此時會執行到第 13 行才會暫停，故而執行到第 12 行時，會開啟 DOS 視窗並要求使用者輸入一個數值。請輸入預想中的正確答案 24.3，然後按下 Enter 鍵。

```
一台斤 =0.6 公斤
請問 40.50 台斤等於幾公斤 :24.3
```

4
STEP 接著 GDB 會執行到第 13 行而被暫停,請由 DOS 視窗切回到 Dev-C++ 視窗,此時我們想要觀察的是 k 與 tk 變數,因此請移到下方的【除錯】頁籤,於計算框中輸入 k,按下 Enter 鍵,此時會顯示 k 值目前在記憶體的實際值。

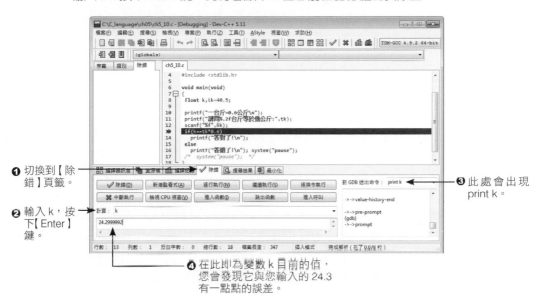

❶ 切換到【除錯】頁籤。

❷ 輸入 k,按下【Enter】鍵。

❸ 此處會出現 print k。

❹ 在此即為變數 k 目前的值,您會發現它與您輸入的 24.3 有一點點的誤差。

5
STEP 重新於計算框中輸入 tk*0.6,此時會顯示 tk*0.6 目前的實際值。您會發現,它和 k 值並不相同,所以第 13 行的比較當然會不相等。

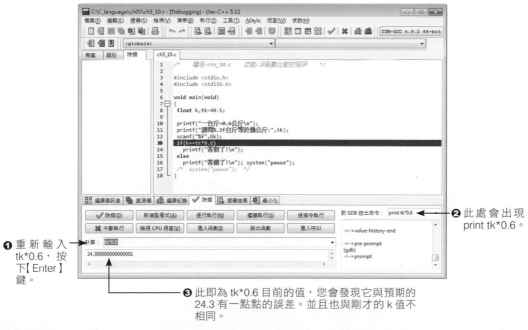

❶ 重新輸入 tk*0.6,按下【Enter】鍵。

❷ 此處會出現 print tk*0.6。

❸ 此即為 tk*0.6 目前的值,您會發現它與預期的 24.3 有一點點的誤差。並且也與剛才的 k 值不相同。

6
STEP　經由上述除錯，我們發現 k 與 tk*0.6 並不相同，所以當然比較結果會是『假』，既然我們已經知道問題所在，故請直接關閉 Dev-C++。

問題到底出在哪裡呢？答案是**精確度**的影響，所以兩個浮點數進行相等的比較時，常常會出現問題。換句話說，我們應該要在進行數值比較時，使用整數變數，而不要使用浮點數。我們將這個問題留給讀者來解決。

✋ 小試身手 5-2

改寫範例 5-10，使得進行相等比較時，比較的雙方都是整數（假設我們只允許使用者最多輸入 3 位小數）。

5.3.7 if 與 else 的配對

聰明的讀者應該會發現，既然存在 if 與 if-else 兩種選擇敘述，那麼就有可能在一個程式中出現 if 關鍵字個數與 else 關鍵字個數不相對稱的現象，此時，我們要如何得知哪一個 else 屬於哪一個 if 所有呢？其實這在 C 語言中有明確的規定，任何一個 else 都將與最接近的 if 配對。我們以下列範例來加以說明。

【觀念範例 5-11】：if 與 else 的配對。

範例**5-11** ch5_11.c（ch05\ch5_11.c）。

```
1   /*     檔名:ch5_11.c      功能:if else 的配對練習      */
2
3   #include <stdio.h>
4   #include <stdlib.h>
5
6   void main(void)
7   {
8    int Score=75;
9    if(Score>60)
10     if (Score > 80)
11        printf(" 成績真不錯 \n");
12   else
13     printf(" 成績差強人意 \n");
14   /*  system("pause");  */
15  }
```

執行結果
成績差強人意

範例說明

(1) 第 12 行的 else 看起來好像是和第 9 行的 if 配對，但實際上並非如此，它是與最接近的 if（第 10 行的 if）配對，因此執行結果為『成績差強人意』。如果我們將第 8 行的 Score 設定為 50，則執行結果將不會印出任何字串。

(2) 本範例說明了兩件事：[1]C 語言是一種自由格式的程式語言，因此縮排與否並不會影響執行結果。[2]C 語言的 else 將與最接近的 if 配對，因此本範例最好將之改寫如下縮排方式，以免產生錯覺。

```
8    int Score=75;
9    if(Score>60)
10      if (Score > 80)
11          printf(" 成績真不錯 \n");
12      else
13          printf(" 成績差強人意 \n");
```

(3) 如果讀者希望第 13 行的『printf(" 成績差強人意 \n");』改為在 Score<=60 的狀況下印出，則應該配合 {}，改寫成下列格式。

```
8    int Score=75;
9    if(Score>60)
10   {
11      if (Score > 80)
12          printf(" 成績真不錯 \n");
13   }
14   else
15       printf(" 成績差強人意 \n");
```

5.3.8 多向選擇敘述（switch-case 敘述）

　　除了單一選擇與雙向選擇之外，C 語言還提供了 switch-case 多向選擇敘述。當狀況不只一個的時候，除了使用多個或巢狀式 if-else 選擇敘述之外，我們還可以使用 switch-case 多向選擇敘述，使得程式碼看起來更清楚。使用 switch-case 來做選擇決策，其語法如下所示。

【 switch-case 語法 】　　　　　　　【 switch-case 流程圖 】

```
switch ( 條件運算式 )
{
    case 條件值 1 :
        …敘述區塊 1…
        break;
    case 條件值 2 :
        …敘述區塊 2…
        break;
            :
            :
    case  條件值 n :
        …敘述區塊 n…
        break;
    default :
        …敘述區塊…
        break;
}
```

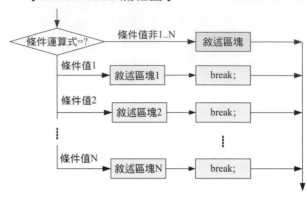

【 語法說明 】

(1) switch 的每一個 case 跟隨著一個條件值，當中的敘述區塊代表**當條件運算式 = 條件值時**，所要執行的敘述區塊。而 default 之後不跟隨條件值，其中的敘述區塊則是代表**當條件運算式不等於任何一個條件值時**所要執行的敘述區塊。因此，default 可有可無，若沒有 default，則當條件運算式不等於任何一個條件值的時候，整個 switch-case 敘述就不會執行任何的程式碼敘述。

(2) case 的敘述區塊可以是空敘述。

(3) **條件值**：條件值必須是資料常數（不可以是變數），例如整數或字元。並且每一個 case 的條件值必須不同。

　　【範例】：case 1:　　　　測試值是否為 1。

　　【範例】：case 'X':　　　測試值是否為大寫字元『X』。

(4) **break 敘述**：如果要符合上述的流程圖，則 break 敘述不可省略。break 的功能是作為跳離內部迴圈的跳躍敘述（jump statement），例如：switch、for、while、do-while 迴圈等。switch-case 其實就是一個迴圈內加入 if 指令實作而成，換句話說，switch-case 在測試時，並不會因為符合了前面的 case 條件就不執行後面其他的 case 條件，因此，為了保證每一次只執行單一 case，因此，我們必須在敘述區塊之後加上 break 敘述，跳離整個 switch 敘述。（break 敘述一次只能跳離單一層迴圈）。

(5) default 的 break 敘述：事實上，switch-case 敘述的 case 與 default 順序並不重要，您可以隨意更動 case 的順序，甚至是將 default 放在 case 之前或之間也不會影響其正確性，但當您將 default 放在最後面時，default 內的 break 敘述可以省略（因為執行完畢之後，本來就會結束 switch-case 敘述），而未將 default 放在最後面時，default 內的 break 敘述則不可省略。

(6) falling through：falling through 是一種流程現象，許多程式設計師常常會忘了在 case 的敘述區塊之後加入 break 敘述，此時將出現 falling through 現象，也就是當程式執行完符合條件的 case 之後，仍舊會往下執行其他 case 的區塊敘述（不論是否符合 case 之條件），而不立即跳離 switch-case 敘述，請見範例 5-13。

【實用範例 5-12】使用 switch-case 敘述設計一個評定分數等級的程式。

範例*5-12* ch5_12.c（ch05\ch5_12.c）。

```
1   /*      檔名:ch5_12.c    功能 .switch-case 的練習      */
2
3   #include <stdio.h>
4   #include <stdlib.h>
5
6   void main(void)
7   {
8    int Score;
9    printf(" 請輸入計概成績 :");
10   scanf("%d",&Score);
11   if((Score>=0) && (Score<=100))
12    switch(Score / 10)
13    {
14     case 10:
15         printf(" 完美分數 \n");
16         break;
17     case 9:
18         printf(" 分數等級為優等 \n");
19         break;
20     case 8:
21         printf(" 分數等級為甲等 \n");
22         break;
23     case 7:
24         printf(" 分數等級為乙等 \n");
25         break;
26     case 6:
27         printf(" 分數等級為丙等 \n");
28         break;
```

執行結果 1
請輸入計概成績 :99
分數等級為優等

執行結果 2
請輸入計概成績 :75
分數等級為乙等

```
29        default:
30            printf( "分數等級為丁等 \n" );
31            break;
32      }
33  /*  system("pause");  */
34  }
```

⊙ 範例說明

(1) 本範例與範例 5-9 具有相同功能。第 11 行的 if 敘述是用來確保輸入的數字在規定的範圍 0~100 之內，當符合規定範圍後，將執行第 12~32 行的 switch-case 敘述。

(2) 第 12 行 switch 的條件運算式為（Score/10），由於 Score、10 皆為整數，因此 (Score/10) 的結果也將是整數（小數部分將被捨棄）。

(3) 根據（Score/10）的結果，決定要執行哪一個 case 敘述區塊，若結果非 10、9、8、7、6，則執行 default 敘述區塊。

(4) 我們在每一個 case 敘述區塊末端加入了 break 敘述，所以眾多的 case 敘述區塊只會被執行其中之一（不會發生 falling through 現象）。至於本範例 default 敘述區塊的末端 break 敘述（第 31 行）則可以省略，因為它已經是位於 switch-case 的最後敘述。

【觀念範例 5-13】falling through 現象。

範例5-13 ch5_13.c（ch05\ch5_13.c）。

```
1   /*    檔名:ch5_13.c      功能:falling through 的示範      */
2
3   #include <stdio.h>
4   #include <stdlib.h>
5
6   void main(void)
7   {
8    int Score;
9    printf(" 請輸入計概成績:");
10   scanf("%d",&Score);
11   if((Score>=0) && (Score<=100))
12    switch(Score / 10)
13    {
14      case 10:
15          printf(" 完美分數 \n");
```

執行結果 1
請輸入計概成績:**99**
分數等級為優等
分數等級為甲等
分數等級為乙等
分數等級為丙等
分數等級為丁等

```
16      case 9:
17          printf(" 分數等級為優等 \n");
18      case 8:
19          printf(" 分數等級為甲等 \n");
20      case 7:
21          printf(" 分數等級為乙等 \n");
22      case 6:
23          printf(" 分數等級為丙等 \n");
24      default:
25          printf(" 分數等級為丁等 \n");
26   }
27   /*  system("pause");  */
28 }
```

執行結果 2
請輸入計概成績：**75**
分數等級為乙等
分數等級為丙等
分數等級為丁等

⊙ 範例說明

　　本範例將範例 5-11 的 break 敘述去除，因此產生了 falling through 現象。從執行結果中，讀者可以發現，當某一個 case 被滿足後，除了該敘述區塊會被執行之外，其後所有的 case 與 default 敘述區塊也會被執行（不論是否符合該 case 的條件值）。

5.4 『迴圈』敘述

　　高階語言另　項重要的發展就是迴圈結構，迴圈結構事實上是結合了低階語言的決策與跳躍，使得程式中可以有某部分敘述區塊能夠被重複執行多次（每一次重複執行，稱之為一個 iteration）。C 語言的迴圈結構又分為『計數迴圈』與『條件式迴圈』兩種，而條件式迴圈又分為『前測式』與『後測式』兩種條件式迴圈。我們將在本節中分別加以深入介紹。

5.4.1 計數迴圈（for 迴圈敘述）

　　迴圈是結構化程式語言另一項重要的設計，它可以重複不停的做某些動作直到某個條件成立時，動作才會停止。在 C 語言中提供了多種的迴圈，我們首先介紹 for 計數迴圈。

```
for(count=1,Sum=0;count<=10;count++)
      Sum=Sum+count;
```

　　在上面的小範例中（Sum 與 count 都需要在事前先宣告），迴圈一共會被執行 10 次，因此『Sum= Sum+count』也總共會被執行 10 次。最開始 count 值為 1、

Sum 值為 0，每次重複執行迴圈時，變數 count 值都會加 1，所以當迴圈執行完畢，Sum 值就會是 1~10 的總和 55。

for 迴圈語法

經過上面這個簡單的範例，讀者大概瞭解到 for 迴圈與之前介紹的各種敘述差異極大，以下我們重新將 for 迴圈語法整理如下，再來統一說明 for 迴圈的執行流程。

【for 迴圈語法】

```
for ( 初值設定運算式 ; 測試比較運算式 ; 增量設定運算式 )
{            …… 敘述區塊 ……                         }
```

【for 迴圈執行流程】

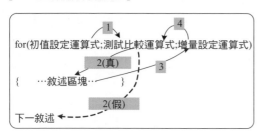

【for 迴圈流程圖】

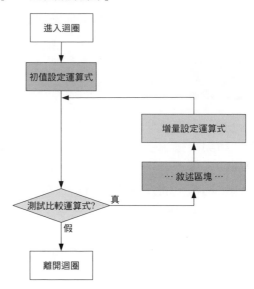

【功　能】

電腦會依照『測試比較運算式』的成立與否，決定是否重覆執行『迴圈內的敘述區塊』。每次執行完畢會執行『增量設定運算式』。

【語法說明】

(1) 初進入迴圈時，會先執行『初值設定運算式』，然後依照『測試比較運算式』是否成立，決定是否執行『迴圈內的敘述區塊』。敘述區塊執行完畢會執行

『增量設定運算式』，然後再依照『測試比較運算式』是否成立決定是否繼續執行『迴圈內的敘述區塊』，敘述區塊執行完畢又會再次執行『增量設定運算式』，依此順序重複執行敘述區塊，直到離開迴圈為止（『測試比較運算式』不成立時）。

(2) 『初值設定運算式』是進入迴圈時首先被執行的運算式，它只會被執行一次，但它並不見得只能有一個運算式，當有兩個以上的運算式時，則以『,』加以區隔。

(3) 『測試比較運算式』是決定是否重複進入迴圈的依據，以該運算式的真假值作為重複進入迴圈的條件。

(4) 『增量設定運算式』是每次執行完迴圈敘述區塊後將被執行的運算式，它也並不見得只能有一個運算式，當有兩個以上的運算式時，則以『,』加以區隔。

(5) 『初值設定運算式』、『測試比較運算式』、『增量設定運算式』之間並不見得存在任何關係，但我們通常會將之設定為有某種關係，以控制迴圈的重複次數。

(6) 迴圈內的敘述區塊若僅包含單一敘述，則可以省略 { }。

(7) 迴圈內的敘述區塊也可以包含其他的迴圈（因為迴圈也是一種敘述），此時就會形成多重迴圈，請見範例 5-16。

(8) 以下列範例而言，當離開迴圈之後，count 變數值應該是 11，而不是 10（請對照 for 迴圈流程圖）。

```
for(count=1;count<=10;count++)
    Sum=Sum+count;
```

(9) 以下列範例而言，迴圈永遠不會停止（稱之為無窮迴圈），因為 count=10 永遠都會成立（= 是一個指定運算子，而非比較運算子）。

```
for(count=1;count=10;count++)
    Sum=Sum+count;
```

(10) 以下列範例而言，迴圈永遠不會停止（稱之為無窮迴圈），因為 Sum>=0 永遠都會成立。

```
Sum=0
for(i=1,j=1;Sum>=0;i++,j++)
        Sum=i+j;
```

(11) 在前面介紹過的 break 敘述，可以用
來強制中途跳出迴圈。如右圖示意：

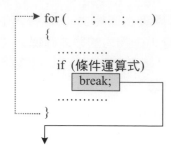

圖 5-6　break 敘述與迴圈示意圖

(12) 另外還有一個 continue 敘述，則是用
來強制中途略過本次迴圈剩餘尚未執
行的步驟，讓程式由下一次的迴圈開
始。如右圖示意：

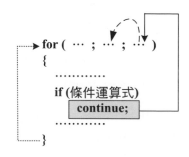

圖 5-7　continue 敘述與迴圈示意圖

【實用範例 5-14】使用 for 迴圈，計算 1+3+‥‥+N（N 為奇數時）或 1+3+‥‥
+N-1（N 為偶數時）的總和。

範例5-14　ch5_14.c（ch05\ch5_14.c）。

```
1    /*      檔名:ch5_14.c      功能:for 迴圈的示範      */
2
3    #include <stdio.h>
4    #include <stdlib.h>
5
6    void main(void)
7    {
8     int Sum,n,i;
9     printf("請輸入 N 值:");
10    scanf("%d",&n);
11    for(Sum=0,i=1;i<=n;i=i+2)
12        Sum=Sum+i;
13    if((n%2)==1)
14        printf("1+3+...+N=%d\n",Sum);
15    else
16        printf("1+3+...+N-1=%d\n",Sum);
17    /*  system("pause");  */
18   }
```

執行結果 1
請輸入 N 值 :**7**
1+3+...+N=16

執行結果 2
請輸入 N 值 :**8**
1+3+...+N-1=16

➔ 範例說明

(1) 第 11~12 行是 for 迴圈的範圍，由於 for 迴圈內僅有單一敘述（Sum=Sum+i），所以不用加上 {}。讀者可以將之改寫如下格式。

```
for(Sum=0,i=1;i<=n;i=i+2)
{
    Sum=Sum+i;
}
```

(2) for 迴圈的『初值設定運算式』是 Sum=0 及 i=1 敘述。『測試比較運算式』是 i<=n 條件敘述。『增量設定運算式』是 i=i+2 敘述。

(3) 迴圈執行完畢的 i 值一定是奇數，如果使用者輸入的是奇數 N，則 i 值為 N+2，如果使用者輸入的是偶數 N，則 i 值為 N+1。（因為只有當 i>n 時，『測試比較運算式』i<=n 才會不成立）

(4) 本範例流程圖如右：

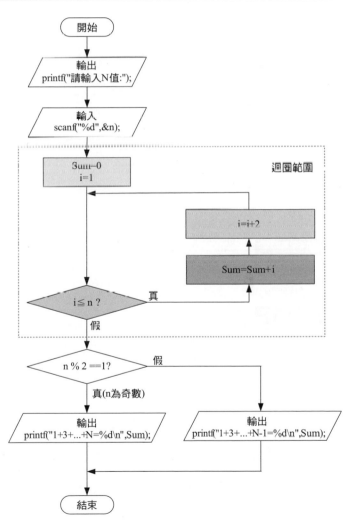

【實用範例 5-15】使用 for 迴圈改寫範例 5-14，但每次重複迴圈時，i 只能增加 1。

範例**5-15** ch5_15.c (ch05\ch5_15.c)。

```
1    /*     檔名:ch5_15.c     功能:for 迴圈的示範     */
2
3    #include <stdio.h>
4    #include <stdlib.h>
5
6    void main(void)
7    {
8     int Sum,n,i;
9     printf(" 請輸入 N 值 :");
10    scanf("%d",&n);
11    Sum=0;
12    for(i=1;(n%2)?(i<=n):(i<=n-1);i++)
13        if((i%2)==1)
14            Sum=Sum+i;
15    if((n%2)==1)
16        printf("1+3+...+N=%d\n",Sum);
17    else
18        printf("1+3+...+N-1=%d\n",Sum);
19    /*  system("pause");  */
20   }
```

n 為偶數時，由 (i<=n-1) 進行條件判斷

n 為奇數時，由 (i<=n) 進行條件判斷

➔ 執行結果

（同範例 5-14）

➔ 範例說明

(1) 第 12~14 行是 for 迴圈的範圍，由於 for 迴圈內僅有單一敘述（if 敘述），所以不用加上 {}。同理 if 內也只有單一敘述，因此也不用加上 {}。讀者可以將之改寫如下格式。

```
for(i=1;(n%2)?(i<=n):(i<=n-1);i++)
{
    if((i%2)==1)
    {
        Sum=Sum+i;
    }
}
```

(2) for 迴圈的『初值設定運算式』是 i=1 敘述。『測試比較運算式』是 (n%2)?(i<=n):(i<=n-1) 條件敘述。『增量設定運算式』是 i++ 敘述（代表遞增 1）。

(3) 測試比較運算式 (n%2)?(i<=n):(i<=n-1)，使用的『%』是餘數運算子，當配合運算元『2』時，可以用來判斷奇數或偶數。再配合『?』條件運算子，所以當 n 為奇數時，將執行 (i<=n) 條件敘述，當 n 為偶數時，則執行 (i<=n-1) 條件敘述。

(4) 同理，不論是第 13 行或第 15 行也都是使用餘數運算子『%』來測試 i 或 n 是否為偶數。

【實用範例 5-16】使用 2 層 for 迴圈設計九九乘法表。

範例 **5-16** ch5_16.c（ch05\ch5_16.c）。

```
1   /*      檔名:ch5_16.c     功能：多層 for 迴圈的示範      */
2
3   #include <stdio.h>
4   #include <stdlib.h>
5
6   void main(void)
7   {
8     int i,j;
9     for(i=1;i<=9;i++)
10    {
11       for(j=1;j<=9;j++)
12          printf("%d*%d=%d\t",i,j,i*j);        內層迴圈   外層迴圈
13       printf("\n");
14    }
15    /*  system("pause");  */
16  }
```

● 執行結果

```
1*1=1   1*2=2    1*3=3    1*4=4    1*5=5    1*6=6    1*7=7    1*8=8    1*9=9
2*1=2   2*2=4    2*3=6    2*4=8    2*5=10   2*6=12   2*7=14   2*8=16   2*9=18
3*1=3   3*2=6    3*3=9    3*4=12   3*5=15   3*6=18   3*7=21   3*8=24   3*9=27
4*1=4   4*2=8    4*3=12   4*4=16   4*5=20   4*6=24   4*7=28   4*8=32   4*9=36
5*1=5   5*2=10   5*3=15   5*4=20   5*5=25   5*6=30   5*7=35   5*8=40   5*9=45
6*1=6   6*2=12   6*3=18   6*4=24   6*5=30   6*6=36   6*7=42   6*8=48   6*9=54
7*1=7   7*2=14   7*3=21   7*4=28   7*5=35   7*6=42   7*7=49   7*8=56   7*9=63
8*1=8   8*2=16   8*3=24   8*4=32   8*5=40   8*6=48   8*7=56   8*8=64   8*9=72
9*1=9   9*2=18   9*3=27   9*4=36   9*5=45   9*6=54   9*7=63   9*8=72   9*9=81
```

● 範例說明

(1) 第 9~14 行是外層迴圈，第 11~12 行是內層迴圈，第 12 行一共會被執行 9*9=81 次，而第 13 行則只會被執行 9 次。

(2) 本範例流程圖如下：

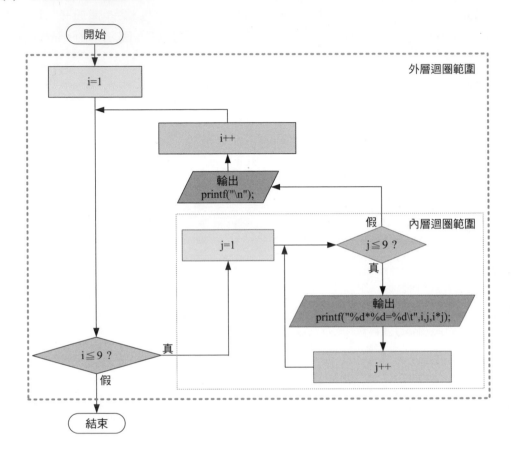

【觀念範例 5-17】使用 continue 敘述，計算 2+4+6+8+10 的總和。

範例*5-17* ch5_17.c（ch05\ch5_17.c）。

```
1    /*     檔名:ch5_17.c      功能:continue 敘述的示範      */
2
3    #include <stdio.h>
4    #include <stdlib.h>
5
6    void main(void)
7    {
8     int Sum=0,i,j;
9     for(i=1;i<=10;i++)
10    {
11       if ((i%2)==1)
```

執行結果
2+4+6+8+10=30

強迫立即回到迴圈開頭

```
12        continue;
13     Sum=Sum+i;
14   }
15   printf("2+4+6+8+10=%d\n",Sum);
16   /*  system("pause");  */
17 }
```

⊙ 範例說明

當 i 為奇數時，第 11 行條件成立，因此執行第 12 行的 continue 敘述，此時將略過迴圈尚未執行的第 13 行敘述，直接進入下一次的迴圈（從執行增量運算式 i++ 開始）。所以 Sum 只會累計偶數之和。

【觀念範例 5-18】使用 break 敘述強迫中途跳出迴圈。

範例5-18 ch5_18.c（ch05\ch5_18.c）。

```
1  /*   檔名 :ch5_18.c      功能 :break 敘述的示範      */
2
3  #include <stdio.h>
4  #include <stdlib.h>
5
6  void main(void)
7  {
8   short int Sum,n,i;
9   printf(" 求 1~N 的總和 , 請輸入 N 值 :");
10   scanf("%d",&n);
11   Sum=0;
12   for(i=1;i<=n;i++)
13   {
14      if(Sum>30000)
15         break;
16      Sum=Sum+i;
17   }
18   printf("1~%d 的總和為 %d\n",i-1,Sum);
19   /*  system("pause");  */
20 }
```

執行結果
求 1~N 的總和 , 請輸入 N 值 :**500**
1~245 的總和為 30135

強迫立即跳離迴圈

➡ 範例說明

　　第 14 行條件成立時，將執行第 15 行的 break 敘述，強迫跳離迴圈（此時第 16 行不會被執行），所以可以避免 Sum 超過 short int 的最大值 32767 限制所造成的錯誤。

5.4.2 前測式條件迴圈（while 迴圈敘述）

　　在 for 迴圈中，我們可以設定迴圈變數的初值、增量設定運算式與決定結束迴圈的條件比較運算式，若不使用 break 敘述，則通常在迴圈一開始被執行的時候，我們就可以很容易地『預測』迴圈內部敘述區塊的執行次數。因此 for 迴圈一般用在與數字相關的運算，例如有初值及增量運算時使用。

　　但是並非所有的狀況都必須用 for 迴圈來撰寫。例如我們希望程式一直重複做某件事，直到某個條件成立為止，而非執行固定的次數（無固定之增量值）。這個時候，我們就可以採用條件式迴圈。

　　C 語言提供的條件式迴圈有兩種：前測式迴圈（while 迴圈）及後測式迴圈（do-while 迴圈）。我們首先介紹前測式迴圈（即 while 迴圈）。

【while 迴圈語法】　　　　　　　　　【while 迴圈流程圖】

```
while(條件比較運算式)
{
    ……敘述區塊……
}
```

【功　能】

　　執行迴圈前先檢查是否滿足條件式，若滿足則進入迴圈，否則離開迴圈。

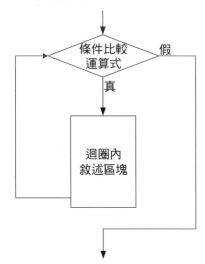

【語法說明】

(1) 若『條件比較運算式』成立,則進入迴圈內執行敘述區塊;否則不進入迴圈,直接跳往迴圈之後的下一個敘述繼續執行。

(2) 迴圈內敘述區塊執行完畢,將重新測試條件比較運算式,若條件比較運算式仍成立則再度執行迴圈內敘述區塊,若不成立則跳離迴圈。如此週而復始,直到條件式不成立時,才跳離迴圈。

(3) 若迴圈內的敘述區塊僅包含單一敘述,則可以省略 { }。

(4) 迴圈內的敘述必須能夠改變條件比較運算式的成立狀態,或使用 break 敘述離開迴圈,否則將形成無窮迴圈。如果條件比較運算式永遠為真(例如非 0 的常數或指定運算式),則 while 迴圈就會成為無窮迴圈。常見的無窮迴圈敘述如下。

```
while(1)
{
    ……敘述區塊……
}
```

```
while(i=10)
{
    ……敘述區塊……
}
```

(5) break 敘述可用來強制立刻中途跳離迴圈。在無窮迴圈時常常必須配合 break 敘述來強制跳離迴圈。

(6) continue 敘述是用來立刻略過該次迴圈剩餘未執行的部分,回到迴圈頂端(重新測試條件比較運算式)。

(7) while 迴圈內可以包含其他的迴圈,成為多重迴圈。

(8) C 語言的 while 迴圈程式也可以改寫為 for 迴圈,只要將 for 迴圈的『初值設定運算式』、『增量設定運算式』設定為空敘述即可(但如此一來就喪失了 for 迴圈的特點),兩種格式如下對照:

```
while(條件比較運算式)
{
    ……敘述區塊……
}
```
=
```
for(; 條件比較運算式 ;)
{
    ……敘述區塊……
}
```

【實用範例 5-19】使用前測式 while 迴圈，撰寫一個根據輾轉相除法（歐幾里得法）求兩數最大公因數的程式。輾轉相除法範例如右：

	792	102	
7	714	78	1
	78	24	
3	72	24	4
	6	0	

最大公因數

範例5-19 ch5_19.c（ch05\ch5_19.c）。

```
1   /*      檔名:ch5_19.c      功能:while 迴圈的示範      */
2
3   #include <stdio.h>
4   #include <stdlib.h>
5
6   void main(void)
7   {
8    int x,y,gcd,temp;
9    printf(" 輸入 x:");   scanf("%d",&x);
10   printf(" 輸入 y:");   scanf("%d",&y);
11   printf("(%d,%d)=",x,y);
12   if (x<y)              /* 將較大的數值放在 x, 較小的放在 y */
13   {
14       temp = x;    x = y;    y = temp;      /* x,y 數值對調 */
15   }
16   while(x!=0)
17   {
18       x=x%y;
19       if(x!=0)
20       {
21           temp = x;    x = y;    y = temp;      /* x,y 數值對調 */
22       }
23   }
24   gcd=y;
25   printf("%d\n",gcd);
26   /*  system("pause");  */
27  }
```

第 14 行共有 3 個敘述『 temp = x;』『 x = y;』、『 y = temp;』，目的是為了將 x 與 y 的值對調。

➜ 執行結果1

```
輸入 x:792
輸入 y:102
(792,102)=6
```

➜ 執行結果2

```
輸入 x:117
輸入 y:663
(117,663)=39
```

➡ 範例說明

(1) 第 16~23 行：此處出現了一個 while 迴圈，迴圈執行的次數完全依照 x 變數值的變化來決定，除非 x 變數值為 0，否則迴圈將一直重複執行。

(2) 本範例流程圖如右

(3) 本範例所使用的輾轉相除法求最大公因數，非常適合用 while 迴圈來撰寫，如果強迫使用 for 迴圈撰寫的話，將會發現困難了許多，讀者可以自行試試看。當然讀者若寫成 for(;x!=0;) 格式（即初值設定、增量設定運算式皆為空白），則同樣可以完成需求，但如此一來，就違背了 for 迴圈的設計原意（初值設定與增量設定運算式的設計）。

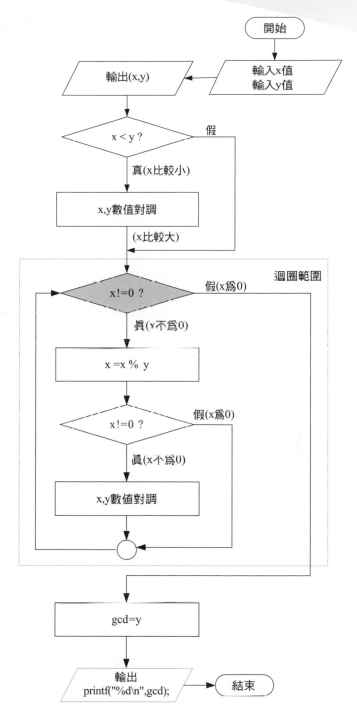

5.4.3 後測式條件迴圈（do-while 迴圈敘述）

另一種條件迴圈稱之為後測式條件迴圈，也就是 do-while 迴圈。此類迴圈最大的特色是，在不使用 break 與 continue 敘述的狀況下，迴圈內的敘述區塊至少會被執行一次。

【do-while 迴圈語法】

```
do
{
    ……敘述區塊……
}while( 條件比較運算式 );
```

【do-while 迴圈流程圖】

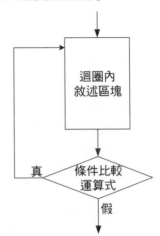

【功　能】

先進入迴圈，執行敘述區塊一次後，再判斷是否要繼續重覆執行迴圈。

【語法說明】

(1) while 之後的小括號後面規定必須出現『;』，這麼做的原因可以幫助編譯器判別該『while』是 while 迴圈的關鍵字還是 do-while 迴圈的關鍵字。

(2) 先執行敘述區塊一次，然後再判斷『條件比較運算式』，若『條件比較運算式』成立，則再重覆進入迴圈內執行敘述區塊；否則將離開迴圈，前往迴圈之後的下一個敘述繼續執行。

(3) 迴圈內敘述區塊執行完畢，將重新測試『條件比較運算式』，若『條件比較運算式』仍成立則再執行迴圈內敘述區塊，若不成立則跳離迴圈。如此週而復始，直到『條件比較運算式』不成立時，才跳離迴圈。

(4) 若迴圈內的敘述區塊僅包含單一敘述，則可以省略 { }。

(5) 迴圈內的敘述區塊至少會被執行一次以上。

(6) 迴圈內的敘述必須能夠改變『條件比較運算式』的成立狀態，或使用 break 敘述離開迴圈，否則將形成無窮迴圈。

(7) break 敘述可用來強制立刻中途跳離迴圈。

(8) continue 敘述是用來立刻略過該次迴圈剩餘未執行的部分，直接跳到測試『條件比較運算式』的步驟。

(9) do-while 迴圈內可包含其他的迴圈，成為多重迴圈。

【實用與觀念範例 5-20】使用後測式 do-while 迴圈，撰寫一個遊戲結束時的『Play Again?』詢問選項。並且透過本範例，練習 getchar() 函式。

範例**5-20** ch5_20.c（ch05\ch5_20.c）。

```c
1   /*      檔名:ch5_20.c      功能:do-while 迴圈的示範      */
2
3   #include <stdio.h>
4   #include <stdlib.h>
5
6   void main(void)
7   {
8    char InputChar;
9    /* ........ 遊戲程式撰寫處 ........ */
10   printf("Game Over...\n");
11   do
12   {
13       printf("Play Again?(y/n)");
14       InputChar=getchar();
15       getchar();
16   }while((InputChar!='y') && (InputChar!='n'));
17   /*  system("pause");  */
18  }
```

執行結果
```
Game Over...
Play Again?(y/n)q
Play Again?(y/n)k
Play Again?(y/n)y
```

● 範例說明

(1) 第 11~16 行是 do-while 迴圈，迴圈內的敘述至少會被執行一次。

(2) 當我們在 Play Again?(y/n) 後面按下任何非 y 或 n 的鍵，再按下【Enter】鍵時，將重複執行迴圈內的敘述。當按下 y 或 n 鍵時，才會離開迴圈。

(3) 本範例流程圖如右。

(4) getchar() 函式是用來取得標準輸入設備（即鍵盤）的單一字元。所以第 14 行的 InputChar 將會是我們所輸入的字元。但為什麼第 15 行又要有一個 getchar() 函式敘述呢？這是因為 getchar() 使用了緩衝區來實作輸入函式，當您鍵入【q】鍵，再按下【Enter】鍵時，q 被讀取了，但還有個換行字元（由【Enter】鍵產生）仍留在緩衝區，因此我們在第 15 行再度使用 getchar() 函式來讀取這個換行字元，以免出現錯誤。

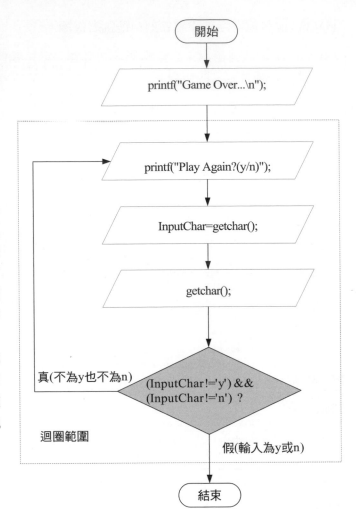

✋ **小試身手 5-3**

將範例 5-20 的第 15 行刪除並在執行程式時輸入一個非 y 或 n 的字元，看看會出現什麼現象。

5.4.4 各類迴圈的適用狀況

在 5.4 節中，我們介紹了 3 種迴圈，您可以在不同狀況下，選擇最方便的迴圈來實作程式需要重複執行的片段，以下是我們的建議。

迴圈	適用時機
for	有初始設定與增量運算時。
while	無初始設定與增量運算時。
do-while	至少執行迴圈內的敘述區塊一次。

至於 break 與 continue 敘述的區別則整理如下：

迴圈內的特殊敘述	敘述類型	功能
break	跳躍敘述 (jump-statement)	立刻強制中途跳出迴圈。
continue	跳躍敘述 (jump-statement)	強制略過該次迴圈重複 (iteration) 尚未被執行的敘述，直接跳到下一個重複 (iteration) 的條件比較判斷式（while 迴圈、do-while 迴圈）或增量設定運算式（for 迴圈）。
【註】：break 敘述也可以用來跳離 switch-case 敘述。		

5.5 強制跳躍（goto敘述）

goto 敘述是一種跳躍敘述 (jump-statement)，用來強制引導程式的執行順序到指定的位置，雖然很多程式語言都提供這個敘述，但是結構化的程式語言（例如 C 語言）大多不建議使用這個敘述，原因則是因為使用 goto 敘述會破壞程式結構，使得程式難以維護，而且所有的桯式都可以在完全不使用 goto 敘述的情況下來完成，因此建議讀者最好不要使用 goto 敘述。

goto 敘述語法

```
語法：goto label
功能：直接跳躍到 label 位置。
```

【語法說明】

(1) label（標籤位置）的命名方式與變數相同，但指定標籤位置時必須在後面加上『 : 』。

(2) goto 只能在單一函式內跳躍。

【範例 5-21】使用 goto 敘述跳出多層迴圈。計算 1!+2!+...+m!,(0<m<10)。

範例**5-21** ch5_21.c（ch05\ch5_21.c）。

```
1   /*      檔名:ch5_21.c      功能:goto 敘述的示範      */
2
3   #include <stdio.h>
4   #include <stdlib.h>
5
6   void main(void)
7   {
8    int Sum,FactNum,x,y,m;
9    printf(" 計算 1!+2!+...+m!,(0<m<10)\n");
10   printf(" 請輸入 m:");
11   scanf("%d",&m);
12
13   for(Sum=0,x=1;x<10;x++)
14   {
15       for(FactNum=1,y=1;y<=x;y++)
16       {
17           FactNum=FactNum*y;
18           if(y==m+1)
19               goto ProgEnd;
20       }
21       Sum=Sum+FactNum;
22   }
23 ProgEnd:  printf("1!+2!+...+m!=%d(m=%d)\n",Sum,m);
24   /*  system("pause");  */
25 }
```

執行結果
計算 1!+2!+...+m!,(0<m<10)
請輸入 m:**6**
1!+2!+...+m!=873(m=6)

● 範例說明

　　當第 19 行被執行時，就會強制將程式流程跳躍到第 23 行的 ProgEnd 標籤處（離開了兩層迴圈）。

5.6 巢狀與縮排

　　在 C 語言中，『巢狀』和『縮排』原本是兩件不相干的事。『巢狀』可以使用在條件敘述，製作巢狀條件敘述；也可以使用在迴圈，製作多重迴圈敘述；或者將條件敘述與迴圈混合使用。因此，對於編譯器而言，『巢狀』敘述是有意義的。而『縮排』只不過是為了讓程式設計師更容易看出程式的邏輯結構所做的自發性動作，對於編譯器而言，一個程式是否縮排並不影響程式的正確性。

　　舉例來說，在前面的程式中我們使用了『縮排』來增加程式的可讀性，例如：條件敘述的敘述區塊與迴圈敘述的敘述區塊。事實上，敘述區塊是由『{}』所包圍，它的專業名詞稱之為複合敘述 (compound-statement) 或區段，在區段內則是一個以上的其他敘述。

　　區段必須遵守以下三項原則：

(1)　由內圈開始配對。

(2)　一個 { 必須配一個 } 。

(3)　不可交錯。

　　舉例如圖 5-8：

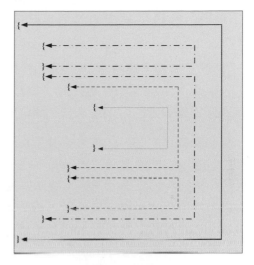

圖 5-8　區段配對

　　上述區段縮排方式是為了讓程式設計師比較容易看出每一個區段的對應關係，進而瞭解程式邏輯。但是許多書籍（尤其是 Java 相關書籍）、程式設計師、以及 C 語言大師 Kernighan 與 Ritchie 則有另外一種縮排方式，他們將第一個 { 與『條件比較運算式』寫在同一行，形成右列格式，稱之為 K&R 縮排。

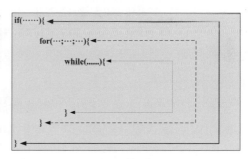

圖 5-9　K&R 縮排

　　K&R 縮排比較節省行數，但對於初學者而言，不一定比垂直對齊的縮排方式來得清楚。本書將盡量採用垂直對齊的縮排方式，但對於較大的程式則可能採用 K&R 縮排，以節省版面。讀者可依照自己的習慣決定採用哪一種縮排。

5.7 本章回顧

在本章中，我們認識了結構化程式語言的 3 種基本程式流程分別是『循序』結構、『選擇』結構、『迴圈』結構。相對於 C 語言來說，也同樣提供了此三種基本結構。

『循序』結構是最基本的流程，由上而下一一執行敘述，而 C 的選擇敘述則包含 if、if-else、switch-case 等三種，以及變形的 else-if 格式。除此之外，e1 ? e2：e3 特殊選擇運算式則可以用來作為簡單的選擇替換敘述。

在迴圈敘述方面，C 語言提供了 for 計數迴圈、while 前測式迴圈以及 do-while 後測式迴圈，它們的適用時機各有不同，不論是選擇敘述或迴圈敘述都可以再包含其他各類敘述，形成巢狀選擇、巢狀迴圈以及各式各樣的程式結構，提供了程式設計師更彈性的應用以便達成使用者的需求。同時我們也釐清了 break 與 continue 在迴圈應用時的不同之處。而 goto 敘述則不建議讀者採用，因為它將會破壞程式的結構化，導致日後程式難以維護。

在使用選擇與迴圈敘述時，控制流程由條件運算式決定，我們應該盡量避免在條件運算式中比較兩個浮點數是否相等，這很容易因為精確度問題而出現錯誤，在本章中，我們透過 Dev-C++ 的 GDB 除錯器找出了這樣的錯誤，事實上，大多數的程式都無法一次就設計完成，因此，除錯能力的培養，對於有心成為程式設計師的人來說，尤其重要。

至於程式的縮排撰寫風格，則有助於程式日後的維護，但採用哪一種縮排風格，則可以由程式設計師自由決定（對於多人共同開發維護的程式，則最好取得一致性）。

圖靈獎 (Turing Award) 得主 Nicklaus Wirth 大師曾說過，程式是由『資料結構』與『演算法』組合而成。簡單的演算法可以使用流程圖來表示，本章的重點即在於說明將『流程圖』轉換為『C 語言程式』時，可以採用的各種對應敘述，例如：選擇敘述、迴圈敘述等等。因此，在往後的範例中，我們將可以設計出一些比較有用的程式，例如：樂透程式。

問答題

1. for 迴圈的迴圈運算式應該包含哪三個部分？並分別說明各個部分的功能。

2. 若 cond 等於 -10，請問下列程式執行後，result 的變數值為多少？

```
result=(cond>0)?1:2*3;
```

3. A 君設計了一個程式如下，希望將變數 var 的值（var 介於 1~3）印出，但執行結果卻不如預期，請問下列程式中出現了什麼問題？

```
switch(var)
{
  case 1:
    printf("var is 1");
  case 2:
    printf("var is 2");
  case 3:
    printf("var is 3");
  default:
    printf("var 非 1~3 的數值 ");
}
```

4. 請問若在 do-while 迴圈中，想要強迫跳離迴圈，應該執行什麼敘述？

5. 請寫出下列條件比較運算式的真假值（布林值）為何？（a 的變數值為 100、b 的變數值為 101）

   [1] (a>b)　　 [2] (a<=b)　　 [3] (a==b)　　 [4] (a=b)　　 [5] (a!=b)

6. 比較運算式 !((a!=b) || (a==b)) 的真假值（布林值）為何？

7. 執行右列 for 迴圈程式，一共會印出幾個數值？當程式離開迴圈後，I 的變數值為何？

   ```
   int I;
   for(I=1;I<=10;I++)
   {
    printf("%d\n",I);
   }
   ```

8. 完成右列片段程式，計算 5+10+15+ …+100 的總和(存放於變數 Sum 中)。

   ```
   for(I=5,Sum=_____;I<=100;I=_____)
   {
     Sum=Sum+I;
   }
   ```

9. 模特兒的身高（變數 height）介於 180~190 代表標準身高，請填滿右列程式碼：

   ```
   if((_____)&&(_____))
       printf(" 模特兒標準身高 \n");
   ```

10. A 與 B 都是整數變數，當 A=B 時，顯示『A 等於 B』，若 A ≠ B 時，則顯示『A 不等於 B』。請填滿右列程式式碼：

    ```
    if  (( A>=B )&&(_____ ) )
        printf("A 等於 B\n");
    _____
        printf("A 不等於 B\n");
    ```

本章習題

實作題（本章習題不得引入 math.h 函式庫）

1. 設計一個可以判定 3 個變數（變數值均不相等）中哪一個變數值最大的程式。

2. 使用迴圈設計一個程式，找出 2~100 中所有的質數，每印出 5 個質數後換行顯示，執行結果如右。

執行結果

2	3	5	7	11
13	17	19	23	29
31	37	41	43	47
53	59	61	67	71
73	79	83	89	97

3. 使用 for 迴圈設計一個 (0~9 * 0~9) 的偶數乘法表。執行結果如右（請特別注意乘數與被乘數的排列方式）

執行結果

```
0*0= 0  2*0= 0  4*0= 0  6*0= 0  8*0= 0
0*2= 0  2*2= 4  4*2= 8  6*2=12  8*2=16
0*4= 0  2*4= 8  4*4=16  6*4=24  8*4=32
0*6= 0  2*6=12  4*6=24  6*6=36  8*6=48
0*8= 0  2*8=16  4*8=32  6*8=48  8*8=64
```

4. 使用迴圈計算 $1^1 +2^2+3^3+\cdots+n^n$ 的值（n 由使用者輸入，n 為個位數的正整數）（不得使用公式，也不得使用數學函式庫）。執行結果如右。

執行結果

```
n=6
Sum=50069
```

5. 使用單一層迴圈，列印出九九乘法表。執行結果同範例 5-16

6. 設計有關於計程車費的計算程式。由使用者先輸入日間（1）或夜間（2），然後輸入公里數，程式回覆應付車資，計算公式如下：

起　跳	日間 1500 公尺	70 元
	夜間 1250 公尺	
續　跳	日間 300 公尺	5 元
	夜間 250 公尺	

執行結果 1

```
搭乘時間     日間 (1)，夜間 (2)  請選擇 :1
請輸入里程（公里）[ 小數點可精確至公尺 ]:1.85
                               車資 =80
```

執行結果 2

```
搭乘時間     日間 (1)，夜間 (2)  請選擇 :2
請輸入里程（公里）[ 小數點可精確至公尺 ]:1.85
                               車資 =85
```

7. 設計一個判定閏年的檢查程式，由使用者輸入年份（民國制），回應該年是否為閏年，執行結果如右。

執行結果 1

```
民國多少年 ?89
是閏年
```

執行結果 3

```
民國多少年 ?41
是閏年
```

執行結果 2

```
民國多少年 ?189
不是閏年
```

執行結果 4

```
民國多少年 ?42
不是閏年
```

8. 請撰寫一個程式，接受使用者輸入一個字元，如果字元為小寫英文字母就將之轉換為大寫英文字母後輸出；如果字元為大寫英文字母，就將之轉換為小寫英文字母後輸出；如果輸入的並非英文字母，則輸出 " 您所輸入的並不是英文字母 "。

9. 三角形的邊長必須遵守如下的不等式，否則無法成為三角形。

    | 另兩邊的差 | ＜ 第三邊 ＜ 另兩邊的和

    請設計一個程式，讓使用者輸入三角形的三邊 x,y,z（假設使用者只會輸入正整數），然後判定使用者輸入的三邊是否可以形成一個三角形。

10. 請撰寫一個程式，可由使用者輸入三角形的三邊 x,y,z（假設使用者只會輸入正整數），然後判別此三角形是否為直角三角形。（請注意，x,y,z 都可能為斜邊。提示：請參考習題第一題之作法）

11. 請撰寫一個程式，可由使用者輸入兩個整數 x,y，並計算 x^y。值後輸出，如果使用者輸入的 y 值為負數，則請使用者重新輸入，直到使用者輸入正確的正整數或 0 為止。若 x,y 皆為 0，則輸出 "0 的 0 次方無定義 "。

12. 範例 5-21 使用了 goto 敘述來計算 1!+2!+...+m!,(0<m<10)，現在請您不要使用 goto 敘述，達到相同的目的。

13. 請使用 goto 敘述改寫範例 5-20，達到相同的功能，但程式中不使用 while、do-while、for 等迴圈。

14. 高鐵的現金購票機找零時，只會吐出硬幣（50、10、5、1 元），不會吐出紙鈔，請模擬它的做法，使得找零時吐出的硬幣總數量為最少。（請讓使用者先輸入欲購票的金額，假設使用者只會輸入正整數，然後再請使用者輸入付出金額，此金額必須為 100 的倍數，如果少於購票金額，則請使用者重新輸入，直到正確為止）

15. 在範例 5-19 的第 14 行與第 21 行，我們使用了三個敘述來交換 x,y 的資料，當中使用了 temp 變數，假設在第 8 行，我們並未宣告 temp 變數，請修改程式第 14 行與第 21 行，同樣使用三個敘述，達到交換 x,y 資料的目的。【提示：請利用 XOR 運算】

老師的叮嚀

本章實作習題，如果您已經能夠完成 8 成題目。那麼，恭喜您已經具備寫程式的邏輯能力。

程式設計師的建言

接下來要學習的內容是如何讓程式執行時或維護時更有效率，以及一些 C 語言特有的機制。加油喔 ~!

第二單元

進階篇

06

陣列與字串

陣列是一種非常重要的資料結構，C 語言實作字串時，將字串實作為一種特殊的字元陣列，兩者的關係可以說是密不可分，本章將針對陣列的原理、應用及字串宣告、函式應用等等做深入且詳細的說明。

陣列可以讓程式設計更精簡，甚至還可以配合硬體的設計提昇程式的效率。陣列是一種資料結構，C 語言利用這種資料結構來實作字串，換句話說，C 語言的字串是一種特殊的字元陣列。除此之外，陣列也與後面要介紹的指標高度相關，因此，我們將在本章中，深入介紹陣列與 C 語言字串的原理及應用。

6.1 陣列

陣列是一種非常重要的資料結構，幾乎各種高階程式語言都提供了陣列。什麼是陣列呢？簡單來說，陣列是一種儲存大量同性質資料的良好環境，由於不需要使用不同的變數名稱，以及陣列元素存取的方便性，使得大多數的程式設計中，都看得到陣列的影子。

『陣列』與數學的「矩陣」非常類似。也就是每一個陣列中的元素都有它的編號。更明確地說，『陣列』是一群資料型態相同的變數，並且在記憶體中會以**連續空間**來加以存放。舉例來說，假設我們想要記錄每月的營業額，您當然可以使用 January、February、、、December 等 12 個數值變數來進行儲存，但如果您使用的是陣列來加以儲存的話，則只需要使用同一個陣列變數名稱即可，例如：Month [12]。而當我們在 C 語言中宣告 Month[12] 陣列時，Month 就是陣列名稱，在記憶體中會保留 12 個連續位置分別來存放 Month[0]~Month[11] 陣列元素。

陣列中每個元件（陣列元素）相當於一個變數，我們只要透過索引 (index)，就可以直接取得陣列的指定元素（**C 語言的陣列索引由 0 開始計算**），例如：我們使用 Month[0]~Month[11] 來存放 12 個月份的營業額，當我們希望取出 8 月份的營業額時，則只要使用 Month[7] 當做變數名稱即可輕鬆取出該元素值。因此，使用陣列可以免除大量變數命名的問題，使得程式具有較高的可讀性。

延伸學習 陣列與資料的區域性

事實上，在程式執行時，使用陣列有的時候還會加快運算速度，這與資料存放在連續記憶體有關，俗稱**資料的區域性**，大多數的硬體結構都已經考慮了此特性，並使用速度較快的快取記憶體 (Cache) 來存放這些具有區域特性的資料，由於牽扯甚廣，有興趣的讀者可翻閱計算機結構相關書籍的階層式記憶體設計，獲得進一步的資訊。

6.1.1 宣告陣列

陣列依照編號排列方式、佔用的空間大小,可以分為一維陣列、二維陣列⋯等等,而在 C 語言中,陣列同樣必須先經由宣告才可以使用,存取陣列的元素資料時,則採用索引值來指定要存取的陣列元素。

陣列的宣告必須指定陣列元素的資料型態,當陣列宣告完畢,我們就可以存取陣列中的元素資料了,以下是陣列宣告語法:

【語　法】

> 語法:資料型態 陣列名稱［第 1 維度元素個數］［第 2 維度元素個數］⋯ ;
> 功能:宣告一維(二維⋯)陣列,以及陣列元素的資料型態。

【語法說明】

(1) **資料型態**:宣告陣列的資料型態所使用的關鍵字與宣告變數時使用的關鍵字相同,例如:int、float⋯。資料型態對於陣列而言,其重要性遠比變數的資料型態來得重要許多,因為當您宣告了陣列的資料型態之後,陣列中的每一個元素都將使用該資料型態,因此,假設您宣告了佔用記憶體空間過大的資料型態(例如:只需要 int 卻使用 long 資料型態),而該陣列共有 100 個元素的話,就浪費了 100 單位的記憶體空間。因此,慎選陣列的資料型態是非常很重要的。

(2) **陣列名稱**:陣列名稱的命名規定與變數命名規定相同,您應該盡量採用有意義的英文字或組合字來代表該陣列的用途。

(3) **第 n 維度元素個數**:決定該陣列為 1 維陣列、2 維陣列⋯,也決定了每一維度的元素數目。1 維陣列就使用 1 個 [ ] 來表示,2 維陣列就使用 2 個 [ ] 來表示,依此類推。維度內的數字則決定了每一維度的元素數目,舉例如下:

【範　例】

假設我們有 12 個月的營業額要記錄、而營業額為整數,此時您可以使用 Month 也可以使用 Trade(交易)做為陣列名稱,如下宣告 1 維陣列:

```
int  Trade[12];
            ↑
           月份
```

則 Trade[7] 代表 8 月份的營業額。(C 語言的陣列從索引 0 開始計算)

【範　例】

假設我們有兩年的每月營業額要記錄，則可以如下宣告 2 維陣列：

$$int \quad Trade[2][12];$$
$$\uparrow \quad \uparrow$$
$$年 \quad 月份$$

則 Trade[1][7] 代表第 2 年 8 月份的營業額。

【範　例】

假設我們有兩家公司兩年的每月營業額要記錄，則可以如下宣告 3 維陣列：

$$int \quad Trade[2] \quad [2] \quad [12];$$
$$\uparrow \quad \uparrow \quad \uparrow$$
$$公司 \quad 年 \quad 月份$$

則 Trade[0][1][7] 代表第 1 家公司第 2 年 8 月份的營業額。

(4) 陣列元素可以和其他變數或其他陣列元素做運算。

【範　例】

```
x[0]=x[1] +x[2]+ …+x[10];
x[0]=x[1]*12;
x[3]=x[1]+score;
x[1]=x[1]+y[2];
```

(5) 陣列元素可以給予初始值，容後說明。

(6) 以下我們將分別就一維陣列與二維陣列加以說明，至於多維陣列則可以依此類推。

6.1.2 一維陣列

一維陣列的宣告敘述如下：

【語　法】

```
語法：資料型態　　陣列名稱 [ 元素個數 ];
功能：宣告一維陣列，以及陣列元素的資料型態。
```

【範　　例】

```
char         name[5];              /* 長度為 5 的字元陣列   */
int          score[6];             /* 長度為 6 的整數陣列   */
double       rate[6];              /* 長度為 6 的浮點數陣列 */
```

【語法說明】

(1) 陣列經過宣告後，系統將保留一塊連續的記憶體空間來存放陣列元素，記憶體內容如下範例。

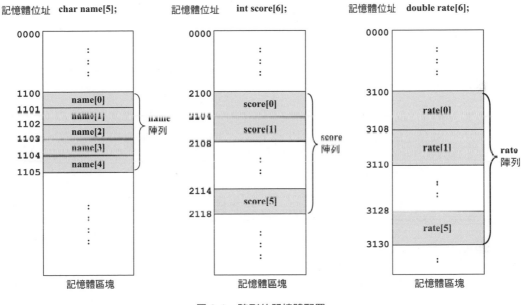

圖 6-1　陣列的記憶體配置

 註　圖中的記憶體位址使用十六進制表示，各陣列的起始位址則為假設值，在程式執行時，實際的位置必須由編譯器與作業系統共同決定。

(2) 由上圖中，我們可以很容易地發現，陣列的各個元素依照次序存放在連續的記憶體中，這就是陣列的特性。

(3) score 與 rate 陣列雖然元素個數（或稱為陣列長度）都是 6，但由於資料型態佔用的記憶體大小不同，因此兩個陣列所佔用的總記憶體空間也不相同。在後面的範例中，我們將透過 sizeof( ) 運算子來求出陣列所佔記憶體空間的大小。

(4) 陣列一經宣告，就可以透過索引存取陣列元素，語法如下。在 C 語言中，陣列第一個元素的索引值為 0，第二個元素的索引值為 1，依此類推，所以長度為 n 的陣列，其索引值為 0 ～ n-1。

【語　法】

```
語法：陣列名稱 [ 索引值 ]
功能：存取陣列元素。
```

範例*6-1* ch6_01.c（ch06\ch6_01.c）。

```
1   /*      檔名:ch6_01.c      功能:計算陣列大小        */
2
3   #include <stdio.h>
4   #include <stdlib.h>
5
6   void main(void)
7   {
8     char name[5];
9     int score[6];
10    double rate[6];
11
12    printf("name[5] 共使用 %dbytes\n",sizeof(name));
13    printf("score[6] 共使用 %dbytes\n",sizeof(score));
14    printf("rate[6] 共使用 %dbytes\n",sizeof(rate));
15    /*  system("pause");  */
16  }
```

執行結果
```
name[5] 共使用 5bytes
score[6] 共使用 24bytes
rate[6] 共使用 48bytes
```

● 範例說明

　　char 資料型態的變數只佔用 1 個 byte，因此 name 陣列共需 5 個 bytes 來儲存；int 資料型態的變數需要佔用 4 個 bytes，因此 score 陣列共需 24 個 bytes 來儲存；double 資料型態的變數需佔用 8 個 bytes，因此 rate 陣列共需 48 個 bytes 來儲存。

【實用範例 6-2】使用陣列存放氣溫資料，並計算平均溫度。

範例*6-2* ch6_02.c（ch06\ch6_02.c）。

```
1   /*      檔名:ch6_02.c      功能:陣列元素的存取          */
2
3   #include <stdio.h>
4   #include <stdlib.h>
```

```
5
6    void main(void)
7    {
8     float Temper[12],sum=0,average;
9     int i;
10
11    for(i=0;i<12;i++)
12    {
13        printf("%d 月的平均溫度 :",i+1);
14        scanf("%f",&Temper[i]);
15        sum=sum+Temper[i];
16    }
17    average=sum/12;
18    printf("======================\n");
19    printf(" 年度平均溫度 :%f\n",average);
20    /*  system("pause");  */
21   }
```

搭配迴圈存取陣列元素
是常見的做法

執行結果
1 月的平均溫度 :**15.6**
2 月的平均溫度 :**17.3**
3 月的平均溫度 :**24.2**
4 月的平均溫度 :**26.7**
5 月的平均溫度 :**28.4**
6 月的平均溫度 :**30.2**
7 月的平均溫度 :**29.6**
8 月的平均溫度 :**30.5**
9 月的平均溫度 :**29.2**
10 月的平均溫度 :**28.6**
11 月的平均溫度 :**25.4**
12 月的平均溫度 :**22.9**
======================
年度平均溫度 :25.716667

● 範例說明

使用迴圈將輸入的溫度逐一存入 Temper 陣列的 Temper[i] 元素中，並且累加溫度總和。最後計算平均溫度。

✋ 小試身手 6-1

請將範例 6-2 第 13~15 行，迴圈內的敘述改寫如下，然後重新執行，看看會發生什麼樣的現象？
（我們會在範例 6-3 說明為何會出現此一現象）

```
printf("%d 月的平均溫度 :%f\n",i+1,Temper[i]);
sum=sum+Temper[i];
```

一維陣列初始化

我們在宣告陣列的同時，也可以指定陣列元素的初始值，語法如下：

【語　法】

語法：資料型態 陣列名稱 [元素個數]={ 元素 1 初始值，元素 2 初始值，…}；
功能：宣告一維陣列並設定陣列元素的初始值。

【語法說明】

(1) 陣列的元素個數不一定要明確指定，因為編譯器可以根據初始值的個數，自行判斷該陣列的元素個數。

【範　例】

```
float Temper[12]={15.6,17.3,24.2,26.7,28.4,30.2,29.6,30.5,
                  29.2,28.6,25.4,22.9};
```

相當於

```
float Temper[]={15.6,17.3,24.2,26.7,28.4,30.2,29.6,30.5,
                29.2,28.6,25.4,22.9};
```

(2) 當明確定義陣列大小時，若設定的陣列元素初始值數量不足，則編譯器會將剩餘未設定初值的元素內容設定為 0（針對數值陣列而言），因此，我們可以同時設定所有的陣列元素內容，如下範例，由於在 C 語言宣告陣列時，陣列內容會存放一些**無法預期的數值**，這些數值可能會導致程式的錯誤。為了避免發生這種非預期的狀況，我們可以透過下列方式將所有陣列元素的初始值清除為 0，如此就可以減少錯誤發生的機率（或有助於錯誤發生時的除錯）。

【範　例】

```
float Temper[12]={0};          /*  同時將 12 個元素內容皆設定為 0 */
```

小試身手 6-2

延續上一個小試身手，請在 Temper[12] 陣列宣告時，將初始值全部設為 0，然後重新執行，看看會發生什麼樣的現象？

【觀念範例 6-3】陣列元素初始化與未初始化的比較。

範例6-3　ch6_03.c（ch06\ch6_03.c）。

```
1   /*      檔名:ch6_03.c       功能：陣列元素初始化          */
2
3   #include <stdio.h>
4   #include <stdlib.h>
5
6   void main(void)
7   {
8    float data1[10];          ←── 未初始化陣列
9    float data2[10]={0};
10   int i;
11                             ←── 初始化陣列元素為 0。
12   for(i=0;i<10;i++)
13   {
14     printf("data1[%d]=%.2f\n\t\t\t data2[%d]=%.2f\n",i,data1[i],i,data2[i]);
```

```
15   }
16   /*  system("pause");  */
17   }
```

➲ 執行結果 （使用 Dev-C++ 編譯）

```
data1[0]=0.00
                        data2[0]=0.00
data1[1]=0.00
                        data2[1]=0.00
data1[2]=0.00
                        data2[2]=0.00
data1[3]=0.00
                        data2[3]=0.00
data1[4]=0.00
                        data2[4]=0.00
data1[5]=-1.#R
                        data2[5]=0.00
data1[6]=0.00
                        data2[6]=0.00
data1[7]=0.00
                        data2[7]=0.00
data1[8]=0.00
                        data2[8]=0.00
data1[9]=10394373443380010000000000000000000.00
                        data2[9]=0.00
```

➲ 範例說明

data1 陣列元素未經過初始化設定初值，因此 C 語言僅會指定一塊連續的記憶體空間來存放陣列而不管初始內容為何。data2 則會將陣列元素初始內容設為 0。（這和其他的程式語言不太相同，例如 Visual Basic 會將未經設定元素值的整數陣列內容設為 0，所以常常先學會 Visual Basic 的程式設計師在使用 C 語言設計程式時，會忘了設定陣列初始值，並直接讀取陣列元素值，導致出現某些錯誤。）

🖑 小試身手 6-3

請將範例 6-3 的第 8 行移到第 5 行，然後重新執行，看看會發生什麼樣的現象？（我們並不建議隨意如此做，這與變數的生命週期有關，我們會在第 10 章討論這個問題。）

6.1.3 氣泡排序法 (Bubble Sort)【補充】

　　搜尋與排序是程式設計的一項基本且重要的問題。所謂『搜尋』（Searching），指的是在一堆資料中，尋找您所想要的資料，例如：在英文字典中找尋某一個單字。所謂『排序』（Sorting）則是將一堆雜亂的資料，依照某個鍵值（Key Value）依序排列，方便日後的查詢或使用。例如：英文字典中每個單字就是已經排序後的結果『從 a~z』。

　　相信讀者都有搜尋與排序資料的經驗，以搜尋英文字典為例，您或許有自己的一套方法找到所需要的單字，例如：查單字「good」，您可能會先翻閱字典的前1/3，看看該頁中的單字字首是哪一個英文字母，然後再略為調整頁數，直到找到資料為止。而在電子字典中，您只需要輸入「good」，然後電腦或翻譯機就會自動幫您找到「good」這個單字的相關資訊，問題是電腦是如何幫您找到這個單字的呢？這就是研究『搜尋』演算法所關心的議題了。

　　電腦的許多基礎科學是從數學衍生而來，因此，即使在個人電腦還不普及的年代，早就有很多專家們對此一問題發展出許多的解決方法。例如：『排序』問題的解決方法就有很多種，其難度與效率也各自不同，您可以在資料結構或演算法的課程中，學習到這些知識，在這裡，我們先補充比較簡單的『氣泡排序法』。一般我們會將欲排序的資料存放於陣列中，所以接下來，我們將介紹的『氣泡排序』演算法的作用目標將是陣列資料結構。

　　『氣泡排序法』是一種非常簡單且容易的排序方法（當然效率表現也僅僅算是普通而已），簡單地來說，『氣泡排序法』是將相鄰兩個資料一一互相比較，依據比較結果，決定資料是否需要對調，由於整個執行過程，有如氣泡逐漸浮上水面，因而得名，其方法及示意圖如下：

　　假設我們有 {24,7,36,2,65} 要做氣泡排序，最後的排序結果為 {2,7,24,36,65}。

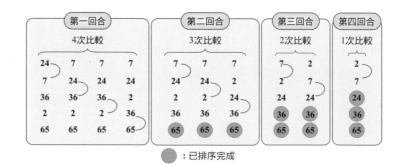

圖 6-2　氣泡排序法範例

演算法（使用非正式但較接近 C 語法的虛擬碼）

```
輸入：未排序的資料 x[0]~x[n-1]
輸出：已排序的資料
k ← n-1;
while(k!=0)
{
    t ← 0;
    for(i=0 ; i<=k-1 ; i++)
    {
        if(x[i] > x[i+1])
        {
            x[i] ←→ x[i+1];        /*  x[i] 與 x[i+1] 互換  */
            t ← i;
        }
    }
    k ← t;
}
```

【實例說明】

　　若陣列的五個元素資料 A[0],A[1],A[2],A[3],A[4] 要由小到大排序，則以下是詳細步驟：

第一回合：　相鄰兩個資料相互比較，依照下列步驟，最大值將被放入 A[4] 中：

　　　　　　A[0] 和 A[1] 比較，若 A[0] > A[1] 則資料互換，否則資料不交換。

　　　　　　A[1] 和 A[2] 比較，若 A[1] > A[2] 則資料互換，否則資料不交換。

　　　　　　A[2] 和 A[3] 比較，若 A[2] > A[3] 則資料互換，否則資料不交換。

　　　　　　A[3] 和 A[4] 比較，若 A[3] > A[4] 則資料互換，否則資料不交換。

　　　　　　很容易可以發現，經過上面四次比較之後，最大的資料一定會被放到 A[4] 之中，如此稱為『第一回合掃描』。

第二回合：　由於在第一回合時，A[0]~A[4] 的最大值已經被放到 A[4] 了，因此在第二次回合掃描時，只需要仿照第一回合，將 A[0]~A[3] 中最大的值放到 A[3] 中即可（明顯地，第二回合掃描只需要比較 3 次）。

第三回合：　由於在第一、二回合時，A[0]~A[4] 的最大值及第二大值已經被放到 A[4]、A[3] 了，因此在第三回合掃描時，只需要仿照第一回合，將 A[0]~A[2] 中最大的值放到 A[2] 中即可（明顯地，第三回合掃描只需要比較 2 次）。

第四回合： 由於在第一、二、三回合時，A[0]~A[4] 的最大值、第二大值、第三大值已經被放到 A[4]、A[3]、A[2] 了，因此在第四次回合掃描時，只需要仿照第一回合，將 A[0]~A[1] 中最大的值放到 A[1] 中即可（明顯地，第四回合掃描只需要比較 1 次）。

第五回合： 最後剩下 A[0]，不必比較就知道 A[0] 中的值是最小的值。（第五回合可省略）

所以五筆資料使用氣泡排序，需要經過四個回合的掃描，一共比較 (4+3+2+1)=10 次。以此類推，N 筆資料做氣泡排序，需要 (N-1) 次掃描，共比較 (N-1)+(N-2)+(N-3)+…+3+2+1 = N(N-1)/2 次。另外，在排序過程中，若有某一回合的掃描沒有交換任何的資料，則代表資料已經提早排序完成，此時可略過後面尚未掃描的回合。因此 N(N-1)/2 次比較是最差的狀況。

✋ **小試身手 6-4**

上述的氣泡排序，當有 N 筆資料進行排序時，在最佳狀況下，需要做幾次比較？

【實用範例 6-4】使用氣泡排序法，將大樂透的 6 個號碼依據數字大小排序顯示（特別號除外）。

範例*6-4* ch6_04.c（ch06\ch6_04.c）。

```
1   /*      檔名:ch6_04.c      功能：陣列與排序      */
2
3   #include <stdio.h>
4   #include <stdlib.h>
5
6   void main(void)
7   {
8    int x[6]={25,10,39,40,33,12};
9    int spec=11;
10   int k,times,i,temp;
11
12   k=6-1;
13   while(k!=0)
14   {
15    times=0;
16    for(i=0;i<=k-1;i++)
17    {
18     if(x[i]>x[i+1])
19     {
```

宣告一維陣列用來儲存樂透開獎號碼，並設定陣列元素初始值，即尚未排序的 6 個樂透開獎號碼

執行結果
```
10   12   25   33   39   40
特別號   11
```

```
20          temp=x[i]; x[i]=x[i+1]; x[i+1]=temp;  /* x[i] 與 x[i+1] 互換 */
21          times=i;
22        }
23      }
24      k=times;
25    }
26    for(i=0;i<6;i++)
27        printf("%d\t",x[i]);
28    printf("\n 特別號 \t%d\n",spec);
29    /*  system("pause");  */
30  }
```

印出排序後的結果

● 範例說明

(1) 第 13~25 行：每一次執行 while 迴圈代表每一次回合的掃描。

(2) 第 16~23 行：每一次執行 for 迴圈代表執行該回合掃描的比較。

(3) times 用來控制下一回合掃描的比較次數遞減一次，並且若這次掃描中沒有任何互換動作發生，則不需要再掃描，直接跳出 while 迴圈。

(4) 您可以在 23~24 行間插入 for(j=0;j<6;j++) printf("%d\t",x[j]); 印出每次掃描後的結果（當然您必須先在前面宣告整數變數 j）。您也可以將陣列初始值改為 5,10,15,20,25,30，並且插入這些程式碼，然後看看會掃描幾次。

6.1.4 二維陣列

陣列若具有兩個索引稱為『二維陣列』、具有三個索引稱為『三維陣列』，依此類推。而二維陣列的使用十分廣泛（僅次於一維陣列）。您可以將二維陣列以數學之矩陣來加以看待，也就是二維陣列是由『列（Row）』與『行（Column）』組合而成。每一個元素恰恰落在特定之某一列的某一行。

首先，我們先來釐清所謂的列與行的差別；所謂『列』，指的是『橫列』，而『行』指的是『直行』，

老師的叮嚀

若您對於列與行容易產生混淆的話，可以利用一些小技巧來加以記憶。通常我們稱一列火車，因此，『列』為橫列，而國小的國語作業，老師們不是都安排寫某個生字幾行嗎？而國語作業簿是以直行來加以計算，因此，『行』為直行。

不過請注意，第幾行程式的『行』指的是英文的 line；而陣列第幾行的『行』則指的是英文的 Column，兩者的意義是不同的。

　　『列』也就是二維陣列的第一維索引，而『行』則是二維陣列的第二維索引，我們以下圖來解說整數 A[5][4] 二維陣列在記憶體中的配置。

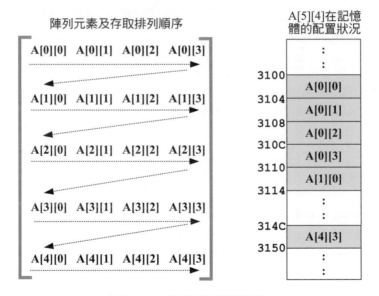

圖 6-3　二維陣列的記憶體配置

　　由上述可知我們可以用二維陣列來表示複雜的資料，例如倘若使用橫列來表示各分公司的營運狀況，直行表示各季的營業額，則可以如下圖安排整間公司的總體營運狀況。

	第一季	第二季	第三季	第四季
台北總公司（第 1 列）	A[0][0]	A[0][1]	A[0][2]	A[0][3]
新竹園區（第 2 列）	A[1][0]	A[1][1]	A[1][2]	A[1][3]
高雄分公司（第 3 列）	A[2][0]	A[2][1]	A[2][2]	A[2][3]

以上的二維陣列宣告，可以使用列與行來分別代表兩個索引，每個索引長度（維度的元素個數）都必須填入 [ ] 之中，宣告如下：

```
int A[3][4];
```

完整的二維陣列宣告語法如下：

【語　法】

> 語法：資料型態　　陣列名稱 [列的大小] [行的大小]；
> 功能：宣告二維陣列，以及元素的資料型態。

在上面的營運業績範例，A[3][4] 陣列共有 3 列、4 行，包含 (3*4)=12 個元素，若要取得高雄分公司第 3 季的營業額，則應該以相對應的索引值來加以取得，也就是 A[2][2]。（在 C 語言中，二維陣列的行列索引起始值仍是由 0 開始計算）

二維陣列可以使用表格或矩陣來加以示意，三維陣列則需要使用三度空間圖形加以示意，更多維度的陣列則無法使用幾何圖形來示意，但存取方法也大同小異。在此建議讀者，盡量使用 1~3 維陣列來儲存資料，過多的維數將容易使得程式碼不容易撰寫並且也比較難以維護。

【實用範例 6-5】將九九乘法表的乘法結果儲存在 9×9 的二維整數陣列之中，並將陣列的資料列印出來。

範例6-5 ch6_05.c（ch06\ch6_05.c）。

```
1   /*      檔名:ch6_05.c      功能：二維陣列的練習      */
2
3   #include <stdio.h>
4   #include <stdlib.h>
5
6   void main(void)
7   {
8    int m[9][9];   /* 宣告二維陣列，共有 81 個元素，從 m[0][0]~m[8][8] */
9    int i,j;
10
11   for(i=1;i<=9;i++)
12     for(j=1;j<=9;j++)
13       m[i-1][j-1]=i*j;              /* 將九九乘法的結果存入二維陣列中 */
14
15   for(i=1;i<=9;i++)
16   {
```

```
17      for(j=1;j<=9;j++)
18      {
19        printf("%d*%d=%d\t",i,j,m[i-1][j-1]);        /* 見說明 */
20      }
21    printf("\n");
22  }
23  /*  system("pause");  */
24  }
```

● 範例說明

第 15~22 行是用來取出二維陣列的各個元素值（內存放九九乘法表之結果），m[i-1][j-1] 放在雙層迴圈內，恰好可取出 m[0][0]~m[8][8] 的元素值。**迴圈與陣列常常搭配使用，二維陣列則常與雙層迴圈搭配，以精簡程式碼。**

● 執行結果

1*1=1	1*2=2	1*3=3	1*4=4	1*5=5	1*6=6	1*7=7	1*8=8	1*9=9
2*1=2	2*2=4	2*3=6	2*4=8	2*5=10	2*6=12	2*7=14	2*8=16	2*9=18
3*1=3	3*2=6	3*3=9	3*4=12	3*5=15	3*6=18	3*7=21	3*8=24	3*9=27
4*1=4	4*2=8	4*3=12	4*4=16	4*5=20	4*6=24	4*7=28	4*8=32	4*9=36
5*1=5	5*2=10	5*3=15	5*4=20	5*5=25	5*6=30	5*7=35	5*8=40	5*9=45
6*1=6	6*2=12	6*3=18	6*4=24	6*5=30	6*6=36	6*7=42	6*8=48	6*9=54
7*1=7	7*2=14	7*3=21	7*4=28	7*5=35	7*6=42	7*7=49	7*8=56	7*9=63
8*1=8	8*2=16	8*3=24	8*4=32	8*5=40	8*6=48	8*7=56	8*8=64	8*9=72
9*1=9	9*2=18	9*3=27	9*4=36	9*5=45	9*6=54	9*7=63	9*8=72	9*9=81

延伸學習 二維陣列與資料區域性

您如果將第 11~12 行對調，會使得第 13 行的陣列元素計算順序行列對調，程式仍然是正確的，但是實際上的效能可能會相差許多，尤其是當陣列越大時越明顯，這是因為 C 語言採用以列為主的陣列元素排列方式，也就是說，在記憶體中，橫列會先排完，才會輪到下一列，因此，每一列資料是比較聚集的（存放在連續記憶體中），而每一行的資料卻是分散的（並非存放在連續記憶體中）。由於硬體設計參考了資料區域性來設計快取，因此，在迴圈中先執行一列資料的存取會比先執行一行資料的存取要快。（但不考慮硬體因素時，則兩者效能是相同的）

二維陣列初始化

在宣告二維陣列的同時，也可以指定陣列元素的初始值（和一維陣列類似），語法如下：

【語　法】

> 語法：資料型態 陣列名稱 [列數][行數]= {{M_{00},M_{01},M_{02},\cdots,M_{0j-1}},
>
> $\qquad\qquad\qquad\qquad\qquad\qquad$ {M_{10},M_{11},M_{12},\cdots,M_{1j-1}},
>
> $\qquad\qquad\qquad\qquad\qquad\qquad\qquad\qquad\vdots$
>
> $\qquad\qquad\qquad\qquad\qquad\qquad$ {M_{(i-1)0},M_{(i-1)1},M_{(i-1)2},\cdots,M_{(i-1)(j-1)}}
>
> $\qquad\qquad\qquad\qquad\qquad\qquad$ };
>
> 功能：宣告二維陣列並設定陣列元素的初始值。

【語法說明】

(1) 陣列元素必須依序指定每　列元素的內容，而列元素的內容則將之以 { } 包裝起來。

【範　例】

```
int score[5][3]={ {85,78,65},
                  {75,85,69},
                  {63,67,95},
                  {94,92,88},
                  {74,65,73} };
```

(2) 陣列的列數、行數不一定需要明確定義，因為編譯器可以根據初始值的個數，自行判斷該陣列的元素個數，即上例也可以如下宣告：

```
int score[][] = { {85,78,65},
                  {75,85,69},
                  {63,67,95},
                  {94,92,88},
                  {74,65,73} };
```

(3) 當明確定義陣列大小時，若設定的陣列元素初始值不足，則會將剩餘未設定初值的元素內容設定為 0（針對數值陣列而言）。

【範　例】

```
int score[5][3]={0};  /*  同時將 15 個元素內容皆設定為 0  */
```

【觀念範例 6-6】使用二維陣列存放學生的期中考成績。

範例*6-6* ch6_06.c（ch06\ch6_06.c）。

```
1   /*      檔名:ch6_06.c      功能：二維陣列的練習    */
2
3   #include <stdio.h>
4   #include <stdlib.h>
5
6   void main(void)
7   {
8    float score[5][4] = { {85,78,65,0},
9                          {75,85,69,0},
10                         {63,67,95,0},
11                         {94,92,88,0},
12                         {74,65,73,0} };
13
14   int i,j;
15
16   printf(" 計概 \t 數學 \t 英文 \t 平均 \n");
17   printf("===============================\n");
18   for(i=0;i<5;i++)
19   {
20      score[i][3] = (score[i][0]+score[i][1]+score[i][2])/3;
21      for(j=0;j<4;j++)
22      {
23          printf("%.2f\t",score[i][j]);
24      }
25      printf("\n");
26   }
27   /*  system("pause");  */
28   }
```

二維陣列宣告並設定初始值

存取二維陣列元素

⏺ 範例說明

　　陣列中每一列代表一個學生的成績，所以共有 5 位學生的成績。每一列的第 4 個元素（即 score[i][3]）是用來存放該列的平均分數。

⏺ 執行結果

```
計概      數學      英文      平均
===============================
85.00    78.00    65.00    76.00
75.00    85.00    69.00    76.33
63.00    67.00    95.00    75.00
94.00    92.00    88.00    91.33
74.00    65.00    73.00    70.67
```

6.2 字串

在 C 語言中，字串其實就是一維的字元陣列，但是這個字元陣列有一個**特殊的結尾元素「\0」字元**，「\0」稱之為**空字元**（null character），而一般的字元陣列則無此規定。換句話說，字串是一種字元陣列，但字元陣列不一定是字串。由於字串是一種特殊的字元陣列，因此我們將字串稱之為**字元字串** (character string)。

6.2.1 字元陣列與字串的宣告

宣告一般的一維字元陣列範例如下：

```
char string1[]={'W','e','l','c','o','m','e'};
```

宣告字串（即字元字串；特殊的字元陣列）範例如下：

```
char string2[]="Welcome";
```

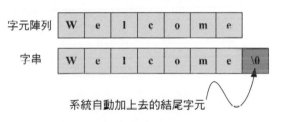

圖 6-4　一般字元陣列與字串（特殊字元陣列）的區別

經過上述兩種宣告之後，字元陣列與字串的記憶體配置如上圖（您可以使用 sizeof 運算子分別求出字元陣列與字串的記憶體大小，就會發現兩者所佔用的記憶體空間剛剛好相差 1 個 byte），其中宣告字串時的結尾字元「\0」，編譯器會自動產生，不需要由我們宣告，但是我們也可以在宣告字元陣列時，手動填上「\0」結尾字元，如此一來，該字元陣列就可以被視為字串了，如下範例。

```
char string3[]={'W','e','l','c','o','m','e','\0'};
/*  string3 可視為字串變數  */
```

6.2.2 字串陣列的宣告

宣告字串陣列很簡單,只需要直接指定各個陣列元素(字串)的初始值即可(字串陣列其實是二維陣列),但必須要注意的是,字串的最大長度(即第二維度的長度)必須明確宣告,而第一維度的長度則可由編譯器自動計算,如下範例。

```
char StringArray[ ][6] ={"human","dog","cat","bird"};
```

	[0]	[1]	[2]	[3]	[4]	[5]
StringArray[0]	h	u	m	a	n	\0
StringArray[1]	d	o	g	\0	$	$
StringArray[2]	c	a	t	\0	$	$
StringArray[3]	b	i	r	d	\0	$

上面的 StringArray 字串陣列記憶體配置如上表,讀者或許會好奇,"dog" 長度不足,那麼 StringArray[1][4] 與 StringArray[1][5] 的記憶體內容是什麼呢?在上面的示意圖中,我們使用『$』符號來表示未知字元,其實『$』是什麼並不重要,因為 C 語言只會擷取『\0』字元之前的所有字元組合成一個字串,而不會關心往後的字元。

🖐 小試身手 6-5

請寫一個程式,依序輸出 StringArray[ ][6] 中各字串的內容,每輸出一個字串就換行。

6.2.3 字串整合範例

字串常常在程式中被應用,以下我們透過幾個範例來熟悉字串的本質。

【觀念範例 6-7】計算字串長度(字元個數)

範例6-7 ch6_07.c(ch06\ch6_07.c)。

```
1    /*     檔名:ch6_07.c      功能:計算字串長度      */
2
3    #include <stdio.h>
4    #include <stdlib.h>
5
6    void main(void)
7    {
```

```
8    char string[]="I love Kitty";
9    int i;
10
11   i=0;
12   while (string[i]!='\0')
13   {
14     i++;
15   }
16   printf("字串%s的長度為%d\n",string,i);
17   /*   system("pause");   */
18   }
```

執行結果
字串I love Kitty的長度為12

➡ 範例說明

程式執行完畢，i 值為 12，也就是 string[12]='\0'。由於代表字串的特殊字元陣列由索引『0』開始記錄，一直記錄到索引『11』恰為『I love Kitty』，因此字串長度為 12（代表字串的特殊字元陣列則必須佔用 13 個 bytes）。

Coding 偷撇步

字串長度是程式設計師時常要關心的數值，由自己親自設計程式計算字串長度是一個辦法，但並不是一個好辦法，正如同我們將本範例命名為【觀念範例】，而非【實用範例】，這是因為 C 語言提供了方便的計算字串長度函式（在下一節中將會介紹的 strlen() 函式），在一般實作上，我們通常會直接使用該函式取得字串長度。

【觀念範例 6-8】將字串反向（即所有的字元倒過來）。

範例6-8 ch6_08.c（ch06\ch6_08.c）。

```
1    /*      檔名:ch6_08.c      功能:字串反向      */
2
3    #include <stdio.h>
4    #include <stdlib.h>
5
6    void main(void)
7    {
8     char string1[60],string2[60];
9     int i,len;
10
11    printf("請輸入字串:");
12    scanf("%s",&string1);
13
```

執行結果
請輸入字串:**Welcome**
反向字串為:**emocleW**

```
14    len=0;
15    while(string1[len]!='\0')
16    {
17        len++;
18    }
19    for(i=0;i<len;i++)
20    {
21        string2[i]=string1[len-1-i];
22    }
23    string2[i]='\0';
24
25    printf(" 反向字串為 :%s\n",string2);
26    /*  system("pause");  */
27  }
```

> 計算字串長度，len 代表字串長度（您也可以利用 6.3.2 節介紹的 strlen() 函式來取代）

● 範例說明

(1) 第 19~22 行：手動將字串 string1 的每個字元反向填入 string2 的字元陣列中，但最後的結尾字元「\0」則不填。

(2) 第 23 行：手動將 string2 字串加上結尾字元「\0」。

(3) 由這個範例可以得知，我們可以手動將『字元字串』的內容一一填入陣列中，完成一個字串（但千萬要記得填入結尾字元 '\0'）。

(4) 第 8 行：宣告字串（陣列模式），但不給予初值，此時必須提供陣列大小（本例為 60），否則編譯器不知道要預留多少記憶體空間給該字串使用。明顯地，這在某些狀況下將會出現一些問題，例如我們輸入了長度為 100 的字串時，陣列就不夠用了。不過不用擔心，因為這個問題將會被指標解決，我們將在指標一章中，介紹『指標字串』的使用方式。

(5) 本範例使用 scanf() 讀取單一輸入字串，因此，輸入字串中不可包含空白字元。

6.3 字串相關函式

　　C 語言提供了與字串處理有關的函式，使得程式設計師在字串處理時免去許多麻煩，我們將在這一節中選擇其中幾個重要且常用的函式來加以說明，其餘未說明的函式，則請參閱編譯器的線上說明或函式庫相關書籍，目前網路上也很容易可以找到標準 C 語言函式庫的說明。

6.3.1 輸入與輸出－ gets( )、fgets( ) 與 puts( )

在前面我們提到過的 C 語言輸出入函式有 scanf( ) 與 printf( )，這兩個函式可以用來輸入與輸出字串。不過，scanf( ) 所讀取的輸入字串，中間不可以出現空白字元，否則會被自動截斷。這該怎麼辦呢？沒關係，您只要使用馬上要介紹的 gets( )、fgets( ) 函式就可以解決了。同樣地，printf( ) 並不會在輸出字串後自動換行（必須使用 \n 跳脫字元），此時，您只要改用 puts( ) 函式來輸出字串，就會自動換行了。

gets( )、fgets( )、puts( ) 函式的引數所使用的字串是指標字串，指標字串和字元字串在實際的記憶體引用上有一些區別，我們將於第八章中解釋其中的差別，在此，您先不用理會兩者之間的區別，直接將指標字串當做字元字串來使用即可。

gets( )

【語　法】

```
標頭檔．#include <stdio.h>
語法：char *gets(char *s);
功能：從標準輸入裝置（鍵盤）讀取一整行字串。
```

【語法說明】

(1) gets( ) 會從輸入裝置讀取一個字串（直到遇到「\n」換行字元為止），並且存放到指定的指標字串 s 中，同時會自動在字串結尾加上「\0」符號。

(2) gets( ) 與 scanf( ) 最大的不同處在於，scanf( ) 在讀取字串時，若遇空白字元或是「\n」換行符號便判定字串結束，但 gets( ) 卻可以接受字串中出現空白字元；換句話說，scanf( ) 只能讀取不含空白字元的字串，而 gets( ) 卻無此限制。

(3) 許多編譯器在實作 gets( ) 時都出現了一些錯誤（例如您可以在 Linux 指令列中輸入 man gets 查詢 GCC 編譯器實作的錯誤），因此我們並不建議使用 gets( )。我們也可以改用 fgets( ) 來加以取代，只要將 stream 指定為 stdin 即可。

fgets( )

【語　法】

```
標頭檔：#include <stdio.h>
語法：char *fgets(char *s, int size, FILE *stream);
功能：從指定的檔案中讀取一整行字串（包含換行字元）或讀取 size 大小的字串。
```

【語法說明】

(1) fgets( ) 主要是用來取出檔案中的字串，但由於 gets( ) 有部分問題，所以一般我們都會使用 fgets( ) 來加以取代。如果我們將檔案引數 stream 指定為 stdin（standard input；標準輸入裝置；即鍵盤），fgets( ) 就可以取代 gets( ) 了。

(2) fgets( ) 同樣允許字串中出現空白字元，並且也會將最後一個換行字元存放到字串 s 中，因此會出現換行效果。

範例6-9 ch6_09.c（ch06\ch6_09.c）。

```
1   /*      檔名:ch6_09.c      功能:fgets()函式練習    */
2
3   #include <stdio.h>
4   #include <stdlib.h>
5
6   void main(void)
7   {
8    char fgets_string[100];
9    char scanf_string[100];
10
11   printf("請輸入 fgets 字串 :");
12   fgets(fgets_string,100,stdin);
13   printf("請輸入 scanf 字串 :");
14   scanf("%s",&scanf_string);
15
16   printf(" 您輸入的 fgets 字串是 %s",fgets_string);
17   printf(" 您輸入的 scanf 字串是 %s\n",scanf_string);
18   /*  system("pause");  */
19  }
```

執行結果

請輸入 fgets 字串 :**This is a book**
請輸入 scanf 字串 :**This is a book**
您輸入的 fgets 字串是 This is a book
您輸入的 scanf 字串是 This

範例說明

(1) 第 12 行：透過 fgets( ) 讀取字串並存入 fgets_string（最大讀取字元數為 100）。由於設定檔案為 stdin 標準輸入裝置，因此會從鍵盤讀取資料。

(2) 第 14 行：使用 scanf( ) 讀取字串。

(3) 在執行結果中，您可以發現同樣輸入『This is a book』，但 scanf( ) 卻只會讀取到『This』，這是因為 scanf( ) 遇到空白就對照給後面的字串變數 scanf_string。

(4) 第 16 行中，我們並未加入換行符號（\n），但在輸出結果中，卻可以發現仍然出現了換行現象，這是因為 fgets( ) 會將最後的換行符號也一併存入 fgets_string 的緣故。讀者可以自行使用一個迴圈讀取 fgets_string 的每一個陣列元素值並對照附錄 D 的 ASCII 碼『LF』得到驗證。

【觀念範例 6-10】認清 stdin 與標準輸入裝置。

範例6-10 ch6_10.c（ch06\ch6_10.c）。

```
1   /*      檔名:ch6_10.c      功能：標準輸入裝置      */
2
3   #include <stdio.h>
4   #include <stdlib.h>
5
6   void main(void)
7   {
8    char fgets_string[100];
9    char scanf_string[100];
10
11   printf(" 請輸入 scanf 字串 :");
12   scanf("%s",&scanf_string);          ← 在此加入 fflush(stdin); 才能
13   printf(" 請輸入 fgets 字串 :");        獲得預期的結果。
14   fgets(fgets_string,100,stdin);
15
16   printf(" 您輸入的 scanf 字串是 %s\n",scanf_string);
17   printf(" 您輸入的 fgets 字串是 %s",fgets_string);
18   /*   system("pause");   */
19   }
```

執行結果

```
請輸入 scanf 字串 :This is a book
請輸入 fgets 字串 : 您輸入的 scanf 字串是 This
您輸入的 fgets 字串是 is a book
```

範例說明

(1) 這個範例只是將範例 6-9 的 scanf( ) 與 fgets( ) 讀取順序顛倒過來而已，但是執行結果將會出人意表。

(2) 首先當程式執行到第 11~12 行時，我們輸入了『This is a book』，但 scanf( ) 讀取到『This』之後的空白就會認定字串變數 scanf_string 已經輸入完畢。

(3) 第 13 行執行完畢後，第 14 行一般預期應該會等待使用者的輸入，但事實卻不是這樣。這是因為使用者之前的輸入『This is a book』被 scanf( ) 讀走了『This』，而在標準輸入裝置 stdin 中留下了『 is a book』。因此，第 14 行 fgets( ) 到 stdin 中讀取資料時，發現已經有資料，就不會再等待使用者的輸入，而逕自將剩餘的『 is a book』讀入到 fgets_string 字串中。

(4) 在這個範例中，我們要釐清的觀念是 stdin 與函式之間的關係。如果讀者想要得到上一個範例 6-9 的輸出入結果，則必須在第 12 行之後，加入『fflush(stdin);』把 stdin 的內容清除。

小試身手 6-6

請在範例 6-10 的第 12 行與第 13 行中間加入 fflush(stdin); ，然後重新執行程式，看看是否能夠得到預期的效果。

----

puts( )

【語　法】

```
標頭檔：#include <stdio.h>
語法：int puts(const char *s);
功能：輸出字串 s 到標準輸出裝置。輸出字串完畢後，將自動換行。
```

【語法說明】

　　puts( ) 函式除了會將字串輸出到標準輸出裝置 stdout（預設為螢幕）之外，還會輸出一個換行符號，產生自動換行的效果。

範例6-11 ch6_11.c（ch06\ch6_11.c）。

```
1    /*     檔名:ch6_11.c      功能:puts() 函式練習      */
2
3    #include <stdio.h>
4    #include <stdlib.h>
5
6    void main(void)
7    {
8     char string1[100],string2[100];
9
10    printf(" 請輸入 string1 字串:");
11    fgets(string1,100,stdin);
```

```
12    printf(" 請輸入 string2 字串 :");
13    scanf("%s",&string2);
14
15    printf("string1 字串是 ");
16    puts(string1);
17    printf("string2 字串是 ");
18    puts(string2);
19    /*   system("pause");   */
20    }
```

執行結果

請輸入 string1 字串 **:Welcome**
請輸入 string2 字串 **:Welcome**
string1 字串是 Welcome

string2 字串是 Welcome

➜ **範例說明**

(1) 第 11 行：透過 fgets( ) 讀取字串並存入 string1。string1 的內容為『WelcomeLF』。
（LF 為換行字元）

(2) 第 13 行：使用 scanf 讀取字串並存入 string2。string2 的內容為『Welcome』，
不含換行字元。

(3) 在執行結果中，『string1 字串是 Welcome』的換行效果是因為 string1 的『LF』
造成的效果；接下來的空白行則是由於 puts( ) 會自動換行的緣故，所以有兩
次的換行效果。最後輸出的『string2 字串是 Welcome』之後也會換行，這是
puts( ) 的自動換行，所以只有一次的換行效果。

6.3.2 計算字串長度 － strlen( )

在前面的範例中，我們曾撰寫程式來計算字串的長度，其實我們根本不用如
此做，因為有現成的 strlen( ) 函式可以使用，並且已被納入 ANSI C 的標準函式庫
string.h 之中。

Coding 偷撇步

ANSI C 將關於字串的函式都放在 <string.h> 之中，而 C++ 由於有另一個字串類別記錄於標頭
檔 <string> 之中（該檔案名稱仍為 string.h），因此，ISO C++ 將原本 C 語言的字串函式，放在
<cstring> 標頭檔之中（該檔案名稱為 cstring.h），以便向下相容 C 語言。故而當您在 C++ 編譯
器中查閱 C 語言的字串函式說明時，若查不到，也可以查閱 <cstring>。

strlen( )

【語　法】

```
標頭檔：#include <string.h>
語法：size_t strlen(const char *s);
功能：計算字串 s 的長度，字串長度即字元個數（不包含字串結尾 '\0'）。
```

【語法說明】

假設字串 s 為 "Welcome"、則使用 strlen(s) 將回傳整數 7。

【實用範例 6-12】使用 strlen( ) 函式改寫範例 6-8，製作反向字串並將之輸出。

範例 6-12　ch6_12.c（ch06\ch6_12.c）。

```
1   /*    檔名:ch6_12.c    功能:strlen() 練習 - 字串反向    */
2
3   #include <stdio.h>
4   #include <stdlib.h>
5   #include <string.h>
6
7   void main(void)
8   {
9    char string1[60],string2[60];
10
11   int i,len;
12
13   printf(" 請輸入字串 :");
14   scanf("%s",&string1);
15
16   len=strlen(string1);
17   printf(" 字串長度為 %d\n",len);
18
19   for (i=0;i<len;i++)
20   {
21       string2[i]=string1[len-1-i];
22   }
23   string2[i]='\0';
24
25   printf(" 反向字串為 :%s\n",string2);
26   /*  system("pause");  */
27  }
```

執行結果
請輸入字串 :**Welcome**
字串長度為 7
反向字串為 :emocleW

製作反向字串 string2

→ 範例說明

(1) 第 5 行：使用 strlen( ) 函式，必須引入標頭檔 string.h。

(2) 第 16 行：len 將會是字串 string1 的長度。（string1="Welcome"、則 len=7）

6.3.3 複製字串－ strcpy( ) 與 strncpy( )

string.h 中也提供了複製字串的函式 strcpy( ) 與 strncpy( )，兩者的差別則在於複製全部字串（strcpy）或複製部分字串（strncpy）。

strcpy( )

【語　法】

```
標頭檔：#include <string.h>
語法：char *strcpy(char *dest, const char *src);
功能：將 src 字串內容複製到 dest 字串中。
```

【語法說明】

src 為複製來源字串，dest 為複製目標字串，當 strcpy 函式執行完畢，dest 的內容將會和 src 完全一樣。

strncpy( )

【語　法】

```
標頭檔：#include <string.h>
語法：char *strncpy(char *dest, const char *src, size_t n);
功能：將 src 字串的前 n 個字元複製到 dest 字串中。
```

【語法說明】

src 字串的前 n 個字元將被複製到 dest，而 dest 原本的全部內容將被覆蓋。

【觀念範例 6-13】複製字串與複製部分字串，並藉由範例認清中文字的長度。

範例**6-13** ch6_13.c（ch06\ch6_13.c）。

```
1    /************************************************
2        檔名 :ch6_13.c
3        功能 :strcpy(),strncpy() 練習 - 複製字串及部分字串
4    ************************************************/
5
6    #include <stdio.h>
7    #include <stdlib.h>
8    #include <string.h>
9
10   void main(void)
11   {
12    char src_string[]=" 程式設計 C 語言 ";
13    char dest_string[60],dest_substring[60];
14
15    strcpy(dest_string,src_string);
16    strncpy(dest_substring,src_string,8);
17
18    printf(" 複製的完整字串為 :%s\n",dest_string);
19    printf(" 複製的部分字串為 :%s\n",dest_substring);
20    /*  system("pause");  */
21   }
```

→ 執行結果

複製的完整字串為：程式設計 C 語言
複製的部分字串為：程式設計

→ 範例說明

(1) 第 15 行：使用 strcpy( ) 函式，將 src_string 內容複製到 dest_string。

(2) 第 16 行：使用 strncpy( ) 函式，將 src_string 內容的前 8 個字元複製到 dest_string。在第三章曾經提過，由於**一個中文字佔用兩個字元**，因此只會複製『程式設計』四個中文字。

6.3.4 字串連結－ strcat( ) 與 strncat( )

strcat( ) 與 strncat( ) 可以用來連結兩個字串，差別在於第二個字串的連結字元個數。

strcat( )

【語　法】

```
標頭檔：#include <string.h>
語法：char *strcat(char *dest, const char *src);
功能：將 src 字串內容連結到 dest 字串的結尾。
```

【語法說明】

(1) 把 src 字串連接到 dest 字串的後面，編譯器會先假設 dest 有足夠的空間可以存放新連結進來的字串。

(2) 由於 dest 原本的內容將被覆蓋（變成 dest+src），因此如果不想要改變原始字串的內容則可以使用如下方法：

```
#include <string.h>
..............................
strcpy(string3,string1);
strcat(string3,string2);
/*   執行完畢,string1、string2 內容不變,
    而 string3 則為 string1+string2        */
..............................
```

strncat( )

【語　法】

```
標頭檔：#include <string.h>
語法：char *strncat(char *dest, const char *src, size_t n);
功能：將 src 字串的前 n 個字元連結到 dest 字串的字尾。
```

【語法說明】

　　strncat( ) 也能把兩個字串連結起來，而且還可以指定第二個字串要被連結的字元個數。

【實用範例 6-14】組合字串。將 string1、string2、string3 組合起來，其中 string1、string3 可以由使用者輸入決定。

範例6-14 ch6_14.c（ch06\ch6_14.c）。

```
1    /***********************************
2        檔名:ch6_14.c
3        功能:strcpy(),strcat( ) 練習 - 組合字串
4     ***********************************/
5
6    #include <stdio.h>
7    #include <stdlib.h>
8    #include <string.h>
9
10   void main(void)
11   {
12    char string1[20],string2[20]=" 股份有限公司 ",string3[20];
13    char dest_string[60];
14
15    printf(" 請輸入 string1 字串 :");
16    scanf("%s",&string1);
17    printf(" 請輸入 string3 字串 :");
18    scanf("%s",&string3);
19
20    strcpy(dest_string,string1);
21    strcat(dest_string,string2);
22    strcat(dest_string,string3);
23
24    printf("dest_string:%s\n",dest_string);
25    /*  system("pause");  */
26   }
```

● 執行結果

請輸入 string1 字串 : **軟實力**
請輸入 string3 字串 : **出版**
dest_string: 軟實力股份有限公司出版

● 範例說明

(1) 第 20 行：複製 string1 字串，作為最終字串的開頭子字串。

(2) 第 21 行：使用 strcat( ) 函式，作字串連結。（dest_string 將會是 string1 與 string2 的連接結果）。

(3) 第 22 行：再度使用 strcat( ) 函式，作字串連結。（dest_string 將會是 string1、string2、string3 的連接結果）。

6.3.5 字串比較－ strcmp( ) 與 strncmp( )

strcmp( ) 可以用來比較兩個字串內容是否相等，strncmp( ) 則可以指定比較字串的前幾個特定字元。這兩個函式不但可以比較是否相等，還會依照字元順序的不同，回傳不同的數值。

strcmp( )

【語　法】

```
標頭檔：#include <string.h>
語法：int strcmp(const char *s1, const char *s2);
功能：比較 s1、s2 字串是否相等。
```

【語法說明】

當字串 s1 與 s2 內容相等時，回傳「0」。若 s1<s2，回傳「負整數值」。若 s1>s2，回傳「正整數值」。所謂『<』、『>』是根據字元的 ASCII 值來作比較，例如：『a』<『k』。並且會由第一個字元開始比較，若相等才會比較第 2 個字元，依此類推，直到比出大小或判定兩個字串相等。

strncmp( )

【語　法】

```
標頭檔：#include <string.h>
語法：int strncmp(const char *s1, const char *s2, size_t n);
功能：比較 s1、s2 字串的前 n 個字元是否相等。
```

【語法說明】

strncmp( ) 也能比較兩個字串，並且還可以指定只比較前面幾個字元。

【觀念範例 6-15】透過比較兩個字串。了解何謂字串相等、字串大小。

範例**6-15** ch6_15.c（ch06\ch6_15.c）。

```
1    /*********************************************
2        檔名 :ch6_15.c
3        功能 :strcmp() 與 strncmp() 練習 - 比較字串
4     *********************************************/
5
6    #include <stdio.h>
7    #include <stdlib.h>
8    #include <string.h>
9
10   void main(void)
11   {
12    char s1[]="output";
13    char s2[]="outside";
14    char s3[]="output";
15    char s4[]="outlook";
16
17    printf("%s 與 %s\t 的比較結果 ==>%d\n",s1,s1,strcmp(s1,s1));
18    printf( "%s 與 %s\t 的比較結果 ==>%d\n" ,s1,s2,strcmp(s1,s2));
19    printf( "%s 與 %s\t 的比較結果 ==>%d\n" ,s1,s3,strcmp(s1,s3));
20    printf( "%s 與 %s\t 的比較結果 ==>%d\n" ,s1,s4,strcmp(s1,s4));
21    printf( "%s 與 %s\t 的前 3 個字元比較結果 ==>%d\n",s1,s2,strncmp(s1,s2,3));
22    /*   system("pause");   */
23   }
```

● 執行結果

```
output 與 output    的比較結果 ==>0
output 與 outside   的比較結果 ==>-1
output 與 output    的比較結果 ==>0
output 與 outlook   的比較結果 ==>1
output 與 outside   的前 3 個字元比較結果 ==>0
```

● 範例說明

(1) 第 17 行：自己與自己相比，當然相同，所以結果為 0。

(2) 第 18 行：前面的『out』比不出結果，而『p』的 ASCII 值 <『s』的 ASCII 值，所以回傳負值（-1）。

(3) 第 19 行：由於 s1 內容『output』與 s3 內容『output』相同，所以回傳 0。

(4) 第 20 行：前面的『out』比不出結果，而『p』的 ASCII 值 >『l』的 ASCII 值，所以回傳正值（1）。

(5) 第 21 行：前面 3 個字元都是『out』，所以回傳 0。

6.3.6 句元分割－ strtok( )

西方語系以空白作為單字的區隔，因此每一個空白的前後皆為一個完整的單字。在程式語言的發展以及應用上也常常利用這種技巧，使用特殊的分隔符號來分離各個元素，這些元素則稱之為 token（可翻譯為句元）。

舉例來說，C 語言宣告多個變數時採用『,』將變數名稱加以分隔，此時每一個變數名稱皆為一個 token。其他如敘述的分隔字元則為『;』。

在程式應用的範疇中，將字串分割成一個個的元素是常常見到的應用，例如：一次輸入多筆資料，並使用『:』加以分隔。此時我們就可以透過 strtok( ) 函式，將字串依照某些分隔字元拆成一小段一小段的元素。

strtok( )

【語　法】

```
標頭檔：#include <string.h>
語法：char *strtok(char *s, const char *delim);
功能：delim 為分隔字元，s 為欲切割的字串來源。
```

【語法說明】

(1) strtok( ) 函式會將 s 字串中所出現的特殊字元（在 delim 字串中指定這些字元）當作分隔符號，將字串 s 切割成許多的 token 並一一回傳這些 token，直到遇見指標字串的 NULL 為止（通常需配合迴圈將這些 token 取出）。NULL 字元代表字串結尾。

(2) delim 可以指定為一個以上的字元。這些字元都會被當成分割符號，並使用『,』連結每一個分隔字元。

(3) 回傳值必須是指標字串。

【實用範例 6-16】取出一個字串中的所有 token，分隔字元為『:』或『;』。

範例6-16 ch6_16.c（ch06\ch6_16.c）。

```
1   /*******************************
2       檔名 :ch6_16.c
3       功能 :strtok() 練習 - 取出 token
4    *******************************/
5
6   #include <stdio.h>
7   #include <stdlib.h>
8   #include <string.h>
9
10  void main(void)
11  {
12   char string1[]="Word:Excel:PowerPointer:Access;C;Java;ASP:PHP";
13   char delim1[]=":,;";
14   char *Token=(char *)malloc(sizeof(char)); /* 指標字串，後面章節說明 */
15   printf(" 原始字串為 %s\n",string1);
16   printf(" 開始切割 ..........\n");
17   printf("Tokens( 句元 ) 如下 :\n");
18
19   Token = strtok(string1,delim1); /* 將第一個句元存入 Token */
20   while(Token != NULL)            /* 使用迴圈取出剩餘句元 */
21   {
22      printf("%s\n",Token);
23      Token = strtok(NULL,delim1);
24   }
25   /*  system("pause");  */
26  }
```

● 執行結果

```
原始字串為 Word:Excel:PowerPointer:Access;C;Java;ASP:PHP
開始切割 ..........
Tokens( 句元 ) 如下 :
Word
Excel
PowerPointer
Access
C
Java
ASP
PHP
```

● 範例說明

(1) 第 12 行：原始字串（欲切割的字串來源）。

(2) 第 13 行：設定分隔字元『:』與『;』。

(3) 第 14 行：宣告指標字串，請參照 8.4.2 一節。

(4) 第 19 行：取出第一個句元。

(5) 第 20~24 行：取出剩餘的句元。

6.4 本章回顧

　　『陣列』是一種非常重要的資料結構，幾乎各種高階程式語言都支援『陣列』資料結構。C 語言也提供了『陣列』，並且 C 語言陣列的索引值由 0 開始計算。我們在本章中學習到與陣列有關的知識如下：

(1) 使用陣列可以免除大量變數命名的問題，使得程式具有較高的可讀性。

(2) 陣列將會佔用連續的記憶體空間。

(3) 陣列可以分為一維陣列、二維陣列⋯等等。

(4) 陣列必須經由宣告，然後再透過索引存取陣列元素。

(5) 我們在宣告陣列的同時，也可以指定陣列元素的初始值，範例如下：

```
float Temper[12]={15.6,17.3,24.2,26.7,28.4,30.2,29.6,30.5,
                  29.2,28.6,25.4,22.9};
```

相當於

```
float Temper[]={15.6,17.3,24.2,26.7,28.4,30.2,29.6,30.5,
                29.2,28.6,25.4,22.9};
```

```
float Temper[12]={0};        /*  同時將 12 個元素內容皆設定為 0  */
```

(6) 二維陣列是由列（Row）與行（Column）組合而成（看似數學之矩陣）。每一個元素恰恰落在特定之某一列的某一行。

(7) 在宣告二維陣列的同時，也可以指定陣列元素的初始值（和一維陣列類似），範例如下：

```
int score[5][3]={ {85,78,65},
                  {75,85,69},
                  {63,67,95},
                  {94,92,88},
                  {74,65,73} };
```

可改寫為
int score[][]

```
int score[5][3]={0};        /* 同時將 15 個元素內容皆設定為 0 */
```

『字串』其實就是一維的字元陣列，但是這個陣列有一個特殊的結尾元素「\0」字元，因此我們將這種字串稱之為**字元字串 (character string)**。在本章中，我們學習到與字串有關的知識如下：

(1) 宣告字串範例如下：

```
char string2[]="Welcome";
```

(2) 宣告字串陣列（特殊二維字元陣列）很簡單，只需要直接指定各個陣列元素（字串）的初始值即可，但該特殊字元陣列的最大長度（即第二維度的長度）必須宣告，而第一維度的長度則可由編譯器自動計算，如下範例。

```
char StringArray[ ][6] ={"human","dog","cat","bird"};
```

(3) ANSI C 函式庫提供了許多與字串處理有關的函式，整理如下表。

函式	標頭檔	功能
gets( )	stdio.h	從標準輸入裝置讀取一整行字串。
fgets( )		從指定的檔案中讀取一整行字串（包含換行字元）或讀取指定長度的字串。
puts( )		輸出字串到標準輸出裝置。輸出字串完畢後，將自動換行。
strlen( )	string.h	計算字串的長度，字串長度即字元個數（不包含字串結尾 '\0'）。
strcpy( )		複製字串內容。
strncpy( )		複製字串的子字串（前 n 個字元）內容。
strcat( )		連結字串內容。
strncat( )		連結字串的子字串（前 n 個字元）內容。
strcmp( )		比較兩字串是否相等。
strncmp( )		比較兩字串的前 n 個字元是否相等。
strtok( )		切割字串為一個個的 token。

『搜尋』與『排序』是程式設計的一項基本且重要的問題。所謂『搜尋』，指的是在一堆資料中，尋找您所想要的資料。所謂『排序』則是將一堆雜亂的資料，依照某個鍵值依序排列，方便日後的查詢或使用。在本章中，我們補充介紹了『氣泡排序法』。

問答題

1. 針對大量且具相同性質的資料，使用陣列來存放資料與使用變數來存放資料有何差別？

2. 『int Score[5][17];』，一共有幾個陣列元素？

3. 『char str[]="Good";』，請問 str[3] 與 str[4] 各是什麼字元？

4. 有一個二維陣列宣告如下，請問 score[3][2] 的值是多少？

```
int score[][3] = {{85,78,65},
                   {75,85,69},
                   {63,67,95},
                   {94,92,88},
                   {74,65,73}};
```

5. 有一個二維陣列宣告如下，請問 score[3][2] 的值是多少？

```
int score[10][10] ={0};
```

6. 下面的宣告語法是否合乎 C 語言語法？若不合法，請修正為正確的語法。

```
char str_arr[][]={"book","pen","box"};
```

7. 已知在程式中有一個整數型態的陣列，但不知道陣列的元素個數有幾個，請問要如何利用 sizeof 運算子，求得陣列的元素數量呢？

8. 程式中存在一個一維整數陣列 A[100]，A[2] 的記憶體位址是 0x184C，請問 A[20] 的記憶體位址是多少？

9. 程式中存在一個二維整數陣列 A[12][24]，A[2][8] 的記憶體位址是 0x184C，請問 A[6][2] 的記憶體位址是多少？

10. 簡述『氣泡排序法』所使用的方法，如果要改為遞減排序該如何修改？

11. 一個解析度大小為 800x600 的 BMP 圖片，代表著它共有 480,000 個像素點，每個像素點都是由 R(Red),G(Green),B(Blue) 等三種顏色加以混合而成，每個顏色的值占 1 個位元組 (0~255，數值越高代表該顏色強度越強)，現在想要寫一個程式將 R 與 G 值互換，請問您會用幾維陣列來存放圖片的資料呢？該陣列的大小最小為何？所有陣列元素會佔用多少記憶體空間？

12. 假設有一個字元陣列為 char ch[]={'d','o','g','\0','c','a','t','\0'};，請問執行 printf("%s",ch); 會輸出下列哪一種情形？

    [1]dog　　　[2]cat　　　[3] dogcat　　　[4] dog cat

13. 請問字元 '\0' 的 ASCII 碼為多少？

實作題

1. 設計一個程式,使用陣列記錄 3 個人的姓名與電話號碼(如下表)。由使用者輸入姓名, 然後程式輸出對應的電話號碼。

姓名	電話
大雄	032125678
宜靜	0226713456
技安	075534321

執行結果 1

請輸入要查詢的對象:宜靜
電話是:0226713456

執行結果 2

請輸入要查詢的對象:小叮噹
查無此人

2. 設計一個程式,可以做矩陣轉置。即輸入一個矩陣 A(矩陣最大為 10*10)、輸出 A 的轉置矩陣。

執行結果

```
請輸入原始矩陣的行數 =>3
請輸入原始矩陣的列數 =>4
A[0][0] 元素值 =>1
A[0][1] 元素值 =>2
A[0][2] 元素值 =>3
A[1][0] 元素值 =>4
A[1][1] 元素值 =>5
A[1][2] 元素值 =>6
A[2][0] 元素值 =>7
A[2][1] 元素值 =>8
A[2][2] 元素值 =>9
A[3][0] 元素值 =>10
A[3][1] 元素值 =>11
A[3][2] 元素值 =>12
原始矩陣
1      2      3
4      5      6
7      8      9
10     11     12
轉置矩陣
1      4      7      10
2      5      8      11
3      6      9      12
```

3. 利用二維陣列實作矩陣相乘的程式(2×3 矩陣 m1 乘以 3×2 矩陣 m2 得到一個 2×2 矩陣 m3)。

變數宣告:

```
int m1[2][3]={{1,2,3},{4,5,6}};
int m2[3][2]={{1,2},{3,4},{5,6}};
int m3[2][2];
```

執行結果

```
m1(如下):
  1  2  3
  4  5  6
m2(如下):
  1  2
  3  4
  5  6
m3=m2*m1(如下):
 22 28
 49 64
```

4. 改寫第五章習題第 12 題，計算 0!~9! 的值，並存入 m[10] 陣列之中，最後計算 0!+1!+2!+...+9! 的總和後輸出。【註】0!=1 是定義。

5. 請將問答第 10 題的氣泡排序法實作出來，進行下列陣列元素的遞減排序。

```
int arr[10]={56,32,67,32,66,31,75,49,32,56};
```

6. 請設計一個程式，它能夠找出某一字串中包含某一字元的個數。

執行結果

```
請輸入字串（字串長度 <100）:bookstore
請輸入尋找字元:o
字串 bookstore 中有  3 個 o 字元
```

7. 使用陣列來存放學生的成績，並畫出學生分數分佈圖。

執行結果

```
請輸入學生人數（最多 50 人）:10
請輸入學生分數
第 1 位 : 93
第 2 位 : 100
第 3 位 : 84
第 4 位 : 72
第 5 位 : 46
第 6 位 : 48
第 7 位 : 77
第 8 位 : 43
第 9 位 : 75
第 10 位 : 65
=== 成績分布橫條圖 ===
 100  :=
90~99 :=
80~89 :=
70~79 :===
60~69 :=
50~59 :
40~49 :===
30~39 :
20~29 :
10~19 :
 0~ 9 :
```

8. 改寫第五章習題第八題，使成為接受使用者輸入一個字串，將字串中的小寫英文字母轉換為大寫英文字母；大寫英文字母轉為小寫英文字母；非英文字母轉換為 '?'，然後輸出轉換後的字串。

9. 設計一個程式，輸入兩個字串 str1、str2。輸出一個字串，將 str2 插入 str1 字串的中央，如同右列執行結果。

執行結果

```
輸入外部字串 =>~$$~
輸入內部字串 =>Hello
合併字串   =>~$Hello$~
```

10. 請寫一個程式，將兩個字串結合（append）。（不得引用 <string.h> 函式庫）

執行結果

```
輸入字串 1=>Student
輸入字串 2=>Score
合併字串 =>StudentScore
```

11. 請修改下列程式，加入 10 條字元指定敘述，使得符合執行結果。

```
/*      檔名:ex6_11.c      功能:陣列的記憶體配置      */
#include <stdio.h>
#include <stdlib.h>

void main(void)
{
 char StringArray[][9] ={"dogs","cats","anaimals"};
 /*    請在此撰寫程式 */
 printf("%s\n",StringArray[0]);
 /*  system("pause");  */
}
```

執行結果

```
dogs and cats are anaimals
```

12. 使用整數一維陣列存放資料，繪製出楊輝三角形。

執行結果

```
                        1
                    1       1
                1       2       1
            1       3       3       1
        1       4       6       4       1
        1       5      10      10       5       1
    1       6      15      20      15       6       1
1       7      21      35      35      21       7       1
1       8      28      56      70      56      28       8       1
```

07

函式與巨集

在結構化程式設計中，我們通常會將某個小功能或程式中常重複的區塊獨立寫成一個「函式」，當程式需要運用該功能時，就可以直接呼叫函式，使得主程式的長度變短而有助於日後的維護。巨集的功能與函式類似，但是在預先處理階段就先處理完畢，不會留到編譯階段才進行處理。因此，巨集與函式的特色有些許不同。

所謂『結構化程式設計』概念，共具有 3 個基本特色：不使用 Goto、採用「由上而下的設計」方式 (Top-Down Design) 及程式「模組化」。

結構化的程式通常具有較高的可讀性並且容易維護。在設計結構化程式時，我們會將一個較大的程式切割為許多個子功能，每個子功能或許可以再切割為數個更小的功能，一直將功能分解到每個小功能皆可以很輕易地由簡短的程式加以完成為止。我們通常將這些小功能獨立寫成一個「函式」，或者將程式中常常重複的程式區塊獨立出來寫成一個「函式」，當程式需要運用該功能時，就可以直接呼叫函式，使得主程式的長度變短而有助於日後的維護。

在本章中，我們將介紹結構化程式設計的重點－『函式』。除了函式之外，C語言還提供了具有類似函式功能的「巨集」，但巨集會在編譯時期之前就先被處理完畢，因此巨集與函式具有不同的特性。

7.1　認識函式

在使用函式來設計程式之前，首先我們必須對函式有一些基本的認識，在本節中，我們將就函式的本質、函式的優缺點及呼叫函式的執行流程進行介紹。

7.1.1 什麼是函式（function）

C 語言提供的函式功能與數學的函數類似，在數學函數中，我們輸入函數的參數並經過函數處理後，將可以得到函數的輸出結果。在 C 語言的函式中，同樣地也是如此，我們必須輸入函式的引數（Argument），經過函式的處理之後，可以獲得一個輸出結果（即函式回傳值），例如：strlen( ) 就是 ANSI C 定義用來計算字串長度的函式。兩者的比較如下圖示意。

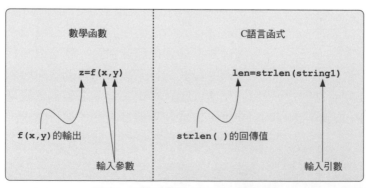

圖 7-1　數學函數與 C 語言函式比較圖

　　C 語言的函式與數學函數類似，在數學函數中，我們會規定該數學函數的定義域範圍，例如：x,y 為任意正數，同樣地，我們也必須限制 C 語言函式輸入引數的資料型態，例如：string1 必須為字串。比較不一樣的地方是在 C 語言函式回傳值的資料型態方面，我們必須在函式宣告時就定義回傳值的資料型態，同時，C 語言也允許函式沒有回傳值。

7.1.2 函式的優點與特性

　　程式語言的函式雖然與數學的函數有些類似，但設計的目的則略有不同，程式語言的函式可以視為【一群敘述的集合】，因此我們常常會將某些經常使用的敘述群，直接用一個函式加以包裝，然後在需要使用時，直接呼叫該函式，如此便可以有效重複利用程式碼。C 語言函式的特點整理如下：

(1) 函式是模組化的一大特色，將一個大的應用程式切割為數個副程式（即函式），就可以由許多的程式設計師分工撰寫各個副程式，如此一來，可以加快程式的開發速度，不過在切割功能及實際撰寫副程式內容之前，必須討論出一定的規格，以免發生不協調的狀況。

(2) 函式屬於應用程式的一部份，除了 main 函式之外，函式無法單獨執行。

(3) 類似於變數名稱，函式也擁有屬於自己的名稱，C 語言（C89 版）規定，同一個程式不允許宣告兩個相同名稱的函式。（在 C++ 中，則可以透過 overload 改善此一規定）。

(4) 函式內的變數，除非經過特別宣告，否則一律為『區域變數』，換句話說，在不同函式內可以使用相同的變數名稱，因為該變數只會在該函式中生效。

(5) 函式最好具有特定功能，並且函式的程式碼應該越簡單越好，如此才能夠提高程式的可讀性並有利於除錯與日後的維護。

7.1.3 呼叫函式的執行流程

　　我們可以直接使用別人已經撰寫好的函式，只要在引入標頭檔時引入包含該函式的函式庫即可。例如：我們只要先引入 ANSI C 提供的 string.h 函式庫，就可以直接使用 strlen( ) 函式，而不必自行撰寫 strlen( ) 函式。

　　當主程式呼叫函式時，程式的控制權將會轉移到相對應的函式開頭處，然後執行函式中的程式碼，函式的程式碼執行完畢後，程式控制權將重新回到主程式碼

（呼叫敘述）的下一個敘述，繼續往下執行。這之間的控制權轉換必須記憶下一個敘述在記憶體中的位址，而編譯器在編譯函式呼叫時，會以系統堆疊來存放該位址，程式設計師不用為此特別撰寫程式碼。

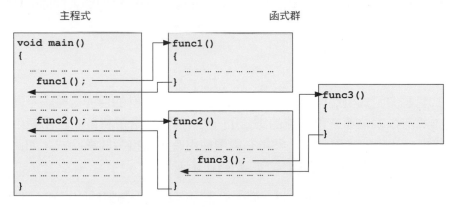

圖 7-2　函式呼叫與返回示意圖（程式控制權的轉移）

【觀念範例 7-1】藉由範例說明函式呼叫與返回的程式流程控制權之轉移。

範例 2-1　ch7_01.c（ch07\ch7_01.c）。

```
1   /*     檔名:ch7_01.c      功能：呼叫函式      */
2
3   #include <stdio.h>
4   #include <stdlib.h>
5   #include <string.h>          引入標頭檔 string.h，該
6                                檔案中包含有 strcpy()
7   void main(void)              與 strlen() 兩個函式。
8   {
9    char string1[60]="Welcome",string2[60];
10
11   int len;
12                               呼叫 strcpy 函式，幫我
13   strcpy(string2,string1);    們把 string1 內容複製到
14   printf("string2=%s\n",string2);  string2 之中。
15
16   len=strlen(string2);        呼叫 strlen 函式，幫我
17   printf(" 字串長度為 %d\n",len);  們計算 string2 的字串長
18   /*  system("pause");  */    度。
19  }
```

執行結果
string2=Welcome
字串長度為 7

◉ 範例說明

(1) 第 13 行呼叫的 strcpy( ) 其實有一個 char * 資料型態的回傳值，但我們並未指定變數來接收這個回傳值。而第 16 行呼叫的 strlen( ) 的回傳值為字串長度（size_t 資料型態，這是整數資料 int 型態的一個別名，我們會在第十章介紹如何宣告資料型態別名），所以我們利用 len 變數來儲存這個回傳值。

(2) 整個程式的執行流程如下圖所示。

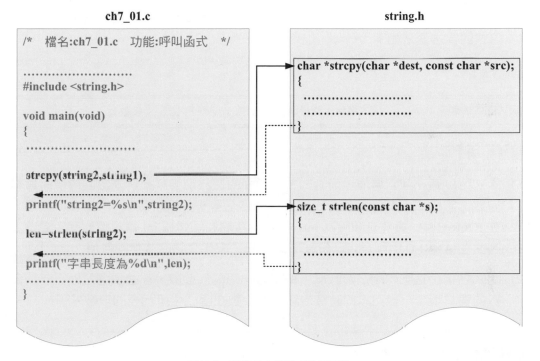

圖 7-3　範例 7-1 的程式執行流程

7.2 函式的宣告與定義

在使用任何一個函式之前，必須先宣告函式。至於函式究竟提供了什麼樣的服務，則視該函式的內容而定（也就是函式的定義）。

7.2.1 函式宣告

在使用函式之前，我們必須先宣告函式，如此編譯器才能知道程式中具有該函式。函式的宣告語法如下：

【語　法】

> 函式回傳值型態　　　　　**函式名稱**（資料型態 ［參數 1］, 資料型態 ［參數 2］,……）;

【語法說明】

(1) 函式可以有一個回傳值，而函式名稱前面的資料型態就是代表該回傳值的資料型態。若函式沒有回傳值（省略函式回傳值型態），此時的回傳值資料型態，在 K&R C 中，會將之預設為 int，但由於容易和回傳值 int 資料型態產生混淆，因此在 ANSI C 中則規定必須宣告為 void，來代表該函式無回傳值。

(2) 函式名稱小括號內則是參數群，每宣告一個輸入參數，都必須清楚地宣告該參數的資料型態，也可以同時宣告該輸入參數在函式中所代表的變數名稱。

延伸學習 引數與參數

在函式定義或宣告列出現的變數稱之為參數 (parameter)，在呼叫敘述小括號內對應的則稱為引數 (argument)。在不同場合中，這些名詞有不同的稱呼，因此，您可能在不同的書籍中，看到不同的名稱。我們將之整理如下，為了避免讀者混淆，本書將只使用引數與參數來區別兩者。

	C 語言 /Java 語言	程式語言
在呼叫敘述小括號內	引數 (argument)	實參數 (actual parameter)
在被呼叫函式定義或宣告第一列	參數 (parameter) 實引數 (actual argument) 正式引數 (formal argument)	正式參數 (formal parameter)

資料來源：

[1] http://download.oracle.com/javase/tutorial/i18n/locale/create.html

[2] The C programming Language, Brian W. Kernighan and Dennis M. Ritchie., Prentice-Hall, 1988.

◆page 36

```
/* power: raise base to n-th power; n >= 0; version 2 */
int power(int base, int n)
{
    int p;
    for(p = 1; n > 0; --n)
        p = p * base;
    return p;
}
```

The **parameter** n is used as a temporary variable, and is counted down (a for loop that runs backwards) until it becomes zero; there is no longer a need for the variable i. Whatever is done to n inside power has no effect on the **argument** that power was originally called with.

◆page 34

We will generally use parameter for a variable named in the parenthesized list in a function. The terms **formal argument** and **actual argument** are sometimes used for the same distinction.

[3] Concepts of Programming Languages 2/e, Robert W. Sobesta, Benjmin/Cimmings, 1993.

◆page 310

When a parameter is passed by value, the value of the **actual parameter** is used to initialize the corresponding formal **parameter**, which then acts as a local variable in the subprogram, thus providing in-mode semantics.

(3) 參數的命名規則與一般變數的命名規則相同。

(4) 函式宣告必須出現在第一次呼叫函式之前。

(5) 函式宣告時，參數名稱可以省略（參數的變數名稱在函式宣告中可以省略，但參數的資料型態在函式宣告中則不可以省略）。

(6) 【合法的函式宣告範例】

宣告函式範例	解說
void func1( );	func1 函式無回傳值，呼叫時也不必輸入引數。
float func2(int a);	func2 函式的回傳值為 float 資料型態，並且呼叫時需要一個整數型態的輸入引數。
int func3(int a,char b);	func3 函式的回傳值為 int 資料型態，並且呼叫時需要有兩個輸入引數，分別傳送給整數型態的 a，和字元型態的 b。
int func4(int,char);	同 func3，但省略宣告參數名稱（參數資料型態不可省略）。

7.2.2 函式定義

函式經過宣告後，代表編譯器得知該程式中存在一個這樣的函式，但只有函式宣告是不夠的，我們必須再定義函式的內容（也就是該函式要執行的程式碼），如此才能成為程式中一個完整可用的函式。

定義函式內容的語法如下：

【語　法】

```
函式回傳值型態　函式名稱（資料型態 參數1, 資料型態 參數2,……）
{
    ……函式主體（程式碼）……
    [return … ;]
}
```

【語法說明】

(1) 函式定義的標頭和函式宣告差不多（但最後沒有分號『;』，並且不可省略參數名稱），除此之外，函式定義還必須使用 { } 包裝函式主體內容，也就是函式要執行的程式碼。

(2) 參數在函式主體內屬於合法的資料變數，也就是說，我們不用在函式主體內重複宣告這些參數，就可以直接將這些參數當作已宣告的變數使用。

(3) 具有回傳值的函式，在函式主體內應該包含至少一個 return 敘述，以便傳回資料。不具回傳值的函式則可以沒有 return 敘述。

(4) 【合法的函式定義範例】

函式定義範例	解說

void ShowWelcome(int print_times)
{
 	
    int a;
 	
    for(a=1;a<=print_times;a++)
 	
        printf(" 您好 , 歡迎光臨 \n");
 	
}
	(1) 您可以在函式主體內使用參數 print_times。
	(2) 函式無回傳值。

函式定義範例	解說

int Mul(int a,int b)
 	
{
 	
    int result;
 	
    result = a*b;
 	
    return result;
 	
}
	(1) 您可以在函式主體內使用參數 a,b。
	
	(2) 函式回傳值的資料型態為 int。
	
	(3) 使用 return 回傳資料，result 為 Mul 函式的回傳值。
	
	(4) return 敘述執行完畢，控制權將立刻返回原呼叫函式的下一個敘述。

double Add(double a,double b)
 	
{
 	
    return (a+b);
 	
}
	(1) 您可以在函式主體內使用參數 a,b。
	
	(2) 函式回傳值的資料型態為 double。
	
	(3) 使用 return 回傳資料，(a+b) 運算式的結果為 Add 函式的回傳值。
	
	(4) 執行完畢 return 敘述，控制權將立刻返回原呼叫函式的下一個敘述。

(5)【合法的函式宣告與定義範例】

[1] 函式 P 可計算 x^2+2x+1，其中 x 屬於整數。其函式宣告及定義如下：

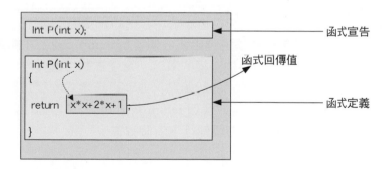

[2] 函式 Q 可計算 x^2y+2z，其中 x,y,z 屬於實數。其函式宣告及定義如下：

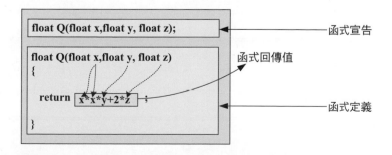

(6) 【不合法的函式宣告與定義範例】

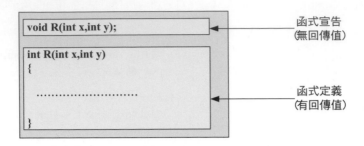

```
void R(int x,int y);
```
函式宣告
（無回傳值）

```
int R(int x,int y)
{

    ......................

}
```
函式定義
（有回傳值）

【說明】 在 R 函式宣告中，已經宣告該函式無回傳值，但在 R 函式定義中卻指定為
整數回傳值型態，因此，編譯器會找不到符合宣告格式的函式定義，而發
生錯誤。

7.3 函式的使用

在瞭解了 C 語言的函式宣告與定義後，在本節中，我們將實際設計合適的函
式，並且呼叫這些函式來完成某些特定工作，並釐清函式呼叫的原理與相關規定。

7.3.1 函式呼叫

函式經由宣告及定義後，必須透過**函式呼叫**（function call）才能實際應用該
函式。函式呼叫可以視為一種**轉移控制權**的敘述。當程式執行過程中，遇到函式呼
叫時，控制權將被轉移到被呼叫函式的起始點，並執行該函式的程式碼（即函式定
義），當這些程式碼被執行完畢後（或遇到 return 敘述時），將會把控制權再交還給
原來發生函式呼叫的程式執行點，繼續執行下一個敘述。

在 C 語言中，呼叫函式的語法如下：

【語法 1】（函式無回傳值）：

```
函式名稱（傳入引數串列）；
```

【語法 2】（函式有回傳值）

```
變數 = 函式名稱（傳入引數串列）；
```

【語法說明】

(1) 呼叫敘述與被呼叫函式間若無資料需要傳遞,則只需要使用『函式名稱 ();』來呼叫函式即可。否則,必須要一一對應參數所需要的引數(或採用預設的參數值,詳見 7.5.6 節)。

(2) 若函式有回傳值,則可以使用一個相容資料型態的變數來接收這個函式回傳值。

(3) 函式呼叫敘述必須與函式名稱相同,但**兩者之引數與參數名稱可以不同**。若呼叫者 (Caller;Calling Program) 有資料要傳遞給被呼叫者 (Callee;Called Program),則必須藉由傳入引數串列將資料傳遞給函式的參數,並且『傳入引數串列』的傳入變數會由『函式定義的參數串列』的相對參數來接收,其順序、個數必須相同,但引數名稱可以與參數名稱不同。如下圖示意:

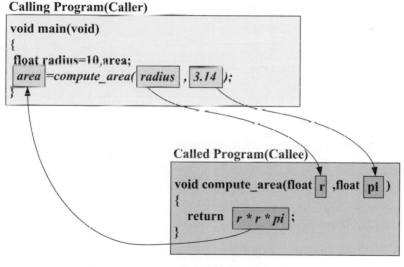

圖 7-4　引數與參數的對應

【觀念範例 7-2】製作一個函式(Power 函式),功能為計算 X^n。(X 為實數、n 為整數)。

範例7-2　ch7_02.c(ch07\ch7_02.c)。

```
1   /*    檔名:ch7_02.c    功能:宣告,定義,呼叫函式    */
2
3   #include <stdio.h>
4   #include <stdlib.h>
5
```

```
 6   double Power(double,int);          函式宣告
 7
 8   double Power(double X,int n)
 9   {
10    int i;
11    double PowerXn=1;
12                                        函式定義
13    for(i=1;i<=n;i++)
14        PowerXn=PowerXn*X;
15    return PowerXn;
16   }
17
18   void main(void)
19   {
20    int k;
21    double Ans;
22
23    printf(" 計算 3.5 的 k 次方？請輸入 k=");
24    scanf("%d",&k);
25    Ans=Power(3.5,k);                  函式呼叫
26    printf("3.5 的 %d 次方 =%f\n",k,Ans);
27    /*  system("pause");  */
28   }
```

執行結果
計算 3.5 的 k 次方？請輸入 k=**5**
3.5 的 5 次方 =525.218750

● 範例說明

(1) 第 6 行：宣告函式 Power，將函式宣告放在最前面，使得編譯器得知程式中含有 Power 函式。回傳值的資料型態是 double，接受兩個傳入引數，資料型態分別是 double,int（省略參數名稱）。

(2) 第 8~16 行：Power 函式的定義，用來計算 X^n。（PowerXn 是回傳值）

(3) 第 25 行：呼叫 Power 函式，傳入的引數為 3.5,k，與函式定義的參數名稱不相同，其實這並不重要，只要傳入符合資料型態的數值或變數即可（您也可以將引數與參數的名稱設為相同，但即使如此，這兩個仍是不同的變數，我們將在後面介紹傳值呼叫時詳加說明）。使用 Ans 變數來存放函式回傳值。

(4) 函式呼叫之引數傳遞與回傳值如下圖。

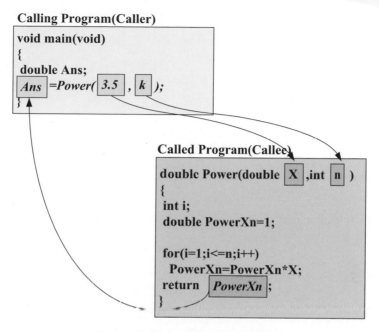

圖 7-5　範例 7-2 的函式呼叫與回傳值

【實用及觀念範例 7-3】製作三個函式（Odd、Even、TotalSum 函式），功能分別為計算奇數和、偶數和、整數和。（其中的整數和請使用奇數和與偶數和之函式）。

範例7-3 ch7_03.c（ch07\ch7_03.c）。

```
1    /*      檔名:ch7_03.c      功能:函式應用      */
2
3    #include <stdio.h>
4    #include <stdlib.h>
5
6    int Odd(int U);
7    int Even(int U);
8    int TotalSum(int U);
9
10   int main(void)
11   {
12    int n,Sum;
13    char AddChoice;
14
15    printf("1+2+...+n=? 請輸入 n=");
16    scanf("%d",&n);
17    fflush(stdin);
18    printf(" 請問要做奇數和 (O)，偶數和 (E)，還是整數和 (I)？請選擇 :");
```

將函式宣告放在最前面，使得編譯器得知程式中含有此 3 個函式。

```
19   scanf("%c",&AddChoice);
20
21   switch(AddChoice)
22   {
23      case 'O': Sum=Odd(n);
24               break;
25      case 'E': Sum=Even(n);
26               break;
27      case 'I': Sum=TotalSum(n);
28               break;
29      default: printf(" 選擇錯誤 \n");
30               return -1;
31   }
32   printf(" 總和為 %d\n",Sum);
33   /*  system("pause");  */
34   }
35
36   int Odd(int U)
37   {
38    int i,total=0;
39    for(i=1;i<=U;i++)
40        if(i%2 == 1)
41            total = total + i;
42    return total;
43   }
44
45   int Even(int U)
46   {
47    int i,total=0;
48    for(i=1;i<=U;i++)
49        if(i%2 == 0)
50            total = total + i;
51    return total;
52   }
53
54   int TotalSum(int U)
55   {
56    return Odd(U)+Even(U);
57   }
```

> Odd 函式的定義，用來計算 1+3+…+U 的奇數和。(total 是回傳值)

> Even 函式的定義，用來計算 2+4+…+U 的偶數和。(total 是回傳值)

⊙ 執行結果

1+2+...+n=? 請輸入 n=**10**
請問要做奇數和 (O)，偶數和 (E)，還是整數和 (I)？請選擇 :**I**
總和為 55

範例說明

(1) 第 54~57 行：TotalSum 函式的定義，用來計算 1+2+...+U 的整數和。其中則呼叫了 Odd 及 Even 函式，幫忙做奇數和與偶數和，合起來就是整數和（函式或程序盡量重覆使用是模組化的設計理念）。

(2) 由於在前面已經宣告了 Odd、Even、TotalSum 函式，因此這三個函式定義的出現位置並不重要，只要位於第 8 行之後皆可。

(3) 第 21~31 行：依據不同的選擇，決定呼叫不同的函式，完成不同的功能。請特別注意，當使用者輸入非「O」、「E」、「T」時，將會執行 default 的程式，return 一個『-1』值給系統，這說明了 main( ) 函式也可以回傳資料。

(4) 當您輸入錯誤的字元（非「O」、「E」、「T」）時（如下執行結果），第 30 行的 return -1 會被執行，因此會中斷 main( ) 函式的執行動作，所以第 32 行並不會被執行。這說明了 return 不但具有回傳值的功用，也同時會將控制權交回給呼叫方（在本例中，會將控制權交還給作業系統），中斷函式的執行。

```
1+2+...+n=? 請輸入 n=10
請問要做奇數和 (O)，偶數和 (E)，還是整數和 (I)？請選擇 :A
選擇錯誤
```

(5) 假設我們輸入的是『10』與『O』，則整個程式的執行流程如下：

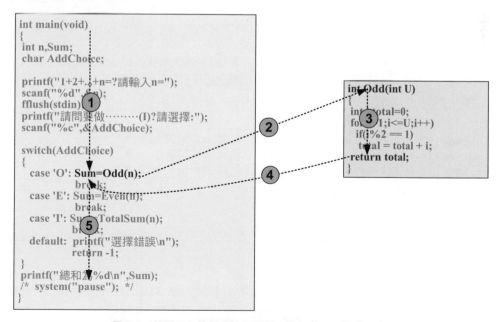

圖 7-6 範例 7-3 的程式執行流程（輸入『10』與『O』）

【實用範例 7-4】製作階層函式（factorial 函式），功能為計算某一正整數的階層 $k!$。並利用該函式求出 C_n^m 的值，m、n 為任意正整數，$C_n^m = \dfrac{m!}{n!(m-n)!}$。

範例7-4 ch7_04.c（ch07\ch7_04.c）。

```
1    /*      檔名:ch7_04.c      功能：函式應用    */
2
3    #include <stdio.h>
4    #include <stdlib.h>
5
6    long int factorial(int p); /* 函式宣告 */
7    long int factorial(int p)   /* 函式定義 */
8    {
9     int count;
10    long int result = 1;
11
12    for(count=1;count<=p;count++)
13    {
14       result = result * count;
15    }
16    return result;
17   }
18
19   void main(void)
20   {
21    int m,n;
22    long int ans;
23    long int temp[3];
24
25    printf(" 求排列組合 C(m,n)\n");
26    printf("m = ");
27    scanf("%d",&m);
28    printf("n = ");
29    scanf("%d",&n);
30
31    temp[0] = factorial(m);     /*  計算 m! 的值      */
32    temp[1] = factorial(n);     /*  計算 n! 的值      */
33    temp[2] = factorial(m-n);   /*  計算 (m-n)! 的值 */
34    ans = (temp[0])/(temp[1]*temp[2]);  /* C(m,n) = (m!)/(n!*(m-n)!) */
35    printf("C(%d,%d) = %d\n",m,n,ans);
36    /*  system("pause");  */
37   }
```

執行結果
求排列組合 C(m,n)
m = **10**
n = **8**
C(10,8) = 45

➔ 範例說明

在這個範例中，factorial() 函式一共被呼叫了 3 次（第 31、32、33 行），充分利用了模組化特性，提高程式碼的重複使用率。

【觀念範例 7-5】製作一個專門用來列印九九乘法表的函式（print99 函式），該函式不接受任何傳入引數，也不回傳任何資料。

範例7-5 ch7_05.c（ch07\ch7_05.c）。

```
1    /*      檔名:ch7_05.c       功能：無傳入引數及回傳值的函式        */
2
3    #include <stdio.h>
4    #include <stdlib.h>          由於沒有參數，因此可
5                                 改寫為 void print99();。
6    void print99(void);          /*  函式宣告  */
7    void print99(void)           /*  函式定義  */
8    {                            由於沒有參數，因此可
9     int i,j;                    改寫為 void print99()。
10    for(i=1;i<=9;i++)
11    {
12       for(j=1;j<=9;j++)
13          printf("%d*%d=%d\t",i,j,i*j);
14       printf("\n");
15    }
16   }
17
18   void main(void)
19   {
20    printf(" 以下是常見的九九乘法表 \n");
21    print99();            /*  函式呼叫 */
22    /*  system("pause");  */
23   }
```

執行結果

```
以下是常見的九九乘法表
1*1=1    1*2=2    1*3=3    1*4=4    1*5=5    1*6=6    1*7=7    1*8=8    1*9=9
2*1=2    2*2=4    2*3=6    2*4=8    2*5=10   2*6=12   2*7=14   2*8=16   2*9=18
3*1=3    3*2=6    3*3=9    3*4=12   3*5=15   3*6=18   3*7=21   3*8=24   3*9=27
4*1=4    4*2=8    4*3=12   4*4=16   4*5=20   4*6=24   4*7=28   4*8=32   4*9=36
5*1=5    5*2=10   5*3=15   5*4=20   5*5=25   5*6=30   5*7=35   5*8=40   5*9=45
6*1=6    6*2=12   6*3=18   6*4=24   6*5=30   6*6=36   6*7=42   6*8=48   6*9=54
7*1=7    7*2=14   7*3=21   7*4=28   7*5=35   7*6=42   7*7=49   7*8=56   7*9=63
8*1=8    8*2=16   8*3=24   8*4=32   8*5=40   8*6=48   8*7=56   8*8=64   8*9=72
9*1=9    9*2=18   9*3=27   9*4=36   9*5=45   9*6=54   9*7=63   9*8=72   9*9=81
```

➡ 範例說明

(1) 由於函式不需要回傳值，所以必須將函式回傳值的資料型態設為 void，若省略 void【即 print99(void)】，則 ANSI C 語言會假設函式回傳值為 int（對於某些編譯器而言，省略 void 可能不會發生錯誤，但儘可能培養良好的習慣，將沒有回傳值的函式回傳值資料型態設為 void）。

(2) 第 21 行為函式呼叫，雖然不必傳入引數，但 ( ) 仍不可省略。

(3) print99() 函式中，並無 return 敘述，所以函式會執行到最後一行（第 16 行），然後才返回呼叫函式處。

7.3.2 函式的位置

在前面的範例程式中，大多數的範例程式碼撰寫次序，由上而下分別是『函式宣告』、『函式定義』、『主函式』，但也有其他狀況，例如範例 7-3，我們將程式撰寫次序修改為『函式宣告』、『主函式』、『函式定義』。

其實 C 語言並未規定要先寫『主函式』還是『函式定義』，但規定『函式宣告』必須出現在函式呼叫之前。這樣子的用意是為了提供編譯器在編譯程式時，能夠事先知道有一個函式存在，才不會發生編譯時期的錯誤。

事實上，並非所有的程式語言都是如此規範『函式宣告』、『函式定義』、『主函式』、『函式呼叫』的相對位置，這些規定除了與程式語言的定義有關之外，也與實作編譯器的技術有關，也就是所謂的 One-Pass、Two-Pass、Multi-Pass 的程式掃描技術。對於大多數 One-Pass 的程式語言編譯器而言，『函式宣告』必須出現在『函式呼叫』之前，以便於當編譯程式遇到『函式呼叫』敘述時，能夠找到對應的函式宣告與定義。我們透過範例來說明 C 語言的函式位置規定。

【觀念範例 7-6】函式宣告的重要性。

範例7-6 ch7_06.c（ch07\ch7_06.c）。

```
1   /*      檔名:ch7_06.c      功能：函式宣告,定義,呼叫的相對位置      */
2
3   #include <stdio.h>
4   #include <stdlib.h>
5
6   void func1(void); /* func1 函式宣告 */
7   void func2(void); /* func2 函式宣告 */
```

執行結果
func1 函式正在執行中 ...
func2 函式正在執行中 ...

```
8
9    void main(void)
10   {
11    func1();
12    func2();
13    /*  system("pause");  */
14   }
15
16   void func1(void)   /* func1 函式定義 */
17   {
18     printf("func1 函式正在執行中 ...\n");
19   }
20
21   void func2(void)   /* func2 函式定義 */
22   {
23     printf("func2 函式正在執行中 ...\n");
24   }
```

範例說明

(1) 在程式範例中，我們將函式 func1、func2
的宣告放在主函式及其他函式之前，代表
程式中所有的函式都可以呼叫 func1( )、
func2( )，程式的結構如圖所示：

(2) 在程式開頭的函式宣告（第 6、7 行），使
得編譯器得知程式中存在 func1 及 func2
函式，因此我們可以在程式的任何地方呼
叫這兩個函式。函式內可以呼叫其他函式
的表格，整理如下：

函式宣告	`void func1(void);` `void func2(void);`

主函式	`void main(void)`
	`{`
	`    .........`
	`}`

函式定義	`void func1(void)`
	`{`
	`    .........`
	`}`

函式定義	`void func2(void)`
	`{`
	`    .........`
	`}`

函式內的敘述	呼叫 main()	呼叫 func1()	呼叫 func2()
main 內的敘述	不可	可	可
func1 內的敘述	不可	可（遞迴）	可
func2 內的敘述	不可	可	可（遞迴）

無函式宣告型【合併函式宣告與定義】

　　其實對於 C 語言來說，所有的程式都是以函式作為基本單位，而主程式也就是
位於 main( ) 函式內的程式。讀者或許會問，在前面的範例中，我們並沒有宣告主
函式 main( ) 就直接撰寫 main( ) 函式的定義，這樣好像也可以正確編譯與執行？沒

錯，這是基於兩個原因所導致：(1)main 是一個特殊的函式，在文字模式下，它是執行程式的入口處，換句話說，沒有了 main 函式，則程式無法執行。(2) 函式宣告與定義可以寫在一起，因此可以省略函式宣告，但會造成函式呼叫上的某些限制，請看以下的範例。

【觀念範例 7-7】函式宣告與定義的合併。

範例7-7 ch7_07.c（ch07\ch7_07.c）。

```
1   /*      檔名:ch7_07.c      功能：函式宣告與定義的合併      */
2
3   #include <stdio.h>
4   #include <stdlib.h>
5
6   void func1(void)   /* func1 函式定義（省略函式宣告） */
7   {
8       printf("func1 函式正在執行中 ...\n");
9   }
10
11  void func2(void)   /* func2 函式定義（省略函式宣告） */
12  {
13      printf("func2 函式正在執行中 ...\n");
14  }
15
16  void main(void)
17  {
18   func1();
19   func2();
20   /* system("pause"); */
21  }
```

執行結果
func1 函式正在執行中 ...
func2 函式正在執行中 ...

● 範例說明

(1) 在程式範例中，我們將函式 func1( )、func2( ) 的宣告省略，但將函式定義移到主函式之前，因此在 main( ) 函式內仍可使用『func1();』、『func2();』敘述來呼叫這兩個函式（因為編譯器編譯到函式呼叫前就已經發現了 func1 與 func2 的定義），程式的結構如下列左圖所示：

無函式宣告型

有函式宣告型

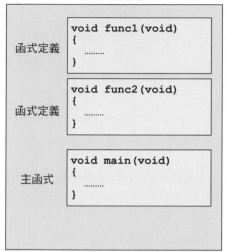
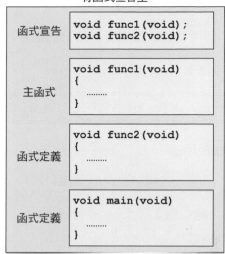

圖 7-7　函式宣告與函式定義的合併

(2) 上列右圖是在程式開頭處出現函式宣告的形式，如此使得任何地方都可以呼叫這兩個函式。而上列左圖則為本例的程式結構，由於省略了函式宣告，因此，除非是在該敘述之前已經出現過函式定義，否則將無法呼叫該函式，本例可以呼叫其他函式的表格如下（func2 內的敘述可以呼叫 func1，但 func1 內的敘述不可呼叫 func2，主函式由於位在所有函式之後，因此擁有最大的視野，可以自由使用其他所有的函式）：

函式內的敘述	呼叫 main()	呼叫 func1()	呼叫 func2()
main 內的敘述	不可	可	可
func1 內的敘述	不可	可（遞迴）	不可
func2 內的敘述	不可	可	可（遞迴）

7.3.3 return 敘述

return 敘述一共有 2 個功用：(1) 回傳函式資料及 (2) 函式返回。其規定可歸納如下。

return 回傳資料

使用 return 回傳資料的語法如下：

【語　法】

```
return    常數、變數、運算式或其他具有結果值的敘述 ;
```

【語法說明】

(1) 回傳函式資料的資料型態必須和函式宣告及定義的函式回傳值資料型態相容。

【範　例】

```
int func1(......)
{
 int a;
 ......
 return a;
}
```

```
char func2(......)
{
 int c;
 ......
 return c;
}
```

(2) 函式回傳值資料型態若被宣告為 void，則不用 return 回傳值。

(3) 若回傳值為運算式或其他具有結果值的敘述，則會先計算其運算結果，然後才傳回該值。

使用 return 返回

使用 return 返回呼叫函式的語法如下：

【語　法】

```
return;
```

或

```
return    函式回傳值 ;
```

【語法說明】

(1) 使用 return 將返回呼叫函式處，並由呼叫函式的下一個敘述開始執行。

(2) 一個函式的 return 並不限定為一個，不過一但執行 return 敘述後，其餘函式內未被執行的敘述將不會被執行。

(3) 無回傳值的函式，不需要用 return 敘述返回，此時函式將被執行完畢後，才會返回呼叫函式處。而若使用 return 敘述返回，則在 return 之後的敘述不會被執行。

【觀念範例 7-8】設計一個包含有多個 return 敘述的函式，觀察其執行過程。

範例**7-8** ch7_08.c（ch07\ch7_08.c）。

```
1   /*      檔名:ch7_08.c      功能:return 返回      */
2
3   #include <stdio.h>
4   #include <stdlib.h>
5
6   int func1(void)
7   {
8    int a=5,b=7;
9    a++;
10   return a+b;
11   a++;
12   return a+b;
13   a++;
14   return a+b;
15   }
16
17   void main(void)
18   {
19    int k;
20    k=func1();
21    printf("k=%d\n",k);
22    /*  system("pause");  */
23   }
```

執行結果
k=13

● 範例說明

(1) 程式執行的行數順序為 17、18、19、20（函式呼叫）、6、7、8、9、10（返回）、20、21、(22)、23。亦即程式的 11~14 行將不會被執行。

(2) 執行第 10 行時，會先計算 a+b 的值（6+7=13），然後回傳 13 給呼叫函式的敘述，並返回函式呼叫處，因此 k 為 13。

【觀念範例 7-9】函式應回傳資料但卻沒有 return 敘述的錯誤。

範例7-9　ch7_09.c（ch07\ch7_09.c）。

```
1   /*     檔名:ch7_09.c      功能:無回傳值的錯誤      */
2
3   #include <stdio.h>
4   #include <stdlib.h>
5
6   int func1(void)
7   {
8    printf("func1 函式正在執行中 ...\n");
9   }
10
11  void main(void)
12  {
13   int a=1;
14   a=func1();
15   printf("a=%d\n",a);
16   /*  system("pause");  */
17  }
```

執行結果
```
func1 函式正在執行中 ...
a=23
```

● 範例說明

　　func1 函式定義回傳值資料型態為 int，但未使用 return 來回傳資料，如此一來，第 14 行所接收的回傳資料將會與預期的回傳值有些出入（很可能只會取得函式在記憶體的開始位置或其他各種資料，這種非預期的資料必須視編譯器而定）。

7.4　好用的亂數函式

　　在現實生活中，有許多的現象與隨機亂數有關。在程式設計中，我們可以使用亂數函式來模擬大量的隨機資料，例如統計與實驗、電腦遊戲、大樂透開獎等等。一般來說，我們可以自行完成大多數的函式，但若使用他人完成且可信賴的函式將可以縮減程式的開發時程，例如您知道如何開發一個取亂數的函式嗎？想不通嗎？沒關係，我們只要使用 ANSI C <stdlib.h> 函式庫所提供的 srand( ) 與 rand( ) 函式即可。

rand( )【取亂數】

【語　法】

```
標頭檔：#include <stdlib.h>
語法：int rand(void);
功能：產生亂數
```

【語法說明】

回傳值為隨機產生的一個整數數值。

srand( )【設定亂數產生器種子】

【語　法】

```
標頭檔：#include <stdlib.h>
語法：void srand(unsigned int seed);
功能：設定亂數產生器種子
```

【語法說明】

(1) seed 為亂數產生器的種子。

(2) 在使用 rand 函式之前，可以先使用 srand 函式製作亂數產生器的種子

【觀念範例 7-10】使用 rand 亂數函式產生 6 個隨機亂數。（事先不設定亂數種子）。

範例7-10 ch7_10.c（ch07\ch7_10.c）。

```
1   /*     檔名：ch7_10.c     功能：rand 函式練習     */
2
3   #include <stdio.h>
4   #include <stdlib.h>
5
6   void main(void)
7   {
8    int i;
9    for (i=1;i<=6;i++)                          產生一個亂數
10   {
11     printf(" 第 %d 個隨機亂數為 %d\n",i,rand());
12   }
13   /*  system("pause");   */
14  }
```

➡ 執行結果

【第一次執行結果】

第 1 個隨機亂數為 41
第 2 個隨機亂數為 18467
第 3 個隨機亂數為 6334
第 4 個隨機亂數為 26500
第 5 個隨機亂數為 19169
第 6 個隨機亂數為 15724

【第二次執行結果】

第 1 個隨機亂數為 41
第 2 個隨機亂數為 18467
第 3 個隨機亂數為 6334
第 4 個隨機亂數為 26500
第 5 個隨機亂數為 19169
第 6 個隨機亂數為 15724

➡ 範例說明

迴圈執行 6 次，使用 rand 函式產生 6 個隨機亂數。由於未設定亂數種子，因此每次執行本範例，將會得到相同的 6 個亂數。(這是初學者常犯的錯誤)

【觀念範例 7-11】先使用 srand( ) 函式設定亂數種子，再使用 rand 亂數函式產生 6 個隨機亂數。

範例 7-11 ch7_11.c (ch07\ch7_11.c)。

```
1   /*     檔名:ch7_11.c     功能:srand 與 rand 函式練習     */
2
3   #include <stdio.h>
4   #include <stdlib.h>
5   #include <time.h>
6
7   void main(void)
8   {                              配合 time 函式設定亂數
9    int i;                        種子
10   srand((unsigned) time(NULL));
11   for (i=1;i<=6;i++)
12   {
13     printf(" 第 %d 個隨機亂數為 %d\n",i,rand());
14   }
15   /*  system("pause");  */
16  }
```

➡ 執行結果

【第一次執行結果】

第 1 個隨機亂數為 16213
第 2 個隨機亂數為 16729
第 3 個隨機亂數為 119
第 4 個隨機亂數為 20433
第 5 個隨機亂數為 26390
第 6 個隨機亂數為 20219

【第二次執行結果】

第 1 個隨機亂數為 16285
第 2 個隨機亂數為 23818
第 3 個隨機亂數為 32682
第 4 個隨機亂數為 25538
第 5 個隨機亂數為 23935
第 6 個隨機亂數為 8303

⊙ 範例說明

(1) 第 10 行：透過 srand 函式設定亂數種子（配合 time 函式，才能夠設定不同的亂數種子）。

(2) 迴圈執行 6 次，使用 rand 函式產生 6 個隨機亂數。由於已經設定不同的亂數種子，因此每次執行本範例，將會得到隨機的 6 個亂數。（不一定相同，並且通常不同）

(3) 由於我們想要設定不同的亂數種子，因此，可以配合 time 函式取得系統時間作為種子的依據，而 time 函式的語法如下：

time( )

【語　法】

```
標頭檔：#include <time.h>
語法：time_t time(time_t *timrptr);
功能：取得由格林威治時間 1970/1/1 00:00:00 至今經過的秒數
```

【語法說明】

　　*timrptr 是存放函式結果的時間指標，一般設為 NULL 即可使用 time 函式。

【實用範例 7-12】使用亂數函式產生 6 個 1~49 的整數，並存放於整數陣列中（不要求數字不重覆）。

範例7-12 ch7_12.c（ch07\ch7_12.c）。

```
1   /*      檔名:ch7_12.c      功能：產生 6 個 1~49 的隨機亂數      */
2
3   #include <stdio.h>
4   #include <stdlib.h>
5   #include <time.h>
6
7   void main(void)
8   {
9    int lotto[6];
10   int i;
11   srand((unsigned) time(NULL));
12   for (i=1;i<=6;i++)
13   {
14       lotto[i-1]=rand()%49+1;
```

善用 % 餘數運算子，可將數值範圍侷限在某個區間

```
15        printf(" 第 %d 個號碼為 %d\n",i,lotto[i-1]);
16   }
17   /*  system("pause");  */
18 }
```

➤ 執行結果

【 第一次執行結果 】

第 1 個號碼為 23
第 2 個號碼為 16
第 3 個號碼為 16
第 4 個號碼為 23
第 5 個號碼為 35
第 6 個號碼為 10

【 第二次執行結果 】

第 1 個號碼為 34
第 2 個號碼為 3
第 3 個號碼為 2
第 4 個號碼為 10
第 5 個號碼為 10
第 6 個號碼為 32

➤ 範例說明

　　rand() 產生的數字上限已經被內定，因此在第 14 行我們使用餘數運算子『 %49 』取得『 0~48 』數字，然後再加 1，就可以得到『 1~49 』的亂數囉。(在後面的範例中，我們將修改為 6 個數字不得重複，並加上一個特別號，符合真正的大樂透開獎)

7.5　引數串列與引數傳遞

　　使用函式時，呼叫的一方可以取得一個回傳值，但是當需要回傳超過一個回傳值的時候，該怎麼辦呢？基本上，有兩個方法可以解決這個問題，第一種方法是使用『 全域變數 』(將於第九章中詳加說明)，但是這個方法並不好，因為除了呼叫方與被呼叫方可以使用這些全域變數外，其他的函式也可以使用這些全域變數，如此一來，將可能造成程式更複雜且難以維護。另一種方法則是靠『 傳址呼叫 』，藉由共用同一塊記憶體來達到目的。

　　C 語言發明人將呼叫端與被呼叫端的串列分別稱為『 引數串列 』與『 參數串列 』，如下圖中的 a,b 為引數，x,y 為參數。

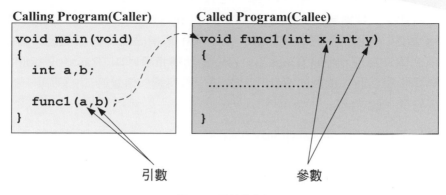

圖 7-8 引數與參數

關於引數與參數的資料傳遞，一般程式語言會將之分為傳值呼叫 (Call by value) 與傳址呼叫 (Call by address) 兩種，其個別意義如下：

◉ 傳值呼叫：

效果：接收端（被呼叫端）如何改變參數值，都不會影響傳遞端（呼叫端）的引數值。

作法：只將引數的值傳遞給參數，亦即在被呼叫端建立一個副本來接收此值，因此引數與參數使用不同的記憶體空間，故而各自獨立，不互相影響。

◉ 傳址呼叫：

效果：接收端（被呼叫端）若改變參數值，則傳遞端（呼叫端）的引數值也會跟著改變。

作法：將引數的位址傳遞給參數，使得引數與參數使用了相同的記憶體空間來存放內容，故而參數值一改變（該記憶體內容被改變），引數內容就會跟著改變，彼此互相影響。

在前面提到，當被呼叫端有一個以上的資料想要和呼叫端溝通時，程式語言必須提供傳址呼叫功能或類似傳址呼叫效果的機制，否則，該程式語言就無法達到此需求，也會因此無法被大眾所接受。故而，所有的高階程式語言都提供了類似的機制。有些高階語言（例如 C++ 或 VB.NET）直接提供了傳址呼叫功能，有些高階語言則只提供了類似的功能。

而傳值呼叫由於可以避免邊際效應（亦即呼叫者與被呼叫者並不相互影響），因此，所有的高階程式語言都直接提供了此一機制，有些（例如 VB.NET）還被設定為預設機制。

嚴格說起來，C 語言只支援傳值呼叫 (Call by value)，但 C 語言的傳值呼叫可以傳送兩種值，一種是一般的資料值，另一種則是指標值（指標值是一個位址），並且分別被稱呼為傳值呼叫 (Pass by value) 與傳指標呼叫 (Pass by pointer)。其中傳指標呼叫雖然並非真實的傳址呼叫，但卻具有類似傳址呼叫的效果，這是因為它所傳遞的是一個位址。

在支援傳值呼叫與傳址呼叫的程式語言中，呼叫者並不需要區別兩者，都是使用相同的呼叫語法，但被呼叫者在宣告參數時，則必須指定所採用的方法，例如下面是 VB 與 C++ 對於傳值呼叫與傳址呼叫的語法規範。

語言	類型	呼叫者語法	被呼叫者定義列語法
VB	傳值呼叫	Func1(a)	Func1(**ByVal** p As Integer)
	傳址呼叫（透過傳參考呼叫達成）	Func1(a)	Func1(**ByRef** p As Integer)
C++	傳值呼叫	Func1(a);	void Func1(**int** p)
	傳址呼叫（透過傳參考呼叫達成）	Func1(a);	void Func1(**int&** p)

表 7-1　傳值與傳址呼叫，在呼叫端的語法並無不同

如何分辨傳址呼叫與傳位址值呼叫呢？除了看被呼叫者定義列的語法之外，還有一個簡單的辨別方式。亦即在引數處，如果可以指定為常數的話，那麼此時它採用的一定是傳值呼叫而非傳址呼叫。因為，真正的傳址呼叫必定是被呼叫端修改參數值（即修改了其記憶體內容）後，呼叫端的引數值也同時被修改了（因為它們使用同一個記憶體空間），而常數是不能被修改的，所以使用常數當引數時，必定是採用傳值呼叫。

在本書中，我們將介紹 C 與 C++ 的三種引數傳遞方式，其中 C 語言支援傳值呼叫 (Pass by value) 與傳指標呼叫 (Pass by pointer)，而 C++ 除了支援這兩種之外，還支援傳參考呼叫（Pass by reference），而只有傳參考呼叫是真正的傳址呼叫 (Call by address)，傳指標呼叫的本質仍為傳值呼叫，但卻可造成類似傳址呼叫的部分效果。三種引數傳遞方式，整理如下：

C++	C	傳值呼叫	傳值呼叫	被呼叫端無法直接或間接影響呼叫端
			傳指標呼叫	被呼叫端可間接影響呼叫端
		傳址呼叫	傳參考呼叫	被呼叫端參數直接影響呼叫端引數

表 7-2　傳值呼叫、傳指標呼叫與傳參考呼叫的差異處

　　由於『傳參考呼叫』屬於 C++ 才支援的語法，故而當我們在介紹時，必須把檔案類型儲存為 C++ 格式（.cpp）。不論您使用上述三種的任一種引數傳遞方式，都必須在宣告與定義函式時就先加以決定，並且會產生不同的效果。

筆者的話

再次強調，C 語言只支援傳值呼叫，有些程式設計師及學者或許對此說法感到不以為然，或許認為 C 語言的傳指標呼叫就是傳址呼叫 (Call by address)，而非類似的機制，那麼只要想一想傳遞陣列時，C 語言是如何達成的，即可知道事實並非如此，因為在下一章中，我們將說明，陣列名稱可以視為一個指標常數，而 C 語言傳遞陣列名稱時，採用的是傳指標呼叫，因此，在傳遞陣列名稱時，當然採用的是傳值呼叫，因為陣列名稱是一個指標常數。換句話說，傳指標呼叫仍為傳值呼叫的一種，只不過傳遞的是一個位址而已，而即便接收端的指標參數改變了值（改變位址），也不會影響指標引數的值（不會影響原本的位址）。

上述關於傳指標呼叫與傳址呼叫的說明，對於本書早期版本的讀者來說，會發現兩個版本並不相同，筆者在此必須對這些讀者致歉。

在寫本書的早期版本時，筆者的想法是傳指標呼叫 (Pass by value) 就是傳址呼叫 (Call by address)，這是因為筆者從幾十年前求學時就被如此教導，甚至到今日，仍然有很多中文書是這樣寫的。但從第三版到第四版本的過程中，筆者撰寫過 Java 初學指引，也撰寫過一本編譯器設計的書籍，在寫這些書時，認真且深入的審視過這個問題。而在撰寫這本書時，也翻閱了一些外國著名的著作以確認本版本可以對此問題提出絕對正確的解答。相關書籍如下：

[1] 明解 C 語言　教學手冊，柴田望洋，榮獲日本工業教育協會優良著作獎，中文版由博碩文化出版,Page 10-13.

C++ 是從 C 語言擴充出來的程式語言，它可以採取實體的方式來處理引數（**C 語言只能以數值的方式處理引數**），這種構造稱為傳址 (pass by reference；或交付參考，交付參照)

[2] The C programming Language, Brian W. Kernighan and Dennis M. Ritchie., Prentice-Hall, 1988. Page 36.（C 語言發明人之著作）

One aspect of C functions may be unfamiliar to programmers who are used to some other languages, particulary Fortran. In C, all function arguments are passed "by value". This means that the called function is given the values of its arguments in temporary variables rather than the originals. This leads to some different properties than are seen with "call by reference"' languages like Fortran or with var parameters in Pascal, in which the called routine has access to the original argument, not a local copy.

有了正確的解答之後，筆者反思當初筆者在求學時，為何會學到錯誤的知識，以及為何有那麼多中文書都犯了相同的錯誤？後來，筆者有了一個結論。當年筆者在求學時，C++ 處於尚未推廣的狀態，因此，對於當時使用 C 語言的工程師或作者而言，基於程式語言必定會提供傳址呼叫的功能，所以將傳指標呼叫 (Pass by pointer) 歸類於傳址呼叫 (Call by address)。但在 C++ 推廣之後，書籍卻未對此進行檢討與修改，導致以訛傳訛，事實上，在與 C++ 相比之下，C++ 的傳參考呼叫才是真正的傳址呼叫 (Call by address)，C 語言的傳指標呼叫 (Pass by pointer) 只不過是傳位址值呼叫（可視為 Call by value of address 或 Call by address value）而已，這一點除了上述的名著之外，在傳遞陣列時所採用的機制也可以證明這一點。

7.5.1 傳值呼叫（Pass by value）

什麼是 C 語言的**傳值呼叫 (Pass by value)** 呢？傳值呼叫就是在呼叫函式時，只會將引數『數值』傳遞給函式中相對應的參數，作為函式啟動時的初始值，換句話說，參數實際上會產生一個引數的複本，如此一來呼叫方的引數與被呼叫方的參數將佔用不同的記憶體空間，所以不論被呼叫函式在執行過程中如何改變參數的變數值，都不會影響原本呼叫方引數的變數值，這種引數傳遞方式稱為「傳值呼叫」。

當傳值呼叫發生時，只是把『值』傳送過去，並沒有把記憶體位址也傳送過去。在本節之前的所有範例，都是使用這種傳遞引數的方式，只有呼叫 scanf() 函式時不是採用此種方式。我們藉由下面一個範例重新加以闡述何謂傳值呼叫 (Pass by value)。

【**觀念範例 7-13**】透過觀察變數內容，了解傳值呼叫的引數傳遞原理。瞭解這些參數的作用。

範例7-13 ch7_13.c（ch07\ch7_13.c）。

```
1  /*      檔名:ch7_13.c     功能:傳值呼叫      */
2
3  #include <stdio.h>
4  #include <stdlib.h>
5
6  void func1(int a,int b)
7  {
8   a=a+10;
9   b=b+100;
```

> 改變 a,b 的值，不會影響 m,n 的內容，因為 a,b 只是 m,n 的複本。

```
10    printf("func1() 的 a=%d\n",a);
11   printf("func1() 的 b=%d\n",b);
12  }
13
14  void main(void)
15  {
16   int m=1,n=1;
17   func1(m,n);
18   printf("main( ) 的 m=%d\n",m);
19   printf("main( ) 的 n=%d\n",n);
20   /*  system("pause");  */
21  }
```

執行結果
```
func1() 的 a=11
func1() 的 b=101
main( ) 的 m=1
main( ) 的 n=1
```

⊙ **範例說明**

(1) 當第 17 行呼叫 func1 函式後，不論 func1 函式如何運算，影響到的變數只有 a,b，而不會影響呼叫它的 m,n 變數，因為兩者所佔的記憶體空間不同。

(2) 本範例的引數傳遞如下：（引數傳遞完畢後，參數與引數就相互不干擾）

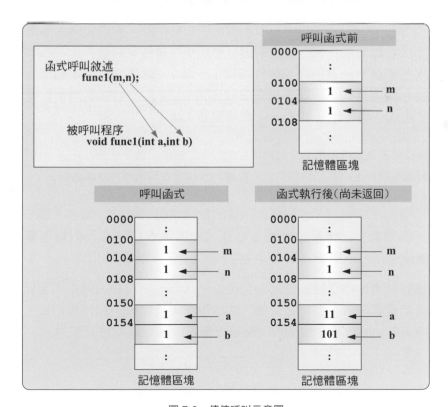

圖 7-9　傳值呼叫示意圖

(3) 本範例即使將 main() 函式的變數 m,n 也命名為 a,b，仍舊不會影響引數傳遞的過程與結果，因為他們只是各函式的區域變數，因此仍將佔用不同的記憶體。

(4) 當函式返回後，上圖中 a,b 所佔用的記憶體將被釋放。

🖐 小試身手 7-1

請在範例 7-13 的第 16 行改為 const int m=1,n=1;，然後重新編譯與執行，證明傳值呼叫可將引數設定為變數常數。

🖐 小試身手 7-2

請在範例 7-13 的第 17~18 行間，加入 func1(2,4); 敘述，然後重新編譯與執行，證明傳值呼叫可將引數設定為常數。

7.5.2 傳指標呼叫（Pass by pointer）

　　傳指標呼叫 (Pass by pointer) 仍是傳值呼叫的一種，不過它傳的值是一個記憶體位址，而在 C 語言中，儲存記憶體位址應該使用指標來存放，因為在宣告指標變數時（如何將參數宣告為指標型態，請見下一章），編譯器會配置給指標足以儲存記憶體位址長度的空間。例如記憶體定址若需 32 位元，則編譯器會配置給指標變數 4 個位元組的空間，也就是 sizeof(指標變數) 為 4。

註　由於讀者尚未建立指標觀念，因此可以先想像「指標」就是一個指向某一塊記憶體的東西，而依靠的方法則是記憶體位址。指標的表示方法則為『＊指標名稱』。

　　在使用傳指標呼叫時，呼叫者必須傳遞記憶體位址給被呼叫者，那麼呼叫者要如何取得一個變數的記憶體位址呢？C 語言提供了 **&** 符號作為**取址運算子**，所以只要在變數前面加上該符號（即 & 變數），就可以取得變數的位址。

　　由於被呼叫者取得了變數的記憶體位址，因此，它只要透過指標運算，就可以改變呼叫者的變數內容，但是它仍舊不能改變呼叫者變數的記憶體位址，故而它雖然仍屬於傳值呼叫的一種，但卻具備間接改變呼叫端變數內容的效果。

傳指標呼叫 (Pass by pointer) 的語法如下：

【語　法】

> 傳指標呼叫的函式宣告語法：
> 函式回傳值型態　　函式名稱 (資料型態 * 指標參數 1, 資料型態 * 指標參數 2,……) ;

> 傳指標呼叫的函式呼叫語法：
> 函式名稱 (& 引數 1, & 引數 2,……) ;

【語法說明】

(1) 『 & 』運算子具有取記憶體位址的功用。而『 * 指標參數 』代表接收端使用指標來接收傳送過來的資料，換句話說，該指標將指向變數的記憶體位址。函式內若要更改變數內容，必須使用指標運算。

(2) 使用『 & 』運算子來傳遞位址，最常見到的範例為 scanf() 函式。若忘了加上『 & 』，將造成無法預期的後果。

【觀念範例 7-14】透過觀察指標及變數內容，了解傳指標呼叫的引數傳遞原理。

範例7-14 ch7_14.c（ch07\ch7_14.c）。

```
1   /*      檔名:ch7_14.c      功能 : 傳指標呼叫     */
2
3   #include <stdio.h>
4   #include <stdlib.h>
5
6   void func1(int *a,int b)
7   {
8    *a=*a + 10;
9    b=b+100;
10   printf("func1() 的 *a=%d\n",*a);
11   printf("func1() 的 b=%d\n",b);
12  }
13
14  void main(void)
15  {
16   int m=1,n=1;
17   func1(&m,n);
18   printf("main( ) 的 m=%d\n",m);
19   printf("main( ) 的 n=%d\n",n);
20   /*  system("pause");  */
21  }
```

指標 a 將取得 m 變數的位址，而 *a 則代表存取 a 位址的記憶體內容。

執行結果
```
func1() 的 *a=11
func1() 的 b=101
main( ) 的 m=11
main( ) 的 n=1
```

⊃ 範例說明

(1) 當第 17 行呼叫 func1 函式後,引數 n 仍然將使用傳值呼叫傳送給參數 b。但是另一個位址引數『&m』,則是將變數 m 的記憶體位址(因為使用了取址運算子 &)傳送給指標『a』,如此一來,指標 a 就知道該指向何處,才會指到代表引數 m 的記憶體。

(2) 第 8 行是指標運算的表示法,必須使用『*a』才會改變指標『a』所指向記憶體的內容。

(3) 本範例的引數傳遞如下:(指標 a 將指向 m 引數所在的記憶體)

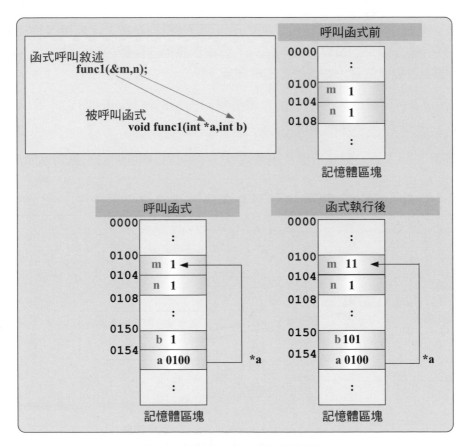

圖 7-10　傳指標呼叫示意圖 (指標參數 a)

(4) 本範例 main( ) 函式的引數 m 使用的記憶體將會被指標 a 所指向,所以在 func1 中透過指標運算修改的記憶體內容也將影響引數 m 的變數值。

【觀念範例 7-15】改寫範例 7-14，將引數也宣告為指標變數，然後進行傳指標傳遞。

範例7-15　ch7_15.c（ch07\ch7_15.c）。

```
1   /*      檔名:ch7_15.c      功能：傳指標呼叫      */
2
3   #include <stdio.h>
4   #include <stdlib.h>
5
6   void func1(int *a,int b)
7   {
8    *a=*a + 10;
9    b=b+100;
10   printf("func1() 的 *a=%d\n",*a);
11   printf("func1() 的 b=%d\n",b);
12  }
13
14  void main(void)
15  {
16   int k=1,n=1;
17   int *m=&k;
18   func1(m,n);
19   printf("main( ) 的 *m=%d\n",*m);
20   printf("main( ) 的 n=%d\n",n); system("pause");
21   /*  system("pause");  */
22  }
```

執行結果
func1() 的 *a=11
func1() 的 b=101
main( ) 的 *m=11
main( ) 的 n=1

m 是指標變數。

m 是指標變數（內容是記憶體位址），所以傳指標呼叫時不需要再取址。

範例說明

(1) 當第 17 行宣告 int *m，代表 m 是一個指標型態的變數，指標型態的變數代表著其內容將是記憶體位址。在同一行，我們使用取址運算子，將 k 變數的記憶體位址設定為 m 的初始值。

(2) 第 18 行進行傳指標呼叫時，由於 m 已經是指標（內容已經是記憶體位址），所以不需要再取址。

小試身手 7-3

請在範例 7-15 的第 17 行改為 const int *m=&k;，然後重新編譯與執行，證明傳指標呼叫可將引數設定為指標常數，而也可以由此證明，傳指標呼叫仍屬於傳值呼叫的一種，因為它允許引數為常數。

7.5.3 傳參考呼叫（Pass by reference）【C++ 補充】

傳參考呼叫 (Pass by reference) 是「傳址呼叫」的一種方式，VB 與 C++ 都使用此方式達成「傳址呼叫」的功能。換句話說，在使用傳參考呼叫時，呼叫端可以使用與傳值呼叫相同的語法，而採用傳值呼叫或傳參考呼叫是由被呼叫端定義列的格式來決定。並且，在被呼叫函式內部也可以『直接使用參數名稱』來做運算，而不需要再透過指標的間接存取。

> 註 嚴格說來，ANSI C 並未規範傳參考呼叫 (Pass by reference) 的引數傳遞方式，傳參考呼叫是 C++ 新提供的功能，不過由於我們所使用的編譯器大多可以同時編譯 C 語言及 C++ 語言，因此，我們才在這裡介紹傳參考呼叫的引數傳遞方式，在後面的範例中，若我們使用『.cpp』的 C++ 格式來儲存範例檔案，則代表範例中包含了非 ANSI C 語法的程式，但符合 C++ 語法。

在使用傳參考呼叫時，必須在被呼叫函式的定義列中，加上『&』符號來宣告參數，代表這個參數要使用傳參考呼叫。傳參考呼叫 (Pass by reference) 的語法如下：

【語　法】

傳參考呼叫的函式宣告語法：
函式回傳值型態　　函式名稱（資料型態　& 參數 1, 資料型態　& 參數 2,……）；
或
函式回傳值型態　　函式名稱（資料型態 &　參數 1, 資料型態 &　參數 2,……）；

傳參考呼叫的函式呼叫語法：（與傳值呼叫完全相同）
函式名稱（變數 1, 變數 2,……）；

【語法說明】

『&』運算子在 C/C++ 中，稱為取址運算子，也稱為參考運算子。

【觀念範例 7-16】透過觀察變數內容，了解傳參考呼叫的引數傳遞原理。

範例 7-16　ch7_16.cpp（ch07\ch7_16.cpp）。

```
1    /*    檔名:ch7_16.cpp    功能：傳參考呼叫    */
2
3    #include <stdio.h>
4    #include <stdlib.h>
```

```
5
6    void func1(int &a,int b)
7    {
8      a=a+10;
9      b=b+100;
10     printf( "func1() 的 a=%d\n" ,a);
11     printf( "func1() 的 a 記憶體位址 =%X\n" ,&a);
12     printf( "func1() 的 b=%d\n" , b);
13   }
14
15   int main(void)
16   {
17     int m=1,n=1;
18     func1(m,n);
19     printf( "main( ) 的 m=%d\n" ,m);
20     printf( "main( ) 的 m 記憶體位址 =%X\n" ,&m);
21     printf( "main( ) 的 n=%d\n" ,n);
22     /*  system( "pause" );  */
23     return 0;
24   }
```

◆ 執行結果

```
func1() 的 a=11
func1() 的 a 記憶體位址 =22FF5C
func1() 的 b=101
main( ) 的 m=11
main( ) 的 m 記憶體位址 =22FF5C
main( ) 的 n=1
```

◆ 範例說明

(1) 當第 18 行呼叫 func1 函式後,變數 n 仍然將使用傳值呼叫傳送給引數 b。但是另一個變數『m』,則會以位址方式由『&a』接收變數 m 的記憶體位址(因為使用了位址運算子 &),所以 a 與 m 共用同一塊記憶體。

(2) 您可以在 func1 函式中,直接更動變數 a 的變數值,而實際被影響的將會是變數 a 與 m(因為共用同一塊記憶體)。

(3) 本範例的引數傳遞如下:

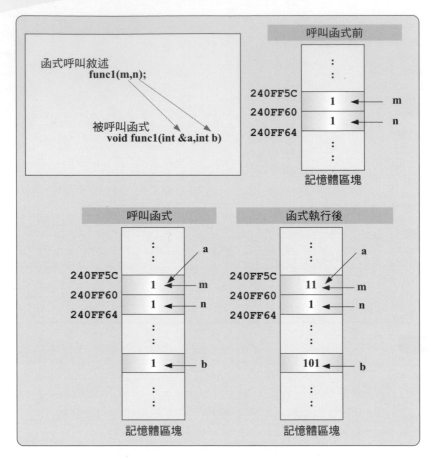

圖 7-11　傳參考呼叫示意圖 (引數 m)

【實用及觀念範例 7-17】利用傳參考呼叫的特性，設計一個對調變數內容的函式 swap。

範例7-17　ch7_17.cpp（ch07\ch7_17.cpp）。

```
1   /*    檔名:ch7_17.cpp    功能:製作 swap 函式    */
2
3   #include <stdio.h>
4   #include <stdlib.h>
5
6   void swap(int &a,int &b)    // 或 void swap(int& a,int& b)
7   {
8    int temp;
9    temp=a;
10   a=b;
```

```
11    b=temp;
12  }
13
14  int main(void)
15  {
16   int m=20,n=60;
17   printf(" 變換前 (m,n)=(%d,%d)\n",m,n);
18   swap(m,n);
19   printf(" 變換後 (m,n)=(%d,%d)\n",m,n);
20   /*  system("pause");  */
21   return 0;
22  }
```

執行結果
變換前 (m,n)=(20,60)
變換後 (m,n)=(60,20)

➲ 範例說明

本範例的引數傳遞如下：

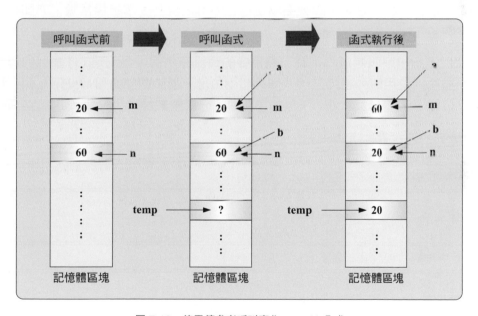

圖 7-12　使用傳參考呼叫實作 swap( ) 函式

✋ 小試身手 7-4

請在範例 7-17 的第 18 行與第 19 行間加入 swap(20,60); 敘述，然後重新編譯，證明傳參考呼叫不可將引數設定為常數，也可由此證明，傳參考呼叫屬於傳址呼叫的一種，因為它不允許引數為常數。

小試身手 7-5

請在範例 7-17 的第 16 行改為 const int m=20,n=60; ，然後重新編譯，證明傳參考呼叫不可將引數設定為變數常數，也可由此證明，傳參考呼叫屬於傳址呼叫的一種，因為它不允許引數為變數常數。

7.5.4 傳遞陣列

呼叫函式時，也可以傳遞陣列。由於陣列代表的是一塊連續的記憶體空間，因此傳遞整個陣列，只要使用**傳指標呼叫**即可（如果只想傳遞陣列中某一元素或部分元素，則可以和一般變數一樣，使用傳指標呼叫或傳值呼叫）。

在程式中，陣列的名稱可視為一個指標，它會指向陣列的第一個元素，因此它是固定的位址，換句話說，**陣列名稱**在程式中可以視為一個**指標常數**，亦即與宣告指標變數時在前面加上 const 同義。

使用傳指標呼叫傳遞陣列時，最重要的資訊有兩個，分別是 (1) **陣列的起始位址**（引數可以使用陣列名稱來代表陣列起始位址，而參數部分可以使用一個指標來接收此位址）及 (2) **陣列大小**。所以如果要傳遞一維整數陣列，則可以如下宣告函式：

【接收陣列的函式宣告語法一】：

```
函式回傳值資料型態    函式名稱 (int  *,int);
```

【接收陣列的函式宣告語法二】：

```
函式回傳值資料型態    函式名稱 (int  [],int);
```

【接收陣列的函式宣告語法三】：

```
函式回傳值資料型態    函式名稱 (int  [n],int);
```

【語法說明】

以上三種都可以傳遞整數一維陣列（第一個引數是陣列名稱、第 2 個引數是陣列大小）。但語法三（n 為陣列索引值）常常會讓程式設計師對於陣列索引的限制產生疑問，事實上，該陣列索引值只是給程式設計師看的，編譯器並不會對陣列索引值做任何檢查，因此不會有錯誤。

【觀念範例 7-18】利用傳指標呼叫傳遞陣列。

範例7-18 ch7_18.c（ch07\ch7_18.c）。

```c
1    /*      檔名:ch7_18.c      功能:傳指標呼叫傳遞引數      */
2
3    #include <stdio.h>
4    #include <stdlib.h>
5    #include <time.h>
6
7    void generate_lotto(int *arr,int arr_index)
8    {
9     int i;
10    srand((unsigned) time(NULL));
11    printf(" 樂透號碼開獎中 .....\n");
12    for (i=0;i<arr_index;i++)
13    {
14     arr[i]=rand()%49+1;
15     printf(" 第 %d 個號碼為 %d\n",i+1,arr[i]);
16    }
17   }
18
19   void main(void)
20   {
21    int lotto[6],i;
22    generate_lotto(lotto,6);
23    printf(" 樂透號碼如下 .....\n");
24    for (i=0;i<6;i++)
25     printf("%d\t",lotto[i]);
26    printf("\n");
27    /*  system("pause");  */
28   }
```

執行結果

```
樂透號碼開獎中 .....
第 1 個號碼為 3
第 2 個號碼為 26
第 3 個號碼為 12
第 4 個號碼為 30
第 5 個號碼為 22
第 6 個號碼為 1
樂透號碼如下 .....
3       26      12      30      22      1
```

➡ 範例說明

(1) 您可以將第 7 行改寫如下三種格式，但都具有相同效果。

```
void generate_lotto(int arr[],int arr_index)
void generate_lotto(int arr[3],int arr_index)
void generate_lotto(int arr[6],int arr_index)
```

上述的陣列索引 3 或 6 並不重要，陣列大小將由 arr_index 決定。

(2) 從執行結果中，我們可以得知 lotto 與 arr 都指向同一個陣列的起始位址，所以在 generate_lotto 函式中對 arr 陣列元素的修改都將會影響 main 函式的 lotto 陣列元素值（共用同一塊連續記憶體）。

> **延伸學習 回傳值的指標傳遞**
>
> 除了引數的傳遞可以使用指標傳遞之外，函式回傳值也可以使用指標傳遞，不過一般在使用上的意義不大，因為 C 的函式只能回傳一個值，因此，在大多數情況下，只需要使用傳值方式回傳該函式回傳值即可，如本章所有包含回傳值的範例。話雖如此，但有時也有例外，例如回傳字串時，由於字串是一種特殊的字元陣列，為了要傳回該字元陣列，一般我們會用指標（指向字串首字元的位址）來回傳字串。詳見下一章的範例 8-13。

7.5.5 搜尋演算法【補充】

排序的主要目的通常是方便於搜尋資料（即使是僅將結果顯示於螢幕或列印出來，也是為了提供使用者快速尋找資料），至於搜尋的方法，其實也是分成許多種，每一種的難度與效率皆不相同，以下是兩種常用的搜尋法：

1. 循序搜尋法

2. 二分搜尋法

循序搜尋法

『循序搜尋』是一種簡單到不能再簡單的搜尋方法，也就是從第一筆資料開始尋找，然後是第二筆資料、、、一直到找到所要的資料或全部資料被找完為止。因此，假設有 N 筆資料，則最差需要作 N 次比較，而平均則需要 N/2 次比較。通常，我們會在資料量比較少或資料未經排序的狀況下使用『循序搜尋法』。

【實用範例 7-19】使用循序搜尋法在未排序的資料中，尋找所需要的資料『57』。

範例7-19 ch7_19.c (ch07\ch7_19.c)。

```
1    /*      檔名:ch7_19.c      功能:循序搜尋法      */
2
3    #include <stdio.h>
4    #include <stdlib.h>
5
6    int SeqSearch(int Target,int *arr,int arr_index)
7    {
8     int i;
9
10    for(i=0;i<arr_index;i++)
11       if(Target == arr[i])          /* 找到了 */
12          return i;
13    return -1;                       /* 完全找不到 */
14   }
15
16   void main(void)
17   {
18    int work[11]={43,23,67,27,39,15,39,37,57,26,14};
19    int FindNumber,location;
20
21    printf(" 請輸入您要找的數值:");
22    scanf("%d",&FindNumber);
23    location=SeqSearch(FindNumber,work,11);
24    if(location==-1)
25       printf(" 在陣列中找不到要找的數值 \n");
26    else
27       printf(" 數值 %d 位於 work[%d]\n",FindNumber,location);
28    /*  system("pause");  */
29   }
```

● 執行結果

請輸入您要找的數值:**57**
數值 57 位於 work[8]

● 範例說明

(1) 第 6~14 行是循序搜尋函式。可以接受一個尋找目標（整數資料型態）及一個
工作陣列。語法如下:

```
語法:int SeqSearch(int Target,int *arr,int arr_index);
功能:循序搜尋。
參數:Target 為尋找目標。arr[ ] 為工作陣列,arr_index 為工作陣列大小。
回傳值:若 Target 位於 arr[ ] 陣列中,則回傳索引值。若不位於 arr[ ] 陣列中,則
       回傳 -1。
```

(2) 第 23 行使用『傳值呼叫』傳遞 FindNumber → Target。使用『傳指標呼叫』，
傳送陣列 work[ ] → arr[ ]（11 是陣列大小）。

二分搜尋法

二分搜尋法比循序搜尋法來得有效率許多，平均只需要做 $\log_2 N+1$ 次比較即可
找到資料。雖然速度比較快，但使用二分搜尋法找尋資料必須先將資料經過排序之
後，才可以使用二分搜尋法。以下是二分搜尋法的原理及步驟：

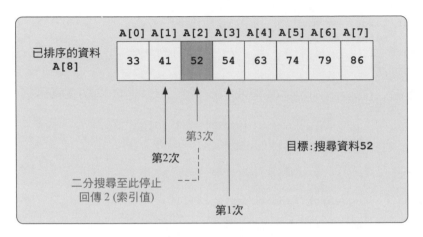

圖 7-13　二分搜尋法

【二分搜尋法原理】

先從記錄中央開始搜尋，若該記錄比目標還小，則往大的剩餘另一半搜尋；若
記錄比目標還大，則往小的剩餘另一半搜尋；若相等，則代表找到資料。重覆此
步驟直到找到資料為止，或者發現要搜尋的資料不存在。因此，每次會剩下 1/2、
1/4、1/8、、、、，在第 k 次比較時，最多只剩下『$n/2^k$』筆記錄未搜尋，在最壞的狀況
下，只剩單一記錄 $n/2^k=1$，也就是 $k=\log_2 n$，所以最多的比較次數為 $\log_2 n$。

【演算法】（使用非正式但較接近 C 語法的虛擬碼）

```
輸入：已排序的資料 X[0]~X[n-1]、要找尋的目標資料 K
輸出：目標資料的索引值 m
Low ← 0;
Uppers ← n-1;
while (Low<=Upper)
{
```

```
m ← (Low+Upper)/2;            /*  計算中間位置  */
switch(X[m])
{
 case  X[m]>K :       /*  K 位於上半部  */
       Upper ← m-1;
       break;
 case  X[m]<K :       /*  K 位於下半部  */
       Low ← m+1;
       break;
 case  X[m]=K:        /*  找到了  */
       return m;
 }
}
return " 找不到 ";
```

【實例說明】

　　8 個陣列元素 A[0]~A[7] 為『33,41,52,54,63,74,79,86』，尋找目標為 52，使用二分搜尋法搜尋，則以下是詳細步驟：

1
STEP　計算中間位置為 (0+7)/2=3.5 取整數為 3。

2
STEP　A[3]=54>52，所以 Upper=3-1=2。

3
STEP　計算中間位置為 (0+2)/2=1。

4
STEP　A[1]=41<52，所以 Low=1+1=2。

5
STEP　計算中間位置為 (2+2)/2=2。

6
STEP　A[2]=52，所以找到了。

【實用範例 7-20】使用二分搜尋法在已排序的資料中，尋找所需要的資料『52』。

範例**7-20**　ch7_20.c（ch07\ch7_20.c）。

```
1   /*     檔名:ch7_20.c     功能：二分搜尋法    */
2
3   #include <stdio.h>
4   #include <stdlib.h>
5
6   int BinarySearch(int Target,int *arr,int arr_index)
7   {
8    int Low,Upper,m;
9
10   Low=0;
11   Upper=arr_index-1;
```

```
12    while (Low<=Upper)
13    {
14        m=(Low+Upper)/2;        /* 計算中間位置 */
15        if(arr[m]==Target)     /* 找到了 */
16        {
17            return m;
18        }
19        else
20        {
21          if(arr[m]>Target)    /* Target 位於上半部 */
22                Upper=m-1;
23          else                 /* Target 位於下半部 */
24                Low=m+1;
25        }
26    }
27    return -1;
28  }
29
30  void main(void)
31  {
32   int work[8]={33,41,52,54,63,74,79,86};
33   int FindNumber,location;
34
35   printf(" 請輸入您要找的數值 :");
36   scanf("%d",&FindNumber);
37   location=BinarySearch(FindNumber,work,8);
38   if(location==-1)
39       printf( "在陣列中找不到要找的數值 \n" );
40   else
41       printf( "數值 %d 位於 work[%d]\n" ,FindNumber,location);
42   /*  system( "pause" );  */
43  }
```

⊙ 執行結果

請輸入您要找的數值 :**52**
數值 52 位於 work[2]

⊙ 範例說明

(1) 第 6~28 行是二分搜尋函式。可以接受一個尋找目標（整數）及一個已排序的
工作陣列。語法如下：

> 語法：int BinarySearch(int Target,int *arr,int arr_index);
> 功能：二分搜尋。
> 參數:Target 為尋找目標。arr[ ] 為已排序的工作陣列，arr_index 為工作陣列大小。
> 回傳值：若 Target 位於 arr[ ] 陣列中，則回傳索引值。若不位於 arr[ ] 陣列中，則
> 　　　回傳 -1。

(2) 第 37 行使用『傳值呼叫』傳遞 FindNumber → Target。使用『傳指標呼叫』，傳送已排序的陣列 work[ ] → arr[ ]（8 是陣列大小）。

(3) work 陣列一定要先經過排序完成，否則將無法使用二分搜尋法完成工作。

【實用範例 7-21】使用亂數函式、搜尋函式，完成樂透開獎遊戲（產生 6 個 1~49 的整數號碼並存放於整數陣列以及 1 個特別號，且這 7 個號碼不得重覆）。

範例 **7-21**　ch7_21.c（ch07\ch7_21.c）。

```
1   /*      檔名:ch7_21.c      功能：設計樂透開獎遊戲     */
2
3   #include <stdio.h>
4   #include <stdlib.h>
5   #include <time.h>
6
7   int SeqSearch(int Target,int *arr,int arr_index);
8   void generate_lotto(int *spec_num,int *arr,int arr_index);
9
10  /************** 循序搜尋 **************/
11  int SeqSearch(int Target,int *arr,int arr_index)
12  {
13   int i;
14
15   for(i=0;i<arr_index;i++)
16      if(Target == arr[i])        /*  找到了  */
17          return i;
18   return -1;                     /*  完全找不到  */
19  }
20
21  /************* 產生樂透號碼 *************/
22  void generate_lotto(int *spec_num,int *arr,int arr_index)
23  {
24   int i,generate_num;
25   srand((unsigned) time(NULL));
26
27   for(i=0;i<arr_index;i++)
28   {
29      generate_num=rand()%49+1;
30      while(SeqSearch(generate_num,arr,i+1)!=-1)   /*  是否重複  */
31      {
32          generate_num=rand()%49+1;
33      }
34      arr[i]=generate_num;
35   }
36   generate_num=rand()%49+1;
37   while(SeqSearch(generate_num,arr,i)!=-1)/* 特別號是否與其他號碼重複 */
```

```
38     {
39         generate_num=rand()%49+1;
40     }
41     *spec_num=generate_num;
42 }
43
44 /*************main()*************/
45 void main(void)
46 {
47   int lotto[6],i,special;
48
49   generate_lotto(&special,lotto,6);
50   printf(" 樂透號碼如下 .....\n");
51   for(i=0;i<6;i++)
52       printf("%d\t",lotto[i]);
53   printf("\n");
54   printf(" 特別號 :%d\n",special);
55   /*   system("pause");   */
56 }
```

➔ 範例說明

　　這個程式使用了前面範例介紹的兩個函式，分別是 (1) 亂數產生 1~49 的數字，以及 (2) 使用循序搜尋決定開出的號碼是否重複。本範例的兩個函式可用於不限定樂透開獎球數的遊戲中，例如可以用來製作大樂透（49 選 7 球）、國外的超級樂透（49 選 8 球）。函式呼叫關係如下圖。（本範例未將 6 個樂透開獎號碼排序顯示）

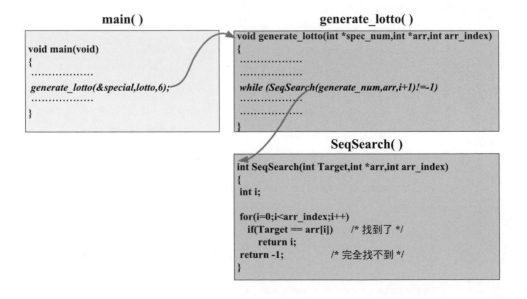

→ 執行結果

```
樂透號碼如下 . . . . .
25       14       30       16       2       5
特別號 :13
```

7.5.6 參數預設初值【C++ 補充】

以往 C 語言在函式內宣告變數時，我們可以指定變數的初值（例如 int a=10; ），而參數對函式來說，雖然也是變數的一種，但在 ANSI C 語言中並未對於參數初值的設定進行任何規範。

為了要讓程式設計更具有彈性，因此，在 C++ 語言中（大多數的 C++ 編譯器都提供）允許參數設定初值，不過由於參數具有接收資料的作用，因此這個參數初值具有下列二項特性。

(1) 若呼叫函式敘述已設定傳入引數值，則參數初值將被忽略。（以引數值為準）

(2) 若呼叫函式敘述未設定傳入引數值（傳入的引數值個數不足以對應參數時），則自動將該參數指定為初值，因此參數初值稱之為『參數預設初值』。

(3) 任何已經被設定初值的參數，其右邊的所有參數都必須被設定初值（如下幾個正確與錯誤範例）。

【正確範例】

```
void func1(int a,int b, int c=10, int d=100);    // 函式宣告
```

【說　明】

參數 c 被設定了初值，並且右邊的參數 d 也被設定了初值。

【正確範例】

```
void func2(int a,int b, int c=10, int d=100)  // 函式定義（省略函式宣告）
{
  ......................................................
}
```

【說　明】

這種宣告方式雖然是正確的，但必須將函式定義寫在呼叫函式敘述之前。

【錯誤範例】

```
void func3(int a,int b=10, int c, int d=100);    // 錯誤的函式宣告
```

【說　明】

　　參數 b 被設定了初值，但右邊的參數 c 未設定初值。

【錯誤範例】

```
void func4(int a=10,int b=10, int c=10, int d);    // 錯誤的函式宣告
```

【說　明】

　　參數 a 或 b 或 c 被設定了初值，但右邊的參數 d 未設定初值。

　　上述的第 (3) 項特性是為了讓編譯器在傳入的引數值與對應的參數個數不同時，得知到底是哪一個引數被忽略了，應使用參數初值加以取代。換句話說，當呼叫函式敘述傳入的引數值比對應參數還要少時，編譯器將會從參數串列最右邊開始自動補上初值，例如少了一個引數值，則編譯器會將參數串列最右邊的一個參數初值當作是引數值；少了兩個引數值，則編譯器會將參數串列最右邊的兩個參數初值當作是引數值，其餘依此類推（如下圖）。

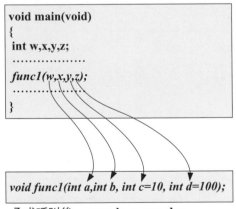

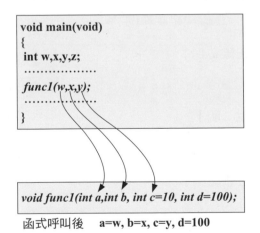

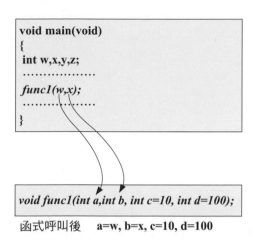

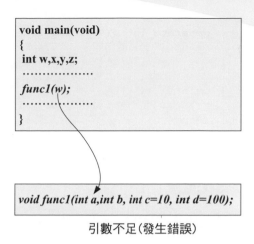

函式呼叫後　　a=w, b=x, c=10, d=100　　　　　　　　　引數不足（發生錯誤）

【實用及觀念範例 7-22】由於樂透預設為開獎 6 球（49 選 6），因此上一個範例的 generate_lotto 函式的 arr_index 參數可以設定預設值為 6。

範例7-22 ch7_22.cpp（ch07\ch7_22.cpp）。

```
1    /*      檔名:ch7_22.cpp      功能：參數預設值      */
2
3    #include <stdio.h>
4    #include <stdlib.h>
5    #include <time.h>
6
7    int SeqSearch(int Target,int *arr,int arr_index);
8    void generate_lotto(int *spec_num,int *arr,int arr_index=6);
9
10   /************** 循序搜尋 **************/
11   int SeqSearch(int Target,int *arr,int arr_index)
12   {
:        ... 同範例 7-21 的第 13~18 行 ...
19   }
20
21   /************** 產生樂透號碼 **************/
22   void generate_lotto(int *spec_num,int *arr,int arr_index=6)
23   {
:        ... 同範例 7-21 的第 24~41 行 ...
42   }
43
44   /**************main()**************/
45   int main(void)
46   {
47     int lotto[6],i,special;
48
```

```
49   generate_lotto(&special,lotto);
50   printf(" 樂透號碼如下 .....\n");
51   for (i=0;i<6;i++)
52      printf("%d\t",lotto[i]);
53   printf("\n");
54   printf(" 特別號:%d\n",special);
55   return 0;
56   /*  system("pause");  */
57   }
```

➡ 執行結果

```
樂透號碼如下 .....
11       6        40       23       41       32
特別號:2
```

➡ 範例說明

(1) 第 8、22 行:由於台灣樂透目前的玩法是 49 取 6 球,所以 generate_lotto 函式的宣告與定義都將 arr_index 參數預設值設為 6。

(2) 第 49 行:呼叫 generate_lotto 函式時少設定了一個引數值,所以最右邊的參數 arr_index 將使用預設值 6 來取代。

(3) SeqSearch 函式的 arr_index 參數並不適合設定預設值。因為在呼叫該函式時,通常指定的數目變化極大,同時為了讓該函式可以在其他場合中被應用,因此也不適合設定陣列索引初值(設定了也不會出錯,但使用該函式時,必須多加小心)。

7.5.7 main 函式的參數串列與回傳值

main 函式也可以在定義列註明參數串列與回傳值,但它有一些特殊的規定,不是使用者可任意設定的。本小節中,我們將介紹這些規定。

main 函式的參數串列

函式可以接受呼叫者傳入的引數值,那麼 main 函式也可以嗎?答案是肯定的,不過 main 的參數串列已經在 C 語言中詳細定義,使用者不得更改。

main 函式的參數是用來接收作業系統的命令參數,例如:在 Linux 命令列中,『ls -l』就有兩個字串,ls 代表檢視 Linux 目錄及檔案,-l 代表顯示檔案摘要(如檔案大小、屬性等等）。例如：在 DOS 命令列中，『copy test1.txt test2.txt』就有三個字串，copy 代表複製檔案，test1.txt 是來源檔案，test2.txt 是目標檔案。

　　main 函式的參數一共有 3 個如下：

(1) 第一個參數『argc』：整數型態，代表作業系統一共傳遞過來幾個命令列參數（指令本身也算一個）。

(2) 第二個參數『argv』：字串陣列型態，存放作業系統傳遞過來的命令列參數字串（一個命令列參數代表一個參數）。

(3) 第三個參數『env』：指標陣列，接收程式環境設定的指標陣列（一般很少用這個參數，本書暫不討論）。

　　依據 main() 函式參數個數的不同，main() 函式一般有下列 4 種不同的定義方式。

【定義方式一】

```
int main()
```

【定義方式二】

```
int main(int argc)
```

【定義方式三】

```
int main(int argc,char *argv[])
```

【定義方式四】

```
int main(int argc,char *argv[],char *env[])
```

　　由於字串是一種特殊的字元陣列，而指標也可以用來代表陣列的起始位址，因此我們可以使用指標的指標（詳見下一章）來代替字串陣列，也可以使用二維字元陣列來代替字串陣列，例如上述的定義方式三可以改寫為下列三種形式：

【定義方式三】（型式一）

```
int main(int argc,char *argv[])
```

【定義方式三】（型式二）

```
int main(int argc,char argv[][])        /*  使用二維字元陣列（字串陣列）  */
```

【定義方式三】（型式三）

```
int main(int argc,char **argv)          /*  使用指標的指標  */
```

【觀念範例 7-23】：接收由命令列傳送過來的參數。

範例7-23 ch7_23.c（ch07\ch7_23.c）。

```
1   /*      檔名:ch7_23.c      功能:main 函式的參數    */
2
3   #include <stdio.h>
4   #include <stdlib.h>
5
6   void main(int argc,char *argv[])
7   {
8    int i;
9
10   printf(" 本程式共接受到命令列 %d 個參數 \n",argc);
11   for (i=0;i<=argc;i++)
12      printf("argv[%d] 字串為 %s\n",i,argv[i]);
13   /*  system("pause");  */
14   }
```

⟹ 執行結果

【Linux】

```
jhchen@aho:~/C_language/ch07$ gcc ch7_23.c -o ch7_23
jhchen@aho:~/C_language/ch07$ ./ch7_23 Time C language
本程式共接受到命令列 4 個參數
argv[0] 字串為 ./ch7_23
argv[1] 字串為 Time
argv[2] 字串為 C
argv[3] 字串為 language
argv[4] 字串為 (null)
```

【Dos】

```
... 先使用 Dev-C++ 編譯 ch7_23.c，執行檔為 ch7_23.exe...
C:\C_language\ch07>ch7_23 Time C language
本程式共接受到命令列 4 個參數
argv[0] 字串為 ch7_23
```

```
argv[1] 字串為 Time
argv[2] 字串為 C
argv[3] 字串為 language
argv[4] 字串為 (null)
```

⊙ 範例說明

(1) 在執行結果中，我們先將 ch7_23.c 編譯為 ch7_23 執行檔。然後執行 ch7_23 執行檔，並輸入『Time』、『C』、『language』等 3 個額外參數。

(2) 由於輸入了 3 個額外參數，因此 argc=4（因為執行檔本身也算一個參數）。

(3) argv[0] 存放的是第一個命令列參數，也就是執行檔路徑與名稱，argv[1] 存放『Time』、argv[2] 存放『C』、argv[3] 存放『language』，argv[4] 由於已經達到字串陣列的結尾，因此將是 (null)。

【實用及觀念範例 7-24】由於範例 7-22 可以修改為『其他球數的樂透遊戲』，因此我們將範例 7-22 改寫為由使用者在輸入命令列參數時決定要開出的球數（球數當然應該不可超過 48 球，因為必須保留一個球作為特別號）。

範例7-24 ch7_24.c（ch07\ch7_24.c）。

```
1   /*      檔名:ch7_24.c      功能：使用命令列參數決定開出的球數      */
2
3   #include <stdio.h>
4   #include <stdlib.h>
5   #include <time.h>
6
7   int SeqSearch(int Target,int *arr,int arr_index);
8   void generate_lotto(int *spec_num,int *arr,int arr_index);
9
10  /************** 循序搜尋 **************/
11  int SeqSearch(int Target,int *arr,int arr_index)
12  {
:      ... 同範例 7-22 的第 13~18 行 ...
19  }
20
21  /************** 產生樂透號碼 **************/
22  void generate_lotto(int *spec_num,int *arr,int arr_index)
23  {
:      ... 同範例 7-22 的第 24~41 行 ...
42  }
43
44  /**************main()**************/
45  void main(int argc,char *argv[])
```

```
46  {
47    int lotto[49],i,special,ball_qty=6;
48
49    if(argc>1)
50    {
51      ball_qty=atoi(argv[1]);
52    }
53    generate_lotto(&special,lotto,ball_qty);
54
55    printf(" 樂透號碼如下 .....\n");
56    for (i=0;i<ball_qty;i++)
57    {
58      if ((i%6==0)&&(i!=0))
59          printf("\n");
60      printf("%d\t",lotto[i]);
61    }
62    printf("\n");
63    printf(" 特別號 :%d\n",special);
64    /*  system("pause");  */
65  }
```

➡ 執行結果

【Dos】

```
... 先使用 Dev-C++ 編譯 ch7_24.c，執行檔為 ch7_24.exe...
C:\C_language\ch07>ch7_24 48
樂透號碼如下 .....
46      16      2       41      30      34
28      48      32      35      26      12
37      40      8       14      43      13
29      27      10      33      19      5
42      23      22      24      9       1
36      15      44      25      31      45
21      18      11      39      20      49
6       3       38      47      4       17
特別號 :7

C:\C_language\ch07>ch7_24 10
樂透號碼如下 .....
36      15      14      31      24      5
25      3       45      30
特別號 :41

C:\C_language\ch07>ch7_24
樂透號碼如下 .....
19      32      31      18      15      37
特別號 :48
```

⊙ **範例說明**

(1) 由於為了符合 ANSI C 的語法，因此我們將函式參數初值的設定去除了。此外，我們還修改了 main() 函式，讓使用者可以指定開出的球數（若使用者輸入超過 48，則程式會發生錯誤）。

(2) 由於輸入的參數會被存放到字串陣列，因此，必須將字串轉換為數值，在這裡，我們使用的是 atoi 函式，語法如下。

atoi( )

```
標頭檔：#include <stdlib.h>
語法：int atoi(const char *nptr);
功能：將字串轉換為整數。
```

【語法説明】

(1) nptr 是要轉換的字串。

(2) 若無法轉換成功，atoi() 將會回傳 0。若轉換成功，則回傳轉換後的整數值。

main 函式的回傳值

　　main 函式也可以用 return 敘述來回傳資料，此時這個回傳值將會被作業系統接收，通常在 Dos 中，我們可以寫一個批次檔 (Batch file) 來接收回傳值，而在 Linux 中，我們也可以撰寫一個 Script 檔來針對這個回傳值作進一步的處理，我們使用範例來加以說明。

【實用及觀念範例 7-25】將範例 7-24 修改，當使用者輸入錯誤的參數時，傳回整數 1，代表執行錯誤，若正確執行完畢，則回傳 0。

範例7-25 ch7_25.c（ch07\ch7_25.c）。

```
1   /* 檔名:ch7_25.c 功能：使用命令列參數決定開出的球數，並回傳執行是否正確 */
2
3   #include <stdio.h>
4   #include <stdlib.h>
5   #include <time.h>
6
7   int SeqSearch(int Target,int *arr,int arr_index);
```

```
8    void generate_lotto(int *spec_num,int *arr,int arr_index);
:       …同範例 7-24 的第 9~42 行…
43
44   /**************main()**************/
45   int main(int argc,char *argv[])
46   {
47    int lotto[49],i,special,ball_qty=6;
48
49    if(argc>1)
50    {
51       ball_qty=atoi(argv[1]);
52       if((ball_qty<=0)||(ball_qty>48))
53       {
54          return 1;    /*  參數錯誤，例如輸入球數為字串而非數字 1~48   */
55       }
56    }
57    generate_lotto(&special,lotto,ball_qty);
58
59    printf(" 樂透號碼如下 .....\n");
60    for(i=0;i<ball_qty;i++)
61    {
62      if((i%6==0)&&(i!=0))
63          printf("\n");
64      printf("%d\t",lotto[i]);
65    }
66    printf("\n");
67    printf(" 特別號 :%d\n",special);
68    return 0;
69    /*  system("pause");  */
70   }
```

⊃ 範例說明

(1) 我們先將 main() 函式宣告修改為 int main(int argc,char *argv[])，代表回傳值為整數資料型態。

(2) 我們重新修改 main 內容，使得使用者輸入錯誤參數(如字串或大於 48 的數字)時，回傳整數 1(第 52~55 行)。當正確執行完畢，則回傳 0(第 68 行)。

【 Dos 】lotto_b1.bat（ ch07\lotto_b1.bat ）。【 Dos 的 Batch 檔 】

```
1    @echo off
2    ch7_25 %1
3    if errorlevel=1 goto a1
4    goto end
5    :a1
```

```
6      echo 輸入參數錯誤，請輸入 1~48 的數值
7      goto end
8    :end
```

範例說明

(1) 為了接收程式 ch7_25 的回傳值，因此我們撰寫一個簡單的批次檔如上。

(2) 第 1 行：關閉回應。

(3) 第 2 行：執行 ch7_25 執行檔，若有參數則會一併輸入，例如參數為 10，輸入 lotto_b1 10 將會執行 ch7_25 10。(%1 代表第一個參數)

(4) 第 3 行：若 ch7_25 回傳 1，則跳到第 5 行的標記 a1 處執行。

執行結果

【Dos】

```
... 使用 Dev-C++ 編譯 ch7_25.c，執行檔為 ch7_25.exe...
C:\C_language\ch07>lotto_b1
樂透號碼如下 .....
24      28      33      10      36      16
特別號 :32

C:\C_language\ch07>lotto_b1 10
樂透號碼如下 .....
37      6       24      25      35      12
41      2       29      31
特別號 :30

C:\C_language\ch07>lotto_b1 100
輸入參數錯誤，請輸入 1~48 的數值

C:\C_language\ch07>lotto_b1 abc
輸入參數錯誤，請輸入 1~48 的數值
```

範例說明

(1) 『lotto_b1』：執行 lotto_b1.bat 這個批次檔，並且不輸入參數，所以 lotto_b1.bat 的第 2 行會執行 ch7_25。由於 ch7_25 對於未輸入命令列參數的狀況，將會開出 6 個球，所以執行結果開出 6 顆球。

(2) 『lotto_b1 10』：執行 lotto_b1.bat 這個批次檔，並且輸入參數 10，所以 lotto_b1.bat 的第 2 行會執行 ch7_25 10。所以執行結果開出 10 顆球。

(3) 『lotto_b1 100』：執行 lotto_b1.bat 這個批次檔，並且輸入參數 100，所以 lotto_
b1.bat 的第 2 行會執行 ch7_25 100。由於數字超過 48，所以 ch7_25 回傳整數
1 給 lotto_b1，而 lotto_b1 第 3 行（errorlevel=1）成立，所以輸出『輸入參數
錯誤，請輸入 1~48 的數值』。

(4) 『lotto_b1 abc』：執行 lotto_b1.bat 這個批次檔，並且輸入參數 abc，所以 lotto_
b1.bat 的第 2 行會執行 ch7_25 abc。由於參數 abc 非數字（ball_qty 將為 0），
所以 ch7_25 回傳整數 1 給 lotto_b1，而 lotto_b1 第 3 行（errorlevel=1）成立，
所以輸出『輸入參數錯誤，請輸入 1~48 的數值』。

(5) 程式的處理如下圖：

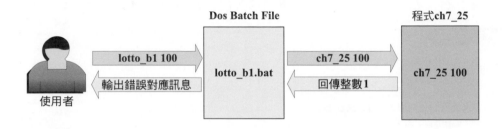

【Linux】lotto_v1（ch07/lotto_v1）。【Linux 的 Script 檔】

```
1  #!/bin/csh
2  if ( $#argv >= 1 ) then
3  ./ch7_25 $argv[1];if ( $status == 1 ) echo "輸入參數錯誤，請輸入 1~48 的數值"
4  endif
5  if ( $#argv == 0 ) then
6  ./ch7_25 ;
7  endif
8  #end of "lotto_v1" file.
```

⊙ 範例說明

(1) 為了接收程式 ch7_25 的回傳值，因此我們撰寫一個簡單的 C shell script 檔如上。

(2) 第 1 行：#!/bin/csh。宣告該檔將使用 C shell 來解譯。

(3) 第 2~4 行：當使用者輸入參數時（例如 10 或 100），執行 ./ch7_2510 或 ./
ch7_25 100。而『$status』則是代表 ./ch7_25 的回傳值，當回傳值為 1 時，顯
示錯誤提示（echo 的內容）。

(4) 第 5~7 行：當使用者未輸入參數時（$\#argv 為 0，代表未接收到額外參數），執行 ./ch7_25。

(5) 第 8 行：這是 C shell 的一個註解而已。

◯ 執行結果

【Linux】

```
[jhchen@linux ch07]$ gcc ch7_25.c -o ch7_25
[jhchen@linux ch07]$ chmod a+x lotto_v1
[jhchen@linux ch07]$ ./lotto_v1
樂透號碼如下 .....
32       28       11       4        30       2
特別號:7
[jhchen@linux ch07]$ ./lotto_v1 10
樂透號碼如下 .....
38       27       19       17       31       30
42       2        22       11
特別號:24
[jhchen@linux ch07]$ ./lotto_v1 100
輸入參數錯誤，請輸入 1~48 的數值
[jhchen@linux ch07]$ ./lotto_v1 abc
輸入參數錯誤，請輸入 1~48 的數值
```

◯ 範例說明

(1) 『gcc ch7_25.c -o ch7_25』：首先將 ch7_25.c 編譯成 ch7_25 執行檔。

(2) 『chmod a+x lotto_v1』：將 C shell script 檔案（lotto_v1）修改屬性為可執行檔。

(3) 『./lotto_v1』：執行 lotto_v1 這個 shell script 檔，並且不輸入參數，所以 lotto_v1 的第 5~7 行會被執行，也就是執行 ./ch7_25。由於 ch7_25 對於未輸入命令列參數的狀況，將會開出 6 個球，所以執行結果開出 6 顆球。

(4) 『./lotto_v1 10』：執行 lotto_v1 這個 shell script 檔，並且輸入參數 10，所以 lotto_v1 的第 2~4 行會被執行，也就是執行 ./ch7_25 10。所以執行結果開出 10 顆球。

(5) 『./lotto_v1 100』：執行 lotto_v1 這個 shell script 檔，並且輸入參數 100，所以 lotto_v1 的第 2~4 行會被執行，也就是執行 ./ch7_25 100。由於數字超過 48，所以 ch7_25 回傳整數 1 給 lotto_v1，而 lotto_v1 第 3 行的（$status == 1）成立，所以輸出『輸入參數錯誤，請輸入 1~48 的數值』。

(6) 『 ./lotto_v1 abc 』：執行 lotto_v1 這個 shell script 檔，並且輸入參數 abc，所以 lotto_v1 的第 2~4 行會被執行，也就是執行 ./ch7_25 abc。由於參數 abc 非數字（ball_qty 將為 0），所以 ch7_25 回傳整數 1 給 lotto_v1，而 lotto_v1 第 3 行的（$status == 1）成立，所以輸出『輸入參數錯誤，請輸入 1~48 的數值』。

(7) 程式的處理如下圖：

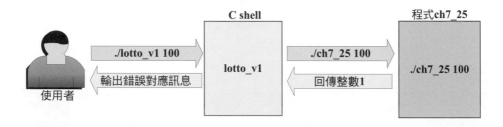

7.6 自訂函式庫之引入標頭檔（#include）

當我們把許多好用的函式寫好之後，可以將之分類並放置於一個副檔名為『.h』的函式庫檔案中，如此就可以在要使用該函式的時候，直接將該函式庫檔案引入即可。

和引入編譯器提供的函式庫類似，引入自行撰寫的函式庫，也是使用 #include 前置處理指令，只不過格式略有不同，兩者的語法差異如下：

```
#include <檔名>          /*   引入 C 語言編譯器提供的標頭檔    */
#include "路徑及檔名"     /*   引入非編譯器提供的標頭檔         */
```

為了提供更多人使用我們所撰寫的函式，也為了日後使用上的方便，我們最好在函式庫檔案中，使用註解來說明該函式的語法、規定及用途等等。例如，我們將本章之前範例所完成的函式加以分類為『lotto.h』及『useful_algorithm.h』兩個檔案，其中分別包含一個樂透開獎（49 取 n 球）函式，以及搜尋函式、排序函式如下。

【實用及觀念範例 7-26】重新規劃函式，組成兩個函式庫，一個為常用函式庫（內含搜尋、排序等函式），一個為特定用途函式庫（內含樂透開獎函式）。並引入這些函式庫檔案，完成樂透開獎程式。

範例7-26 useful_algorithm.h（ch07\useful_algorithm.h）。

```
1   /*************************************
2        檔名 :useful_algorithm.h
3        撰寫人 :jhchen
4        用途：眾多資料結構相關的演算法
5        版本 :v1.0 (for C language)
6     *************************************/
7
8   /************** 函式宣告區 *************/
9   void BubbleSort(int *arr,int arr_index);
10  int SeqSearch(int Target,int *arr,int arr_index);
11  int BinarySearch(int Target,int *arr,int arr_index);
12
13
14  /********************** 氣泡排序 **************************
15      語法：  void BubbleSort(int *arr,int arr_index);
16      參數：  arr[ ] 為工作陣列，arr_index 為工作陣列大小。
17      回傳值：無。
18      註解：  函式執行完畢，arr[] 的元素會依照由小而大排序
19     **********************************************************/
20  void BubbleSort(int *arr,int arr_index)
21  {
22   int k,times,i,temp;
23
24   k=arr_index-1;
25   while(k!=0)
26   {
27    times=0;
28    for(i=0;i<=k-1;i++)
29    {
30     if(arr[i]>arr[i+1])
31     {
32       temp=arr[i]; arr[i]=arr[i+1]; arr[i+1]=temp;/*[i] 與 [i+1] 互換 */
33       times=i;
34     }
35    }
36    k=times;
37   }
38  }
39
40
41  /********************** 循序搜尋 **************************
42      語法：  int SeqSearch(int Target,int *arr,int arr_index);
43      參數：  Target 為尋找目標。
44             arr[ ] 為工作陣列，arr_index 為工作陣列大小。
45      回傳值：若 Target 位於 arr[ ] 陣列中，則回傳索引值。
46             若 Target 不位於 arr[ ] 陣列中，則回傳 -1。
47     **********************************************************/
```

```
48  int SeqSearch(int Target,int *arr,int arr_index)
49  {
50   int i;
51
52   for(i=0;i<arr_index;i++)
53      if(Target == arr[i])          /*  找到了  */
54          return i;
55   return -1;                       /*  完全找不到  */
56  }
57
58
59  /*************************** 二分搜尋 ****************************
60     語法:   int BinarySearch(int Target,int *arr,int arr_index)
61     參數:   Target 為尋找目標。
62             arr[ ] 為已排序的工作陣列,arr_index 為工作陣列大小。
63     回傳值:若 Target 位於 arr[ ] 陣列中,則回傳索引值。
64             若 Target 不位於 arr[ ] 陣列中,則回傳 -1。
65     *************************************************************/
66  int BinarySearch(int Target,int *arr,int arr_index)
67  {
68   int Low,Upper,m;
69
70   Low=0;
71   Upper=arr_index-1;
72   while (Low<=Upper)
73   {
74      m=(Low+Upper)/2;      /* 計算中間位置 */
75      if(arr[m]==Target)    /* 找到了 */
76      {
77          return m;
78      }
79      else
80      {
81        if(arr[m]>Target)   /* Target 位於上半部 */
82              Upper=m-1;
83        else                /* Target 位於下半部 */
84              Low=m+1;
85      }
86   }
87   return -1;
88  }
```

➔ 範例說明

　　這個函式庫中,提供了 3 個函式:氣泡排序函式、循序搜尋函式、二分搜尋函式。函式語法格式如程式註解所示。

lotto.h（ch07\lotto.h）。

```
1   /************************************
2        檔名 :lotto.h
3        撰寫人 :jhchen
4        用途 : 提供樂透遊戲相關函式
5        版本 :v1.0 (for C language)
6    ************************************/
7
8   #include <stdlib.h>
9   #include <time.h>
10  #include "./useful_algorithm.h"
11
12  /*************** 函式宣告區 *************/
13  int generate_lotto(int *spec_num,int *arr,int arr_index);
14  int generate_lotto_sort(int *spec_num,int *arr,int arr_index);
15
16
17  /********************* 產生樂透號碼（未排序）********************
18     語法：  int generate lotto(int *spec num,int *arr,int arr index);
19     功能：  會從 1~49 號中，開出未排序的 arr_index 個球，外加一個特別號。
20     參數：  arr[ ] 為工作陣列，arr_index 為工作陣列大小。
21             arr_index 為開球數目，必須介於 1~48。
22             spec_num 為特別號存放變數（使用傳指標呼叫）
23     回傳值：0 為錯誤 ,1 為執行正確。
24     ************************************************************/
25  int generate lotto(int *spec num,int *arr,int arr index)
26  {
27   int i,generate_num;
28   srand((unsigned) time(NULL));
29
30   if (!((arr_index>=1) && (arr_index<=48)))
31      return 0;      /* 引數錯誤，例如輸入球數為字串而非數字 1~48 */
32
33
34   for (i=0;i<arr_index;i++)
35   {
36    generate_num=rand()%49+1;
37    while (SeqSearch(generate_num,arr,i+1)!=-1)   /* 是否重複 */
38    {
39     generate_num=rand()%49+1;
40    }
41    arr[i]=generate_num;
42   }
43   generate_num=rand()%49+1;
44   while (SeqSearch(generate_num,arr,i)!=-1)/* 特別號是否與其他號碼重複 */
45   {
46    generate_num=rand()%49+1;
47   }
```

```
48      *spec_num=generate_num;
49      return 1;
50   }
51
52   /********************* 產生樂透號碼（已排序）*********************
53    語法：  int generate_lotto_sort(int *spec_num,int *arr,int arr_index);
54    功能：  會從 1~49 號中，開出已排序的 arr_index 個球，外加 一個特別號。
55    參數：  arr[ ] 為工作陣列，arr_index 為工作陣列大小
56           arr_index 為開球數目，必須介於 1~48。
57           spec_num 為特別號存放變數（使用傳指標呼叫）
58    回傳值：0 為錯誤，1 為執行正確。
59    *************************************************************/
60   int generate_lotto_sort(int *spec_num,int *arr,int arr_index)
61   {
62      if(generate_lotto(spec_num,arr,arr_index))
63        BubbleSort(arr,arr_index);
64      else
65        return 0;
66      return 1;
67   }
```

➡ 範例說明

(1) 這個函式庫中，提供了 2 個函式：未排序的樂透開獎函式、排序完成的樂透開獎函式。由於需要使用到其他函式庫的輔助，因此再引入了 3 個函式庫（第 8~10 行）。其中第 10 行引入的是自行撰寫的函式庫。

(2) 第 62 行呼叫 generate_lotto() 函式時，僅使用 spec_num 來傳遞指標變數而非 &spec_num，這是因為第 62 行位於 generate_lotto_sort() 函式中，而 spec_num 在此函式中已經宣告為指標變數而非一般變數，因此不需要透過取址運算子 『&』。變數宣告及運算子使用原則如下表，詳細請見下一章之『指標』說明。

運算式	說明
int a;	a 為一般變數，代表的是一個整數值，它將存放在某一個記憶體位址內。
a	整數變數內容。
&a	取出儲存變數 a 的記憶體位址。例如：a 的變數內容為 10，儲存在記憶體 0x000067F4 的位址，則『a』代表整數 10，『&a』代表 0x000067F4。
int *p;	p 為指標變數，代表的是一個記憶體位址。
p	指標變數所代表的記憶體位址。
*p	取出 p 指向的記憶體內容。例如：p 的變數內容為一個記憶體位址 0x000046D8，而記憶體位址 0x000046D8 內儲存著整數 20，則『p』代表 0x000046D8，『*p』代表整數 20。

範例7-26 ch7_26.c (ch07\ch7_26.c)。

```
1    /*      檔名:ch7_26.c      功能:自訂函式庫      */
2
3    #include <stdio.h>
4    #include <stdlib.h>
5    #include "./lotto.h"
6
7    /*************main()*************/
8    int main(int argc,char *argv[])
9    {
10    int lotto[49],i,special,ball_qty=6,temp;
11
12    if(argc>1)
13    {
14       ball_qty=atoi(argv[1]);   /* atoi 須引入 stdlib.h */
15       if (ball_qty==0)
16       {
17          printf(" 參數錯誤,例如輸入球數非數字 \n");
18          return -1;
19       }
20       if (!(generate_lotto_sort(&special,lotto,ball_qty)))
21       {
22          printf(" 參數錯誤,例如輸入球數非 1~48\n");
23          return -1;
24       }
25    }
26    else
27    {
28       generate_lotto_sort(&special,lotto,ball_qty);
29    }
30
31    printf(" 樂透號碼如下 .....\n");
32    for (i=0;i<ball_qty;i++)
33    {
34       if ((i%6==0) && (i!=0))
35          printf("\n");
36       printf("%d\t",lotto[i]);
37    }
38    printf("\n");
39    printf(" 特別號 :%d\n",special);
40    return 1;
41    }
```

● 範例說明

(1) 這個程式引入了 3 個函式庫(第 3~5 行)。您會發現整個程式(含 .c 及 .h 檔)
將 stdlib.h 引入了兩次,但編譯器會事先處理重複性的問題,所以程式設計師
不用擔心函式庫重複引入的問題。

(2) 這個程式將會完成樂透開獎（49 取 n 球、n 介於 1~48），並將開出的 n 個球排序顯示。

(3) 由於事先規劃了兩個函式庫檔案，因此可以將函式分別交給多個程式設計師來完成，加快程式完成的速度；另一方面同時也提高了程式的重複使用率。

(4) 對於撰寫函式庫的程式設計師而言，只需要關心「輸入資料」與「輸出結果」，而不必關心該函式將被如何應用。對於撰寫主程式的程式設計師而言，則可以先假設函式已被完整開發成功（沒有 bug），直接使用函式完成部分功能即可。

(5) 整個程式與函式庫檔案結構如下圖：

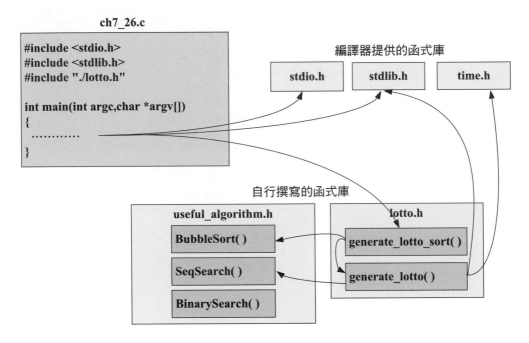

● 執行結果

```
... 先編譯 ch7_26.c，執行檔為 ch7_26.exe...
C:\C_language\ch07>ch7_26
樂透號碼如下.....
2       12      35      36      38      39
特別號:14
C:\C_language\ch07>ch7_26 10
樂透號碼如下.....
8       16      18      21      27      28
30      38      40      41
特別號:23
C:\C_language\ch07>ch7_26 49
```

參數錯誤，例如輸入球數非 1~48
C:\C_language\ch07>**ch7_26 a**
參數錯誤，例如輸入球數非數字

範例說明

從執行結果中，可以發現開獎的球已經過排序完成。

7.7 遞迴函式

在前面的章節中，我們已經練習很多在函式中呼叫另一個函式的方法。聰明的讀者不知是否曾經想過，當一個函式呼叫自己的時候會發生什麼狀況呢？這就是所謂函式的**遞迴呼叫** (recursive call)。其實『遞迴呼叫』應該明確定義如下：

遞迴呼叫：一個函式經由直接或間接呼叫函式本身，稱之為函式的『遞迴呼叫』。
例如：func1() 呼叫 func1() 為直接遞迴呼叫、func1() 呼叫 func2() 且 func2() 呼叫 func1() 為間接遞迴呼叫。

C 語言允許函式的遞迴呼叫，通常遞迴函式可以輕鬆解決一些資訊領域常見的問題（例如：樹狀圖的相關演算法），而且相當簡潔使人易懂，但執行效率則略遜一疇。

通常初次介紹遞迴函式時，大多以著名的費本納西數列（簡稱費氏數列）或河內塔等問題來解釋及示範遞迴函式，在此我們就先來解釋何謂『費氏數列』：

費氏數列：一個無限數列，該數列上的任一元素值皆為前兩項元素值的和，數列如下所示：

$$0 , 1 , 1 , 2 , 3 , 5 , 8 , 13 , 21 , 34 , 55 , 89 , 144 \cdots\cdots\cdots$$

當我們使用數學函數來表示費氏數列時，費氏數列的定義本身就是一個遞迴定義如下：

費氏數列的遞迴定義式	
$F(0) = 0$	$n = 0$
$F(1) = 1$	$n = 1$
$F(n) = F(n-1)+F(n-2)$	$n \geq 2$

從上述定義中，我們可以發現，在實際計算時【例如計算 F(10)】，數學的遞迴函式必須不斷地重複呼叫自己，直到遇上非遞迴定義式為止，才能夠求出答案。同樣地，當我們使用 C 語言的遞迴函式時，也必須對該函式做出某些限制條件，以避免函式無窮的執行下去，通常一個遞迴函式需符合下列兩個限制條件：

(1) 遞迴函式必須有邊界條件，當函式符合邊界條件時，就應該返回（可使用 return 強制返回）函式呼叫處，在費氏數列中，F(0)=0 與 F(1)=1 就是函式的邊界條件。

(2) 遞迴函式在邏輯上，必須使得函式漸漸往邊界條件移動，否則該函式將無法停止呼叫，而無窮地執行下去，由於每次的函式呼叫都會使用一些記憶體堆疊，最終將造成記憶體不足的問題。

相信讀者現在已經對於『遞迴』有了初步的概念，現在我們直接使用遞迴函式來求解『費氏數列』的問題，請看以下範例。

【實用及觀念範例 7-27】使用遞迴，求出費氏數列第 0~25 項目的元素值。

範例7-27 ch7_27.c（ch07\ch7_27.c）。

```
1   /*      檔名:ch7_27.c     功能:使用遞迴求費氏數列    */
2
3   #include <stdio.h>
4   #include <stdlib.h>
5
6   int Fib(int n);
7
8   /**************Fib()**************/
9   int Fib(int n)
10  {
11   if((n==1) || (n==0))
12     return n;
13   else
14     return Fib(n-1)+Fib(n-2);
15  }
16
17  /*************main()*************/
18  void main(void)
19  {
20   int i;
21
22   printf(" 費氏數列如下 :");
23   for (i=0;i<=25;i++)
24   {
```

```
25      if (i%8==0)
26          printf("\n");
27      printf("%d\t",Fib(i));
28    }
29    printf("......\n");
30    /*  system("pause");  */
31  }
```

● 執行結果

```
費氏數列如下：
0         1         1         2         3         5         8         13
21        34        55        89        144       233       377       610
987       1597      2584      4181      6765      10946     17711     28657
46368     75025     ......
```

● 範例說明

(1) 在 main 函式中，大多數的程式碼都是為了處理列印的問題，實際上最重要的程式出現在第 27 行的呼叫 Fib(i)，以便計算費氏數列的元素值。

(2) 您是否驚訝於 Fib() 函式竟然如此簡潔有力，幾乎只是將數學定義式轉換為 C 語言程式語法而已。事實的確如此，這就是遞迴函式的優點。舉例來說，當 main() 的函式呼叫敘述 Fib(4) 執行時，函式呼叫與返回狀況如下圖：

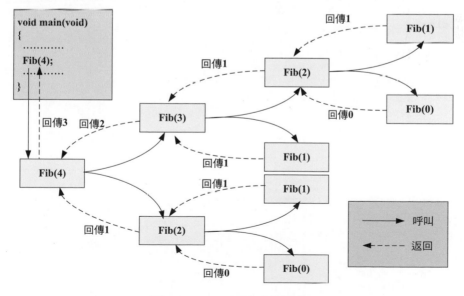

圖 7-14 Fib(4) 的遞迴呼叫與返回

從上面的範例中，我們可以發現，執行遞迴函式時，可能會呼叫函式很多次，而每一次呼叫都必須將相關資料疊入（push）堆疊中，因此，當呼叫的層次越多時，就必須使用到非常大的堆疊記憶體空間，同時也會耗費不少時間來處理程式的呼叫與返回，如此一來將會使得程式非常沒有效率，因此程式設計師有時會將遞迴函式轉換成普通的迴圈結構，節省記憶體空間並提高執行效率。舉例來說，我們可以將上面的遞迴範例改寫為下面範例的迴圈結構：

【觀念範例 7-28】使用迴圈，求出費氏數列第 0~25 項目的元素值。

範例7-28　ch7_28.c（ch07\ch7_28.c）。

```
1    /*      檔名:ch7_28.c      功能:使用迴圈求費氏數列      */
2
3    #include <stdio.h>
4    #include <stdlib.h>
5
6    int Fib(int n);
7
8    /*************Fib()**************/
9    int Fib(int n)
10   {
11    int n1=0,n2=0,sum=1,i;
12
13    if((n==1) || (n==0))
14       return n;
15    else
16    {
17       for(i=2;i<=n;i++)
18       {
19          n1=sum;
20          sum=sum+n2;
21          n2=n1;
22       }
23       return sum;
24    }
25   }
26
27   /*************main()**************/
28   void main(void)
29   {
30    int i;
31
32    printf(" 費氏數列如下 :");
33    for (i=0;i<=25;i++)
34    {
35       if (i%8==0)
```

```
36        printf("\n");
37     printf("%d\t",Fib(i));
38   }
39   printf("......\n");
40   /*   system("pause");   */
41 }
```

● 執行結果

（同範例 7-27。）

● 範例說明

明顯地，使用迴圈來解決此類問題顯得複雜許多（如第 17~22 行），不過使用迴圈的函式將會比遞迴函式快了許多（您可以將 n 值擴大，就會感覺到兩者之間的效率差異越來越大），並且不必擔心記憶體空間不足的問題。

7.8 巨集

呼叫函式及函式執行完畢的返回都會花費一些時間，如果想要節省這些時間，我們可以使用巨集來完成。

巨集（Macro）和函式有些相似，但就實際運作而言則大相逕庭，巨集可以將常數、字串及函式使用簡單的名稱加以替代，使得程式看起來更簡潔並具有一致性，在本節中，我們將對巨集做詳細的說明。

7.8.1 前置處理 (Preprocess)

對 C 語言的編譯器而言，在實際進行程式碼編譯之前，會做至少 2 件事情，(1) 刪除註解，(2) 解讀前置處理指令。而做這些動作的程式，我們則稱之為**前置處理器 (Preprocessor)**。

前置處理器會對前置處理的指令作處理，這些指令一般都以『#』開頭，並且不需要用『;』做結尾，例如『#include』指令就是前置處理指令（或稱為假指令）。

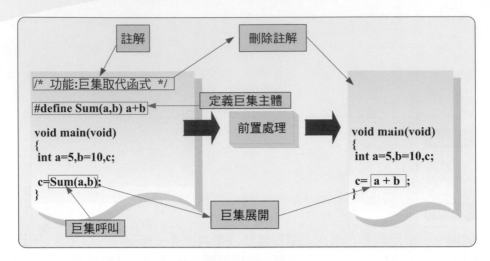

圖 7-15　前置處理

　　前置處理指令在編譯之前就會被置換成某些程式碼,這個處理動作稱為『前置處理』,例如 #include 指令會被需要引入的標頭檔函式庫所替換,而本節要說明的巨集指令也是一種前置處理指令。其他的前置處理指令則尚有『條件式編譯』等等。

7.8.2 巨集指令:#define

　　『巨集指令』又稱為『替換指令』,可替換內容的有「常數」、「字串」或「函式」,語法格式則有下列兩種:

【語法格式一】

```
#define 巨集名稱        替換內容
```

【範　例】

```
#define PI      3.14159
#define e       2.71828
#define loop8  for(i=1;i<=8;i++){\
                        printf("%d\n",i);\
             }
```

【語法格式二】

```
#define 巨集名稱（參數列）      替換內容
```

【範　例】

```
#define Sum(x,y)      x+y
#define Div(x,y)      (x)/(y)
```

當編譯器的前置處理器在前置處理階段遇到巨集指令時，就會將巨集名稱所在位置的常數、字串或函式替換成『替換內容』，我們分別就這三種替換對象舉例說明。

巨集取代常數

#define 可以定義『巨集名稱』來取代『常數』，所有在該程式中使用此巨集名稱的地方將會被替換成對應的常數，再進行編譯。所以就和使用 const 定義變數常數一樣，一般我們會將固定不變或需要統一變動的數值，使用巨集事先定義，以便增加程式的可讀性及一致性。

【範　例】 巨集取代常數

```
#define a      5
#define b      10
c=a+b;
```

編譯前，『c=a+b;』會變成『c=5+10;』。

【觀念及實用範例 7-29】使用巨集替換常數 PI、半徑 R。

範例7-29 ch7_29.c（ch07\ch7_29.c）。

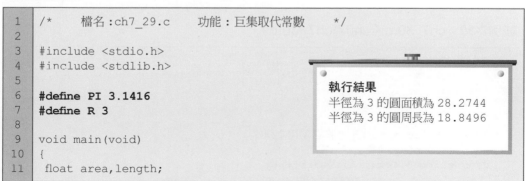

```
1    /*     檔名:ch7_29.c      功能:巨集取代常數      */
2
3    #include <stdio.h>
4    #include <stdlib.h>
5
6    #define PI 3.1416
7    #define R 3
8
9    void main(void)
10   {
11     float area,length;
```

執行結果
半徑為 3 的圓面積為 28.2744
半徑為 3 的圓周長為 18.8496

```
12
13    area=PI*R*R;
14    length=2*PI*R;
15
16    printf(" 半徑為 3 的圓面積為 %.4f\n",area);
17    printf(" 半徑為 3 的圓周長為 %.4f\n",length);
18    /*  system("pause");  */
19  }
```

範例說明

上面的範例程式碼（第 9~19 行）會被前置處理器轉換為下列程式，然後才進行編譯。所以巨集名稱若取一些比較具有代表性的名稱，將有助於提高程式的可讀性。

```
9    void main(void)
10   {
11    float area,length;
12
13    area=3.1416*3*3;
14    length=2*3.1416*3;
15
16    printf(" 半徑為 3 的圓面積為 %.4f\n",area);
17    printf(" 半徑為 3 的圓周長為 %.4f\n",length);
18
19   }
```

巨集取代字串

使用巨集名稱取代字串時，和取代常數差不多，我們直接用範例來加以說明。

【觀念範例 7-30】使用巨集替換字串。

範例7-30 ch7_30.c（ch07\ch7_30.c）。

```
1    /*     檔名:ch7_30.c     功能：巨集取代字串     */
2
3    #include <stdio.h>
4    #include <stdlib.h>
5
6    #define WelcomeString " 歡迎使用本程式 "
7    #define Running " 程式執行中 "
8    #define loop3  for(i=1;i<=3;i++){\
9                       printf(Running);\
```

```
10                      printf("\n");\
11                  }
12
13  void main(void)
14  {
15   int i;
16   printf(WelcomeString);
17   printf( "\n" );
18   loop3
19   /*  system( "pause" );  */
20  }
```

執行結果
歡迎使用本程式
程式執行中
程式執行中
程式執行中

➔ 範例說明

上面的範例程式碼（第 13~20 行）會被前置處理器轉換為下列程式，然後才進行編譯。其中第 8~10 行的結尾『\』符號為跨行連接符號。

```
13  void main(void)
14  {
15   int i;
16   printf(" 歡迎使用本程式 ");
17   printf("\n");
18   for(i=1;i<=3;i++){\
19       printf(" 程式執行中 ");\
20       printf("\n");\
21     }
22   ◄── 前置處理器也會刪除註解
23  }
```

巨集取代函式

巨集取代函式時，必須加上參數的宣告，語法格式如下：

#define M1(a,b,c⋯) F1(a,b,c⋯)

【觀念範例 7-31】：使用巨集替換函式。

範例7-31 ch7_31.c（ch07\ch7_31.c）。

```
1  /*     檔名:ch7_31.c     功能：巨集取代函式     */
2
3  #include <stdio.h>
4  #include <stdlib.h>
```

```
5
6    #define Sum(a,b) a+b
7
8    void main(void)
9    {
10     int a=5,b=10,c;
11
12     c=Sum(a,b);
13     printf("c=%d\n",c);
14     /*   system("pause");   */
15   }
```

執行結果
C=15

⊙ 範例說明

第 12 行看起來好像是執行一個函式呼叫，從執行結果中，也看不出有何端倪。可是，巨集和函式的差別可是很大的，上面的範例程式碼（第 12 行）會被前置處理器轉換為『c=a+b;』，然後才進行編譯，因此根本不會有函式呼叫及返回的動作。

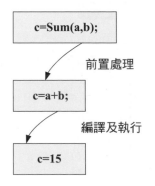

c=Sum(a,b);

前置處理

c=a+b;

編譯及執行

c=15

巨集的運算式

當使用巨集代替函式並包含有運算式時，必須特別小心『運算子優先權』的問題，否則將發生下面這個範例的非預期狀況。

【觀念範例 7-32】：巨集內容包含運算式常犯的錯誤。

範例7-32 ch7_32.c（ch07\ch7_32.c）。

```
1    /*     檔名:ch7_32.c      功能:巨集包含運算式     */
2
3    #include <stdio.h>
4    #include <stdlib.h>
5
6    #define Sum(a,b) a+b
7    #define Mul(a,b) a*b
8
9    void main(void)
10   {
11     int a=1,b=2,c=3,d=4;
12     int result1,result2;
13
14     result1=Sum(a*b,c*d);
```

執行結果
result1=14
result2=11

```
15    result2=Mul(a+b,c+d);
16    printf("result1=%d\n",result1);
17    printf("result2=%d\n",result2);
18    /*  system("pause");  */
19  }
```

範例說明

從執行結果中，我們可以發現 result2 不是我們所預期的結果（3*7=21）。問題出在哪裡呢？這是因為巨集名稱只會笨笨的被取代為替換內容，因此，第 15 行會被前置處理器替換為『result2=a+b*c+d』，執行結果則為『result2=1+2*3+4=1+6+4=11』。

在上面這個範例中，我們得知 result2 執行結果不是我們所要的 (a+b)*(c+d)=21，這是因為運算子優先權所造成的結果，所以解決之道就是在巨集定義時加上小括號，以便替換後保證一定會先被執行，如下修正範例。

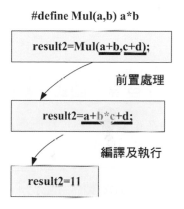

【觀念範例 7-33】使用小括號修正範例 7-32，使得 result2=(a+b)*(c+d)。

範例7-33 ch7_33.c（ch07\ch7_33.c）。

```
1   /*      檔名:ch7_33.c      功能：巨集包含運算式   */
2
3   #include <stdio.h>
4   #include <stdlib.h>
5
6   #define Sum(a,b)  (a)+(b)
7   #define Mul(a,b)  (a)*(b)
8
9   void main(void)
10  {
11   int a=1,b=2,c=3,d=4;
12   int result1,result2;
13
14   result1=Sum(a*b,c*d);
15   result2=Mul(a+b,c+d);
16   printf("result1=%d\n",result1);
17   printf("result2=%d\n",result2);
18   /*  system("pause");  */
19  }
```

執行結果
result1=14
result2=21

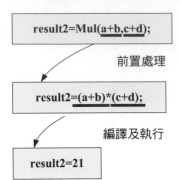

經由修正後的第 15 行將被前置處理器替換為『result2=(a+b)*(c+d)』，執行結果則為『result2=(1+2)*(3+4)=3*7=21』。

7.8.3 巨集、函式、常數的差別

在某些情況下，我們可以利用巨集取代函式與常數，雖然執行結果相同但其實它們仍有一些區別，分述如下：

巨集與常數變數

我們可以使用 #define 來設定巨集名稱以便取代程式中的常數，也可以用 const 來宣告一個常數變數。如下範例：

```
#define PI 3.1415926
```

或

```
const double PI=3.1415926;
```

雖然兩者都可以達到目的，但對於處理及編譯過程則不太相同。對於使用 const 而言，由於在程式編譯的過程中，const 宣告的常數變數會被編譯器檢查資料型態，因此筆者建議盡量使用 const 來定義常數。

巨集與函式

從前面的範例中，讀者可以發現使用巨集的方式也可以做到部分函式的功能，事實上巨集函式與普通函式在處理及效率上有著極大的差異。在處理上，處理『巨集』是前置處理階段的工作，而編譯『函式』則是編譯階段的工作。在效能上，則可以分為時間與空間上的差別：

(1) **空間上的差異**：使用巨集時，巨集將被取代為程式碼加入到程式中，因此，程式使用越多次巨集，經由前置處理後，編譯器看到的程式碼也就越長，自然編譯出來的執行檔也就越大，執行時所佔用的記憶體空間也越大。而使用函式就不會發生這種現象，因為一個函式只會佔用一塊記憶體空間來存放函式定義，不論該函式被呼叫幾次，除了函式呼叫時所需要的堆疊之外，完全不會增加記憶體空間的負擔。

(2) **時間上的差異**：由於呼叫函式及返回函式時，需要對堆疊進行疊入（push）與疊出（pop）的動作，因此會多花費一些時間。而使用巨集時，由於沒有這些動作，因此執行速度比較快。

7.9 本章回顧

在本章中，我們認識了結構化程式語言的重點－『函式』。使用函式來設計程式可以將程式以『模組化』方式切割，製作功能不同的各種函式，並且提高程式的重複使用率。

除了介紹『函式宣告』與『函式定義』之外，我們還介紹了 2 種 C 語言提供的函式呼叫，分別是『傳值呼叫』、『傳指標呼叫』，並且還額外介紹了 C++ 新提供的『傳參考呼叫』。其中傳指標呼叫與傳參考呼叫雖然都與記憶體位址有關，但只有『傳參考呼叫』是真正的『傳址呼叫』。

傳指標呼叫在宣告時將參數宣告為指標，因此引數必須提供一個記憶體位址，而傳參考呼在宣告時則將參數宣告為參考型態，如此編譯器已經可以辨認此函式要使用傳參考呼叫，故呼叫時與傳值呼叫的敘述完全相同，並不需要做改變。讀者若對於指標尚未熟悉，應該於下一章閱讀完畢後，重新回頭檢視本章關於指標的內容，將會有更清楚的體認。

遞迴呼叫代表函式直接或間接呼叫自己，它可以輕易解決許多與遞迴定義有關的問題，但效能上差了一點。

具有類似函式功能的另外一種技術稱為『巨集』，但兩者在處理流程上則大不相同，『巨集』只能夠算是一種『前置處理』技術，在編譯階段中，將不會看到任何的巨集，因此，當您使用『巨集』取代『函式』之後，雖然執行速度上會加快許多，但執行檔將佔用較大的磁碟空間，因此並不建議大量使用巨集。

就如同我們大量使用 ANSI C 函式庫所提供的眾多函式，當我們製作完某些常用的『函式』之後，也可以將之包含在特定的自訂『函式庫』中，提供他人日後使用，如此一來，將可以使您的程式被重複使用的機率大增，以便加速完成更大型的程式開發。

筆記頁

問答題

1. 將常用的部分功能分割為數個函式有何優點？

2. 一般程式語言將函式呼叫分為哪兩大類，而 C 語言提供了哪兩種函式呼叫的引數傳遞方法？ C++ 除了 C 語言所提供的兩種引數傳遞方式之外，又提供了哪一種新的引數傳遞方法？

3. 傳值呼叫與傳址呼叫分別適用在哪些狀況？

4. 若函式無回傳值，則應該如何宣告函式回傳值的資料型態？

5. 函式應使用哪一個敘述來回傳資料？

6. 請寫出下列程式的執行結果。

```
void func1(int a,int b,int c)
{
 a = a + b;
 b = a + c;
 c = b * c;
}

int main(void)
{
 int x = 1;

 func1(x,x,x);
 printf("%d\n",x);
 return 0;
}
```

7. 請寫出下列程式的執行結果。(請用 C++ 格式編譯)

```
void func1(int &a,int &b,int &c)
{
 a = a + b;
 b = a + c;
 c = b * c;
}

int main(void)
{
 int x = 1;

 func1(x,x,x);
 printf("%d\n",x);
 return 0;
}
```

8. 請寫出下列程式的執行結果。

```
void func1(int *a,int *b,int *c)
{
 *a = *a + *b;
 *b = *a + *c;
 *c = *b * *c;
```

```
}

void main(void)
{
 int x = 1;

 func1(&x,&x,&x);
 printf("%d\n",x);
}
```

9. 何謂遞迴函式？

10. 巨集與函式有何差異？

實作題

1. 試寫一函式 void Hello(void)，函式會印出一行 "Hello C 語言 " 字串（印完後換行），並利用主程式呼叫 Hello()，使得螢幕上出現一行 "Hello C 語言 "。

    執行結果
    ```
    Hello C 語言
    ```

2. 延續第一題，試寫一函式 void Hello_N(int n)，功能是印出 n 行 " Hello C 語言 " 字串。Hello_N 函式必須呼叫 Hello( )。

    執行結果（假設 n=3）
    ```
    Hello C 語言
    Hello C 語言
    Hello C 語言
    ```

3. 撰寫一個傳指標呼叫函式 void mod(int x,int y,int *p,int *q)，計算 x/y 的商數（p）及餘數（q）。主程式呼叫範例如下：

    函式呼叫
    ```
    void main(void)
    {
     int x=35,y=10,a,b;

     mod(x,y,&a,&b);
     printf(" 被除數為 %d\t 除數為 %d\n",x,y);
     printf(" 商數為 %d\t 餘數為 %d\n",a,b);

    }
    ```

    執行結果
    ```
    被除數為 35      除數為 10
    商數為 3 餘數為 5
    ```

4. 修正上題的主程式，使得 x,y 皆為命令列參數輸入，範例如下（ex7_04.exe 為執行檔）。

    執行結果
    ```
    C:\C_language\excise\ch07>ex7_04 46 10
    被除數為 46      除數為 10
    商數為 4 餘數為 6
    ```

5. 設計一個函式 RandAvg()，從 100 個 0~1000 的亂數中取平均值並回傳該平均值。

6. 利用遞迴的方式設計一個函式 float power(float x,int y)，計算出 x 的 y 次方。

7. 使用第 6 題設計的 power 函式，試撰寫一函式 float cal(float p,float r,int n)，輸入本金 p
   （浮點數）、月利率 r（浮點數）及存款期數 n（整數），依據下列公式回傳本利和 S。

   $$S = p \times (1+r)^n$$

8. 利用 #define 定義一個巨集，印出輸入整數的 3 次方。

9. 設計一個函式 void print_total_mul(int a,int b)，列印 ab 乘法表，例如 a=5、b=8 時，輸
   出如下（當 a=8、b=5 時，輸出也相同）：（當 a=1、b=9 時，恰恰為九九乘法表）

   執行結果

   ```
   5*5=25   5*6=30   5*7=35   5*8=40
   6*5=30   6*6=36   6*7=42   6*8=48
   7*5=35   7*6=42   7*7=49   7*8=56
   8*5=40   8*6=48   8*7=56   8*8=64
   ```

10. 利用 #define 定義巨集取代上題的函式功能。

11. 第五章實作第 2 題曾設計一個程式，找出 2~100 中所有的質數，現在請將其設計為 int
    isPrime(int x); 函式，並透過呼叫此函式來檢查 2~100 的所有數值是否為質數，當為質
    數時，則回傳 1，否則回傳 0。整個程式的執行結果應與第五章實作第 2 題相同。

12. 請呼叫一個函式 int prime4j3(int x);，可以判斷一個數是否為 4j+3 的質數，在此函式內
    請呼叫使用上一題設計的 isPrime(int x); 函式。

13. 判斷一個數 n 是否為質數，並不需要檢查可否被 2~n-1 整除，事實上，只需要檢查到是
    否可被 2~ $\sqrt{n}$ 整除即可，而開根號可以透過 ANSI C 標準函式庫 math.h 內的 sqrt 函式來
    達成。而無條件捨去小數部分，只取整數則可以透過 floor 函式來達成。請善用這兩個
    函式，改寫第 11 題的邏輯，使得程式速度能夠加快。相關語法如下：

    【語　法】

    ```
    標頭檔：#include <math.h>
    語法：double sqrt (double x);
    功能：回傳 x 的開根號值。
    語法：double floor (double x);
    功能：回傳小於等於 x 的最大整數值（但回傳值之資料型態仍為 double）。
    ```

14. 第五章實作第 9 題曾設計過判別三邊是否能夠成為三角形，現在請利用亂數函式產生三
    邊數字並存入三個變數，然後呼叫 int isLegal(int x,int y,int z); 函式判斷 x,y,z 是否能成
    為三角形的三邊，若可以，則回傳 1，否則回傳 0。若亂數產生的三邊確實能夠成為三
    角形，則存入陣列之中，陣列大小為 arr[10][3]，最後將陣列列印出來。

15. 請改寫第五章實作第 10 題，將判別直角三角形的邏輯設計為 int isRightangle(int x,int
    y,int z); 函式。

16. 請將第五章實作第 14 題改寫為遞迴呼叫函式達成同樣的需求。

17. 如果您已經想到第五章實作第 15 題的解法，請將之設計為 swap() 函式，採用傳指標呼叫，用以作為交換兩數的函式。

18. 如果您已經想到第五章實作第 15 題的解法，請將之設計為 swap() 函式，採用傳參考呼叫，用以作為交換兩數的函式。

19. 請將範例 5-19 的 GCD 最大公因數求解過程撰寫為 int GCD(int x,int y); 函式，回傳值為 (x,y) 的最大公因數，當中需要交換兩個變數內容時，請呼叫 void swap(int *p,int *q); 函式來完成（如果您已經完成第 17 題之解答，則可使用較快速的 swap 函式，否則請使用範例 7-17 的設計邏輯）。

20. 上題中，我們使用的方法稱之為歐幾里德 (Euclid) 的輾轉相除法求最大公因數。事實上，它的規則是一個遞迴規則，亦即是「兩數 m 與 n 的最大公因數等於這兩數的差和較小數的最大公因數」。請寫一個遞迴程式來計算 m 與 n 兩數 (m>n) 的最大公因數。【92 年 高考】

21. 在第 5 章的習題 5 中，曾要求使用單一層迴圈，列印出九九乘法表。現在請使用函式，完全不使用迴圈，列印九九乘法表（提示：遞迴函式）。

22. 試寫一函式 char* copyStr(int n,const char *str)，將傳入的 str 字串複製 n 次然後回傳，您可以假設原始字串長度最大為 20，複製後的字串長度最大為 80（亦即 n 必須不大於 4）。使用 main() 函式呼叫它，呼叫敘述為 dupStr=copyStr(n,srcStr);。並將 dupStr 印出。

23. 設計一個函式 int isOdd(int n)，可以判斷 n 是否為奇數，若是則回傳 1，否則回傳 0，isOdd 函式內只能有單一個敘述。並在 main() 函式中，呼叫它以判斷 100 與 101 是否為奇數。

24. 資料結構有一種特別的樹，稱為 AVL 樹，當高度為 h 時，若最少節點數命為 N(h)，則兩者存在一個數學等式關係，N(h)=N(h-1)+N(h-2)+1，而 N(0)=0，N(1)=1，N(2)=2，請設計一個程式，讓使用者輸入高度 h 值（h<10），計算出該高度的最少節點數。

25. [hard] Young tableau 是一個特殊的二維矩陣，大小為 n×n，它的元素有一些特別的排列方式，每一列的元素，左邊比右邊小。每一行的元素，上面比下面小。矩陣中每個元素不相等。如下即為一個 Young tableau 之範例：

最小 5	10	15	25
8	18	31	45
47	52	65	77
69	74	89	92 最大

請設計一個遞迴程式，判斷一個 x 值是否為該矩陣內的元素，如果是，則請印出 x 所在之列與行，如果不是，則請印出該元素不位於矩陣內。【93 年 台大研】

08

指標與動態記憶體

指標與記憶體位址息息相關，並且是 C 語言的一大特色，由於 C 語言允許程式設計師透過指標存取資料，因此，可以進行更低階的記憶體存取動作，但程式設計師在使用指標時必須特別小心，否則將會造成無法預期的後果。

在上一章介紹函式呼叫時，我們曾經介紹一種特殊的資料存取方法－『指標』。指標是 C 語言的一大特色，它允許設計師更隨意地存取記憶體資料，指標運算是一種間接存取記憶體的運算，在某些 CPU 中，提供了間接定址法，恰可應用於指標的存取，因此，對於 C 語言的編譯器實作而言，提供此一功能並不困難。然而由於它的自由性，也常常造成許多非預期的結果，因此，使用指標必須非常小心。在本章中，我們將從記憶體存取開始重新介紹，詳細說明指標的運作原理與應用，並釐清指標與陣列的關係，以及字元字串與指標字串的差別。除此之外，我們還會介紹 C 語言的動態記憶體配置，這使得程式設計師在設計程式時，可以充分利用記憶體，而不會浪費過多不需要的記憶體空間。

8.1　指標與記憶體位址

指標是 C 語言中非常重要的一種程式設計觀念，由於指標與記憶體位址息息相關，因此在介紹指標之前，讀者應該先建立一些記憶體資料存取的基礎知識。

8.1.1 存取記憶體內容

所有要被中央處理器處理的資料，都必須先存放在記憶體中；這些記憶體被劃分為一個個的小單位，並且賦予每一個單位一個位址，這個動作稱之為『記憶體空間的定址』，當記憶體被定址之後，作業系統或應用程式才能夠透過位址存取某塊記憶體的內容。如圖 8-1 所示，由於每一個記憶體空間單位都被配置了一個記憶體位址，透過這些記憶體位址，我們就可以取得記憶體的內容。

舉例來說，當我們宣告一個變數之後，編譯器將會在記憶體中保留一個空間來存放該變數（如圖 8-2），假設我們宣告變數 x 為整數型態（佔用 4 個 bytes），系統將保留 4 個位元組空間來存放 x 的內容，而它所在的記憶體位址為（2510~2513），當我們透過敘述『x=100;』修改 x 變數的內容時，實際上在記憶體位址 2510~2513 的內容也就變成了 100。換句話說，普通變數佔用的記憶單位內存放的是該變數的數值。

圖 8-1　記憶體位址

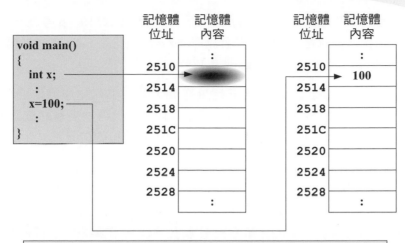

註：記憶體位址為假設值。記憶體位址以2 bytes來表示，只是為了方便表示。

圖 8-2　修改變數值的記憶體內容變化

如果我們在圖 8-2 的範例中，再加入『x=x+1;』敘述，則執行該敘述時，2510 2513 位址的資料將被取出，放到 CPU 的 ALU 中執行『+1』的運算，得到結果『101』，然後再回存到位址 2510~2513 之中，換句話說，屆時 2510~2513 位址的內容將會是『101』。此外，如果我們用之前的取址運算子 & 取出 x 的變數位址時（也就是『&x;』），將會得到 0x2510。

8.1.2 指標變數

普通變數意味著佔用某一塊記憶體空間，該空間內則存放變數資料，例如：整數變數就存放整數資料。『指標變數』與普通變數差不多，只不過指標變數的內容，是另一個變數的記憶體位址，換句話說，在記憶體空間內存放的是另一個變數所佔用的記憶體位址（如圖 8-3 所示）。

在圖 8-3 中，指標變數 p 的內容為整數變數 x 的記憶體位址，C 語言允許指標變數內容為記憶體的任何位址，並且可以透過提領運算子『*』來改變指標所指向記憶體位址的內容（也就是透過指標變數 p 修改變數 x 的內容）。

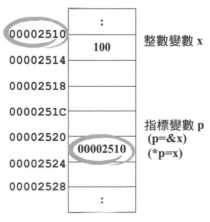

圖 8-3　指標變數的內容

更明確地說，在圖 8-3 中，x 等於 100，&x 等於 0x2510，p 等於 2510，*p 等於 100。所以 *p 其實就是 x，而 p 其實就是 &x。【我們將在 8.1.4 節中再詳加說明一次，確保讀者具備指標變數的正確觀念】

圖 8-3 的記憶體位址符合 32 位元定址空間，亦即儲存記憶體位址需要使用 4 個位元組，但在本章的某些圖形中（例如圖 8-2），我們可能會省略前面的 0000，使用者可以依照指標變數所佔用的空間來判斷記憶體位址的位元數。

由於上述指標特性，因此使得 C 語言可以做到更為低階的記憶體處理行為，這通常是其他高階語言無法做到的，不過也因為指標的功能強大，且指標觀念較難理解以及不易發現錯誤，因此指標若使用不當（例如恰好指向作業系統佔用的記憶體區塊），將可能導致不夠穩定的作業系統當機（如 DOS 作業系統）或被作業系統拒絕執行（如 Linux 作業系統將產生 Segment Fault）。

 由於指標具有危險性，因此目前許多的高階語言，如 Java、Python、Visual Basic... 等等，漸漸地不允許程式設計師直接使用指標，而將指標這種間接存取記憶體的功能隱藏在其他受管控的機制中。

8.1.3 宣告指標變數

就和普通變數一樣，在使用指標變數之前，我們要先『宣告指標變數』，宣告指標的語法格式如下：

ANSI C 語言指標的宣告語法：

資料型態　　＊指標變數名稱；

Standard C++（大多數 C++ 編譯器支援）新增的指標宣告語法：

資料型態 ＊　　指標變數名稱；

【語法說明】

資料型態代表該指標變數所指向 (point to) 的是何種資料型態。

【範　例】　合法的指標宣告

ANSI C		Standard C++
int *pSum;	相當於	int* pSum;
char *Name;	相當於	char* Name;
float *pAvg;	相當於	float* pAvg;

【說　明】

　　pSum 是一個指向整數變數的指標變數，Name 是一個指向字元變數的指標變數，pAvg 是一個指向浮點型態變數的指標變數。

8.1.4 取址運算子與指標運算子

　　指標與記憶體位址有很大的關係，因此取址運算子「&」可以與指標搭配使用。另外，如果要實際應用指標，則不可避免地，必須使用到提領運算子「*」，本節我們分別就這兩個運算子與指標的操作加以說明。

『&』取址運算子

　　『&』稱為**取址運算子**或**位址運算子**，又稱為**參考 (Referencc) 運算子**，主要是用來取出某變數的記憶體位址，換句話說，當我們在變數前面加上「&」符號時，即可取得該變數的記憶體位址；而既然指標變數的內容為某變數的記憶體位址，因此我們可以在取出變數的記憶體位址後，將該位址指定為某個指標變數的值，或做其他方面的進一步應用。

　　取址運算子的使用方法如下：

```
& 變數名稱
```

【範　例】

　　假設 x 是整數型態的普通變數（內容為 20），p 是一個整數指標變數，下列片段程式可以使得指標 p 指向 x 所在的記憶體位址（也就是 p 的內容為存放 x 的記憶體位址）。

```
int x=20;
int *p;
p=&x;      /*  使用取址運算子取出變數 x 的記憶體位址並指定給指標變數 p  */
```

上述片段程式執行後，記憶體的配置如圖 8-4（記憶體位址為假設值）。我們暫且不說明這個範例，等到介紹提領運算子「*」時一併加以說明。

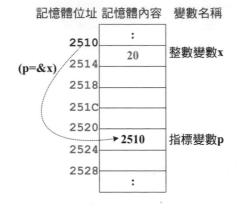

圖 8-4　透過取址運算子取出變數的記憶體位址並將之設定為指標變數的內容

『*』提領運算子（指標運算子）

『*』除了可以作為乘法符號外，在 C 語言中，也可以做為提領運算子（Dereference），我們可以藉由提領運算子存取指標變數所指向記憶體位址的變數內容。由於除了可讀取之外，也可以寫入，因此更常見的說法，則是將『*』稱為指標運算子或指標提領運算子。

指標運算子的使用方法如下：

```
* 指標變數名稱
```

【範　例】

假設 x 是整數型態的普通變數，p 是一個整數指標變數，欲將指標變數 p 指向變數 x，並透過指標運算子設定 x = 50，可以由下列片段程式完成。

這個範例的四個敘述的分解動作如下：

第一行敘述執行完畢：

（系統分配給 x 一個 4bytes 的記憶體空間，內容未知）

	記憶體位址	記憶體內容	變數名稱
		⋮	
int x;	2510	????	x
	2514		
	2518		
	251C		
	2520		
	2524		
	2528		
		⋮	

第二行敘述執行完畢：

（系統分配給 p 一個足以記載位址的記憶體空間，內容未知）

	記憶體位址	記憶體內容	變數名稱
		⋮	
int x;	2510	????	x
int *p;	2514		
	2518		
	251C		
	2520	????	p
	2524		
	2528		
		⋮	

第三行敘述執行完畢：

（將 x 的位址 2510 指定為 p 的內容）

	記憶體位址	記憶體內容	變數名稱
		⋮	
int x;	2510	????	x
int *p;	2514		
p=&x;	2518		
	251C		
	2520	2510	p
	2524		
	2528		
		⋮	

第四行敘述執行完畢：

（將位址 2510 的內容修改為 50）

	記憶體位址	記憶體內容	變數名稱
		⋮	
int x;	2510	50	x
int *p;	2514		
p=&x;	2518		
*p=50;	251C		
	2520	2510	p
	2524		
	2528		
		⋮	

從上述範例我們可以得知兩件事：

(1) p=&x，代表純粹指定指標變數的內容，由於指標變數內容為位址，所以一般搭配『&』取址運算子。

(2) *p=50，代表修改指標變數所指向記憶體位址的內容，這就是『 * 』指標運算子的功能。

【觀念範例 8-1】透過取址運算子及指標運算子，將整數變數 a 的內容指定給整數變數 b。

範例8-1 ch8_01.c（ch08\ch8_01.c）。

```
1   /*      檔名:ch8_01.c      功能：取址運算子與指標運算子      */
2
3   #include <stdio.h>
4   #include <stdlib.h>
5
6   void main(void)
7   {
8    int a=50,b;
9    int *ptr;
10
11   printf("a=%d\n",a);
12   ptr=&a;              /*   將 ptr 指向 a   */
13   printf("*ptr=%d\n",*ptr);
14   b=*ptr;              /*   將 a 的值 (ptr 指向的值 ) 設定給 b   */
15   printf("b=%d\n",b);
16   /*  system("pause");  */
17  }
```

執行結果
a=50
*ptr=50
b=50

● 範例說明

(1) 第 8 行：宣告兩個整數變數 a,b，其中變數 a 指定了初值，所以執行完畢記憶體內容如右。

（假設值）

記憶體位址	記憶體內容	變數名稱
	:	
2600	50	a
2614		
2618	????	b
261C		
2620		
2624		
2628	:	

int a=50,b;

(2) 第 9 行：宣告整數指標變數 ptr，該變數內容為未知（無法確定內容究竟為何）。

int a=50,b;
int *ptr;

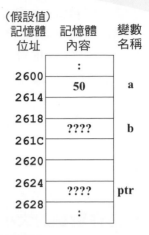

（假設值）

記憶體位址	記憶體內容	變數名稱
	:	
2600	50	a
2614		
2618	????	b
261C		
2620		
2624	????	ptr
2628	:	

(3) 第 12 行：『ptr=&a;』敘述，將使得 ptr 指標變數的內容為 a 的記憶體位址，我們假設該記憶體位址為 2600，一般我們會用一個箭頭指向記憶體空間來表示指標變數，以便代表指標特性。

int a=50,b;
int *ptr;

ptr=&a;

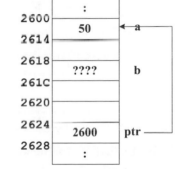

（假設值）

記憶體位址	記憶體內容	變數名稱
	:	
2600	50	a
2614		
2618	????	b
261C		
2620		
2624	2600	ptr
2628	:	

(4) 第 13 行：列印出『*ptr』的內容，也就是 ptr 所指向記憶體位址的內容，換句話說，也就是記憶體位址 2600 的內容－『50』。

(5) 第 14 行：『b=*ptr;』，代表將記憶體位址 2600 的內容－『50』指定給 b。

int a=50,b;
int *ptr;

ptr=&a;
b=*ptr;

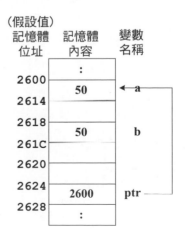

（假設值）

記憶體位址	記憶體內容	變數名稱
	:	
2600	50	a
2614		
2618	50	b
261C		
2620		
2624	2600	ptr
2628	:	

(6) 本範例所有圖示中的記憶體位址都是假設值,因為除非實際編譯後執行,否則我們無法得知系統會配置哪一塊記憶體空間給這個程式的每一個變數。如果您想要知道究竟 ptr 的最後內容為何(即變數 a 的位址),您可以於程式末端加入列印 ptr 的敘述即可,例如:『 printf("%p",ptr); 』。

✋ 小試身手 8-1

請在範例 8-1 的第 12、13 行之間插入『a=200;』敘述,然後重新編譯與執行,觀察執行結果中的『*ptr』之值,並試著說明為何會如此?

8.1.5 指標變數的大小

在範例 8-1 中,我們使用假設的記憶體位址來說明指標變數,事實上,這些假設的記憶體位址與實際的記憶體位址差異頗大,例如我們只用了 16 個位元(4 個 16 進制位數)來表達記憶體位址,而實際上在 Windows 2000、XP、2003 Server for 32 bits 及 Linux Fedora CORE 32 bits 版等 32 位元的作業系統環境下,完整的實際位址必須為 32 位元(32 位元的作業系統由於使用 32 位元來記載記憶體位址,因此定址空間可達 2^{32} 位元組,也就是支援到 4G 位元組的 RAM)。

正如上所言,由於實際位址為 32 位元,因此指標變數若要儲存記憶體位址,也就必須使用 4 個 bytes 來加以儲存。換句話說,**任何一種資料型態的指標變數在這些 32 位元作業系統的環境下都將佔用 4 個 bytes**,因為指標變數存放的是記憶體位址。我們以下面這個範例來證明這個事實。

【觀念範例 8-2】觀察指標變數的內容,以及指標變數佔用的記憶體大小。

範例8-2 ch8_02.c(ch08\ch8_02.c)。

```
1   /*      檔名:ch8_02.c      功能:指標變數的內容以及指標變數的大小      */
2
3   #include <stdio.h>
4   #include <stdlib.h>
5
6   void main(void)
7   {
8    int a=100;
9    double b=5.5;
10   int *ptr1=&a;          /* 相當於  int *ptr1; 及  ptr1=&a; */
11   double *ptr2=&b;       /* 相當於  double *ptr2; 及  ptr2=&b; */
12
```

```
13    printf("a=%d\n",a);              印出變數 a 與 b 的內容,也就是『100』與『5.5』。
14    printf("b=%e\n",b);
15    printf("&a=%p\n",&a);            印出變數 a 與 b 的位址
16    printf("&b=%p\n",&b);
17    printf("*ptr1=%d\n",*ptr1);      印出指標指向的內容,也就是 a 與 b 的內容。
18    printf("*ptr2=%e\n",*ptr2);
19    printf("ptr1=%p\n",ptr1);        印出指標的內容,這將會是 a 與 b 的位址。
20    printf("ptr2=%p\n",ptr2);
21    printf("&ptr1=%p\n",&ptr1);      印出指標變數的位址。
22    printf("&ptr2=%p\n",&ptr2);
23    printf("&*ptr1=%p\n",&*ptr1); /*   &*ptr1 相當於 &a 相當於 ptr1   */
24    printf("&*ptr2=%p\n",&*ptr2); /*   &*ptr2 相當於 &b 相當於 ptr2   */
25    printf("================================\n");
26    printf(" 變數 a 佔用 %d 個位元組 \n",sizeof(a));    a 與 b 佔用記
27    printf(" 變數 b 佔用 %d 個位元組 \n",sizeof(b));    憶體的大小。
28    printf("================================\n");
29    printf(" 變數 ptr1 佔用 %d 個位元組 \n",sizeof(ptr1));
30    printf(" 變數 ptr2 佔用 %d 個位元組 \n",sizeof(ptr2));
31    /*   system("pause");   */
32    }
```

➡ 執行結果

```
a=100
b=5.500000e+000
&a=0240FF5C
&b=0240FF50
*ptr1=100
*ptr2=5.500000e+000
ptr1=0240FF5C
ptr2=0240FF50
&ptr1=0240FF4C
&ptr2=0240FF48
&*ptr1=0240FF5C
&*ptr2=0240FF50
===============================
變數 a 佔用 4 個位元組
變數 b 佔用 8 個位元組
===============================
變數 ptr1 佔用 4 個位元組
變數 ptr2 佔用 4 個位元組
```

➡ 範例說明

(1) 讀者的執行結果可能與上面的記憶體位址有所不同,這是因為您在編譯與執行
範例時的作業環境與筆者的作業環境不一定相同(因為作業系統會配置哪一塊
記憶體區塊來執行該程式必須視當時記憶體的使用狀況而定),根據上述的執

行結果，我們可以將實際的記憶體內容繪製如下圖（圖中的記憶體位址已經不再是假設值）。

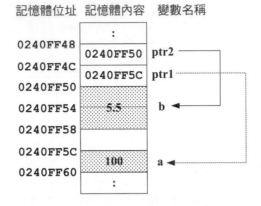

圖 8-5　執行範例 8-2 時的記憶體配置狀況

(2) 第 10 行的『int *ptr1=&a;』功能可以分解為兩個部分，分別是『int *ptr1;』與『ptr1=&a;』。第 11 行亦同此理。

(3) 第 15~16 行：『&a』與『&b』代表存放變數 a 與 b 的記憶體位址，也就是『0240FF5C』與『0240FF50』。

(4) 第 17~18 行：『*ptr1』與『*ptr2』代表指標指向記憶體的內容，也就是 0240FF5C 位址的內容『100』與 0240FF50 位址的內容『5.5』。

(5) 第 19~20 行：『ptr1』與『ptr2』代表指標變數的內容（是一個記憶體位址），也就是『0240FF5C』與『0240FF50』。

(6) 第 21~22 行：『&ptr1』與『&ptr2』代表存放指標變數 ptr1 與 ptr2 的記憶體位址，也就是『0240FF4C』與『0240FF48』。

(7) 第 23~24 行：『&*ptr1』與『&*ptr2』代表存放 *ptr1 與 *ptr2 的位址，也就是 a 與 b 的位址，也可以說是 ptr1 與 ptr2 指標變數的內容。所以是『0240FF5C』與『0240FF50』。您可以由此發現『&』（reference operator）與『*』（dereference operator）恰好抵銷，這是因為『*』代表透過位址間接存取某一個記憶體內容，而『&』則是取出某一塊記憶體內容的位址。

(8) 第 29~30 行：『sizeof(ptr1)』與『sizeof(ptr2)』代表印出指標變數所佔記憶體大小，由於在 32 位元的作業系統環境中執行程式，所以必須使用 4 個 bytes 來記錄位址（和指標指向哪一種資料型態無關）。

8.2 指標運算

C 語言提供下列四種與指標有關的基本運算功能,讓指標充分展現間接存取資料的優點:

(1) 指定運算　　(2) 加減運算　　(3) 比較運算　　(4) 差值運算

8.2.1 指標的指定運算

指標變數的指定運算和其他變數一樣,只要透過指定運算子「=」就可以對指標做設定的動作,我們利用下面的範例來說明指標的指定運算。

【觀念範例 8-3】透過指標變數的指定運算,設定兩個指標指向同一位址,並修改該位址的內容。

範例 *8-3*　ch8_03.c (ch08\ch8_03.c)。

```
1    /*     檔名:ch8_03.c      功能:指標變數的指定運算      */
2
3    #include <stdio.h>
4    #include <stdlib.h>
5
6    void main(void)
7    {
8     int a=100;
9     int *p,*q;
10
11    printf("============ 宣告變數時 ============\n");
12    printf("&a=%p\t a=%d\n",&a,a);
13    printf("&p=%p\n",&p);
14    printf("&q=%p\n",&q);
15
16    p=&a;
17    printf("============ 設定 p=&a 後 ============\n");
18    printf("p=%p\t *p=%d\n",p,*p);
19
20    q=p;
21    printf("============ 設定 q=p 後 ============\n");
22    printf("q=%p\t *q=%d\n",q,*q);
23
24    *q=50;
25    printf("=========== 設定 *q=50 後 ===========\n");
26    printf("p=%p\t *p=%d\n",p,*p);
```

```
27   printf("q=%p\t *q=%d\n",q,*q);
28   printf("a=%d\n",a);
29   /*  system("pause");  */
30 }
```

⊙ 執行結果

```
============ 宣告變數時 ============
&a=0240FF5C        a=100
&p=0240FF58
&q=0240FF54
============ 設定 p=&a 後 ============
p=0240FF5C        *p=100
============ 設定 q=p 後 ============
q=0240FF5C        *q=100
============ 設定 *q=50 後 ============
p=0240FF5C        *p=50
q=0240FF5C        *q=50
a=50
```

⊙ 範例說明

(1) 根據上述的執行結果，我們可以將實際記憶體內容的變化分述如下。

(2) 第 9 行執行完畢時，記憶體配置如右。

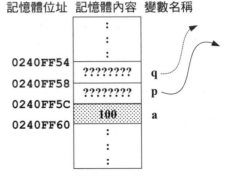

(3) 第 16 行執行完畢時，記憶體配置如右。

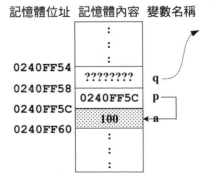

(4) 第 20 行執行完畢時，記憶體配置
如右。

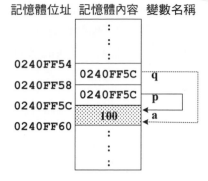

(5) 第 24 行執行完畢時，記憶體配置
如右。

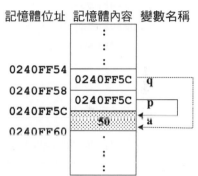

指標變數的初始值設定

指標變數的指定運算與普通變數的指定運算差別不大，只不過指定的值是某一個變數的位址或另一個指標變數值（無論是哪一種，都是記憶體位址）。不過，在設定初始值方面，指標變數和普通變數可就有很大的不同。

當我們宣告普通變數時，可以將該變數設定一個初值，例如：

```
int a=100;
```

但對於指標變數來說，我們不可以執行下列初始值設定的動作：

```
int *p=100;          /*  這是錯誤的敘述  */
```

為何我們不能如上述的設定呢？這是因為當宣告指標變數時，系統將保留一個空間來儲存指標變數，但不會設定該指標變數的內容（也就是該指標所指向的記憶體位址），就如同範例 8-3 中，最開始時，指標 p 與 q 不知指向何處（初始時期，指標可能指向任何地方），所以當我們希望讓指標所指的位址其內容為某一特定數

值時，等於強制修改了一個不確定位址上的內容，此時若指標恰好指向作業系統或其他程序正在使用的記憶體位址，則會發生錯誤。通常在穩定的作業系統環境中（如 Linux），程式將因為發生錯誤而被踢出，若在不穩定的作業系統（如 Dos），則可能導致當機。

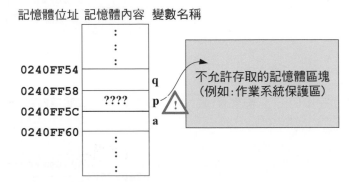

記憶體位址　記憶體內容　變數名稱

圖 8-6　未設定初值的指標可能指向任何記憶體位址（包含不允許被存取的記憶體區塊），非常危險

上述語法通常無法通過編譯器的編譯，但另一種更危險的語法，實質上與上述語法的功能相同，但可以通過編譯器的檢測。語法如下：

```
int *p;
*p=100;                    /* 非常危險的語法 */
```

雖然這種語法完全符合 C 的語法，並且可以被大多數編譯器允許，但這將發生非常嚴重的執行錯誤，通常初學者執行自行所撰寫的 C 語言程式時，發生當機或程式記憶體區段錯誤 (Segment Fault) 情況，都是因為類似上述指標的使用錯誤，請特別小心。

為了要避免這種錯誤，我們可以在宣告指標變數時，同時設定指標指向一個合法的記憶體位址（如下語法），如此一來，不論您如何修改指標所指記憶體位址的內容，都不會發生此種嚴重的錯誤了。

```
int a;
int *p=&a;         /* 正確無危險的語法  */
```

上述語法中，『int *p=&a;』將被編譯器分解成『int *p;』與『p=&a;』來執行，因此不會出現錯誤。

事實上，上述語法中的變數 a 宣告屬於靜態的記憶體宣告，也就是我們在撰寫程式時，已經確定需要一個變數的記憶體空間，然而，程式設計師有時無法確定程式執行時到底需要多少的記憶體空間，此時會採用動態記憶體配置 malloc，而動態記憶體配置完成時，也會回傳一個記憶體位址，此時，我們也可以使用指標來接收它。這是更常見的指標宣告及初始值設定方式，我們會在後面的小節中，陸續見到此種做法並深入解釋。

8.2.2 指標變數的加減運算

指標變數可以做加減運算，由於指標變數的內容為記憶體位址，所以指標變數的加減運算通常是用來增減記憶體位址的位移，換句話說，當某個指標變數做加法時，代表將該指標往後指幾個單位，當某個指標變數做減法時，代表將該指標往前指幾個單位，而移動的單位除了**與加減運算的數值有關**，也與**指標所指的資料型態有關**。

舉例來說，整數型態的變數佔用 4bytes 的記憶體空間，因此將指向整數型態的指標變數加 2，代表位址必須加 8(2×4=8)，我們透過下列範例來說明各種資料型態對於指標變數加減法的影響。

【 觀念範例 8-4 】指標變數加減法的示範以及資料型態對於指標變數加減法的影響。

範例*8-4* ch8_04.c（ch08\ch8_04.c）。

```
1   /*      檔名:ch8_04.c    功能：指標變數的加法運算    */
2
3   #include <stdio.h>
4   #include <stdlib.h>
5
6   void main(void)
7   {
8    int a;
9    short int *p;
10   int       *q;
11   float     *r;
12   double    *s;
13
14   p=(short int*) &a;
15   q=&a;
16   r=(float*) &a;
17   s=(double*) &a;
18
```

執行結果（使用 Dev-C++ 編譯）
```
p=0240FF5C
q=0240FF5C
r=0240FF5C
s=0240FF5C
=============
p=0240FF5E
q=0240FF60
r=0240FF60
s=0240FF64
```

```
19   printf("p=%p\n",p);
20   printf("q=%p\n",q);
21   printf("r=%p\n",r);
22   printf("s=%p\n",s);
23   printf("============\n");
24   p=p+1;
25   q=q+1;
26   r=r+1;
27   s=s+1;
28   printf("p=%p\n",p);
29   printf("q=%p\n",q);
30   printf("r=%p\n",r);
31   printf("s=%p\n",s);
32   /*   system("pause");   */
33   }
```

→ 範例說明

(1) 第 9~12 行：宣告 4 種指向不同資料型態的指標 p,q,r,s。

(2) 第 14~17 行：將變數 a 的位址指定為指標變數內容，也就是指標要指向的位址。由於資料型態的不一致，因此必須使用**強制型別轉換**，來設定正確的指標型態。

(3) 第 24~27 行：將指標變數內容『加 1』，其實並非只將位址（指標變數的內容）加 1 而已，它會依據指標指向的資料型態所佔用的記憶體單位大小，來決定移動多少個位址（加 1 代表加 1 個單位），以便指向正確的下一筆同樣資料類型的資料。例如：int 佔用 4 個 bytes，所以整數指標『加 1』，代表位址移動 4 個 bytes。本範例的指標相對位移如下圖。

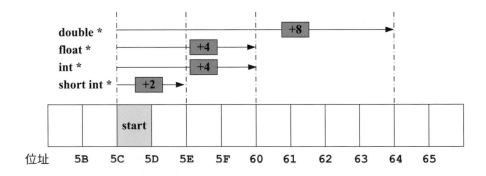

圖 8-7　指標變數的加法示意圖

(4) 指標加法只能用來加上『常數值』。不可以做指標變數的相加（如下範例會發生錯誤）因為兩個指標變數的內容相加（位址相加），並不具備任何實際的意義，而且容易使得指標指向不合法的位址。

```
int *p,*q;
p=p+q;              /* 不合法 */
```

8.2.3 指標變數的比較運算

『相同型態』的指標變數可以做比較運算，藉由比較運算，我們可以得知記憶體位址的先後關係。

【觀念範例 8-5】觀察指標變數內容（位址），得知 IBM 相容 PC 的 Windows 作業系統會將 gcc 編譯器（Dev-C++ IDE）要求的變數記憶體配置，由高位址開始往低位址配置。

範例*8-5* ch8_05.c（ch08\ch8_05.c）。

```
1   /*      檔名 :ch8_05.c      功能：指標變數的比較運算      */
2
3   #include <stdio.h>
4   #include <stdlib.h>
5
6   void main(void)
7   {
8     int a,b;
9     int *p=&a,*q=&b;
10
11    printf(" 指標 p 指向記憶體位址 %p\n",p);
12    printf(" 指標 q 指向記憶體位址 %p\n",q);
13    if(p>q)
14      printf(" 變數 a 的記憶體位址高於變數 b 的記憶體位址 \n");
15    else
16      printf(" 變數 b 的記憶體位址高於變數 a 的記憶體位址 \n");
17    /*   system("pause");   */
18  }
```

⊙ 執行結果

```
指標 p 指向記憶體位址 0240FF5C
指標 q 指向記憶體位址 0240FF58
變數 a 的記憶體位址高於變數 b 的記憶體位址
```

⊙ 範例說明

記憶體配置如圖。

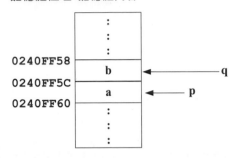

記憶體位址　記憶體內容

0240FF58 　 b 　 ← q
0240FF5C 　 a 　 ← p
0240FF60

圖 8-8 　 較早配置記憶體的變數位於較高的記憶體位址

8.2.4 指標變數的差值運算

　　雖然兩個指標變數無法做加法運算（加法運算僅能與常數相加），但兩個相同資料型態的指標變數卻可以做減法運算，稱之為『差值運算』，指標變數差值運算所得的結果代表兩個記憶體位址之間的可存放多少個該資料型態的資料，有的時候可以用來計算陣列中兩個元素相隔多少個元素或相對位移。

【實用範例 8-6】計算二維陣列（陣列大小為 8×15）元素 [2][6]~[6][10] 共佔用多少位元組。

範例 8-6 ch8_06.c（ch08\ch8_06.c）。

```
1   /*      檔名:ch8_06.c      功能:計算相隔元素個數      */
2
3   #include <stdio.h>
4   #include <stdlib.h>
5
6   void main(void)
7   {
8    double array[8][15];
9    double *p,*q;
10   int blocksize,count;
11
12   p=&array[2][6];
13   q=&array[6][11];
14
```

```
15    count=q-p;
16    blocksize=count*sizeof(double);
17
18    printf("p=%p\t q=%p\n",p,q);
19    printf(" 元素 [2][6]( 含 )~[6][10]( 含 ) 之間共有 %d 個元素 \n",count);
20    printf(" 元素 [2][6]( 含 )~[6][10]( 含 ) 之間的記憶體區塊大小為 ");
21    printf("%d 位元組 \n",blocksize);
22    /*  system("pause");  */
23  }
```

➔ 執行結果

```
p=0240FCC0          q=0240FEC8
元素 [2][6]( 含 )~[6][10]( 含 ) 之間共有 65 個元素
元素 [2][6]( 含 )~[6][10]( 含 ) 之間的記憶體區塊大小為 520 位元組
```

➔ 範例說明

(1) 我們可以利用簡單的公式計算陣列元素個數：

   [2][6]~[6][10] 共有 [(10-6)+1]+(6-2)×15=5+60=65 個元素

(2) 陣列元素配置如下圖。

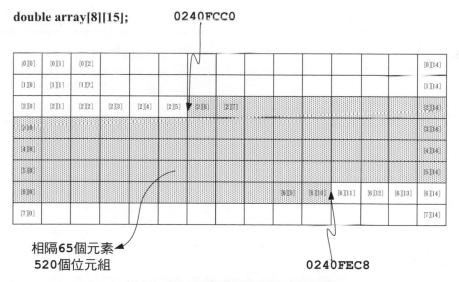

圖 8-9　陣列的記憶體配置及指標差值運算

8.3 函式的傳指標呼叫

在上一章中，我們曾經提及，C 語言提供了傳指標呼叫可達到間接改變呼叫端變數記憶體內容的目的。經由本章的學習，相信讀者已經對於指標建立了基本的概念，現在我們直接透過範例重新深入地說明傳指標呼叫的處理原則（相關語法請查閱 7.5 節）。

【實用範例 8-7】：範例 7-17 的傳參考呼叫是 C++ 的新功能，在只能夠使用 C 語言的狀況下並不適用，因此我們重新利用傳指標呼叫，實作範例 7-17 的整數交換函式 swap( )。

範例 8-7 ch8_07.c（ch08\ch8_07.c）。

```
1    /*    檔名:ch8_07.c    功能:傳指標呼叫實作 swap( )  */
2
3    #include <stdio.h>
4    #include <stdlib.h>
5
6    void swap(int *a,int *b)
7    {
8     int temp;
9     temp=*a;
10    *a=*b;
11    *b=temp;
12   }
13
14   void main(void)
15   {
16    int m=20,n=60;
17    printf(" 變換前 (m,n)=(%d,%d)\n",m,n);
18    swap(&m,&n);
19    printf(" 變換後 (m,n)=(%d,%d)\n",m,n);
20     /*  system("pause");  */
21   }
```

執行結果
變換前 (m,n)=(20,60)
變換後 (m,n)=(60,20)

● 範例說明

(1) 本範例使用的是傳指標呼叫，除了在參數宣告處必須使用指標之外，在呼叫函式時也必須將變數的位址傳遞給函式（與範例 7-17 傳參考呼叫的函式呼叫語法不同），以下是程式執行過程的記憶體配置情形。

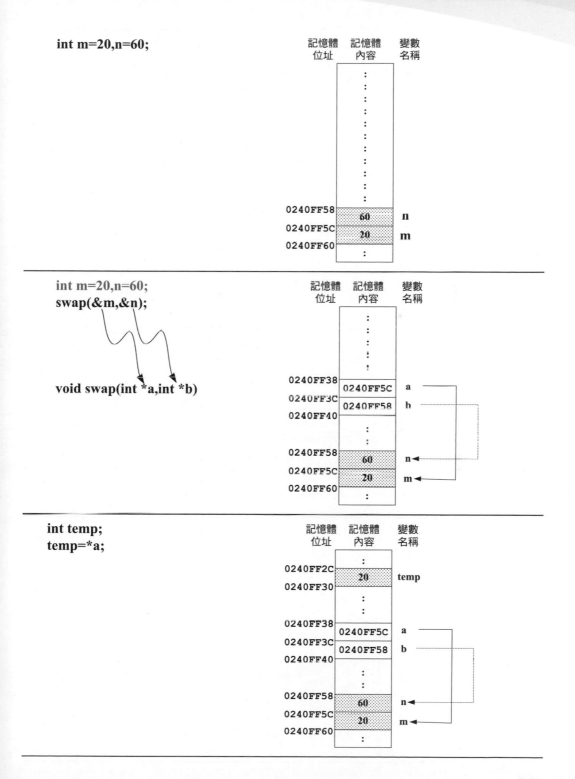

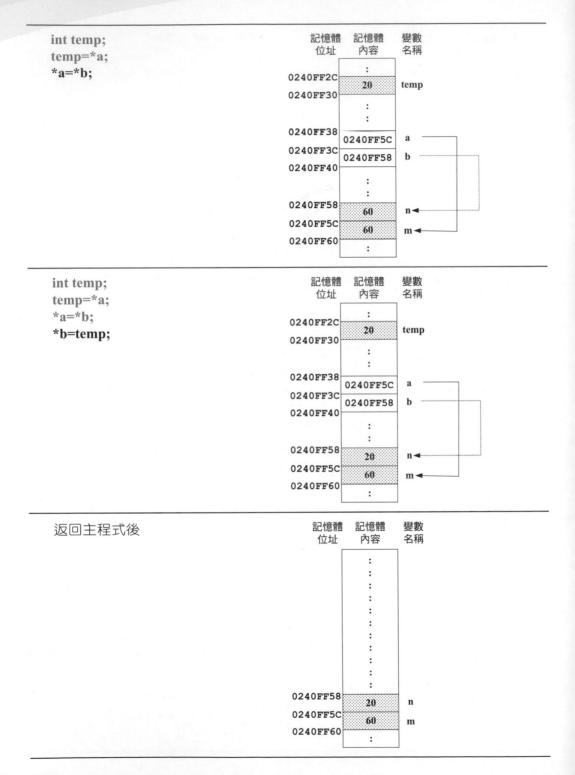

(2) 請讀者注意，在上述的流程中，變數 m,n 在 swap() 函式中將不會被看見，換句話說，swap() 函式無法直接使用 m,n 兩個變數名稱。而指標變數 a,b 與 temp 變數則在返回主程式後消失（佔用的記憶體空間將被釋放），這與變數的生命週期有關，我們留待『變數等級』一章中再做說明。

8.4 『指標』、『陣列』、『字串』的關係

在 C 語言中，字串是一種特殊的字元陣列（此種字串稱之為字元字串 character string），相信讀者已經了解。而事實上，陣列名稱也是一個記憶體位址，因此，指標、陣列、字串三者之間有著耐人尋味的關係，對於初學者而言，有的時候常常會搞不清楚，在本節中，我們將深入說明此三者的關係，並說明使用指標的優點。

8.4.1 指標與陣列

有許多 C 語言的入門書籍提到『陣列』其實就是『指標』，這幾乎是正確的，但更精確的說法應該是，陣列名稱可以視為一個常數指標（不會變動內容的指標）來加以操作，它指向陣列在記憶體中開始的位址。

在第 6 章當中，我們曾說明宣告陣列後，系統將會配置一塊連續的記憶體空間來存放陣列元素，如右圖。

在第 6 章中，我們使用右圖來說明陣列，並且透過索引取出陣列元素值，例如使用 array[3] 取出數值 8。事實上，要取出陣列元素也可以透過指標來完成，首先，我們先宣告一個指標 parray，並將之指定為 array[0] 的位址，如下語法：

int array[5]={2,4,6,8,10};

記憶體位址	記憶體內容	
	⋮	
2610	2	array[0]
2614	4	array[1]
2618	6	array[2]
261C	8	array[3]
2620	10	array[4]
2624	⋮	

圖 8-10　宣告陣列後，記憶體配置連續記憶體

```
int array[5]={2,4,6,8,10};
int *parray;
parray=&array[0];
```

此時將有一個指標 parray 指向陣列的第一個元素 array[0]，如下圖：

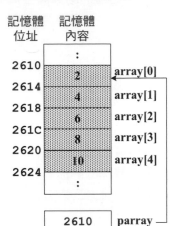

圖 8-11　將指標 parray 指向陣列的第一個元素

　　經過上述的動作之後，如果您想要取出陣列第四個元素 8 放入 value 變數，您可以使用第六章的方法『value=array[3];』來取得該元素值 8，也可以透過『value=*(parray+3);』來取出元素值 8，因為實際上 *(parray+3)，代表的是 *(2610+4×3)，它使用的原理是指標加法代表位址的位移，因此所謂 +3 代表移動 3 個單位。

　　在上述語法中，您會發現，執行『value=*(parray+3);』並不會改變 parray 指標的值，因此，我們是否可以節省一個指標變數但卻使用指標語法來取出陣列元素值呢？這個答案是可以的，但實際上連這個問題也出現了基本觀念上的錯誤。請看下一段的說明！

　　下列的語法在程式中常常可以見到，讀者很容易地可以判斷此為合法的程式碼，並且意義為 x 設定為 3.14。

```
const float pi=3.14;
float x;
x=pi;
```

　　在 C 語言中，所謂『指標』變數，代表著一個變數儲存著某一個記憶體位址。**而陣列名稱視為常數指標，因此實際上是一個不再變動的記憶體位址**（該位址為陣列第一個元素的記憶體位址），因此我們可以使用下列語法取得陣列的第一個元素的記憶體位址：

```
parray=array;        /*  效力等同於 parray = &array[0]  */
```

既然上述的語法是相等效力的，因此，C 語言提供了一個簡便的方法，以節省指標變數。也就是直接將陣列名稱當做指標來使用。因此下列語法也是相等的。

```
value=*(array+3);
```
　　　　　　　等同於　　　　　　　
```
value=array[3];
```

上述語法看起來不同，但實際上對於編譯器而言則會將之翻譯成相同的目的碼，並且根據 C 語法發明人 K & R 在其著作 The C Programming Language 中宣稱，在計算 array[i] 時，C 語言會將之轉換為 *(array+i) 來加以運作。

了解陣列名稱可以當做指標來運作，您是否感覺到真棒呢？是的，但請不要太高興，因為如果您仔細看看前面我們對於『陣列名稱可以當做指標來運作』時的描述，我們並未將之稱呼為指標變數。沒錯，這就是陣列名稱與指標變數唯一不同之處，陣列名稱事實上是不可以改變其值的，而指標變數可以改變其值，換句話說，雖然上述的『value=*(parray+3);』與『value=*(array+3);』都是合法的，但『parray=parray+1;』是合法的、而『array=array+1;』卻是不合法的。

我們將陣列名稱的獨特性整理如下：

(1) 陣列名稱是一個記憶體位址，該位址一定是陣列第一個元素在記憶體中的位址。

(2) 陣列名稱所代表的記憶體位址可以被讀取，但不可被更改。因此陣列名稱具有唯讀性。

(3) 您可以將陣列名稱當做一個唯讀的指標，但不可以改變其值。

經由上述的整理之後，在本書中，我們將把陣列名稱視為『指標常數』，以突顯其唯讀性，亦即宣告 int array[] 在陣列名稱方面可視為宣告 int* const array。

註 請注意指標常數是如同上述的 int* const p;，將陣列名稱稱之為指標常數，並非一個正式的定義，純粹只是為了使讀者容易記憶陣列名稱的特性而已。正如同 K & R 在 The C Programming Language 一書，要讀者在心中記得，指標(pointer)是一個變數(variable)，而陣列名稱 (array name) 不是一個變數 (not a variable)。原文節錄如下：

A pointer is a variable, but an array name is not a variable.

在瞭解了陣列名稱與指標變數的差別之後，我們重新將陣列元素的存取語法整理如下：

存取一維陣列中的第 i 個元素語法如下：

```
語法：
陣列表示法：陣列名稱 [i]
指標表示法：* ( 陣列名稱 +i)
```

【 範　　例 】

array[0]	→	存取 array 陣列的索引 0 之元素
*array	→	存取 array 陣列的索引 0 之元素
array[2]	→	存取 array 陣列的索引 2 之元素
*(array+2)	→	存取 array 陣列的索引 2 之元素

【 觀念範例 8-8 】改寫範例 6-2，使用指標方式來存取陣列元素。

範例*8-8* ch8_08.c (ch08\ch8_08.c)。

```
1   /*     檔名 :ch8_08.c      功能：使用指標存取陣列元素    */
2
3   #include <stdio.h>
4   #include <stdlib.h>
5
6   void main(void)
7   {
8    float Temper[12],sum=0,average;
9    int i;
10
11   for(i=0;i<12;i++)
12   {
13      printf("%d 月的平均溫度 :",i+1);
14      scanf("%f",(Temper+i));
15      sum=sum+*(Temper+i);
16   }
17   average=sum/12;
18   printf("========================\n");
19   printf(" 年度平均溫度 :%f\n",average);
20   /*  system("pause");  */
21  }
```

執行結果
1 月的平均溫度 :15.6
2 月的平均溫度 :17.3
3 月的平均溫度 :24.2
4 月的平均溫度 :26.7
5 月的平均溫度 :28.4
6 月的平均溫度 :30.2
7 月的平均溫度 :29.6
8 月的平均溫度 :30.5
9 月的平均溫度 :29.2
10 月的平均溫度 :28.6
11 月的平均溫度 :25.4
12 月的平均溫度 :22.9
========================
年度平均溫度 :25.716667

範例說明

　　這個範例和範例 6-2 具有完全相同的效果，只不過，我們在存放與讀取陣列元素時，透過指標來加以完成，而這個指標名稱也就是陣列名稱。請注意，第 14 行處，由於 scanf 是透過傳指標呼叫，而 Temper 本身就是一個位址（加了 i 仍舊是位址），因此，不必再使用取址運算子『&』。

8.4.2 指標與字串

　　陣列可以視為指標常數（不會變動內容的指標），它代表著陣列在記憶體中開始的位址（也就是陣列第一個元素的記憶體位址）。而字串既然是一種特殊的字元陣列（我們將之稱為字元字串），因此字串與指標也息息相關。在本章之前，讀者可以發現到許多與字串有關的函式語法，所接受的字串都是指標字串，而非字元字串（例如：strcpy 函式），我們既然這樣子說，是否代表使用『字元字串』的字串與使用『指標字串』的字串不同呢？確實如此，不過我們先來複習普通字元陣列與字元字串的差異。以下是分別使用兩種不同宣告方式存放『Welcome』的範例。

【觀念範例 8-9】釐清普通字元陣列與字元字串的差異。

範例**8-9** ch8_09.c（ch08\ch8_09.c）。

```
1   /*      檔名 :ch8_09.c      功能：普通字元陣列與字元字串    */
2
3   #include <stdio.h>
4   #include <stdlib.h>
5
6   void main(void)
7   {
8    char s1[]={'W','e','l','c','o','m','e'};
9    char s2[]="Welcome";
10
11   printf("s1 字元陣列佔用記憶體 %d bytes\n",sizeof(s1));
12   printf("s2 字元字串佔用記憶體 %d bytes\n",sizeof(s2));
13   /*  system("pause");  */
14  }
```

執行結果

```
s1 字元陣列佔用記憶體 7 bytes
s2 字元字串佔用記憶體 8 bytes
```

➲ 範例說明

　　s1 與 s2 的記憶體配置如下，s2 必須存放『'\0'』字串結尾字元，所以大小為 8 個 bytes。

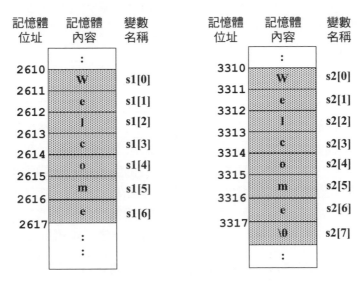

圖 8-12　普通字元陣列與字元字串相差一個位元組

　　事實上，除了以陣列方式宣告字元字串之外，我們也可以使用指標方式來宣告字串（稱之為**指標字串**），例如：『char *s3="Welcome"』。我們以下面的範例來加以說明：

【觀念範例 8-10】宣告指標字串。

範例*8-10*　ch8_10.c（ch08\ch8_10.c）。

```
1    /*      檔名:ch8_10.c      功能：指標字串      */
2
3    #include <stdio.h>
4    #include <stdlib.h>
5
6    void main(void)
7    {
8     char *s3="Welcome";
9     int i;
10
11    for(i=0;i<8;i++)
12       if (s3[i] != '\0')
13          printf("s3[%d]=%c\n",i,s3[i]);
```

執行結果
s3[0]=W
s3[1]=e
s3[2]=l
s3[3]=c
s3[4]=o
s3[5]=m
s3[6]=e
s3[7]='\0'

```
14      else
15       printf("s3[%d]='\\0'\n",i);
16  /*  system("pause");  */
17  }
```

範例說明

(1) 使用 *(s3+i) 或 s3[i] 都可以讀取代表字串的陣列元素。

(2) s3 的記憶體配置如圖，它的大小仍是 8 個 bytes。請特別注意的是，以往我們宣告『int *p=&a;』時，編譯器將之分解為『int *p;』及『p=&a』，同理，當我們宣告『char *s3="Welcome";』時，編譯器也會將之分解為『char *s3;』及『s3=&("Welcome");』。

(3) 請注意，s3 與上一個範例的 s2 最主要的差別在於，s3 為一個指標變數，而 s2 為一個陣列名稱（唯讀的指標常數）。請看下一個範例。

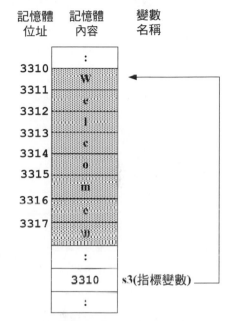

【觀念範例 8-11】：釐清指標字串的指標變數與字元字串的陣列名稱（指標常數）。

範例8-11 ch8_11.c（ch08\ch8_11.c）。

```
1   /*     檔名:ch8_11.c     功能:指標字串與字元字串     */
2
3   #include <stdio.h>
4   #include <stdlib.h>
5
6   void main(void)
7   {
8    char s2[]="Welcome";
9    char *s3="Welcome";
10   char *s4;
11   char *s5="Good morning";;
12
13   /*  s2=s5;  */     /*  此行不合法 */
14   s3=s5;
15   s4=s2;
16   printf("s2=%s\n",s2);
17   printf("s3=%s\n",s3);
```

執行結果
```
s2=Welcome
s3=Good morning
s4=Welcome
```

```
18    printf("s4=%s\n",s4);
19    /*  system("pause");  */
20   }
```

▶ 範例說明

(1) s3、s4、s5 是指標變數，所以可以指定指向其他的記憶體位址（例如第 14 行，指標 s3 將指向 s5 字串的開始位址、第 15 行指標 s4 將指向 s2 字串的開始位址）。

(2) s2 是陣列名稱（唯讀的位址），所以無法指向其他記憶體位址（若將第 13 行的註解取消，將無法通過編譯）。

(3) 第 10 行的宣告是危險的，因為我們並未指定 s4 一開始指向何處，所幸，在整個程式中，我們只在第 15 行修改 s4 的內容，使其指向 s2 字串的開頭。不過，在實務上的程式設計，應該避免第 10 行的宣告方式。我們將於範例 8-13 修改這種指標字串的宣告方式。

Coding 注意事項

請注意，指標常數的宣告，必須將資料型態與 * 放在 const 之前，否則意義不同。説明如下：

```
const char* s="abc";
```

【説明】："abc" 不可以改變為其他內容，但 s 可以指向其他字串。

```
char* const s="abc";
```

【説明】：s 不可以指向其他字串，但 "abc" 可以改變為其他內容。

✍ 小試身手 8-2

請在範例 8-11 的第 8 行，分別修改為 const char* s2; 與 char* const s2;，然後取消第 13 行的註解，並重新編譯與執行，看看會發生什麼情形，從而體驗出宣告指標常數的方式。

多維陣列字串與指標

　　除了指標是否唯讀的差異之外，乍看之下，用一維陣列或指標宣告字串並沒有太大的不同，但這只僅限於一維陣列的字串。對於二維以上的字串陣列而言，兩種宣告方式就有很大的差異。

以往我們要儲存一群字串時，通常會使用二維陣列來儲存這些字串。例如：我們想要將一週的英文單字存入陣列，則會如下宣告 2 維陣列：

```
char Week[7][10]={"Monday","Tuesday","Wednesday",
                  "Thursday","Friday","Saturday","Sunday"};
```

由於要存放最長的字串，所以二維部分的寬度必須宣告為 10，經由上述宣告後，記憶體配置如下圖：

char Week[7][10]={"Monday","Tuesday","Wednesday","Thursday", "Friday","Saturday","Sunday"};

0x2000	M	o	n	d	a	y	\0			
0x200a	T	u	e	s	d	a	y	\0		
0x2014	W	e	d	n	e	s	d	a	y	\0
0x201e	T	h	u	r	s	d	a	y	\0	
0x2028	F	r	i	d	a	y	\0			
0x2032	S	a	t	u	r	d	a	y	\0	
0x203c	S	u	n	d	a	y	\0			

圖 8-13　使用二維陣列宣告方式儲存字串群

在上圖中，黑底的記憶體空間明顯地被浪費了，但是如果使用指標陣列來存放這些字串，則可以免除這種現象，宣告方式如下：

```
char *Week[7]={"Monday","Tuesday","Wednesday",
               "Thursday","Friday","Saturday","Sunday"};
```

經由上述宣告後，記憶體配置如下圖：

char *Week[7]={"Monday","Tuesday","Wednesday","Thursday", "Friday","Saturday","Sunday"};

0x2000	M	o	n	d	a	y	\0			
0x2007	T	u	e	s	d	a	y	\0		
0x200f	W	e	d	n	e	s	d	a	y	\0
0x2019	T	h	u	r	s	d	a	y	\0	
0x2022	F	r	i	d	a	y	\0			
0x2029	S	a	t	u	r	d	a	y	\0	
0x2032	S	u	n	d	a	y	\0			

圖 8-14　使用指標陣列宣告方式儲存字串群

明顯地，它節省了一些記憶體空間，但事實上，它會使用指標陣列中的指標指向每一個字串的開頭，使得系統能夠辨識哪一個位址才是字串的開始，如下圖所示。

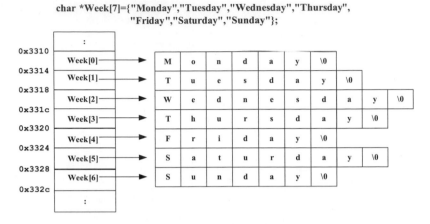

圖 8-15　透過指標指向每一個字串

要提取指標陣列所指向的字串，並不需要透過提領運算子『*』，例如：讀取『Friday』字串，只需要使用『Week[4]』即可。而若使用『*Week[4]』，將只會得到『Friday』字串的第一個位址內的字元，即『F』。

【觀念範例 8-12】取出指標陣列內的字串。

範例 *8-12*　ch8_12.c（ch08\ch8_12.c）。

```
1   /*      檔名:ch8_12.c      功能：指標陣列與字串陣列      */
2
3   #include <stdio.h>
4   #include <stdlib.h>
5
6   void main(void)
7   {                        C 語言的跨行連接符號
8    int i;
9    char *Week[7]= \
10   {"Monday","Tuesday","Wednesday","Thursday","Friday","Saturday","Sunday"};
11
12   for(i=0;i<=6;i++)
13     printf("Week[%d]=%s\n",i,Week[i]);
14   /*  system("pause");  */
15  }
```

➡ 執行結果

```
Week[0]=Monday
Week[1]=Tuesday
Week[2]=Wednesday
Week[3]=Thursday
Week[4]=Friday
Week[5]=Saturday
Week[6]=Sunday
```

➡ 範例說明

請注意第 13 行使用的是 Week[i]，而非 *Week[i]。

✋ 小試身手 8-3

請將範例 8-12 第 13 行的 Week[i] 改為 *Week[i]，重新編譯與執行，看看會發生什麼情形。

8.5 指標函式回傳值

由於函式最多只能回傳一個回傳值，所以一般來說，大多回傳『數值』即可，不過，在某些狀況下，我們會希望回傳一個指標，例如：想要回傳字串時。

回傳指標必須在函式宣告與定義時，將回傳值宣告為指標型態，例如想要回傳一個字串指標可以宣告如下語法：

```
char *func1(參數串列);
```

當然，如果您想要接收這個回傳的指標，也必須使用一個指標型態的指標變數來加以接收，我們直接透過一個範例來加以示範。

【觀念與實用範例8-13】設計一個反轉字串的函式，並且將反轉結果以字串指標回傳。

範例8-13 ch8_13.c（ch08\ch8_13.c）。

```
1   /*    檔名:ch8_13.c    功能:回傳字串指標(設計反轉字串函式)    */
2
3   #include <stdio.h>
4   #include <stdlib.h>
5   #include <string.h>
6
```

```
7    char *inverse(char *src);
8
9    char *inverse(char *src)
10   {
11    char *dest=(char*)malloc(sizeof(src));   /* malloc 詳見 8.7 節 */
12    int i,len;
13    len=strlen(src);
14    for(i=len-1;i>=0;i--)
15       *(dest+len-1-i)=*(src+i);
16    *(dest+len)='\0';
17    return dest;
18   }
19   void main(void)
20   {
21    char *s1="Welcome";
22    char *s2=inverse(s1); /* 可分解為 char *s2; s2=inverse(s1); */
23
24    printf("s1=%s\n",s1);
25    printf("s2=%s\n",s2);
26    /*  system("pause");  */
27   }
```

執行結果
s1=Welcome
s2=emocleW

● 範例說明

(1) 第 7 行的函式宣告，將回傳值的型態宣告為指標型態（char *inverse）。第 9 行的函式定義也是如此。

(2) 第 17 行，使用 return 回傳 dest 指標。

(3) 第 22 行，使用 s2 指標來接收 dest 指標。

(4) 第 11 行使用了 malloc 來配置記憶體，使得 dest 指標一開始就指向一個合法的記憶體空間，我們將於 8.7 節中介紹 malloc 函式。如果第 11 行只宣告為『char *dest;』，將會產生執行時期的錯誤，因為 dest 一開始不知指向何方（或許會指到不合法的記憶體空間），而我們卻在第 14~16 行改變 dest 指標指向的內容。

8.6 『指標』的『指標』

指標除了可以指向普通變數，其實也可以指向指標變數，而在這種情況下，我們稱之為『指標的指標』，例如指標 pp 指向指標 p，而指標 p 指向資料 x，則我們可以透過指標的指標，間接地存取『指標 pp 所指向的指標 p 再指向的內容 x』（如下圖所示）。除了指標的指標（兩層的指標變數）之外，我們還可以使用更多層的指標，例如三層指標變數。

圖 8-16　指標的指標示意圖

宣告多重指標，只需要在指標的「*」符號前面再加上一個以上的「*」即可，語法如下．

【語　法】

```
int   * 指標名稱；      /*   指標   */
int  ** 指標名稱；      /*   指向指標的指標（即二層指標變數）  */
int *** 指標名稱；      /*   三層指標變數  */
```

假設我們使用了二重指標（指標的指標）來運算，則您還必須將第二重指標的位址指向第一重指標的位址，如右範例：

```
int x=50;
int *p;
int **pp;
p=&x;
pp=&p;
```

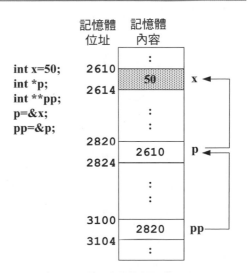

圖 8-17　指標的指標記憶體示意圖

上面這個範例中，x=50、*p=50 是毫無疑問的，而要使用『指標的指標』修改 x 的值，則必須使用兩次的指標提領運算子，換句話說，也就是 **pp=50。而 p 是 2610（x 的位址），pp 則是 2820（p 的位址）。

多重指標也可以使用指標的基本運算，由於陣列名稱可以視為指標來運算，因此如果我們想要透過指標方式存取二維陣列的元素，則可以透過下列的加法運算完成：

陣列表示法	指標表示法
array[i][j]	*(*(array+i)+j)

另外，相對於 8.4.2 節所述的字串陣列而言，一般來說，指標陣列比較適合處理『有限個』長度不固定的字串，而多重指標則適合處理『無限個』長度不定的字串。

【觀念範例 8-14】使用多重指標（指標的指標）改寫範例 6-5，將九九乘法表的乘法結果儲存在 9×9 的二維整數陣列，並將陣列的資料列印出來。

範例 *8-14*　ch8_14.c（ch08\ch8_14.c）。

```
1    /*      檔名:ch8_14.c      功能:指標的指標      */
2
3    #include <stdio.h>
4    #include <stdlib.h>
5
6    void main(void)
7    {
8     int m[9][9];
9     int i,j;
10
11    for(i=1;i<=9;i++)
12      for(j=1;j<=9;j++)
13        *(*(m+(i-1))+(j-1))=i*j;
14
15    for(i=1;i<=9;i++)
16    {
17      for(j=1;j<=9;j++)
18      {
19        printf("%d*%d=%d\t",i,j,*(*(m+(i-1))+(j-1)));
20      }
21      printf("\n");
22    }
23    /*  system("pause");  */
24  }
```

➡ 執行結果

```
1*1=1      1*2=2      1*3=3      1*4=4      1*5=5      1*6=6      1*7=7      1*8=8      1*9=9
2*1=2      2*2=4      2*3=6      2*4=8      2*5=10     2*6=12     2*7=14     2*8=16     2*9=18
3*1=3      3*2=6      3*3=9      3*4=12     3*5=15     3*6=18     3*7=21     3*8=24     3*9=27
4*1=4      4*2=8      4*3=12     4*4=16     4*5=20     4*6=24     4*7=28     4*8=32     4*9=36
5*1=5      5*2=10     5*3=15     5*4=20     5*5=25     5*6=30     5*7=35     5*8=40     5*9=45
6*1=6      6*2=12     6*3=18     6*4=24     6*5=30     6*6=36     6*7=42     6*8=48     6*9=54
7*1=7      7*2=14     7*3=21     7*4=28     7*5=35     7*6=42     7*7=49     7*8=56     7*9=63
8*1=8      8*2=16     8*3=24     8*4=32     8*5=40     8*6=48     8*7=56     8*8=64     8*9=72
9*1=9      9*2=18     9*3=27     9*4=36     9*5=45     9*6=54     9*7=63     9*8=72     9*9=81
```

➡ 範例說明

在這個範例中，我們將陣列名稱 m 當作是指標來操作，由於是二維陣列，所以必須使用指標的指標較為恰當。

函式呼叫傳遞二維陣列

在上一章中，我們了解到函式呼叫欲傳遞一維陣列需要使用傳指標呼叫來達成，並且應該在其後附上陣列的大小。那麼如果想要在函式呼叫時傳遞二維陣列，該怎麼做呢？方法有很多種，有些只適用在第二維度為固定已知的狀況下，有些則可以兩個維度皆為未知。

我們在此僅介紹可適用於兩個維度皆為未知的狀況，這個方法與傳遞一維陣列類似，但必須傳遞兩個維度的大小（因為兩個皆為未知）。換句話說，您必須在被呼叫函式的參數列，宣告一個指標，兩個整數，一個用於表示列的大小，另一個用於表達行的大小。

不過請注意，在被呼叫端內要存取二維陣列時，不可以直接使用陣列格式，例如 n[1][1]，因為，參數 n 只被宣告為指標，而非指標的指標，故而不可使用二維陣列格式來存取。那麼我們要如何存取接收的二維陣列元素呢？由於 n 為指標指向了二維陣列的開頭元素，因此，您必須使用指標的加法運算，透過提取運算子，存取二維陣列的元素，例如 *(n+k)，重點是 k 值要如何表達？其實很簡單，只要參考範例 8-6 的圖形，很容易可以得到公式。

假設被呼叫函式接收到的列大小為 p，行大小為 q，則想要存取 n[a][b]，則應該表達為 *(n+(a*q+b))，例如想要存取 n[0][0]、n[2][0]、n[2][3] 等元素，則依照公式應該存取 *(n)、*(n+2q)、*(n+2q+3)。

【觀念範例 8-15】改寫範例 8-14，使用傳指標呼叫，傳遞二維陣列 m[9][9]，並於被呼叫函式中，將九九乘法表印出。

範例8-15 ch8_15.c（ch08\ch8_15.c）。

```
1   /*      檔名:ch8_15.c       功能：傳遞二維陣列     */
2
3   #include <stdio.h>
4   #include <stdlib.h>
5
6   print99(int *n,int p,int q)
7   {
8    int i,j;
9    for(i=1;i<=p;i++)
10   {
11     for(j=1;j<=q;j++)
12     {
13       printf("%d*%d=%d\t",i,j,*(n+(i-1)*q+(j-1)));
14     }
15     printf("\n");
16   }
17  }
18
19  void main(void)
20  {
21   int m[9][9];
22   int i,j;
23
24   for(i=1;i<=9;i++)
25     for(j=1;j<=9;j++)
26       m[i-1][j-1]=i*j;
27
28   print99(m,9,9);
29   /*  system("pause");  */
30  }
```

⊙ 執行結果

（同範例 8-14）

⊙ 範例說明

(1) 當第 28 行呼叫 print99 時，欲傳遞二維陣列，必須傳遞列與行的大小。

(2) 第 6 行的參數列，應使用兩個整數 p,q 來接收列與行的大小。而第 13 行欲印出 n[i-1][j-1] 元素時，則套用公式，更換為 *(n+(i-1)*q+(j-1)) 即可。

8.7 動態記憶體配置

讀者如果已經開始練習撰寫程式，相信一定會遇到某些陣列大小無法於事先決定的情況，例如我們要撰寫一個 m 取 n 球的樂透程式，而 m,n 都必須由使用者於執行期間加以設定，此時如果您用一維陣列來存放 n 個球，則陣列大小為 n。

問題是有些語言並不允許宣告一個陣列大小為變數的陣列（例如：int array[n];）。因此有些人會將 n 先設定為非常大的值，例如 200。而如果使用者只要求開出 6 個球，則剩餘的 194 個元素將被棄置不用。所以雖然此法可以解決問題，但仍需限制使用者只能選擇最多開 200 個球，並且在大多數的情況下會浪費很多記憶體空間（例如上例中浪費了 194 個元素的記憶體空間）。

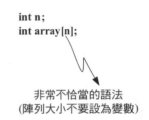

非常不恰當的語法
（陣列大小不要設為變數）

圖 8-18　最好不用將陣列索引宣告為變數

即使您的編譯器或程式語言允許宣告動態陣列大小（如 array[n]），仍舊可能會產生其他的問題，例如在範例 8 13 中，如果我們將第 11 行改為 char *dest，則會發生 dest 指標一開始不知指向何方的問題，萬一指向了危險記憶體區域，則透過 dest 指標改變該記憶體內容時，將會產生錯誤，然而在一開始時，我們並不知道應該把 dest 指向多大的記憶體空間，並且該空間必須能夠交由我們的程式自行運作而不會發生錯誤。

其實，最佳的解決辦法應該是利用 C 語言提供的動態記憶體配置函式來解決這個問題，使用動態記憶體配置，可以使得我們的程式需要用多少記憶體空間，就向系統要多少記憶體空間，完全不會浪費，而且還可以在使用完畢後將之歸還給系統，充分而有效地利用記憶體。

C 語言提供的動態記憶體配置 malloc( ) 可以於執行過程中配置一個適當大小的記憶體空間給指標，接著我們就可以藉由這個指標來存取分配到的記憶體空間內的資料。

8.7.1 配置記憶體函式－ malloc( )

我們可以透過 malloc 函式向系統要求配置一塊記憶體空間以供使用,語法如下:

malloc( )

【語　法】

```
標頭檔:#include <stdlib.h>
        #include <malloc.h>
語法:void *malloc(size_t size);
功能:動態配置記憶體
```

【語法說明】

malloc 會配置 size 位元組的記憶體,並使用指標變數來表示該記憶體的開頭位址,因此必須使用一個指標變數來接收函式回傳指標。

通常我們在計算 size 大小時,會配合 sizeof( ) 函式來求出記憶體大小,例如您想要一個整數大小的記憶體空間,則引數可設定為 sizeof(int)。而由於各種不同資料型態的長度不盡相同,因此在接收回傳指標之前,常常需要先對回傳指標做資料轉型的動作。

【範　例】 配置一塊字元陣列(長度為 9)的記憶體空間給指標變數。

```
char *ptr;
ptr = (char *)malloc(sizeof(char)*9);
```

【說　明】

(1) sizeof(char) 的大小為 1,所以乘上 9 之後,恰為我們所要的 9 個位元組。

(2) (char *) 代表將回傳指標轉型為字元指標。

【實用及觀念範例 8-16】改寫範例 7-25,由於無法事先得知開球數目,因此使用動態記憶體配置,存放開球結果。

範例8-16 ch8_16.c(ch08\ch8_16.c)。

```
1  /*    檔名:ch8_16.c    功能:動態記憶體配置    */
2
3  #include <stdio.h>
```

```
4    #include <stdlib.h>
5    #include <malloc.h>
6    #include "./lotto.h"
7
8    /**************main()**************/
9    int main(int argc,char *argv[])
10   {
11    int i,special,ball_qty=6,temp;
12    int *lotto;
13
14    if(argc>1)
15    {
16       ball_qty=atoi(argv[1]);   /* atoi 須引入 stdlib.h */
17       if(ball_qty==0)
18       {
19          printf(" 參數錯誤，例如輸入球數非數字 \n");
20          return -1;
21       }
22       if(!((ball_qty>=1) && (ball_qty<=48)))
23       {
24          printf(" 參數錯誤，例如輸入球數非 1~48\n");
25          return -1;
26       }
27    }
28    lotto=(int*)malloc(sizeof(int)*ball_qty);
29    generate_lotto_sort(&special,lotto,ball_qty);
30
31    printf(" 樂透號碼如下 .....\n");
32    for(i=0;i<ball_qty;i++)
33    {
34       if((i%6==0) && (i!=0))
35          printf("\n");
36       printf("%d\t",lotto[i]);
37    }
38    printf("\n");
39    printf(" 特別號 :%d\n",special);
40    return 1;
41   }
```

➔ 執行結果

```
………先編譯 ch8_16.c，執行檔為 ch8_16.exe………
C:\C_language\ch08>ch8_16
樂透號碼如下 .....
1      14      20      23      27      35
特別號 :34
C:\C_language\ch08>ch8_16 10
樂透號碼如下 .....
```

```
1        6        8        10       18       22
26       29       40       42
特別號：3
```

➲ 範例說明

(1) 第 12 行：lotto 是一個整數指標變數。

(2) 第 28 行：經過動態記憶體配置，lotto 指向分配到的「ball_qty」個整數空間的開頭處，由於第 29 行的呼叫 generate_lotto_sort 函式原本就是接受指標方式的引數，因此當然可以成功呼叫。

(3) 在執行結果中，當使用者輸入 6 球或未輸入球數參數時，lotto 指向的記憶體空間大小為 6 個整數空間。若使用者輸入 10 球，則 lotto 指向的記憶體空間大小為 10 個整數空間，完全不會浪費記憶體空間。

(4) 這個程式中，經由 malloc 動態記憶體配置的記憶體空間，將會保留到程式執行完畢。如果我們想要提早釋放這些記憶體空間，則必須使用下面所介紹的 free 函式。

8.7.2 釋放記憶體函式－ free( )

我們透過 malloc 函式取得的記憶體，可以於不需再使用的狀況下，透過 free 函式將之歸還給系統，語法如下：

free( )

【語　法】

```
標頭檔：#include <stdlib.h>
      #include <malloc.h>
語法：void free(void *ptr);
功能：釋放記憶體
```

【語法說明】

free 函式會釋放由 ptr 指標指向的記憶體空間，以便節省記憶體。

【實用及觀念範例 8-17】將範例 8-16 改寫，在往後不需要使用記憶體的狀況下，將 lotto 所指向的記憶體空間釋放。

範例**8-17** ch8_17.c（ch08\ch8_17.c）。

```
1    /*     檔名 :ch8_17.c      功能 : 釋放記憶體     */
2
:    …同範例 8-16 的第 3~30 行…
31   printf(" 樂透號碼如下 .....\n");
32   for(i=0;i<ball_qty;i++)
33   {
34       if((i%6==0)  && (i!=0))
35           printf("\n");
36       printf("%d\t",lotto[i]);
37   }
38   free(lotto);
39   printf("\n");
40   printf(" 特別號 :%d\n",special);
41   return 1;
42   }
```

● 執行結果

（同範例 8-16）

● 範例說明

我們發現到，當第 32~37 行執行完畢後，就不再需要 lotto 指向的連續記憶體，因此將之釋放。換句話說，當您在 39 行以後想要讀取『lotto 陣列』的資料，將再也讀不到剛才所開出的號碼，甚至還可能引起程式發生錯誤。雖然這個範例看不出 free 的優點，但在需要大量動態記憶體配置的程式中，如何有效管理記憶體空間，將是非常重要的課題，否則記憶體將很容易被一直配置到不夠使用，而發生錯誤。

8.8 本章回顧

在本章中，我們認識了 C 語言的一項特色，也就是允許透過『指標』來存取記憶體內容。本章重點如下：

(1) 所有要被中央處理器處理的資料，都必須先存放在記憶體中；這些記憶體被劃分為一個個的小單位，並且賦予每一個單位一個位址，這個動作稱之為『記憶體空間的定址』。

(2) 普通變數意味著佔用某一塊記憶體空間，該空間內則存放變數資料。『指標變數』與普通變數差不多，只不過指標變數的內容，是另一個變數的記憶體位址，換句話說，在記憶體空間內存放的是另一個變數所佔用的記憶體位址。

(3) 取得變數位址可以使用取址運算子『&』。

(4) 改變指標所指向記憶體位址的內容，可以使用提領運算子『*』。

(5) 每一種資料型態的指標變數在 32 位元的作業系統環境中都佔用 4 個 bytes，因為指標變數存放的是記憶體位址。

(6) C 語言提供下列四種與指標有關的基本運算功能：

1. 指定運算　　　2. 加減運算

3. 比較運算　　　4. 差值運算

(7) 為了避免指標指向不合法的位址而引發錯誤，我們可以在宣告指標變數時，同時設定指標指向一個合法的記憶體位址（如下語法）。下列語法中，『int *p=&a;』將被編譯器分解成『int *p;』與『p=&a;』來執行。

```
int a;
int *p=&a;
```

(8) 程式語言的傳址呼叫在 C 語言中，以傳指標呼叫來達成類似的效果。所以引數也可以是一個指標，以便達到呼叫者與被呼叫者共用同一塊記憶體的目的。

(9) 陣列名稱可以視為一個位址，代表著陣列在記憶體中開始的位址，您可以將之視為唯讀的指標來加以操作。字元字串是一種特殊的字元陣列，而指標字串則提供了更大的彈性，因此我們應該盡量將字串宣告為指標字串，例如：『char *string1;』。但在宣告指標字串時，要特別小心指標一開始是否指向合法的記憶體空間（宣告其他類型的指標亦如此），如有必要，應搭配 malloc 函式取得一塊合法的記憶體空間，以避免發生執行時的錯誤。

(10) 在某些函式呼叫中，我們可能需要回傳一個指標，例如：想要回傳字串時。回傳指標必須在函式宣告與定義時，將回傳值宣告為指標型態，例如想要回傳一個字串指標可以宣告如下語法：

```
char *func1(參數串列);
```

(11) 指標也可以指向指標變數，而在這種情況下，我們稱之為『指標的指標』，透過指標的指標，我們就可以間接地存取『指標所指向的指標再指向的記憶體內容』。

(12) 為了更有效利用記憶體空間，我們可以使用 C 語言提供的動態記憶體配置函式。C 語言提供的動態記憶體配置函式有 malloc 與 free。動態記憶體配置函式可以於執行過程中配置一個適當大小的記憶體空間給指標，接著我們就可以藉由這個指標來存取分配到的記憶體空間內的資料。

筆記頁

問答題

1. 指標變數的記憶體內容應該是什麼樣的資料？

2. 取得變數位址可以使用哪一個運算子？改變指標所指向記憶體位址的內容，應該使用哪一個運算子？

3. 對於 32 位元的作業系統環境而言，一個指向整數資料的指標與一個指向長整數資料的指標各佔用多少記憶體？

4. 對指標做加減運算，實際上是做了什麼動作？試舉例說明在何時可以使用指標加減運算來完成工作？

5. 下列的程式碼中，出現了什麼問題？

```
void main( )
{
        int x = 100;
        int *p;
        int *q = &x;
        *p = *q + x;
}
```

6. 傳指標的函式呼叫，是否可以讓呼叫者與被呼叫者共用同一塊記憶體？

7. 使用指標方式，改寫下列的字串宣告。

```
char str[]="";
```

8. 何謂『指標的指標』？

9. 試說明使用『動態記憶體配置函式』malloc 與 free 的優點？

10. 假設整數變數 x 所在的位址為 1000，指向雙精準浮點數資料的指標變數 p 所在的位址為 4000，經過下列運算後，各選項的答案為何？（假設使用 32 位元的作業系統）

```
x = 10;
p = &x;
*p = 20;
```

[1] x = ?   [2] &x = ?   [3] sizeof(x) = ?   [4]&p = ?   [5] *p = ?

[6] p = ?   [7] sizeof(p)   [8] sizeof(*p)   [9]*p-1 = ?   [10]*p++ = ?

實作題

1. 設計一個函式 void ClearStr(char **Str)，將傳入的字串 *Str（使用指標傳送引數）內容清空。語法如下：

```
void ClearStr(char **Str)
引數：*Str 為一個字串，**Str 為一個指向字串的指標。
功能：將 *Str 內容設為空字串。
```

主程式：

```
#include <stdio.h>

void main(void)
{
 char *str1="Hello World!";
 printf(" 原始的字串為 :%s\n",str1);
 ClearStr(&str1);
 printf(" 清除後字串為 :%s\n",str1);
}
```

執行結果

```
原始的字串為 :Hello World!
清除後字串為 :
```

2. 撰寫一個功能同 strcpy 函式的 char *mystrcpy(char *dest, const char *src) 函式。
   （不得引入 <string.h>）

   主程式：

```
#include <stdio.h>

void main(void)
{
 char *str1="Hello C 語言 ";
 char str2[100]="";
 char *str3=mystrcpy(str2,str1);

 printf("str1 為 :%s\n",str1);
 printf("str2 為 :%s\n",str2);
 printf("str3 為 :%s\n",str3);
}
```

   執行結果

```
str1 為 :Hello C 語言
str2 為 :Hello C 語言
str3 為 :Hello C 語言
```

3. 試寫一函式 char *copyStr(int n,const char *str)，將傳入的 str 字串複製 n 次然後回傳。
   使用 main() 函式呼叫它，呼叫敘述為 dupStr=copyStr(n,srcStr);。並將 dupStr 印出。
   （可引入 <string.h>）

4. 設計一個函式 char *DeleteEmpty(char *Str)，將傳入的字串 Str 的空白字元去除並回傳
   處理後的字串，語法如下：

   ```
   char *DeleteEmpty(char *Str)
   引數：Str 為來源字串。
   功能：去除 Str 中的空白字元，並將結果以指標方式回傳。
   ```

   主程式：

```
#include <stdlib.h>

void main(void)
```

```
{
 char *str1="My dear friend";
 char *str2=DeleteEmpty(str1);

 printf("str1 為 :%s\n",str1);
 printf("str2 為 :%s\n",str2);
}
```

執行結果

```
str1 為 :My dear friend
str2 為 :Mydearfriend
```

5. 有兩個一維陣列 A、B，分別存放兩個整數矩陣，矩陣大小為 3×5。(如下宣告)，試使用指標完成矩陣的相加，並將加法結果放入一維陣列 C 中。

主程式：

```
#include <stdio.h>

void main(void)
{
 int A[15]={1,2,3,4,5,6,7,8,9,10,11,12,13,14,15};
 int B[15]={2,4,6,8,10,12,14,16,18,20,22,24,26,28,30};
 int C[15]={0};
 int i,j;

 /************* 加入程式碼，完成 C=A+B****************/

 for(i=0;i<3;i++)
 {
   for(j=0;j<5;j++)
   {
     printf("C[%d,%d]=%2d    ",i+1,j+1,C[i*5+j]);
   }
   printf("\n");
 }
}
```

執行結果

```
C[1,1]= 3    C[1,2]= 6    C[1,3]= 9    C[1,4]=12    C[1,5]=15
C[2,1]=18    C[2,2]=21    C[2,3]=24    C[2,4]=27    C[2,5]=30
C[3,1]=33    C[3,2]=36    C[3,3]=39    C[3,4]=42    C[3,5]=45
```

6. 有兩個二維陣列 A、B，分別存放兩個整數矩陣，矩陣大小為 3×5。(如下宣告)，試使用指標完成矩陣相加，並將加法結果放入二維陣列 C 中。

主程式：

```
#include <stdio.h>

void main(void)
{
 int A[3][5]={{1,2,3,4,5},
              {6,7,8,9,10},
              {11,12,13,14,15}};
 int B[3][5]={{2,4,6,8,10},
              {12,14,16,18,20},
```

```
                    {22,24,26,28,30}};
int C[3][5]={0};
int i,j;

/************* 加入程式碼，完成 C=A+B***************/

for(i=0;i<3;i++)
{
  for(j=0;j<5;j++)
  {
    printf("C[%d,%d]=%2d   ",i+1,j+1,C[i][j]);
  }
  printf("\n");
}
}
```

執行結果

```
C[1,1]= 3   C[1,2]= 6   C[1,3]= 9   C[1,4]=12   C[1,5]=15
C[2,1]=18   C[2,2]=21   C[2,3]=24   C[2,4]=27   C[2,5]=30
C[3,1]=33   C[3,2]=36   C[3,3]=39   C[3,4]=42   C[3,5]=45
```

7. 使用 malloc 改寫第 5 題，動態配置記憶體，以便節省記憶體空間，並可由使用者自行決定矩陣大小。

程式 (部分的參考程式碼)

```
#include <stdio.h>
#include <stdlib.h>
#include <malloc.h>

void main(void)
{
 int *A,*B,*C;
 int i,j,m,n;

 printf(" 請輸入矩陣大小 \n");
 printf(" 請輸入列數 :");
 scanf("%d",&m);
 printf(" 請輸入行數 :");
 scanf("%d",&n);

 /*********** 加入程式碼，以輸入 A,B 元素並完成 C=A+B***********/

 for(i=0;i<m;i++)
 {
   for(j=0;j<n;j++)
   {
     printf("C[%d,%d]=%2d   ",i+1,j+1,C[i*n+j]);
   }
   printf("\n");
 }
 free(A);
 free(B);
 free(C);
}
```

執行結果

請輸入矩陣大小
請輸入列數：**3**
請輸入行數：**5**
請輸入 A[1,1]=**1**
請輸入 B[1,1]=**2**
請輸入 A[1,2]=**2**
請輸入 B[1,2]=**4**
請輸入 A[1,3]=**3**
請輸入 B[1,3]=**6**
請輸入 A[1,4]=**4**
請輸入 B[1,4]=**8**
請輸入 A[1,5]=**5**
請輸入 B[1,5]=**10**
請輸入 A[2,1]=**6**
請輸入 B[2,1]=**12**
請輸入 A[2,2]=**7**
請輸入 B[2,2]=**14**
請輸入 A[2,3]=**8**
請輸入 B[2,3]=**16**
請輸入 A[2,4]=**9**
請輸入 B[2,4]=**18**
請輸入 A[2,5]=**10**
請輸入 B[2,5]=**20**
請輸入 A[3,1]=**11**
請輸入 B[3,1]=**22**
請輸入 A[3,2]=**12**
請輸入 B[3,2]=**24**
請輸入 A[3,3]=**13**
請輸入 B[3,3]=**26**
請輸入 A[3,4]=**14**
請輸入 B[3,4]=**28**
請輸入 A[3,5]=**15**
請輸入 B[3,5]=**30**

```
C[1,1]= 3   C[1,2]= 6   C[1,3]= 9   C[1,4]=12   C[1,5]=15
C[2,1]=18   C[2,2]=21   C[2,3]=24   C[2,4]=27   C[2,5]=30
C[3,1]=33   C[3,2]=36   C[3,3]=39   C[3,4]=42   C[3,5]=45
```

8. 使用 malloc 改寫第 6 題，動態配置記憶體，以便節省記憶體空間，並可由使用者自行決定矩陣大小。(執行結果同第 7 題)

9. 改寫第 8 題將印出二維動態陣列內容的功能寫在 prinf2D 函式內，亦即主程式必須傳遞二維陣列給 prinf2D 函式。

10. 請設計一個程式，包含 void myAbs(int *x)，使得呼叫 myAbs 函式之後，能夠將引數取絕對值。

11. 請修改第六章實作第 8 題，建立一個 void change(char *Str) 函式，用來轉換大小寫字母與非英文字母。

12. 請修改第六章實作第 9 題，建立一個 char *insertStr(char *outer,char *inner) 函式，用來實作插入字串在另一個字串中央的功能，並回傳結果字串。

13. 下列程式中，使用了字元指標 p 指向一整數陣列 A。填入單一敘述（於註解行的位置），
使得能夠透過指標 p 來設定 temp 的值為 A[3] 的值。

主程式：

```
#include <stdio.h>

void main(void)
{
  int A[5]={5,6,7,8,9};
  char *p=(char *)A;
  int temp;

  /************* 加入程式碼，使得 temp 內容為 A[3] 的值 *************/
  temp=*p;
  printf("A[3]=%d\n",temp);
}
```

執行結果

```
A[3]=8
```

14. 如果您已經想到第五章實作第 15 題的解法，請將之設計為 swap() 函式，採用傳指標呼
叫，用以作為交換兩數的函式。

15. 請改寫第七章實作第 14 題，將列印陣列內容的功能放在 prinfLegal() 內，亦即主程式
必須傳遞二維陣列給 prinfLegal 函式。

筆記頁

09

變數等級

　　變數等級指的是變數的生命週期與視野，它在中大型程式設計中扮演重要的角色，只有正確使用變數的生命週期與視野來設計程式，才能完成跨函式、跨程式檔的中大型程式設計。

一般的程式語言會將變數依照視野與生命週期加以區分等級，C 語言提供了 5 種變數等級，其中包含了四種變數視野。在本章中我們將做詳細的討論。程式設計師必須徹底了解變數等級，以便正確地使用變數完成各種需求。

9.1 變數的視野與生命週期

什麼是變數的視野與生命週期呢？變數的 **生命週期** (lifetime) 即「變數存在記憶體的時間」。變數的 **視野** (scope) 即「變數的活動範圍，也就是可以存取該變數的區間」。對於一般的程式語言而言，會依此兩項將變數分為 **全域變數** 與 **區域變數**，分述如下：

◉ **全域變數**：全域變數宣告於所有函式之外，程式中所有的函式都可以使用該變數（但必須考慮相對位置）。全域變數的生命週期與程式的執行時間相同，必須等到程式結束執行，全域變數佔用的記憶體才會被釋放。

◉ **區域變數**：區域變數宣告於區段（一般區段指的就是函式）內部，只有定義該變數的區段可以使用這個變數，若非宣告為靜態變數，則該區段執行完畢，生命週期也宣告結束。

而 C 語言的變數分類則依照視野而分的更細，一共有四種（C++ 則另增三種），分別如下所述：

(1) **區段視野**：視野僅限於區段 (block) 內。所謂區段就是以「{」為開始，「}」為結束的範圍，例如最典型的區段為函式，但其實函式內也可以定義其他區段。

(2) **函式視野**：視野僅限於函式內，屬於此種視野的變數，只有標記 (Label) 一種，而標記通常使用於 goto 敘述，因此不建議使用此類視野。

(3) **函式原型視野**：所謂函式原型，即為函式宣告（非函式定義）的獨立列，其視野僅限於參數列的 ( ) 內，例如 void func(int a;int b);，其中 a,b 變數的視野即為函式原型視野。

(4) **檔案視野**：視野可達整個檔案或跨檔案的任一處，此類變數宣告於所有的函式之外。

生命週期和視野是兩回事，但凡是能夠看到變數代表該變數的生命週期仍存在，所以只能說是生命週期與視野是兩種不相等的兩個項目。在 C 語言中，變數的生命週期可以分為三大類，如下所述：

(1) **生命週期僅限於區段**：包含區段視野、函式視野、函式原型視野等等的變數都屬於此類，其變數的生命週期從變數宣告開始，直到遇到該區段的結束，例如『 } 』或『) 』符號。

(2) **生命週期直至程式結束**：包含檔案視野的變數。此類變數由於宣告於所有區段之外，因此生命週期將從變數宣告開始，直到程式完全執行結束為止，也是因為如此，所以所有的區段才能夠看到這些變數（否則變數一但結束生命週期就無法被看到）。

(3) **透過 static 使生命週期延至程式結束**：針對第 1 種類的變數，若在宣告變數時，使用 static 加以描述，則變數的生命週期將可以突破區段的限制，而延長至整個程式結束為止。但使用 static 只能影響生命週期，而無法改變視野。

對於 C 語言而言，它將變數的視野與生命週期納入變數等級的議題之內。C 語言提供了 5 種**變數儲存等級 (storage class)**；或簡稱**等級 (class)**。5 種變數等級分別是 auto、static auto、extern、static extern、register 等，在本章中，我們將會分項討論，並透過眾多範例漸進地加以說明。

9.2 函式區段變數

針對第一種區段視野的變數，可以分為函式區段與自訂區段兩種。我們暫時不考慮自訂區段變數，只以函式作為變數宣告的分界，並將之區分為全域變數與區域變數。

9.2.1 依照宣告位置判斷變數等級（內定的變數宣告等級）

判斷全域變數與區域變數（函式區段變數）的最簡單方式，可以從宣告變數（使用一般的變數宣告語法）的位置來加以識別。全域變數定義於所有函式之外，而區域變數（函式區段變數）則定義於函式內部，如下範例。

【範　例】

```
int    a;
void func1(void)
{
    int b;
}
void main(void)
```

```
{
    int c;
}
```

【說　明】

　　a 是一個全域變數，b 是一個區域變數，c 是一個區域變數。各函式可使用的變數如下表格。

	變數 a	變數 b	變數 c
func1()	可使用	可使用	不可使用
main()	可使用	不可使用	可使用

 本節所謂的區域變數專指函式區段內的變數，對於自訂區段內的變數則留待下一節介紹。

【觀念範例 9-1】認識全域變數與區域變數的差別。

範例*9-1* ch9_01.c（ch09\ch9_01.c）。

```
1    /*      檔名 :ch9_01.c      功能：全域變數與區域變數      */
2
3    #include <stdio.h>
4    #include <stdlib.h>
5
6    int a=10;     ← 宣告在所有函式之外的全域變數
7
8    void func1(void)
9    {
10     int b=5;    ← 宣告在 func1 之內的區域變數
11    a=a+1;
12    b=b+1;
13    /* c=c+1; */  /* 這是錯的敘述   */
14    printf("b=%d\n",b);
15   }
16
17   void main(void)
18   {
19     int c=20;   ← 宣告在 main 之內的區域變數
20
21    a=a+1;
22    /* b=b+1; */  /*  這是錯的敘述   */
23    c=c+1;
```

執行結果
```
a=11
b=6
a=12
c=21
```

```
24    printf("a=%d\n",a);
25    func1();
26    printf("a=%d\n",a);
27    printf("c=%d\n",c);
28    /*   system("pause");   */
29  }
```

➡ 範例說明

(1) 第 6 行：宣告全域變數 a，它可以被任何函式存取。例如第 11 行（ func1 函式內)、第 21 行（ main 函式內)。

(2) 第 10 行：宣告 func1() 函式的區域變數 b，它只能被 func1() 函式內的敘述存取。

(3) 第 19 行：宣告 main() 函式的區域變數 c，它只能被 main() 函式內的敘述存取。

(4) 由執行結果中，可以得知第 11 行與第 21 行都會改變 a 的變數值，因為它是一個全域變數。

🖑 小試身手 9-1

請取消範例 9-1 的註解第 13、22 行，然後重新編譯，觀察編譯器的輸出訊息。

全域變數（外在變數）的宣告位置

在前面我們曾經提過，全域變數宣告於所有函式之外，程式中所有的函式都可以使用該變數，但我們仍須考慮宣告全域變數及使用全域變數之敘述的相對位置。就如同函式宣告一樣，除非您在呼叫函式之前，事先宣告了函式否則將無法使用該函式，同樣地，全域變數也必須在使用前先宣告，否則無法使用。

註　事實上，C 語言並未將宣告在函式之外的變數稱之為全域變數，而是將宣告在函式之外的變數稱之為**外在變數**，而一個 C 語言程式就是由一些外在個體所組成，這些外在個體則包含了函式以及外在變數。

【觀念範例 9-2】外在變數的宣告位置所造成的影響。

範例9-2 ch9_02.c（ch09\ch9_02.c）。

```
1    /*      檔名:ch9_02.c      功能:全域變數與區域變數       */
2
3    #include <stdio.h>
4    #include <stdlib.h>
5
6    int a=10;
7    void func1(void);
8
9    void main(void)
10   {
11    int c=20;
12
13    printf("a=%d\n",a);
14    /* printf("b=%d\n",b); */  /*   這是錯的敘述   */
15    func1();
16    /*  system("pause");  */
17   }
18
19   int b=100;
20
21   void func1(void)
22   {
23    printf("a=%d\n",a);
24    printf("b=%d\n",b);
25   }
```

執行結果
a=10
a=10
b=100

這個外在變數宣告在 main 之後，func1 之前

● 範例說明

(1) 第 14 行：該行不可取消註解，否則將不合法，因為程式到了第 19 行才宣告外在變數 b。

(2) 第 24 行：該行是合法的，因為程式在第 19 行已經宣告了外在變數 b，因此可以在第 24 行使用該變數。

全域變數與區域變數同名

全域變數與區域變數可能會出現同名的現象，此時若在函式內部存取一個變數，首先會存取到區域變數，若不存在該區域變數，則編譯器會視為存取全域變數（外在變數）。

【觀念範例 9-3】全域變數與區域變數同名，視為不同的變數。

範例*9-3* ch9_03.c（ch09\ch9_03.c）。

```
 1  /*      檔名:ch9_03.c      功能:全域變數與區域變數同名     */
 2
 3  #include <stdio.h>
 4  #include <stdlib.h>
 5
 6  int a=10;          ←── 宣告在所有函式之外的全域變數
 7
 8  void func1(void)
 9  {
10   int a=5;          ←── 存取的將是區域變數
11   a=a+1;
12   printf("func1 的 a=%d\n",a);
13  }
14
15  void func2(void)
16  {                  ←── 存取的將是全域變數
17   a=a+1;
18   printf(" 全域的 a=%d\n",a);
19  }
20
21  void main(void)
22  {
23   int a=20;          ←── 存取的將是區域變數
24   a=a+1;
25   printf("main 的 a=%d\n",a);
26   func1();
27   func2();
28   /*  system("pause");  */
29  }
```

執行結果
main 的 a=21
func1 的 a=6
全域的 a=11

範例說明

(1) 明顯地，全域變數 a、main() 區域變數 a、func1() 區域變數 a 同名，若未特別指定，依照同名變數的取用規則，會先試圖抓取區域的變數，若找不到區域變數，才會抓取全域變數。

(2) 第 24 行：此處的 a 指的是 main() 區域變數 a，所以會變成 21。

(3) 第 11 行：此處的 a 指的是 func1() 區域變數 a，所以會變成 6。

(4) 第 17 行：此處的 a 指的是全域變數 a，所以會變成 11。

9.2.2 明確宣告變數等級

之前我們所介紹的變數宣告都是隱含式的變數宣告方式，也就是僅僅宣告變數的資料型態而未指定變數的等級，此時，編譯器將自動指定內定的變數等級給該變數，例如在函式內使用隱含式變數宣告的變數等級內定為 auto。

除了隱含式的變數宣告之外，我們也可以明確地在宣告變數時，同時指定該變數的等級。下列是明確宣告變數等級的詳細語法：

變數等級　　　變數資料型態　　　變數名稱 ;

【範　例】

```
static int a;
extern double b;
auto char c;
register d;
```

明確宣告變數等級，一共有 5 種等級可供選擇，分別是 auto、static auto、extern、static extern、register。若欲從視野的角度，將之來分類為**全域變數與區域變數**，則全域變數包含 extern、static extern 兩種變數等級，區域變數包含 auto 區域變數、static [auto] 區域變數、register 三種變數等級。我們將在本章後面章節中一一詳細介紹各種變數等級的宣告語法及視野 (scope) 與生命週期 (lifetime)。

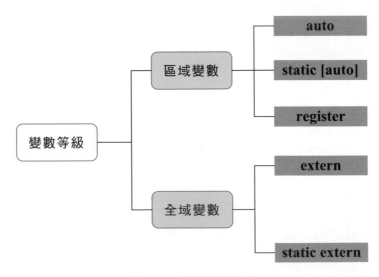

圖 9-1　C 語言的變數等級

9.3 自訂程式區段

C 語言允許將眾多敘述組合成複合敘述，也就是由『{』與『}』包裝的程式區段，這些區段將決定一個變數的視野與生命週期，除了函式區段之外，我們也可以在函式內自訂程式區段，甚至在自訂區段內再自訂一個更內層的區段。

舉例來說，在下面這個範例中，我們在 func1() 函式中，另外定義了一個程式區段，這個範例仍然是一個合法的 C 語言程式。

【觀念範例 9-4】：自訂程式區段。

範例*9-4* ch9_04.c（ch09\ch9_04.c）。

```
1   /*      檔名:ch9_04.c      功能:自訂程式區段      */
2
3   #include <stdio.h>
4   #include <stdlib.h>
5
6   int var5=50;
7
8   void func1(void)
9   {
10   int var1=10;
11
12   printf("var1=%d\n",var1);
13   {
14      int var2=20;            ← 自訂區段內可宣告變數 var2
15      printf("var2=%d\n",var2);
16   }
17   printf("var5=%d\n",var5);
18  }
19
20  void main(void)
21  {
22   int var3=30;
23
24   func1();
25   printf("var3=%d\n",var3);
26   {
27      int var4=40;            ← 自訂區段內可宣告變數 var4
28      printf("var4=%d\n",var4);
29   }
30   printf("var5=%d\n",var5);
31   /*  system("pause");  */
```

執行結果

```
var1=10
var2=20
var5=50
var3=30
var4=40
var5=50
```

範例說明

(1) 第 13~16 行：我們在 func1() 函式中另外定義了一個由『{』與『}』包裝的程式區段。

(2) 第 26~28 行：我們在 main() 函式中另外定義了一個由『{』與『}』包裝的程式區段。

(3) 本範例是否去除第 13、16 行的 {} 與第 26、29 行的 {} 都不會影響程式正確性及執行結果。但是實際上卻會影響了 var2、var4 的視野與生命週期，我們將在下一節中，介紹與討論區域變數時加以說明。

9.4 區域變數

定義於區段（例如：函式或自訂區段）內部的變數稱為**區域變數**，其有效範圍僅限於區段之中（由區段開始處直到區段結束處），因此只有在定義該變數的區段中，才可以使用這個變數。在 C 語言中，區域變數又分為 auto、static 兩種。

所有非全域變數的變數，都可以稱為**區域變數**。本章截至目前為止，一共介紹了幾種變數視野，分別是檔案內的全域變數（屬於檔案視野的一種）、函式區段的變數（屬於區段視野的一種）、自訂區段的變數（屬於區段視野的一種）。也就是介紹了四類視野中的兩種，而我們並不打算介紹函式視野（即標籤，因為我們不建議使用 goto）以及函式原型視野（因為只有單一行）。

區段視野與檔案視野中，檔案視野屬於全域變數，區段視野屬於區域變數。但檔案視野又分為單一檔案與跨檔案兩種，因此我們將於後面章節中更深入地介紹。

區段變數的視野僅限於區段之中（由區段開始處直到區段結束處），但生命週期則可以分為 auto、static 兩種。

 如果讀者不習慣 " 區段 " 一詞，可以暫時只考慮函式區段，也就是暫時不要考慮自訂區段。

9.4.1 auto 變數等級

當我們在區段內宣告某一個區域變數時，若未宣告變數等級，則該變數內定為 auto 變數等級，當然我們也可以明確宣告該變數為 auto 變數等級。因此下列兩種語法，都是宣告 auto 變數的方式：

【語法一】隱含宣告 auto 變數等級

```
{
    變數資料型態  變數名稱 ;            /*     必須在區段內宣告     */
    ..............................
}
```

【語法二】明確宣告 auto 變數等級

```
{
    auto    變數資料型態  變數名稱 ;     /*     必須在區段內宣告     */
    ..............................
}
```

【語法說明】

auto 等級的變數，其生命週期與視野（使用範圍）僅限於宣告時所在的區段內，例如：宣告的函式內。

【範例 1】

```
func1()
{
    int a,b;
    .........
}
main()
{
    char c;
    .........
}
```

【範例 2】

```
func1()
{
    auto int a,b;
    .........
}
main()
{
    auto char c;
    .........
}
```

【說　明】

上面兩個範例的 a,b,c 都是 auto 等級的變數，其中變數 a,b 的生命週期與視野為 func1() 函式，變數 c 的生命週期與視野為 main() 函式。

auto 變數等級的生命週期

變數的生命週期及視野與區段有非常緊密的關係，auto 等級變數的生命週期是由該變數宣告敘述開始被執行時，直到所屬區段執行完畢時（例如函式返回）。以函式區段為例，事實上，編譯器實作變數的記憶體分配時，會將 auto 變數疊入 (push) 堆疊 (stack) 之中，因此，當函式被呼叫時，函式內定義的 auto 變數，將會一一被疊入 (push) 堆疊中，佔用了一部份的記憶體以便儲存變數值，當函式執行完畢或遇到 return 敘述而返回時，將會把這些 auto 變數疊出 (pop) 堆疊之外，也就是釋放記憶體空間。因此，auto 變數佔用記憶體空間的全部時間，僅限於函式被呼叫而開始執行時，直到函式執行完畢返回時。

auto 變數等級的視野

既然 auto 變數僅存在於區段開始被執行到區段執行完畢，自然也只有該區段內的敘述可以存取 auto 變數。所以 auto 變數的視野，也僅限於宣告該變數的區段。

【觀念範例 9-5】auto 變數的生命週期與視野。

範例9-5 ch9_05.c（ch09\ch9_05.c）。

```
1   /*      檔名:ch9_05.c     功能:auto 變數      */
2
3   #include <stdio.h>
4   #include <stdlib.h>
5
6   void func1(void)
7   {
8     auto int var2=30;
9     printf(" 區段外 var2 = %d\n",var2);
10    /* printf(" 區段外 var3 = %d\n",var3); */
11    {
12       auto int var3 = 40;
13       printf(" 區段內 var3 = %d\n",var3);
14       printf(" 區段內 var2 = %d\n",var2);
15    }
16    /* printf(" 區段外 var3 = %d\n",var3); */
17  }
18
19  void main(void)
20  {
21    auto int var1 = 10;
22    printf(" 區段外 var1 = %d\n",var1);
23    {
```

執行結果
```
區段外 var1 = 10
區段內 var1 = 20
區段外 var2 = 30
區段內 var3 = 40
區段內 var2 = 30
```

```
24       auto int var1 = 20;
25       printf(" 區段內 var1 = %d\n",var1);
26    }
27    func1();
28    /*  system("pause");  */
29  }
```

範例說明

(1) 第 21 行：宣告 main 函式的區域 auto 變數 var1，只要是在 main 裡面的敘述都可以存取它（例如：第 22 行）。

(2) 第 24 行：宣告 main 函式內自訂區段（第 23~26 行）的區域 auto 變數 var1，只要是在該區段內的敘述都可以存取它（例如：第 25 行）。第 25 行的 var1 值為 20，這是因為雖然 main 函式也定義了 var1，但區段內所定義的 var1 比較『接近』它，所以會印出 20。

(3) 第 8 行：宣告 func1 函式的區域 auto 變數 var2，只要是在 func1 裡面的敘述都可以存取它（例如：第 9、14 行）。

(4) 第 12 行：宣告 func1 函式內自訂區段（第 11~15 行）的區域 auto 變數 var3，只要是在該區段內的敘述都可以存取它（例如：第 13 行）。

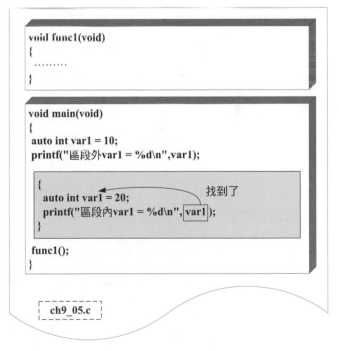

(5) 第 25 行的 var1 會先到區段內尋找是否已經宣告，結果發現已經宣告，因此將讀取區段內宣告的 var1，而不是 main 函式宣告的 var1。從另外一種角度來看，第 21 行宣告了 var1 之後，它的生命週期與視野就位於第 21~29 行，直到 main 函式執行完畢後才會被釋放，但是由於宣告了一個區段（第 23~26 行），且區段內又宣告了 var1（第 24 行），會取代原本 main 函式宣告的 var1 在堆疊的連結，所以區段內看到的 var1（第 25 行）將會是 20，而不是 10。

(6) 第 14 行的 var2 會先到區段內尋找是否已經宣告，若無宣告該變數，則會到外一層的函式尋找。從另外一種角度來看，第 8 行宣告了 var2 之後，它的生命週期位於第 8~17 行，直到 func1 函式執行完畢後才會被釋放，所以第 14 行仍可以讀取到 var2 變數。

```
void func1(void)
{
 auto int var2=30;    ◄─────────────
 printf("區段外var2 = %d\n",var2);              找到了
 /* printf("區段外var3 = %d\n",var3); */
   ┌──────────────────────────────────────┐
   │ {                                      │
   │   auto int var3 = 40;      找不到      │
   │   printf("區段內var3 = %d\n", var3 );  │
   │   printf("區段內var2 = %d\n", var2 );  │
   │ }                                      │
   └──────────────────────────────────────┘
 /* printf("區段外var3 = %d\n",var3); */
}

void main(void)
{
 ………
}
```

ch9_05.c

(7) 本範例所有變數的生命週期如下，敘述會由最接近的區段開始尋找生命週期仍存活的變數，因此造就了不同的變數視野。

變數	生命週期
第 21 行宣告的 var1	第 21~29 行
第 24 行宣告的 var1	第 24~26 行
第 8 行宣告的 var2	第 8~17 行
第 12 行宣告的 var3	第 12~15 行

存取變數的敘述	生命週期
第 22 行的 var1	看到了生命週期為第 21~29 行的 var1
第 25 行的 var1	看到了生命週期為第 24~26 行的 var1
第 9 行的 var2	看到了生命週期為第 8~17 行的 var2
第 14 行的 var2	看到了生命週期為第 8~17 行的 var2
第 13 行的 var3	看到了生命週期為第 12~15 行的 var3
第 10 行的 var3	無法找到符合存活的變數 var3
第 16 行的 var3	無法找到符合存活的變數 var3

變數	視野
第 21 行宣告的 var1	第 21~22、27~29 行
第 24 行宣告的 var1	第 24~26 行
第 8 行宣告的 var2	第 8~17 行
第 12 行宣告的 var3	第 12~15 行

【 觀念範例 9-6 】auto 變數的生命週期（函式呼叫）。

範例**9-6** ch9_06.c（ch09\ch9_06.c）。

```
1   /*      檔名:ch9_06.c     功能:auto 變數     */
2
3   #include <stdio.h>
4   #include <stdlib.h>
5
6   void func1(void)
7   {
8     auto int var1;
9
10    printf("var1 = %d\n",var1);
11    var1=100;
12    printf("var1 = %d\n",var1);
13    var1=var1+1;
14    printf("var1 = %d\n",var1);
15  }
16
17  void func2(void)
18  {
19    auto int var2;
20    var2=0;
21    var2++;
22  }
23
```

執行結果
```
var1 = 895
var1 = 100
var1 = 101
===============
var1 = 1
var1 = 100
var1 = 101
```

```
24   void main(void)
25   {
26     func1();
27     func2();
28     printf("=============\n");
29     func1();
30     /*  system("pause");  */
31   }
```

→ 範例說明

(1) 第 26、29 行各呼叫 func1() 函式一次。

(2) 第一次呼叫 func1() 函式，執行到第 10 行時，var1 由於未設定初值，因此無法掌控變數值，在執行結果中，出現的是『895』，接下來，經由運算，在離開 func1() 函式之前，var1 變數值為 101。

(3) 由 func1() 函式返回時，所有 func1 函式內被宣告為 auto 的變數將會被釋放記憶體空間，因此 var1 變數也將被釋放。

(4) 第二次呼叫 func1() 函式，執行到第 10 行時，**var1 的值不會是 101**，雖然第一次呼叫 func1() 時，var1 最後的值為 101，但由於 func1() 執行完畢返回時，已經釋放 var1，因此，當我們再次呼叫該函式時，只會得到一個新配置的變數 var1。（在本範例中，var1 此時的初值為 1，其實是受到之前呼叫 func2() 而殘留資料於堆疊頂端的緣故，但不保證在所有環境下，第二次的 func1() 呼叫時 var1 的初值都會是 1）

(5) 如果我們想要保留 var1 變數值，不因函式返回而消失的話，就必須將 var1 宣告為靜態變數，我們將在下一小節中示範。

9.4.2 static 區域變數等級

static 區段變數和 auto 變數差不多，唯一的差別僅在於 static 區段變數不會因為區段執行完畢而被釋放，因此，上一次區段執行完畢所留下的變數值，將可以保留到下一次執行區段時（例如下一次的函式呼叫）仍然能夠繼續使用。

【語　法】 宣告 static 區域變數等級

```
{
    static   變數資料型態   變數名稱；      /*  必須在區段內定義   */
    ...............................
}
```

static 區域變數等級的生命週期

static 區域變數的生命週期將由宣告後直到整個程式執行完畢。

 註 auto 區域變數是用堆疊的方式來儲存變數,所以函式執行結束後,auto 區域變數就跟著被釋放。而 static 區域變數則使用固定的位址來存放變數,所以要等到整個程式執行完畢,static 區域變數才會消失。

static 區域變數等級的視野

static 區域變數視野與 auto 區域變數相同,也就是僅限於宣告該變數的區段。

【觀念範例 9-7】static 區域變數的生命週期。

範例**9-7** ch9_07.c(ch09\ch9_07.c)。

```
1   /*      檔名:ch9 07.c      功能 :static 區域變數   */
2
3   #include <stdio.h>
4   #include <stdlib.h>
5
6   void func1(void)
7   {
8     static int var1=100;
9
10    printf("var1 = %d\n",var1);
11    var1=var1+1;
12    printf("var1 = %d\n",var1);
13  }
14
15  void func2(void)
16  {
17    auto int var2;
18    var2=0;
19    var2++;
20  }
21
22  void main(void)
23  {
24    func1();
25    func2();
26    printf("==============\n");
27    func1();
28    /*  system("pause");  */
29  }
```

執行結果
```
var1 = 100
var1 = 101
==============
var1 = 101
var1 = 102
```

範例說明

(1) 第 24、27 行各呼叫 func1() 函式一次。

(2) 第一次呼叫 func1() 函式，執行到第 10 行時，var1 為 100；執行到第 12 行，var1 為 101。

(3) 第二次呼叫 func1() 函式，執行到第 10 行時，var1 為 101；執行到第 12 行，var1 為 102。這說明了兩件事，其一是 static 區域變數不會因為函式返回而被釋放；其二是 static int var1=100 敘述，只會在第一次被執行時，取得一個記憶體來存放 var1，並設定初值，當第二次執行時，並不會再重新設定該變數的初值。

【觀念範例 9-8】static 區域變數的視野。

範例9-8 ch9_08.c（ch09\ch9_08.c）。

```
1   /*      檔名:ch9_08.c      功能:static 區域變數     */
2
3   #include <stdio.h>
4   #include <stdlib.h>
5
6   void func1(void)
7   {
8    /* printf("var1 = %d\n",var1); */
9    {
10      static int var1=100;
11      var1=var1+1;
12      printf("var1 = %d\n",var1);
13    }
14    /* printf("var1 = %d\n",var1); */
15   }
16
17  void main(void)
18  {
19   func1();
20   printf("==============\n");
21   func1();
22   /*  system("pause");  */
23  }
```

```
執行結果
var1 = 101
==============
var1 = 102
```

範例說明

　　這次我們將 static 區域變數 var1 宣告在自訂區段內，雖然它的生命週期將由執行宣告開始，直到整個程式執行完畢為止，但是 var1 的視野仍侷限在自訂區段內。換句話說，取消第 8 行或第 14 行的註解，都將使得程式被編譯器判定為不合法。

♨ **小試身手 9-2**

請取消範例 9-8 的註解第 8、14 行，然後重新編譯，觀察編譯器的輸出訊息。

9.4.3 register 變數等級

某些常被運算的區域變數，我們可以將之宣告為 register 變數，以便指定存放在 CPU 的暫存器中，加快資料的存取速度。但並不是所有的變數都可以將之宣告為 register 變數。它必須有下列限制：

(1) 必須是 auto 區域變數，不能是 static 區域變數。

(2) 必須是整數類的資料型態，例如 int、char。

雖然我們將某個變數宣告為 register 變數，但仍無法保證它會被放在暫存器中執行，這是因為 CPU 的暫存器數量並不多，而作業系統可能就已經佔據了許多的暫存器，因此無法分配暫存器來存放該變數，此時，register 變數仍將被儲存在堆疊記憶體中。因此使用 register 宣告變數，並不一定會獲得較快的運算速度。

從編譯器的角度來看 register 變數，將會發現把變數宣告為 register 是沒有必要的，因為現在的編譯器大多已經含有最佳化功能，也就是會自動尋找程式中最常被存取的變數，自動將之放入暫存器中執行。

無論如何，既然 C 語言提供了 register 變數，我們還是將其宣告語法列之如下，並使用一個簡單的範例來實際示範。

【語　法】 宣告 register 變數等級

register　變數資料型態　變數名稱；　　　 /*　資料型態必須是整數類　*/

 註　register 變數等級的生命週期與視野，與 auto 變數相同

【觀念範例 9-9】register 變數。

範例9-9 ch9_09.c（ch09\ch9_09.c）。

```
1   /*      檔名:ch9_09.c      功能:register 變數     */
2
3   #include <stdio.h>
4   #include <stdlib.h>
5
6   void main(void)
7   {
8     register int i,m;
9     m=0;
10    for(i=1;i<10000;i++)
11        m=m+i;
12    printf("m=%d\n",m);
13    /*  system("pause");  */
14  }
```

執行結果
m=49995000

● **範例說明**

範例中出現了迴圈，變數 i 與 m 都會至少被存取 9999 次以上，所以將之宣告為 register 變數，以便增快運算速度。

9.5 全域變數與外在變數

C 語言的全域變數分為兩種，一種是**單一檔案內的全域**，另一種則是**跨檔案的全域**。這兩種全域變數的視野分類都屬於 C 語言變數視野中的檔案視野。

C 程式是由許多的外在個體（external object）組成，每一個函式都是一個外在個體，所以我們不可以在函式內再定義另一個函式。

由函式的角度來看，一個在函式內部宣告的變數稱之為**內在變數**，例如上一節所提及的 auto 區段變數、static 區段變數、register 變數等都是內在變數。相對於內在變數而言，凡是在函式外部定義的變數，則稱之為**外在變數**（external variable）。

內在變數的視野，無論如何一定會被侷限在函式內部，但生命週期則不一定；而外在變數的視野則可以跨越數個函式，甚至是不同檔案中的數個函式，而生命週期則由程式開始執行時（或開始於宣告變數時），直到程式執行完畢。

9.5.1 external 變數等級

對於個體單位（例如函式）而言，如果要存取個體之外的外在變數，則必須先使用 extern 加以宣告。語法如下：

【語　法】

```
extern    變數資料型態    全域變數；
```

【語法說明】

(1) 如果想要跨檔讀取其他檔案的全域變數，則必須在函式內使用上述語法，宣告該變數為外在變數。

(2) 如果只是要讀取自身檔案的全域變數且內部無此變數，則可以省略上述宣告。

(3) 變數宣告前加上 extern 關鍵字後，編譯器就會知道該變數已經在別的地方宣告過了（或將在後面的其他地方宣告），而不需要在此時額外保留記憶體空間給該變數。

【觀念範例 9-10】：外在變數宣告，單一檔案示範。

範例**9-10** ch9_10.c（ch09\ch9_10.c）。

```
1   /*      檔名:ch9_10.c      功能：外在變數宣告（單一檔案示範）      */
2
3   #include <stdio.h>
4   #include <stdlib.h>
5
6   int i;
7
8   void func1(void)
9   {
10   extern int i;        /* 可省略此行 */
11   i++;
12  }
13
14  void main(void)
15  {
16   extern int i;        /* 可省略此行 */
17   printf("i=%d\n",i);
18   func1();
19   printf("i=%d\n",i);
20   /*  system("pause");  */
21  }
```

執行結果
i=0
i=1

⊙ 範例說明

(1) 在第 10 行，由於要取用 func1() 外部宣告的全域變數 i，所以使用 extern 加以宣告為外在變數。同理在第 16 行，由於要取用 main() 外部宣告的全域變數 i，所以使用 extern 加以宣告為外在變數。

(2) 由執行結果中，我們可以得知，外在變數 i，**即使未經過設定初值的動作。但是程式執行時，會馬上配置一個記憶體空間給變數 i，並設定初始值為 0。**

(3) 由於本範例只包含單一個程式檔，因此第 10 行與第 16 行的宣告皆可省略。但如果我們想要跨檔讀取他檔的變數時，則必須將之明確宣告為外在變數，請看下一個範例的說明。

【觀念範例 9-11】：外在變數宣告，多檔案示範。

範例9-11 ch9_11_1.c（ch09\ch9_11_1.c）。

```
1   /*      檔名:ch9_11_1.c      功能：外在變數宣告（多檔案示範）      */
2
3   #include <stdio.h>
4   #include <stdlib.h>
5
6   int i;
7   extern void func1(void);
8
9   int main(void)
10  {
11   extern int i;   /*   可省略此行 */
12   printf("i=%d\n",i);
13   func1();
14   printf("i=%d\n",i);
15   return 0;
16   /*   system("pause");   */
17  }
```

範例9-11 ch9_11_2.c（ch09\ch9_11_2.c）。

```
1   /*      檔名:ch9_11_2.c      功能：外在變數宣告（多檔案示範）      */
2
3   void func1(void)
4   {
5    extern int i;   /*   不可省略此行   */
6    i++;
7   }
```

執行結果

（Linux，使用 GCC）

```
jhchen@aho:~/C_language/ch09$ gcc -c ch9_11_1.c
jhchen@aho:~/C_language/ch09$ gcc -c ch9_11_2.c
jhchen@aho:~/C_language/ch09$ gcc ch9_11_1.o ch9_11_2.o -o ch9_11
jhchen@aho:~/C_language/ch09$ ./ch9_11
i=0
i=1
```

（Windows，使用 Dev-C++）

```
開啟 Dos 視窗，切換到 Dev-C++ 的安裝目錄的 bin 子目錄中，並將範例的兩個 C 語言程式檔案
複製到此目錄中，然後執行下列編譯命令
E:\Dev-C++\Bin>gcc -c ch9_11_1.c -o ch9_11_1.obj
E:\Dev-C++\Bin>gcc -c ch9_11_2.c -o ch9_11_2.obj
E:\Dev-C++\Bin>gcc ch9_11_1.obj ch9_11_2.obj -o ch9_11.exe
E:\Dev-C++\Bin>ch9_11
i=0
i-1
```

範例說明

(1) 我們將 func1 函式移到另一個檔案中，因此，對於 ch9_11_1.c 而言，func1 是一個外在檔案的個體，所以必須在第 7 行使用 extern 加以宣告。

(2) 對於 func1 函式的變數 i 而言，由於它要使用另一個檔案的變數 i，因此也必須使用 extern 來加以宣告（第 5 行）。

(3) 在執行結果中，我們加入參數 -c，將 2 個檔案先分別編譯成副檔名為『.o』及『.obj』的目的檔（object file），而不將之連結。最後才將 2 個目的檔加以連結為可執行檔。而在編譯過程中，編譯器都不會發生錯誤訊息，因為編譯器可以知道 extern 關鍵字的變數是另外一個檔案所宣告的變數，必須等到連結時期才決定是否錯誤。

(4) 您可以將 ch9_11_2.c 的第 5 行移到第 2 行中（如下），如此一來，在 ch9_11_2.c 的所有函式都可以取用 ch9_11_1.c 的全域變數 i 了。

```
/*    檔名:ch9_11_2.c    功能：外在變數宣告（多檔案示範）    */
extern int i;       /*  不可省略此行  */
void func1(void)
{
 i++;
}
```

註　Dev-C++ 的多檔案編譯，也可以在 IDE 內完成，詳見附錄 B 之說明。

9.5.2 static external 變數等級

內在變數可以分為普通的內在變數與 static 內在變數，外在變數也同樣可以分為普通的外在變數與 static 外在變數。不過兩者之間的變化，可大不相同。static 內在變數會使得內在變數也保有一塊記憶體空間，以便留下上一次函式呼叫的變數結果。而外在變數本來就保有一塊記憶體空間，因此 static 並不會對此造成影響。

static 外在變數影響最大的是**變數的視野**，換句話說，static 外在變數的生命週期仍然是從程式開始執行直到程式結束為止。而普通外在變數的視野則是**跨檔案的全域**（如範例 9-11），但 static 外在變數的視野則是**單一檔案的全域**（如範例 9-12）。static 外在變數的宣告語法如下：

【語　法】

```
static extern　變數資料型態　單一檔案全域變數；
```

【語法說明】

使用 static 所宣告的全域變數，只有宣告該變數的檔案可以存取該變數。

【觀念範例 9-12】：靜態外在變數宣告（多檔案示範）。

範例*9-12*　ch9_12_1.c（ch09\ch9_12_1.c）。

```
1    /*      檔名:ch9_12_1.c      功能：靜態外在變數宣告（多檔案示範）      */
2
3    #include <stdio.h>
4    #include <stdlib.h>
5
6    int i=10;
7    static int j=10;
8
9    extern void func1(void);
10
11   int main(void)
12   {
13     extern int i;        /*  可省略此行  */
```

使用 static 宣告，將使得 j 全域變數的視野僅限於本檔案中

```
14   extern int j;        /*  可省略此行   */
15   func1();
16   printf("ch9_12_1.c檔的i=%d\n",i);
17   printf("ch9_12_1.c檔的j=%d\n",j);
18   return 0;
19   /*  system("pause");  */
20   }
```

範例9-12　ch9_12_2.c（ch09\ch9_12_2.c）。

```
1    /*      檔名:ch9_12_2.c      功能:靜態外在變數宣告（多檔案示範）      */
2
3    #include <stdio.h>
4    #include <stdlib.h>
5
6    extern int i;
7    int j; /* extern int j; */        不可以修改為 extern，原因請見說明 (?)
8
9    void func1(void)
10   {
11    j=100;
12    printf("ch9_12_2.c檔的i=%d\n",i);
13    printf("ch9_12_2.c檔的j=%d\n",j);
14   }
```

◉ 執行結果

（Linux，使用 GCC）

```
jhchen@aho:~/C_language/ch09$ gcc -c ch9_12_1.c -o ch9_12_1.o
jhchen@aho:~/C_language/ch09$ gcc -c ch9_12_2.c -o ch9_12_2.o
jhchen@aho:~/C_language/ch09$ gcc ch9_12_1.o ch9_12_2.o -o ch9_12
jhchen@aho:~/C_language/ch09$ ./ch9_12
ch9_12_2.c檔的i=10
ch9_12_2.c檔的j=100
ch9_12_1.c檔的i=10
ch9_12_1.c檔的j=10
```

（Windows，使用 Dev-C++）

```
開啟 Dos 視窗，切換到 Dev-C++ 的安裝目錄的 bin 子目錄中，並將範例的兩個 C 語言程式檔案
複製到此目錄中，然後執行下列編譯命令
E:\Dev-C++\Bin>gcc -c ch9_12_1.c -o ch9_12_1.obj
E:\Dev-C++\Bin>gcc -c ch9_12_2.c -o ch9_12_2.obj
E:\Dev-C++\Bin>gcc ch9_12_1.obj ch9_12_2.obj -o ch9_12.exe
E:\Dev-C++\Bin>ch9_12
ch9_12_2.c檔的i=10
ch9_12_2.c檔的j=100
```

```
ch9_12_1.c 檔的 i=10
ch9_12_1.c 檔的 j=10
```

➲ 範例說明

(1) ch9_12_2.c 的第 6 行代表要讀取其他檔案（ch9_12_1.c）的變數 i。

(2) ch9_12_2.c 的第 7 行如果也要讀取其他檔案（ch9_12_1.c）的變數 j，則需要修改為『extern int j;』，但是由於 ch9_12_1.c 的全域變數 j 已經被宣告為 static，因此僅限於該檔案內的函式可以讀取。所以如果改修改為『extern int j;』，將會在連結階段出現下列錯誤訊息。

```
E:\Dev-C++\Bin>gcc -c ch9_12_1.c -o ch9_12_1.obj
E:\Dev-C++\Bin>gcc -c ch9_12_2.c -o ch9_12_2.obj
E:\Dev-C++\Bin>gcc ch9_12_1.obj ch9_12_2.obj -o ch9_12.exe
ch9_12_2.obj(.text+0x30):ch9_12_2.c: undefined reference to `j'
ch9_12_2.obj(.text+0x52):ch9_12_2.c: undefined reference to `j'
```

9.5.3 4 種變數等級的區別

經由前面章節的介紹，我們已經學習過 5 種 C 語言變數的等級，除了 register 等級之外，其他四種變數等級可以分為兩大類：內在變數與外在變數。也可以由 static 的角度區分為兩大類：普通變數與 static 變數。我們將這四種變數等級的生命週期與視野以表格方式呈現如下，以釐清這四種變數等級之間的差異。

變數等級	生命週期	視野
auto 變數 （普通內在變數）	從函式（或區段）執行開始，直到函式（或區段）執行結束。	僅限於區段之內。 （區段視野）
static auto 變數 （static 內在變數）	直到程式結束為止。	僅限於區段之內。 （區段視野）
extern 變數 （普通外在變數）	從程式執行到程式結束為止。	跨檔案的所有函式。 （檔案視野）
static extern 變數 （static 外在變數）	從程式執行到程式結束為止。	同一檔案內的所有函式。 （檔案視野）

9.6 自動編譯

在範例 9-11 與範例 9-12 中,我們必須分別編譯兩個 C 語言原始檔成為目的檔,再將之連結成一個可執行檔。在傳統 DOS 系統下,我們可以使用一個 bat 批次檔案來完成編譯,在其他 Windows 上的 C++ IDE 整合作業環境中,我們也可以將之統合在單一專案檔之下。而在 Linux/Unix 作業系統中,我們也可以事先撰寫一個特殊的 makefile 檔,接著只要執行該檔就可以完成編譯動作。

9.6.1 Dos 批次檔

在 Dos 中的批次檔是副檔名為『.bat』的檔案,您可以在 Dos 環境下直接執行批次檔,而批次檔則是由一群特殊批次命令與 Dos 命令組成的純文字檔,請看下面的簡單範例。

範例9-12 compile.bat (ch09\compile.bat)。

```
1   @ccho off
2   gcc -c %1 -o temp1.obj
3   gcc -c %2 -o temp2.obj
4   gcc temp1.obj temp2.obj -o %3
5   del temp1.obj
6   del temp2.obj
7   @echo on
```

➲ 執行結果

(Windows,使用 Dev-C++)

開啟 Dos 視窗,切換到 Dev-C++ 的安裝目錄的 bin 子目錄中,並將範例 9-12 的兩個 C 語言程式檔案 (ch9_12_1.c、ch9_12_2.c) 以及 compile.bat 複製到此目錄中,然後執行下列編譯命令
E:\Dev-C++\Bin>**compile ch9_12_1.c ch9_12_2.c ch9_12.exe**
E:\Dev-C++\Bin>**ch9_12**
ch9_12_2.c 檔的 i=10
ch9_12_2.c 檔的 j=100
ch9_12_1.c 檔的 i=10
ch9_12_1.c 檔的 j=10

➲ 範例說明

(1) 第 1、7 行:將作業系統的執行過程之回應文字關閉與開啟。

(2) 第 2~4 行：%1 代表第一個參數，在執行結果中，%1 代表 ch9_12_1.c，其他如 %2、%3 則為第二個及第三個參數。

(3) 第 5~6 行：刪除過渡的目的檔。

(4) 上述第 2~6 行在執行結果中，相當於下列命令：

```
gcc -c ch9_12_1.c -o temp1.obj
gcc -c ch9_12_2.c -o temp2.obj
gcc temp1.obj temp2.obj -o ch9_12.exe
del temp1.obj
del temp2.obj
```

9.6.2　make 與 makefile

在 Linux/Unix 中，批次檔稱之為 Shell Script，功能比 Dos 的批次檔還要強大。在編譯眾多檔案時，我們將命令寫在 makefile 檔案中，這也是多數 Linux 大型軟體的安裝方法之一。

要包裝許多編譯動作，我們必須編輯一個特殊的 makefile 檔案，然後再經由 make 指令來執行檔案內容，如此一來，不但可以批次編譯檔案，而且可以控制軟體版本的更新，請看下面的簡單範例。

範例9-12 makefile（ch09/makefile）。

```
1  ch9_12 : ch9_12_1.o ch9_12_2.o
2        gcc ch9_12_1.o ch9_12_2.o -o ch9_12
3  ch9_12_1.o : ch9_12_1.c
4        gcc -c ch9_12_1.c
5  ch9_12_2.o : ch9_12_2.c
6        gcc -c ch9_12_2.c
```

⊙ 執行結果

（Linux，使用 GCC）

```
jhchen@aho:~/C_language/ch09$ make
gcc -c ch9_12_1.c
gcc -c ch9_12_2.c
gcc ch9_12_1.o ch9_12_2.o -o ch9_12
jhchen@aho:~/C_language/ch09$ ./ch9_12
ch9_12_2.c 檔的 i=10
ch9_12_2.c 檔的 j=100
ch9_12_1.c 檔的 i=10
ch9_12_1.c 檔的 j=10
```

⬀ 範例說明

(1) 第 1、3、5 行：冒號『:』左邊的稱之為目標，冒號『:』右邊的則為**目標的必備檔案**。例如第 5 行：要製作 ch9_12_2.o 檔，必須要使用到 ch9_12_2.c 檔。

(2) 第 2、4、6 行：**開頭為一個【Tab】鍵所造成的空白**。而後記錄的則是上一行對應的動作。例如第 5 行：要製作 ch9_12_2.o 檔，則應該執行第 6 行的『gcc -c ch9_12_2.c』。

(3) 我們將檔名指定為 makefile，如此 make 指令才能自動正確執行。

(4) 使用 makefile 最大的好處在於，make 指令會依據檔案的更新程度，將必須重新編譯的檔案加以編譯，而不需要重新編譯的檔案則會略過。而 make 所依據的來源則是各檔案的建立時間。例如：我們第一次執行 make 檔案時，由於 ch9_12_1.o 與 ch9_12_2.o 都尚未建立，此時 make 指令將會執行下列指令。

```
gcc -c ch9_12_1.c
gcc -c ch9_12_2.c
gcc ch9_12_1.o ch9_12_2.o -o ch9_12
```

(5) 如果我們又修改了 ch9_12_2.c，然後再使用 make 指令來批次編譯時，則只會執行下列指令（因為 ch9_12_1.o 並未更動）。這就是使用 make 與 makefile 來管理程式版本的好處。

```
gcc -c ch9_12_2.c
gcc ch9_12_1.o ch9_12_2.o -o ch9_12
```

9.7 本章回顧

在本章中，我們認識了 C 語言的 5 種變數等級，以及介紹如何撰寫一個簡單的 Dos 批次檔及 Linux 的 makefile 檔案來完成批次編譯的動作。本章重點如下：

(1) 變數的生命週期 (lifetime) 即「變數存在記憶體的時間」。變數的視野 (scope) 即「變數的活動範圍，也就是可以存取該變數的區間」。對於一般的程式語言而言，會依此兩項將變數分為全域變數與區域變數，分述如下：

◪ 全域變數：全域變數宣告於所有函式之外，程式中所有的函式都可以使用該變數（但必須考慮相對位置）。全域變數的生命週期與程式的執行時間相同，必須等到程式結束執行，全域變數佔用的記憶體才會被釋放。

■ 區域變數：區域變數宣告於區段（一般區段指的就是函式）內部，只有定義該變數的區段可以使用這個變數，若非宣告為靜態變數，則該區段執行完畢，生命週期也宣告結束。

(2) C 語言的變數依照視野而分為四種，即區段視野、函式視野、函式原型視野及檔案視野。

(3) 在 C 語言中，變數的生命週期可以分為三大類，如下所述：

1. 生命週期僅限於區段。

2. 生命週期直至程式結束。

3. 透過 static 使生命週期延至程式結束。

(4) C 語言的變數等級，綜合考量到生命週期與視野等因素，共分為五種等級，其中的 register 等級，是用來提醒編譯器，使用暫存器來存放變數，以便加快程式執行速度。其他四種變數等級的生命週期與視野如下表格。

變數等級	生命週期	視野
auto 變數 （普通內在變數）	從函式（或區段）執行開始，直到函式（或區段）執行結束。	僅限於區段之內。 （區段視野）
static auto 變數 （static 內在變數）	直到程式結束為止。	僅限於區段之內。 （區段視野）
extern 變數 （普通外在變數）	從程式執行到程式結束為止。	跨檔案的所有函式。 （檔案視野）
static extern 變數 （static 外在變數）	從程式執行到程式結束為止。	同一檔案內的所有函式。 （檔案視野）

(5) Dos 的批次檔可以執行眾多的 Dos 內部及外部命令，因此我們可以透過一個批次檔來編譯眾多 C 語言程式檔案，並將之連結為一個執行檔。

(6) makefile 是 Linux/Unix 提供的一項軟體更新策略，當我們使用 make 指令執行 makefile 時，它只會編譯已更新的檔案，而不會重新編譯未更新的檔案，因此，make 除了可以用來批次編譯之外，也可以用來管理軟體版本，實在是非常方便（前提則是檔案的製作日期必須是正確的先後關係）。

問答題

1. C 語言提供了哪 5 種變數等級？ C 語言的變數視野可分為哪四類？

2. 試比較 register 等級之外的四種變數等級的生命週期與視野。

3. C 語言的變數，要如何宣告才可以達到跨檔案的使用效果？

4. 對於區域變數而言，如果該變數常常被使用，我們可以將之宣告為哪一種等級，以便加快運算速度。

5. Lex 是一個 Unix 上的字彙分析器產生器。Yacc 是一個 Unix 上的語法分析器產生器。Yacc 可以與 Lex 合作形成編譯器產生器，Yacc 負責依照程式語言之文法產生語法分析器之原始碼，由於文法中以句元為單位進行描述，因此，Yacc 可以在需要時要求 Lex 對原始程式進行字彙分析取出句元傳送給 Yacc。Yacc 與 Lex 產生的都是 C 語言的編譯器原始碼，當使用 "yacc -d 文法描述內容檔 " 後（執行 yacc 時，加入 -d 參數），它會產生一個 .tab.h 檔，如果 Lex 要與 Yacc 合作，則 Lex 產生的字彙分析器原始碼必須載入該標頭檔。當我們觀察 .tab.h 檔內容時，會發現當中有一些變數使用了 extern 來宣告，試解釋為何需要如此宣告？

6. 下列有關於 auto 變數的描述，有哪些是正確的？（複選）

    (1) 使用範圍只及於所在的函式內部

    (2) 有助於函式的安全性

    (3) 在編譯器處理宣告敘述時，就立刻配置記憶體空間

    (4) 可以在編譯時期，設定初始值

7. 下列是有關普通外在變數（extern 變數）使用範圍的描述，有哪些是正確的？（複選）

    (1) 若在某一檔案的所有函式之外，以 static extern 宣告某一變數，則該變數之視野僅侷限於該檔案內，無法達到跨檔案效果。

    (2) 使用 extern 宣告變數（不搭配 static），可以達到跨檔案的使用效果

    (3) 如果在某檔案的所有函式之外已經宣告全域變數，則在該檔案內的函式若要取用該全域變數，必須使用 extern 在函式內部再宣告一次，否則無法取用。

    (4) 以上皆正確

8. 下列何者為外在變數的特點？（複選）

    (1) 生命週期較長

    (2) 可做為函式間的共用資料，並且具有高安全性

    (3) 所有的函式皆可取用該變數

    (4) 以上皆正確

9. 下列關於 extern 宣告函式的描述，有哪些是正確的？（複選）

(1) extern 是用來描述變數，無法用來描述函式。

(2) 當一個檔案內的函式 A 之敘述欲呼叫該檔案內沒有的函式 B 時，必須在函式 A 之外，使用 extern 宣告函式 B，告知編譯器函式 B 是在另一個檔案中，等到連結時才處理。

(3) 使用 extern 宣告的函式，有無回傳值皆可。

(4) 以上皆正確。

10. 下列關於 make 與 makefile 的描述，有哪些是正確的？（複選）

(1) 在 Linux 中，執行 make 指令，會自動執行該目錄下的 makefile 之內容。

(2) makefile 的內容可描述要編譯的檔案，但當檔案並未修改時，有些檔案不會被重新編譯。

(3) makefile 的內容可描述要編譯的檔案，不論檔案是否被修改，都會被重新編譯。

(4) makefile 的內容如果要分別手動執行，則其順序應該是由下而上，而非由上而下。

實作題

1. 請修正下列程式中變數 x 的宣告方式，使得執行後能夠得到相同的執行結果。

```c
#include <stdio.h>
#include <stdlib.h>

int x=100;

void add(void)
{
 int x=10;
 x=x+1;
}

void main(void)
{
 int x=1000;
 int i;
 for(i=1;i<=5;i++)
  add();
 printf("x=%d\n",x);
}
```

執行結果
x=105

2. 請修正下列程式的變數宣告方式，使得執行後能夠得到相同的執行結果。

```c
#include <stdio.h>
#include <stdlib.h>

int add(int w)
{
 int x=0;
 x=x+w;
```

執行結果
a=15

```
    return x;
}

void main(void)
{
 int a=0;
 int i;

 for(i=1;i<=5;i++)
  a=add(i);
 printf("a=%d\n",a);
}
```

3. 請修正下列程式的變數宣告方式，使得執行後能夠得到相同的執行結果。

```
#include <stdio.h>
#include <stdlib.h>

int x=100;

void add(void)
{
 int x;
 x=x+1;
}

void main(void)
{
 int x;
 int i;
 for(i=1;i<=5;i++)
  add();
 printf("x=%d\n",x);
}
```

執行結果
x=105

4. 請修正下列程式的變數及函式的宣告方式，使得執行後能夠得到相同的執行結果。

ex9_04_1.c

```
#include <stdio.h>
#include <stdlib.h>

int Sum=0;
const int qty;

void Compute_Avg(void);

int main(void)
{
 float Avg;
 int i;
 int A[5]={10,20,30,40,50};
 for(i=0;i<qty;i++)
 {
    Sum=Sum+A[i];
 }
 Compute_Avg();
 printf("Sum=%d\n",Sum);
 printf("Avg=%f\n",Avg);
}
```

ex9_04_2.c

```
int Sum;
const int qty=5;
float Avg;

void Compute_Avg(void)
{
 Avg=Sum/qty;
}
```

makefile（Linux/Unix 適用）

```
ex9_04 : ex9_04_1.o ex9_04_2.o
    gcc ex9_04_1.o ex9_04_2.o -o ex9_04
ex9_04_1.o : ex9_04_1.c
    gcc -c ex9_04_1.c
ex9_04_2.o : ex9_04_2.c
    gcc -c ex9_04_2.c
```

compile.bat（Dos 適用）

```
@echo off
gcc -c %1 -o temp1.obj
gcc -c %2 -o temp2.obj
gcc temp1.obj temp2.obj -o %3
del temp1.obj
del temp2.obj
@echo on
```

執行結果

```
Sum=150
Avg=30.000000
```

5. 試將第 8 章範例 8-17 的 lotto.h 與 useful_algorithm.h 都修改為 .c 檔，將所有的 .c 檔內容做必要的修改，分別編譯，最後再將之連結在一起，完成與範例 8-17 相同的功能。

10

C語言的進階資料型態

在抽象化程度上，C 語言屬於第二等級的程式語言，它提供了將數種資料型態組合為一個結構的機制，這使得在設計程式時，能夠以更高層次的觀點來設計程式。並且可藉由指標，完成自我參考之設計，自行製作資料結構中，常見的鏈結串列。在本章中，我們將介紹 C 語言的相關進階資料型態，讀者應仔細研讀本章，這是進階成一位優良 C 語言程式設計師的關鍵。

　　C 語言允許程式設計師自訂結構體，使得程式設計師得以組合多種基本資料型態，建構出更適用於程式邏輯的資料型態，以便設計程式。我們將在這一章中，詳細說明這些自訂資料型態的語法與範例。除此之外，我們還將介紹資料結構中的鏈結串列，它可以藉由指標與結構形成的自我參考機制來完成設計。

10.1 typedef型態定義

　　在說明什麼是 typedef 之前，我們先來看一個 ANSI C 標準函式庫 stdlib.h 內的 malloc 函式宣告語法如下。

```
_CRTIMP void* __cdecl        malloc (size_t) __MINGW_ATTRIB_MALLOC;
```

　　請注意，malloc 的參數型態為 size_t，這個資料型態在第三章中，並未曾介紹過。看起來，它似乎不是 C 語言的基本資料型態，但實際不然。

　　C 語言的基本資料型態其實分的很粗略，例如在數值方面，只分為整數與浮點數兩種基本資料型態。而在實際的應用中，我們常常會希望將資料型態以更具意義的名字來命名，例如：要宣告成績變數的資料型態，就會想用 score 來宣告，要宣告價格的資料型態，就會想用 price 來宣告，而這兩種資料其實也是數值資料而已。C 語言為了使得設計程式更有彈性，也更具可讀性，因此也允許我們這樣做，但必須先使用 typedef 來定義新的資料型態所對應的實際資料型態。換句話說，我們可以將某種資料型態的名稱改成另一個容易表達資料的識別字（別名），如此一來，在整個程式中，我們就能夠使用該別名來宣告資料型態了，typedef 的語法格式如下：

【 typedef 語法 】

```
typedef   資料型態   識別字（別名）;
```

【 語法說明 】

(1) 資料型態是識別字所對應的真實資料型態，它可以是 C 語言的基本資料型態，或其他已經定義過的自訂資料型態，或已經使用 typedef 定義過的別名（亦即可宣告別名的別名）。

(2) 識別字（別名），一旦經由 typedef 定義之後，在程式中就可以使用該別名來宣告變數，而實際上，該別名將會被編譯器代替為原來的資料型態。

(3) 例如上例中 malloc 的參數資料型態為 size_t，這就是一個 unsigned int 的別名，您可以在 search.h 中，找到 typedef unsigned int size_t; 之宣告敘述。

【範例 1】

```
typedef  int  score;          /*  定義資料型態的別名  */
score   student01,student02;
```

【範例說明】

經過定義後，score 資料型態可視為整數型態 int 的另一個別名，因此可以透過該型態宣告兩個 score 變數（student01、student02），這兩個變數實際上都是 int 資料型態。

【範例 2】

```
typedef char * STRING;     /*  定義資料型態的別名  */
STRING str1="Book";
```

【範例說明】

經過定義後，STRING 資料型態可視為指標字串資料型態 char * 的另一個別名，因此可以透過該型態宣告字串變數 str1。

【觀念範例 10-1】typedef 型態定義的練習。

範例 10-1：ch10_01.c（ch10\ch10_01.c）。

```
1    /*     檔名:ch10_01.c      功能:typedef 型態定義的練習      */
2
3    #include <stdio.h>
4    #include <stdlib.h>
5
6    typedef float score;
7
8    void main(void)
9    {
10     score stu[3],total,avg;
11     int i;                    等同於 float
12
13     total=0;
14     for(i=1;i<=3;i++)
15     {
16       printf(" 請輸入第 %d 位同學的成績 :",i);
17       scanf("%f",&stu[i-1]);
```

執行結果
請輸入第 1 位同學的成績 :**70**
請輸入第 2 位同學的成績 :**88**
請輸入第 3 位同學的成績 :**65**
平均成績 =74.333

```
18      total=total+stu[i-1];
19   }
20   avg=total/3;
21   printf(" 平均成績 =%.3f\n",avg);
22   /* system("pause"); */
23   }
```

⊙ 範例說明

(1) 第 6 行，宣告了 float 資料型態的別名為 score 之後，程式中就可以使用這個識別字來宣告 float 資料型態的變數及陣列，例如第 10 行的 stu[3]、total、avg 的資料型態其實都是 float。

(2) 明顯地，相對於使用 float 宣告變數或陣列，使用 score 來宣告變數或陣列，更能表達該變數或陣列內的資料是何種用途。

10.2 enum列舉集合

在第三章中，我們曾提及，列舉也屬於基礎型的資料型態，那麼什麼是列舉呢？它適用於哪些場合呢？假設我們希望變數內容被侷限在某些合法的範圍內，此時，我們可以將所有可能的狀況列舉出來，並透過 C 語言提供的 enum 列舉來加以宣告。

enum 是一種可以由使用者自行定義的資料型態，語法如下：

【enum 定義語法】

```
enum    列舉資料型態名稱 { 此資料型態內所有可能的成員  };
```

【enum 宣告變數語法】

```
enum    列舉資料型態名稱    變數名稱;
```

【enum 定義及宣告變數語法】

```
enum    列舉資料型態名稱 { 此資料型態內所有可能的成員  } 變數 1, 變數 2,……;
```

【語法說明】

經由定義列舉資料型態後，我們可以用該資料型態來宣告變數（在 C++ 中，enum 可省略）。同時，我們也可以在定義列舉資料型態後，同時宣告變數。如下範例：

【範　例】

```
enum animal { dog,cat,bird }pet;
```

【說　明】

定義 animal 為列舉資料型態，並同時宣告 pet 變數為 animal 列舉資料型態的一個變數。

【範　例】

```
enum manufacturer { IBM, MAXTOR,WD,SEAGATE },
enum manufacturer HardDisk;
```

【說　明】

定義 manufacturer 為列舉資料型態。宣告 HardDisk 變數為 manufacturer 列舉資料型態的一個變數。經由宣告後，我們就可以使用 HardDisk 這個變數，例如：

```
HardDisk=IBM;
HardDisk=IBM+WD;
```

【觀念範例 10-2】列舉資料型態的練習。

範例*10-2* ch10_02.c（ch10\ch10_02.c）。

```
1   /*      檔名:ch10_02.c      功能:列舉資料型態      */
2
3   #include <stdio.h>
4   #include <stdlib.h>
5
6   enum manufacturer {IBM,MAXTOR,WD,SEAGATE};
7
8   void main(void)
9   {
10    enum manufacturer HardDisk;
11
12    HardDisk=SEAGATE;                    等同於 HardDisk=3;
13
14    switch(HardDisk)
```

執行結果
硬碟廠牌是 SEAGATE

```
15   {
16    case 0:
17     printf(" 硬碟廠牌是 IBM\n");          break;
18    case 1:
19     printf(" 硬碟廠牌是 MAXTOR\n");        break;
20    case 2:
21     printf(" 硬碟廠牌是 WD\n");           break;
22    case 3:
23     printf(" 硬碟廠牌是 SEAGATE\n");       break;
24   }
25   /* system("pause"); */
26  }
```

範例說明

(1) 第 6 行定義了 manufacturer 為列舉資料型態。第 10 行則是宣告 HardDisk 變數 為 manufacturer 列舉資料型態的一個變數。第 12 行，將變數 HardDisk 的內容 指定為 SEAGATE（其實 SEAGATE 只不過是一個序號）。

(2) 在這個範例中，您會發現，其實 HardDisk 的內容只是一個數字，所以可以使 用第 14~24 行的 switch 來加以判別。

(3) 列舉資料型態的每一個列舉成員，其實都是一個數值序號，第一個列舉成員的 序號是 0，第二個列舉成員是 1，依此類推，因此，上述範例實際對應的數值 如下：

列舉成員	IBM	MAXTOR	WD	SEAGATE
序號	0	1	2	3

(4) 除了內定的序號之外，我們也可以自行重新定義每個列舉成員所代表的序號 （重新定義序號會影響其後列舉成員的序號），範例如下：

```
enum manufacturer {IBM=1,MAXTOR,WD=10,SEAGATE};
```

列舉成員	IBM	MAXTOR	WD	SEAGATE
序號	1	2	10	11

(5) 列舉資料型態的好處在於，編譯器可以先替您檢查資料是否有不符合的狀況， 例如：您將第 12 行修改為 HardDisk=Intel，編譯器就會指出錯誤。

(6) 您可以將第 12 行改成『HardDisk= (enum manufacturer)(3);』，結果也是一樣的， 這是因為當我們使用 manufacturer 型態來做轉型時，它將會對應到 SEAGATE。

10.3 struct結構體

　　結構體是支援抽象化的一種機制，現實生活中，有許多物體都是由較小的物體所組成，例如飛機是由座椅、引擎、艙門等等所組成，但我們不會用一些座椅、四個引擎、三個艙門、、、的物體來形容飛機，而是簡單的以「飛機」來作為代表，這種以某個名詞來作為物體之代表就是一種抽象化的結果。

　　假設我們想要宣告一些與飛機 A 有關的變數時，您可能會宣告 int 座椅數 A，艙門數 A、引擎數 A; 等，但當您想要宣告另一架飛機 B 的相同資訊時，可能會宣告 int 座椅數 B，艙門數 B、引擎數 B;，對於編譯器而言，座椅數 A 與艙門數 B 的關係等同於座椅數 A 與艙門數 A 的關係，也就是兩者根本無關。但事實上，對於程式設計師而言，座椅數 A 與艙門數 A 都是屬於飛機 A 的，而艙門數 B 應該屬於飛機 B 的，因此，上述的宣告變數方式並不恰當。

　　如果我們可以使用「飛機」來宣告則會使得程式更具結構性，使用多維陣列來宣告是一種解決方式，但僅侷限於所有的資料型態都是相同的，例如我們可以宣告一個 plane[][]，例如 plane[0][0] 與 plane[1][0] 分別代表飛機 0 與飛機 1 的座椅數，plane[0][1] 與 plane[1][1] 分別代表飛機 0 與飛機 1 的引擎數等等，但卻無法在 plane 中記錄飛機的型號，例如 "A380"、" 波音 747" 等等，因為這些是字串型態。換句話說，我們無法宣告一個陣列既可存放整數，又可存放字串。

　　當我們的資料擁有很多項目時，我們若欲使用多維陣列來加以存放，可能會由於每一種資料擁有不同的資料型態，因此無法達到目的。再舉一個例子，假設我們要記錄全班同學的成績，每一位同學的資料為學號（字串資料型態）、計概成績（整數資料型態）、數學成績（整數資料型態）、英文成績（整數資料型態）、平均成績（浮點數資料型態），如下圖。此時，我們無法利用二維陣列來存放。

學號	計概	數學	英文	平均
"S9703501"	89	84	75	82.67
"S9703502"	77	69	87	77.67
"S9703503"	65	68	77	70.00

圖 10-1 　一筆資料可能需要使用多種資料型態

C 語言除了無法宣告不限資料型態的陣列之外,我們還很容易遇到一個問題,也就是假設我們強迫使用字串來儲存上述資料,仍舊無法使用之前學習的排序程式針對『計概』分數來做排序,因為陣列若經由遞增排序後會變成圖 10-2 左邊表格的狀況。

強迫使用相同資料型態(字串)儲存資料

學號	計概	數學	英文	平均		學號	計概	數學	英文	平均
"S9703501"	"65"	"84"	"75"	"82.67"		"S9703503"	"65"	"68"	"77"	"70.00"
"S9703502"	"77"	"69"	"87"	"77.67"		"S9703502"	"77"	"69"	"87"	"77.67"
"S9703503"	"89"	"68"	"77"	"70.00"		"S9703501"	"89"	"84"	"75"	"82.67"

圖 10-2 強迫使用字串儲存資料仍舊有其他問題

在圖 10-2 左邊表格中,很明顯地如果僅僅對資料 Array[i][1] 排序的話,由於其他的資料不會跟著移動,因此『65』分並不是 "S9703501" 同學的計概成績,真正希望的排序後之結果應該是如圖 10-2 右邊表格的狀況。

當然我們可以在排序對調資料時,一併對調所有屬於同列的資料。但是這將導致程式更加複雜。此時,如果橫向的列可以一併移動該有多好,為了解決上述的兩個問題,C 語言允許程式設計師**將多種資料變數,組合成一個獨特的資料型態,構成一個結構體**,例如:我們可以將『學號』、『計概』、『數學』、『英文』、『平均』等資料合併為一個結構體,並且使用陣列來宣告結構體陣列(陣列元素為自行定義的結構體),則可以解決上述問題,使得設計程式時更加方便,也使得程式更容易維護。

如果將此設計應用於飛機結構體,則我們可以宣告飛機結構體陣列,陣列的每一個元素都是一架飛機,而飛機結構體則擁有多個項目,包含座椅數、引擎數、艙門數、型號等等,每個項目的資料型態都可以不同,且所有項目都隸屬於某一個結構體變數之中。

既然結構體有助於程式設計,那麼在本節中,我們就應該好好地學習關於結構體的宣告、定義與應用,這是進階為專業 C 語言程式設計師的關鍵,在中大型程式設計中(特別是與資料結構有關的程式設計中),結構體扮演相當重要的角色。

10.3.1 定義 struct 結構體及宣告結構體變數

在 C 語言中定義結構體，必須使用 struct 關鍵字，語法如下：

【struct（結構體）宣告語法】

```
struct 結構體資料型態名稱
{
結構主體
};
```

【語法說明】

(1) 結構體資料型態名稱是用來代表『整個結構主體中所有的資料變數』，當定義結構體之後，我們就可以將之視為一種新的資料型態。

(2) 結構主體，內含該結構體的組織成員，也就是眾多不同資料型態的變數。

【範　例】

```
struct student
{
char    stu_id[12];             /*    學號    */
int     ScoreComputer;          /*    計概    */
int     ScoreMath;              /*    數學    */
int     ScoreEng;               /*    英文    */
float   ScoreAvg;               /*    平均成績    */
};
```

【說　明】

定義結構體後，我們可以將結構體 student 視為一種新的資料型態，其中包含了 stu_id、ScoreComputer、ScoreMath、ScoreEng、ScoreAvg 等 5 個資料變數，如圖 10-3 所示。

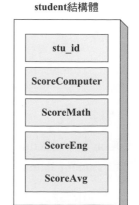

student結構體

圖 10-3　結構體示意圖

事實上，student 結構體（新的資料型態）所宣告的變數，將會佔用 28 個位元組空間，如圖 10-4 示意。

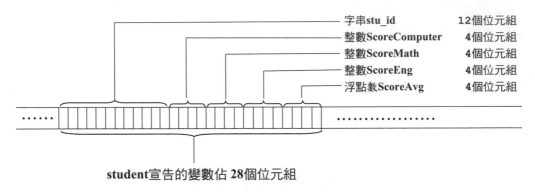

字串stu_id　　　　　　12個位元組
整數ScoreComputer　　4個位元組
整數ScoreMath　　　　4個位元組
整數ScoreEng　　　　 4個位元組
浮點數ScoreAvg　　　 4個位元組

student宣告的變數佔 28個位元組

圖 10-4　結構體在記憶體的示意圖

當定義結構體之後，我們就可以將結構體當作是新的資料型態來宣告變數，而宣告語法則與基本資料型態類似：

【使用結構體宣告變數語法】

```
struct    結構體名稱    變數或陣列名稱；
```

【語法說明】

可以將結構體當做資料型態來宣告變數或陣列，並且在 C++ 中，struct 關鍵字可以省略（C 語言不可省略），省略後就更像是把結構體當作一種新的資料型態來宣告變數。

【範　例】

```
struct student John;
struct student IM[50];
```

【說　明】

(1) John 為一個 student 資料型態的變數。（在 C++ 中，您也可以省略 struct，宣告為 student John;）

(2) IM[50] 為大小 50 的陣列，每一個陣列元素的資料型態都是 student 型態。

(3) 經由上述宣告後，編譯器將在記憶體中保留適當空間存放變數與陣列，如下圖示意：

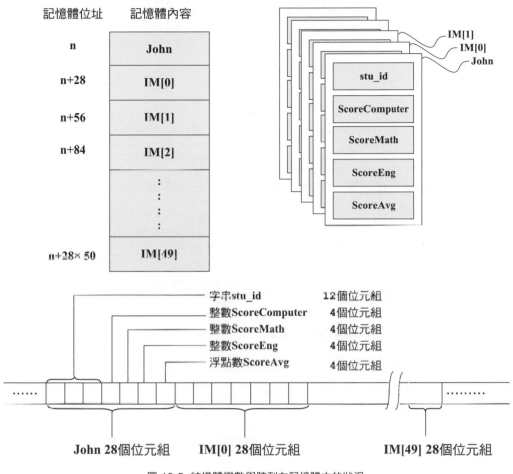

圖 10-5 結構體變數與陣列在記憶體中的狀況

10.3.2 存取結構體變數項目

當我們使用結構體宣告變數之後，若要存取結構體變數的某個資料項，可以用「.」與「->」符號來達成。兩種符號分別適用於不同時機如下：

(1) 「.」：結構體為普通結構體變數。

【語　法】

結構體變數．資料項

【範　例】 設定學生 John 的數學成績及平均成績。

```
struct student John;    /*   John 是一個普通結構體變數  */
.....................
John.ScoreMath=86;
John.ScoreAvg=76.67;
```

(2) 「->」: 結構體為指向結構體的指標變數。

【語　法】

> 結構體指標變數 -> 資料項

【範　例】 透過指標設定學生 John 的數學成績及平均成績。

```
struct student John;     /*   John 是普通結構體變數   */
struct student *pJohn;  /*   pJohn 是結構體指標變數（指向結構體變數的指標）*/
pJohn = &John;          /*   pJohn 指標指向 John 變數   */
.....................
pJohn->ScoreMath=86;
pJohn->ScoreAvg=76.67;
```

10.3.3 定義及宣告結構體的變形

定義與宣告結構體有許多方式，詳述如下。

定義及宣告結構體的變形（一）

定義結構體變數，也可以和宣告結構體變數一併完成，如下語法：

【語　法】

```
struct 結構體資料型態名稱
{
      結構主體
} 結構體變數名稱 ;
```

【語法說明】

上述語法不但可以定義一個結構體，也同時宣告了該結構體的一個變數實體。

【範　例】

```
struct X
{
......
}Y;
```

【說明】

　　X 是結構體名稱，而 Y 則是結構體 X 宣告的變數。上述語法相當於下列敘述的合併：

```
struct X
{
......
};
struct X Y;
```

定義及宣告結構體的變形（二）

　　類似於變形（一），若定義的結構不會在之後的程式中使用時，則可以省略結構體名稱，並直接宣告一個變數實體，語法如下：

【語　法】

```
struct
{
        結構主體
} 結構體變數名稱；
```

【語法說明】

　　上述語法雖然定義了一個結構體，但並未賦予名稱，此時必須同時宣告該結構體的一個變數實體。因為之後再也無法利用傳統方式宣告結構體變數了。

【範　例】

```
struct
{
......
}Z;
```

【說　明】

Z 是結構體變數。該結構體並無名稱，所以日後無法再宣告該結構體的其他變數。

【觀念範例 10-3】：struct 結構體定義與宣告的練習。

範例10-3 ch10_03.c（ch10\ch10_03.c）。

```
1    /*    檔名:ch10_03.c    功能:struct 定義及宣告結構體    */
2
3    #include <stdio.h>
4    #include <stdlib.h>
5    #include <string.h>
6
7    struct student          ◄─── 定義結構體以及其成員
8    {
9      char   stu_id[12];
10     int    ScoreComputer;
11     int    ScoreMath;
12     int    ScoreEng;
13     float  ScoreAvg;
14   };
15
16   void main(void)
17   {
18    int score[3][3]={{89,84,75},
19                     {77,69,87},
20                     {65,68,77}};
21    struct student IM[3];          結構體陣列，元素之資
                                     料型態為 student
22    struct student tempStu;
                                     結構體變數，資料型態
23    int i,Total;                   為 student
24
25    strcpy(IM[0].stu_id,"S9703501");
26    strcpy(IM[1].stu_id,"S9703502");
27    strcpy(IM[2].stu_id,"S9703503");
28    for(i=0;i<3;i++)
29    {
30        Total=0;
31        IM[i].ScoreComputer=score[i][0];
32        IM[i].ScoreMath    =score[i][1];
33        IM[i].ScoreEng     =score[i][2];
34        Total=score[i][0]+score[i][1]+score[i][2];
35        IM[i].ScoreAvg=((float)Total)/3;
36    }
37
38    printf(" 學號 \t\t 計概 \t 數學 \t 英文 \t 平均 \n");
39    printf("-----------------------------------------------------\n");
```

```
40    for(i=0;i<3;i++)
41    {
42        tempStu=IM[i];
43        printf("%s\t%d\t%d\t%d\t%.4f\n",\
44                tempStu.stu_id,tempStu.ScoreComputer,tempStu.ScoreMath,\
45                tempStu.ScoreEng,tempStu.ScoreAvg);
46    }
47    /* system("pause"); */
48    }
```

➡ 執行結果

```
學號            計概      數學      英文      平均
-----------------------------------------------------
S9703501       89        84        75        82.6667
S9703502       77        69        87        77.6667
S9703503       65        68        77        70.0000
```

➡ 範例說明

(1) 第 7 14 行，定義了一個結構體 student，當中包含 5 個項目。

(2) 第 21 行，將結構體 student 視為新的資料型態，宣告一個 1 維陣列，陣列中每個元素的資料型態都是 student。

(3) 第 22 行，將結構體 student 視為新的資料型態，宣告一個變數 tempStu。

(4) 第 25~36 行，設定 IM[3] 結構體陣列的每個元素項目資料。

(5) 第 40~46 行，顯示結構體陣列資料，我們透過 tempStu 來暫存每一個陣列元素，其中第 42 行代表『=』設定運算子，可以把某個結構變數的資料拷貝到另一個相同結構的變數。

10.3.4 結構體的結構體

結構體內包含許多項目，而每一個項目都可以是基本資料型態或之前宣告過的結構體（因為我們可以將已宣告過的結構體當作是一種自訂的新資料型態）。當結構體內的項目又是一個結構體時，也就是所謂的『結構體的結構體』。相同於指標的指標存取方式，我們若要存取『結構體的結構體』的資料，只需要多加上數個『.』或『->』即可完成。

10.3.5 結構體與函式

函式的參數也可以是結構體變數，當然也分為傳值呼叫與傳指標呼叫兩種，我們將在本小節中分別加以介紹。

傳入結構體引數－傳值呼叫

既然呼叫函式時，可以傳入基本資料型態的變數，而結構體可以視為一種新的資料型態，因此我們自然也可以把結構體變數當作引數傳入函式之中，請見以下範例。

【觀念範例 10-4】：函式接受結構體引數（傳值呼叫）的練習。

範例 *10-4* ch10_04.c（ch10\ch10_04.c）。

```
1   /*     檔名:ch10_04.c     功能:結構體引數     */
2
3   #include <stdio.h>
4   #include <stdlib.h>
5   #include <string.h>
6
7   struct student
8   {
9     char    stu_id[12];
10    int     ScoreComputer;
11    int     ScoreMath;
12    int     ScoreEng;
13    float   ScoreAvg;
14  };
15
16  void display(struct student);
17
18  void display(struct student tempStu)
19  {
20      printf("%s\t%d\t%d\t%d\t%.4f\n",\
21             tempStu.stu_id,tempStu.ScoreComputer,tempStu.ScoreMath,\
22             tempStu.ScoreEng,tempStu.ScoreAvg);
23  }
24
25  void main(void)
26  {
27   int score[3][3]={{89,84,75},
28                    {77,69,87},
29                    {65,68,77}};
30   struct student IM[3];
```

```
31    int i,Total;
32
33    strcpy(IM[0].stu_id,"S9703501");
34    strcpy(IM[1].stu_id,"S9703502");
35    strcpy(IM[2].stu_id,"S9703503");
36    for(i=0;i<3;i++)
37    {
38        Total=0;
39        IM[i].ScoreComputer=score[i][0];
40        IM[i].ScoreMath     =score[i][1];
41        IM[i].ScoreEng      =score[i][2];
42        Total=scorc[i][0]+score[i][1]+score[i][2];
43        IM[i].ScoreAvg=((float)Total)/3;
44    }
45
46    printf(" 學號 \t\t 計概 \t 數學 \t 英文 \t 平均 \n");
47    printf("-------------------------------------------------\n");
48    for(i=0;i<3;i++)
49    {
50       display(IM[i]);
51    }
52    /* syst.em("pause"); */
53    }
```

➲ 執行結果

```
學號              計概      數學      英文      平均
-------------------------------------------------
S9703501         89        84        75        82.6667
S9703502         77        69        87        77.6667
S9703503         65        68        77        70.0000
```

➲ 範例說明

(1) 第 16 行,宣告 display 函式,接受一個引數,該引數的資料型態是結構體 student。

(2) 第 18~23 行,display 函式的定義,顯示傳入結構體引數的各項資料。

(3) 第 50 行,呼叫 display 函式,並傳入一個結構體變數(IM 陣列是一個結構體陣列,每一個元素都是一個結構體變數)。

傳入結構體指標－傳指標呼叫

呼叫函式時，除了可以使用上述傳值呼叫的方式傳送結構體變數之外，我們也可以使用傳指標呼叫，傳入結構體位址給函式。下面這個範例中，我們使用的是傳指標呼叫傳遞陣列起始位址，並且在函式內，以指標變數方式存取結構體的項目。

【觀念及實用範例 10-5】：傳指標呼叫，以便排序結構體陣列元素順序。

範例10-5 ch10_05.c（ch10\ch10_05.c）。

```
1   /*      檔名:ch10_05.c      功能：傳指標呼叫      */
2
3   #include <stdio.h>
4   #include <stdlib.h>
5   #include <string.h>
6
7   struct student
8   {
9     char    stu_id[12];
10    int     ScoreComputer;
11    int     ScoreMath;
12    int     ScoreEng;
13    float   ScoreAvg;
14  };
15
16  void display(struct student);
17  void BubbleSort(struct student *arr,int arr_index);
18
19  void display(struct student tempStu)
20  {
21    printf("%s\t%d\t%d\t%d\t%.4f\n",\
22            tempStu.stu_id,tempStu.ScoreComputer,tempStu.ScoreMath,\
23            tempStu.ScoreEng,tempStu.ScoreAvg);
24  }
25
26  void BubbleSort(struct student *arr,int arr_index)
27  {
28    int k,times,i;
29    struct student temp;
30
31    k=arr_index-1;
32    while(k!=0)
33    {
34     times=0;
35     for(i=0;i<=k-1;i++)
36     {
```

```
37    if((arr+i)->ScoreComputer > (arr+i+1)->ScoreComputer)
38    {
39      temp=arr[i]; arr[i]=arr[i+1]; arr[i+1]=temp;
40      times=i;
41    }
42  }
43  k=times;
44  }
45 }
46
47 void main(void)
48 {
49  int score[3][3]={{89,84,75},
50                   {77,69,87},
51                   {65,68,77}};
52  struct student IM[3],tempStu;
53  int i,Total;
54
55  strcpy(IM[0].stu_id,"S9703501");
56  strcpy(IM[1].stu_id,"S9703502");
57  strcpy(IM[2].stu_id,"S9703503");
58
59  for(i=0;i<3;i++)
60  {
61      Total=0;
62      IM[i].ScoreComputer=score[i][0];
63      IM[i].ScoreMath    =score[i][1];
64      IM[i].ScoreEng     =score[i][2];
65      Total=score[i][0]+score[i][1]+score[i][2];
66      IM[i].ScoreAvg=((float)Total)/3;
67  }
68
69  printf(" 學號 \t\t 計概 \t 數學 \t 英文 \t 平均 \t( 依計概排序前 )\n");
70  printf("----------------------------------------------------\n");
71  for(i=0;i<3;i++)
72    display(IM[i]);
73
74  BubbleSort(IM,3);
75  printf(" 學號 \t\t 計概 \t 數學 \t 英文 \t 平均 \t( 依計概排序後 )\n");
76  printf("----------------------------------------------------\n");
77  for(i=0;i<3;i++)
78     display(IM[i]);
79  /* system("pause"); */system("pause");
80 }
```

⊙ 執行結果

學號	計概	數學	英文	平均	（依計概排序前）
S9703501	89	84	75	82.6667	
S9703502	77	69	87	77.6667	
S9703503	65	68	77	70.0000	
學號	計概	數學	英文	平均	（依計概排序後）
S9703503	65	68	77	70.0000	
S9703502	77	69	87	77.6667	
S9703501	89	84	75	82.6667	

⊙ 範例說明

(1) 第 17 行，宣告 BubbleSort 函式，接受結構體指標或結構體陣列名稱（可視為指標常數）。

(2) 第 26~45 行，Bubbluesort 函式的定義，和前面章節介紹的差不多，只不過把排序依據改成每一個結構體中的 ScoreComputer 項目（第 37 行）。

(3) 由執行結果中，可以發現每次對調順序時，會將整個結構體元素對調，而不會只對調某個項目。

(4) 第 37 行，我們使用的是指標變數存取結構體項目的語法，我們也可以改為陣列的存取方式，此時，就可以將『->』改為『.』，如下：

```
if(arr[i].ScoreComputer > arr[i+1].ScoreComputer)
```

回傳結構體

函式既然可以接受結構體引數，同樣地，函式也可以回傳結構體變數，您只要在宣告及定義函式時，將回傳值型態指定為結構體即可（記得要加上 struct），如下列語法。

【語　法】

```
struct 回傳的結構體名稱　函式名稱（參數串列）
{
    …函式定義…
    return 結構體變數；
}
```

【語法說明】

　　回傳的結構體名稱必須事先宣告過，同時您必須使用 return 來回傳該結構體變數。

【範　例】

```
struct student
{
  char   stu_id[12];
  int    ScoreComputer;
  int    ScoreMath;
  int    ScoreEng;
  float  ScoreAvg;
};

struct student cal(int i,int j)
{
    struct student X;
    .................
    return X;
}
```

Coding 注意事項

左列的程式編譯不會產生錯誤，但執行時可能會出現錯誤，因為 X 所佔用的記憶體在 cal 函式返回後就被釋放了。因此，較常見的作法是採用 malloc() 動態取得一個結構體的記憶體，並以指標指向它，最後則是回傳該指標，如此就不會產生執行時的錯誤，這在鏈結串列中常見到此種作法，詳見範例 10-9。

【說　明】

　　cal() 函式將回傳一個 student 結構體，在本範例中，X 是回傳的結構體變數。

10.3.6 struct 結構體與 typedef 型態別名

　　同樣地，由於我們可以將結構體視為一種新的資料型態，因此我們也可以利用 typedef 為該結構體另外取一個別名，如下範例。

【範　例】

```
struct student
{
  char   stu_id[12];
  int    ScoreComputer;
  int    ScoreMath;
  int    ScoreEng;
  float  ScoreAvg;
};

typedef struct student Stu_Score;
```

【說　明】

　　經由定義別名後，您也可以使用 Stu_Score 來宣告結構體變數，例如：『Stu_Score John;』。

【觀念用範例 10-6】：改寫範例 10-3，透過別名宣告結構體變數。

範例**10-6** ch10_06.c（ch10\ch10_06.c）。

```
1    *      檔名:ch10_06.c      功能:透過別名宣告結構體變數      */
2
3    #include <stdio.h>
4    #include <stdlib.h>
5    #include <string.h>
6
7    struct student
8    {
9      char    stu_id[12];
10     int     ScoreComputer;
11     int     ScoreMath;
12     int     ScoreEng;
13     float   ScoreAvg;
14   };
15   typedef struct student Stu_Score;
16   void main(void)
17   {
18     int score[3][3]={{89,84,75},
19                      {77,69,87},
20                      {65,68,77}};
21     Stu_Score IM[3];
22     Stu_Score tempStu;
23     int i,Total;
:    …同範例 10-3，第 24~48 行。…
```

宣告 student 結構體的別名

使用別名宣告變數時，不必再加上 struct

◆ 執行結果

　　（同範例 10-3）

◆ 範例說明

(1) 第 15 行，我們為結構體 student 另外取了一個別名 Stu_Score。

(2) 第 21、22 行，透過別名宣告結構體陣列及變數。本範例與範例 10-3 的效果一樣。

結構體的視野

結構體的視野（Scope）和變數的視野沒有太大的差別，前面的範例中，我們將結構體定義放在最前面，因此所有的函式都可以看見它。如果將結構體定義放到某個函式之中，則只有該函式可以看見該結構體；雖然將結構體定義在函式之外，但仍只有在結構體定義之後的函式宣告可以看見該結構體，這一點，請讀者特別注意一下。

10.3.7 利用結構體存取位元

我們可以將數筆資料項目組合成一個結構體，反過來說，一個結構體可以分解為數個資料項目。我們將結構體視為一種新的資料型態，同樣地，我們也可以把基本資料型態視為一種由 C 語言內定的結構體，此時，我們是否可以將此結構體（基本資料型態）分解呢？答案是肯定的，並且分解後的元素即為『位元 (bit)』。換句話說，利用 struct 指令，我們可以建構以位元 (bit) 為單位的資料型態，定義方式如下：

【語　法】

```
struct 資料型態名稱
{
資料型態    變數名稱 1：位元長度；
資料型態    變數名稱 2：位元長度；
......
};
```

【語法說明】

變數名稱後面的位元長度代表『該變數所佔的位元長度』，長度越長的變數，可以表現越多的數值，請見以下範例。

【範　例】

```
struct flag
{
    unsigned short int f0:1;
    unsigned short int f1:1;
    unsigned short int f2:2;
    unsigned short int f4:4;
    unsigned short int f8:8;
}PSW;
```

【說　明】

(1) 一個 unsigned short int 資料長度為 2 個 bytes（16 個 bits），我們可以將之分解為更多的 bit 變數。

(2) 範例中，PSW 共包含 5 個變數，其變數名稱與所佔長度分別如下：

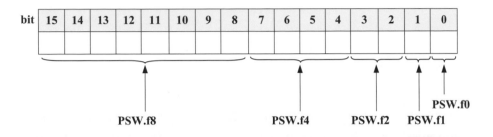

變數名稱	變數長度	數值組合	數值範圍
PSW.f0	1	0,1	0~1
PSW.f1	1	0,1	0~1
PSW.f2	2	00,01,10,11	0~3
PSW.f4	4	0000,0001,0010,0100,1000,0011,0110,1100 1010,0101,0111,1110,1011,1101,1001,1111	0~15
PSW.f8	8	00000000,00000001,... ....,11111111	0~255

【觀念範例 10-7】：struct 位元欄位練習。

範例10-7 ch10_07.c（ch10\ch10_07.c）。

```
1   /*      檔名:ch10_07.c      功能:struct 位元欄位練習      */
2
3   #include <stdio.h>
4   #include <stdlib.h>
5
6   struct flag
7   {
8     unsigned short int f1:1;
9     unsigned short int f2:2;
10  };
11
12  void main(void)
13  {
14    struct flag PSW;
```

```
15    PSW.f1 = 1;
16    PSW.f2 = 2;
17    if(PSW.f1 == 1)
18       printf("f1 is ON\n");
19    else
20       printf("f1 is OFF\n");
21
22    switch(PSW.f2)
23    {
24     case 0:
25       printf("f2 is OFF-OFF\n");      break;
26     case 1:
27       printf("f2 is OFF-ON\n");       break;
28     case 2:
29       printf("f2 is ON-OFF\n");       break;
30     case 3:
31       printf("f2 is ON-ON\n");        break;
32    }
33   /* system("pause"); */
34  }
```

執行結果
f1 is ON
f2 is ON-OFF

➔ 範例說明

(1) 第 6~10 行，利用 struct 定義位元欄位 f1,f2。

(2) 第 15、16 行，設定『位元串』欄位的值。

(3) 第 17~32 行，利用簡單的 if 與 switch 來判斷位元串的內容。

10.4 union聯合結構體

　　聯合結構體是一種特殊的結構體，在聯合結構體中的資料變數將會共同分享同一塊記憶體空間，因此，分享記憶體空間的總容量是『該結構體中佔最多空間的資料變數』。union 聯合結構體的定義語法如下：

【語　法】

```
union   聯合結構體名稱
{
       結構主體
};
```

【語法說明】

聯合結構體也可以使用 struct 結構體的其他變種語法，例如：在定義聯合結構體時，同時宣告一個聯合結構體變數。如下範例：

【範　例】

```
union u_member
{
    short int id;   /* 原本佔兩個位元組 */
    int income;     /* 原本佔四個位元組 */
}John;
```

【說　明】

上述範例中，定義了一個聯合結構體 u_member（含有 2 個項目），並同時宣告了聯合結構體變數 John，而 John 的兩個項目將共用記憶體空間，所以變數 John 只佔用了 4 個 bytes 記憶體空間。

union 聯合結構體與 struct 結構體的比較

union 聯合結構體與 struct 結構體非常相似，但在記憶體空間的使用效率上則大不相同，以上面的範例而言，當我們使用 struct 宣告相同結構的標準結構體（如下範例），Mary 將會佔用 6 個位元組而非 4 個位元組。

【範　例】

```
struct s_member
{
    short int id;
    int income;
}Mary;
```

【說　明】

使用 struct 定義的標準結構體，當宣告一個結構體變數後，該變數的項目將會同時存放於記憶體中，所以上述範例 Mary 所佔的記憶體空間為 (2+4)=6 個位元組。而之前範例宣告的 John 聯合結構體則只需要佔用 max(2,4)=4 個位元組，因為聯合結構體變數內的項目會共用記憶體空間。兩者的示意圖如下：

聯合結構體變數**John**的記憶體內容

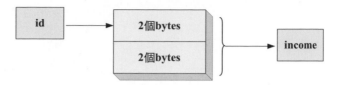

圖 10-6　聯合結構體共用記憶體

標準結構體變數**Mary**的記憶體內容

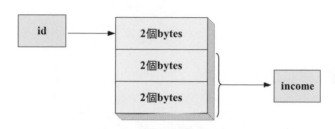

圖 10-7　標準結構體不共用記憶體

　　由上述示意圖中，我們不難發現，似乎使用 union 聯合結構體比較節省記憶體空間，但事實上聯合結構體雖然可以節省記憶體空間，但卻限制項目無法同時存在於記憶體中。換句話說，對於同一個時間點而言，只能有一個項目存在，因此聯合結構體所佔的記憶體大小，將以項目中佔用記憶體空間最大的項目為準。例如上例中，short int 佔 2 個位元組，int 佔 4 個位元組，因此 John 的大小為 4 個位元組。

【觀念範例 10-8】：觀察 union 聯合結構體的記憶體使用狀況。

範例*10-8* ch10_08.c（ch10\ch10_08.c）。

```
1    /*     檔名 :ch10_08.c     功能 :union 結構體     */
2
3    #include <stdio.h>
4    #include <stdlib.h>
5
6    union u_member
7    {
8     short int id;
9     int income;
10   };
11
12   struct s_member
```

```
13  {
14   short int id;
15   int income;
16  };
17
18  void main(void)
19  {
20   union u_member John;
21   struct s_member Mary;
22
23   John.income  = 0x00000000;
24   John.income  = 0x66666666;
25   John.id      = 0x0010;
26
27   Mary.income  = 0x00000000;
28   Mary.income  = 0x55555555;
29   Mary.id      = 0x0011;
30
31   printf("John.income  =%X\n",John.income);
32   printf("John.id      =%X\n",John.id);
33   printf("Mary.phone   =%X\n",Mary.income);
34   printf("Mary.id      =%X\n",Mary.id);
35   /* system("pause"); */
36  }
```

➡ 執行結果

```
John.income  =66660010
John.id      =10
Mary.phone   =55555555
Mary.id      =11
```

➡ 範例說明

(1) 第 6~10 行,利用 union 定義聯合結構體。

(2) 第 20 行,宣告聯合結構體變數 John。

(3) 第 23~25 行,設定聯合結構體變數 John 的項目內容。相對於標準結構體變數內容而言,兩者的記憶體變化如下。

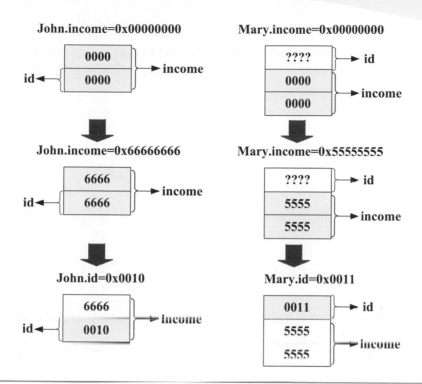

Coding 注意事項

使用 union 雖然比 struct 節省記憶體空間，但可能會發生非預期的資料覆蓋，因此，若非必要，建議使用 struct 來宣告結構體即可。(好像牛頓所説『 大貓走大洞，小貓走小洞 』在此還蠻有道理的)

10.5 自我參考機制

除了 C 與 C++ 之外，大多數的程式語言都不允許程式設計師使用指標，但這些語言大多將指標功能實作在參考 (reference) 之中，藉由參考的語法限制，使得程式不可能存取到非允許之區域的記憶體，減少了程式的危險性。換言之，參考這個詞，與指標有異曲同工之處。

所謂 C 語言的自我參考機制代表的是，一個結構體中，有某些項目被宣告為指標，但宣告指標時必須宣告所指向的資料型態，若將該資料型態設定為同一結構體，則代表該指標必須指向與結構體相同資料型態的資料，因此稱之為自我參考機制 (self-reference)。

自我參考機制在資料結構中，是 C 語言實作鏈結串列的關鍵，由於較為複雜，因此，我們先由簡單的範例來觀察，當指標成為結構體項目時，會發生什麼樣的事情？假設我們有一個結構體 s，其項目如下，當中包含了一個整數 i 與一個指向整數資料型態的指標 p。

```
struct s
{
    int i;
    int *p;
};
```

此時如果要宣告結構體變數 s1，並設定其項目時，可以使用下列敘述：

```
int num=100;
struct s s1;
s1.i=10;
s1.p=&num;
```

如果我們嘗試修改 p 指標項目所指向的值，可以透過下列敘述來達成：

```
*(s1.p)=50;
```

上述程式執行後，記憶體內容如下圖所示：

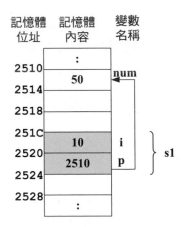

在前面我們曾經提及，指標非常危險，所以如果我們未曾設定 s1.p=#，則應該將 p 指標指向空指標 NULL，NULL 一般代表著 0，而該記憶體位址通常不會使用，因此就不必擔心 p 指標指向不合法的記憶體位址。語法如下：

```
s1.p=NULL;      /* 將指標 p 指向 NULL */
```

假設讀者已經對於結構體內包含指標項目不會產生困惑，那麼，我們可以來做一點點的改變，以便完成自我參考機制。假設我們將結構體稍為修改一下，成為 sr 結構體如下，當中的 p 指標，宣告為指向 sr 結構體型態的變數，則可以如下宣告。

```
struct sr
{
    int i;
    struct sr *p;      /* 完成自我參考機制 */
};
```

此時如果要宣告結構體變數 sr1，並設定其項目 p 指向另一個結構體變數 sr2 時，可以使用下列敘述：

```
struct sr sr1,sr2;
sr1.i=10;
sr1.p=&sr2;
sr2.i=30;
```

請注意，sr2.p 也必須指向一個相同結構體型態的變數，我們可以將之指向 sr1 或 sr2 本身，或者只將之指向 NULL 皆可，如下：

```
sr2.p=NULL;
```

現在我們可以透過 sr1 的 p 指標來改變 sr2 結構體之 i 項目的內容，如下：

```
(*(sr1.p)).i=40;        /*  (*(sr1.p)) 相當於 sr2   */
```

上述程式執行後，記憶體內容如下圖所示：

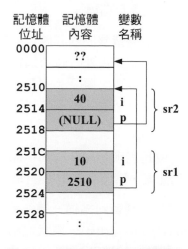

圖 10-8　自我參考機制的記憶體變化

我們可以將記憶體的情況以示意圖來橫向表示如下，事實上，這就是單向鏈結串列的示意圖。

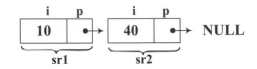

圖 10-9　上圖 (圖 10-8) 的示意圖 (單向鏈結串列)

那麼如果我們將 sr2 的 p 指標指向 sr1 呢？亦即執行 sr2.p=&sr1; ，則此時就變成了環狀鏈結串列，如下圖。

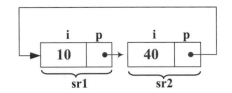

圖 10-10　尾端指向頭端可形成環狀鏈結串列

10.6 鏈結串列及其應用

在上一節中，我們學會了如何以 C 語言的自我參考機制製作簡單的鏈結串列。在本節中，我們將介紹鏈結串列的種類與特色，以及常見的應用。並且，我們將使用更常見的語法來宣告鏈結串列的資料結構。

使用陣列來存放資料常會遇到容量限制的問題，所有的程式語言都會限制陣列的極限大小，而早期的程式語言規定宣告陣列時必須宣告常數的陣列大小。問題是程式設計師有時候很難預估程式執行時，實際上需要多少的陣列空間才能夠完成任務。所以或多或少，很容易浪費陣列空間或者宣告了不足以應付程式變化的陣列空間。

使用陣列還有一項缺點，就是當您想要在陣列中插入或刪除中間的某一個元素時，必須搬動所有之後的陣列元素，這將花費很多的執行時間，非常沒有效率。

以上兩個缺點都可以透過另一種資料結構－**鏈結串列 (Linked list)** 來解決。鏈結串列分為單向鏈結串列 (Single linked list)、環狀鏈結串列 (Circular list)、雙向鏈結串列 (Double linked list)、環狀雙向鏈結串列等等種類，而其觀念則可以演變為更多種變化，例如可以用來表示二元樹結構。在本節中，我們將只介紹單向鏈結串列，至於環狀、雙向、環狀雙向鏈結串列等等的觀念則與單向鏈結串列差不多，只是稍作變化而已。

10.6.1 節點

鏈結串列是由節點 (node) 所構成，在單向鏈結串列中，節點至少有兩個欄位，一個是資料 (data) 欄位，另一個則是鏈結 (link) 欄位。鏈結欄位將指向下一個節點，而每個節點依靠著鏈結欄位連結在一起，如此便形成所謂的串列 (list)，如圖 10-11 所示。其中第一個節點會由另外一個指標指向它，該指標的名稱通常是 head、ptr 或該串列的名稱。而最後一個節點的鏈結則指向 NULL，代表後面已經沒有節點。

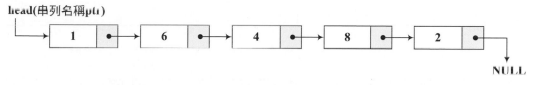

圖 10-11　鏈結串列

10.6.2 插入與刪除節點演算法

鏈結串列的優點在於，當要在其中插入或刪除節點時，只需要幾個步驟就可以完成，不像陣列需要使用一個迴圈進行大量資料的搬移。在本小節中，我們將以演算法及圖示來說明如何進行節點的插入或刪除，在下一小節中，才會使用 C 語言實作這些演算法與鏈結串列資料結構。

單向鏈結串列的插入節點演算法

要在鏈結串列中插入一個節點，可透過下列演算法來達成：

```
Function insertAfter(L,m,d)
    If (isNode(L,m)==false) then [ return error ]
    Declare Pointer A,data type of A is data type of L
    Declare a Pointer n point to a new Node
    n->data ← d;  n->link ← NULL     // 步驟 1
    A ← after(L,m)                   // 步驟 2
    If (A ≠ NULL) then
    [
        n->link ← m->link;              // 步驟 3
        m->link ← n   /* 注意：本行與上一行之順序不可對調 */ // 步驟 4
    ]
    else   [ L ← insertLast(L,d) ]   /* m 為最後一個節點 */
    return L
endFunction
```

演算法 10-1　鏈結串列插入節點的演算法

【說　明】

(1) 上述演算法中，L 代表鏈結串列名稱，L 也是指向第一個節點的指標。

(2) 上述演算法取名為 insertAfter，代表要插入一個節點在 m 節點之後。新節點的 data 欄位設定為 d。

(3) isNode(L,m) 代表判斷 m 是否為 L 鏈結串列內的節點。

(4) A,n 都是一個指標，可以指向某一個節點。

(5) n->data，代表 n 指標指向節點之 data 欄位。n->link 則代表該節點的 link 欄位。

(6) after(L,m) 會回傳 m 節點之後的節點。

(7) 由於 m 節點可能是最後一個節點，此時 after(L,m) 會回傳 NULL，而此狀況我們交由 insertLast(L,d) 演算法來執行，本範例並不討論該演算法。

(8) 明顯地，上述演算法中沒有迴圈，所以比在陣列中插入元素來得有效率。

(9) 假設我們現有的串列如圖 10-12(a)，則要在 m 節點之後插入一個資料為 d 的節點，則按照上述步驟，將會以圖 10-12(a)(b)(c) 來完成。

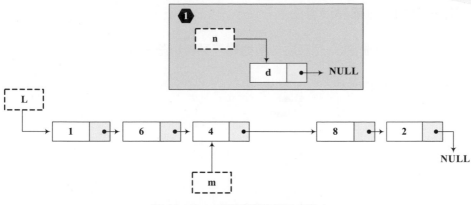

圖 10-12(a)　原始鏈結串列及步驟 1

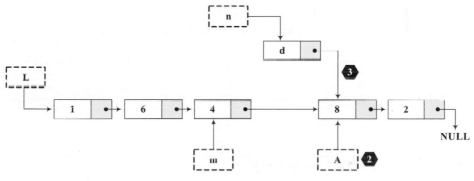

圖 10-12(b)　執行 insertAfter 時的步驟 2,3

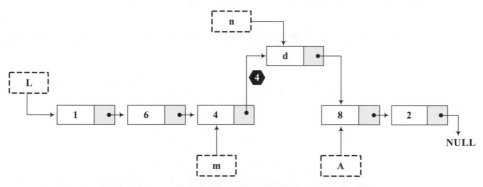

圖 10-12(c)　執行 insertAfter 時的步驟 4（插入完成圖）

單向鏈結串列的刪除節點演算法

要在鏈結串列中刪除一個節點，可透過下列演算法來達成：

```
Function NodeRemove(L,m)
   If (isNode(L,m)==false) then [ return error ]
   If (isFirst(L,m)==false) then
   [
     Declare Pointer B,data type of B is data type of L;
     B ← before(L,m);           // 步驟 1
     B->link ← m->link          // 步驟 2
   ]
   else [ L ← m->link ]
   free(m)                  /* 釋放 m 指標所指向的節點 */      // 步驟 3
   return L
endFunction
```

演算法 10-2　鏈結串列刪除節點的演算法

【說　明】

(1) 上述演算法取名為 NodeRemove，代表要刪除的節點為 m 指標指向的節點。

(2) isFirst(L,m) 可判斷 m 節點是否為鏈結串列的第一個節點。

(3) before(L,m) 會回傳 m 節點之前的節點。

(4) free(m) 代表的是釋放 m 指標所指向的節點，在程式實現演算法時，會使得不使用的記憶體空間得以被回收，如此就不會浪費記憶體。

(5) 明顯地，上述演算法中沒有迴圈，因此刪除節點比在陣列中刪除元素並往前搬移所有元素來得有效率。

(6) 假設我們現有的串列如圖 10-13(a)，則按照上述步驟刪除 m 節點的過程如圖 10-13(a)(b)(c)。

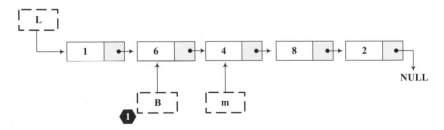

圖 10-13(a)　原始鏈結串列及步驟 1

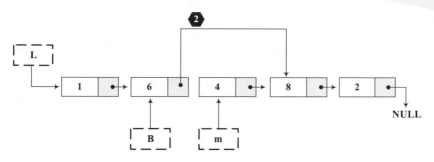

圖 10-13(b)　執行 NodeRemove 時的步驟 2

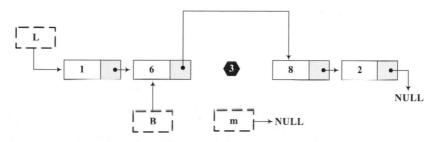

圖 10-13(c)　執行 NodeRemove 時的步驟 3（刪除完成圖）

10.6.3 單向鏈結串列的 C 程式實作

鏈結串列若要使用 C 語言來實作非常容易，只需要透過上一節所學的自我參考機制即可完成。

在 C 語言實作上，我們可以利用「結構」來模擬一個節點，該 Node 結構中則包含兩項資料，分別是整數欄位（對應資料欄位）與指標欄位（對應鏈結欄位），如表 10-1(a)。

```
struct Node
{
    int data;
    struct Node *link;
};
typedef struct Node node;        /* 定義 Node 結構的別名為 node */
typedef node *nodePointer;       /* nodePointer 為可指向 node 結構的指標型態 */
```
表 10-1(a)　C 語言宣告單向鏈結串列的節點

【說　明】

(1) link 被宣告為指標，並且指向的資料為 Node 資料型態，因此是一種自我參考機制。

(2) nodePointer 指標型態的別名機制是我們之前沒有學過的語法，我們可以先從簡單的語法開始辨認，假設有下列語法，是用來宣告一個整數指標。

```
int *p;
```

如果我們要宣告 int 的別名為 num，則可以如下宣告指標 p。

```
typedef int num;
num *p;
```

如果想要宣告的不是 int 的別名，而是 int * 的別名，也就是指向整數之指標型態的別名 np，則可以如下宣告，然後再透過此別名宣告指標 p。

```
typedef int *np;    /* 您可以將 int * 與 np 分開來看 */
np p;
```

有了上述的推演過程，相信您可以理解 typedef node *nodePointer; 的語法，亦即您只要將 node * 與 nodePointer 分開來看即可。而此 nodePointer 將可以直接用來宣告指向 node 型態的指標變數。

當我們完成上述結構與別名的宣告後，我們可以透過下列語法完成相關的操作。

(1) **宣告鏈結串列的名稱**：即指向第一個節點的指標，如下語法。

```
nodePointer L=NULL;      /*  宣告鏈結串列名稱 L，暫時指向 NULL */
```

表 10-1(b)　C 語言宣告鏈結串列名稱 L

(2) **新增節點**：所謂新增節點指的是在最後一個節點後面再連上新宣告的節點，所以可以和插入新節點共用同一個函式。

(3) **插入新節點**：插入新節點，可利用 C 語言實作演算法 10-1 即可，程式碼如下：

```
nodePointer GetNode()
{
 nodePointer NewNode;
 NewNode=(nodePointer) malloc(sizeof(node));
 if(NewNode==NULL)
 {
     printf(" 記憶體不足 !");
```

```
      exit(1);
  }
  return  NewNode;
}

nodePointer insertAfter(nodePointer L,nodePointer m,int d)
{
  nodePointer n,A;
  if (isNode(L,m)==0) ErrorExit();
  n=GetNode();
  n->data=d;  n->link=NULL;
  A=after(L,m);       /* after 會回傳 m 節點之後的節點位址 */
  if(A!=NULL)
  {
    n->link=m->link;
    m->link=n;          /* 注意：這一行與上一行之順序不可對調 */
  }
  else     /*  m 為最後一個節點 */
  {
    L- insertLast(L,d); /*insertLast 代表將節點插入在串列末端 */
  }
  return L;
}
```

表 10-1(c)　使用 C 語言實作插入節點演算法 10-1

【說　明】

　　當需要一個新節點時，以 GetNode(); 來完成，而當中使用了 malloc() 函式，該函式會向系統要求配置一個記憶體空間作為節點，若仍有可用記憶體空間，則可新增一個節點。換句話說，我們只有在需要新節點時，才會向系統要求配置記憶體空間，如此在使用記憶體上，比陣列有效率多了。

(4) **刪除舊節點**：刪除舊節點，可利用 C 語言實作演算法 10-2 即可，程式碼如下：

```
nodePointer NodeRemove(nodePointer L,nodePointer m)
{
  nodePointer B;
  if (isNode(L,m)==0) ErrorExit();
  if (isFirst(L,m)==0)
  {
    B=before(L,m);
    B->link=m->link;
  }
  else
  {
    L=m->link;
  }
```

```
    free(m);            /*   釋放 m 指標所指向的節點  */
    return L;
}
```

表 10-1(d)　使用 C 語言實作刪除節點演算法 10-2

(5) 移動工作節點：上述的插入與刪除動作非常需要依賴工作節點 **(worknode)**，
也就是上述的 m，例如要插入在哪一個節點之後，或者要刪除哪一個節點。所
以工作節點必須是可移動的，要將工作節點往後移動很容易，如下語法：

```
m=m->link;
```

表 10-1(e)　移動工作節點（使用 C 語言實作）

【觀念範例 10-9】使用鏈結串列存放樂透號碼並印出。

範例10-9 ch10_09.c（ch10\ch10_09.c）。

```c
1   /*      檔名:ch10_09.c       功能：使用鏈結串列存放樂透號碼      */
2
3   #include <stdio.h>
4   #include <stdlib.h>
5   #include <malloc.h>
6
7   struct Node
8   {
9       int data;
10      struct Node *link;
11  };
12  typedef struct Node node;      /* 定義 Node 結構的別名為 node */
13  typedef node *nodePointer;     /* nodePointer 為指標型態別名 */
14
15  nodePointer GetNode();
16  void ErrorExit();
17  nodePointer insertFirst(nodePointer L,int d);
18  nodePointer last(nodePointer  L);
19  nodePointer insertLast(nodePointer L,int d);
20
21  nodePointer GetNode()
22  {
23   nodePointer NewNode;
24   NewNode=(nodePointer) malloc(sizeof(node));
25   if(NewNode==NULL)
26   {
27       printf(" 記憶體不足 !");
28       exit(1);
29   }
```

```
30    return  NewNode;
31  }
32
33  void ErrorExit()
34  {
35    printf("error");
36    exit(1);
37  }
38
39  nodePointer insertFirst(nodePointer L,int d)
40  {
41    nodePointer n;
42    n=GetNode();
43    n->data=d;
44    n->link=L;
45    L=n;
46    return L;
47  }
48
49  nodePointer insertLast(nodePointer L,int d)
50  {
51      nodePointer n,LastNP;
52      if(L==NULL)
53        L=insertFirst(L,d);
54      else
55      {
56        n=GetNode();
57        LastNP=last(L);
58        n->data=d;
59        n->link=NULL;
60        LastNP->link=n;
61      }
62      return L;
63  }
64
65  nodePointer last(nodePointer  L)
66  {
67      nodePointer Trace;
68      if (L==NULL) ErrorExit();
69      Trace=L;
70      while (Trace->link!=NULL)
71          Trace=Trace->link;
72      return Trace;
73  }
74
75  int main(void)
76  {
77    nodePointer Balls=NULL,visit=NULL;
```

```
78
79    Balls=insertLast(Balls,27);
80    Balls=insertLast(Balls,13);
81    Balls=insertLast(Balls,16);
82    Balls=insertLast(Balls,32);
83    Balls=insertLast(Balls,18);
84    Balls=insertLast(Balls,25);
85    Balls=insertLast(Balls,22);
86
87    printf(" 開獎球如下 ( 最後一球為特別號 ):\n");
88    visit=Balls;
89    while(visit!=NULL)
90    {
91       printf("%d  ",visit->data);
92       visit=visit->link;
93    }
94    /* system("pause"); */system("pause");
95    return 0;
96  }
```

⊃ 執行結果

```
開獎球如下 ( 最後一球為特別號 ):
7  13  16  32  18  25  22
```

⊃ 範例說明

(1) 第 88~93 行，從頭拜訪串列，並印出所有節點的資料值。

(2) 第 79~85 行，呼叫 insertLast() 函式，插入新節點在串列尾端，當第 79 行呼叫 insertLast() 函式時，由於串列為空，因此會執行第 53 行，呼叫 insertFirst() 函式，替空串列加入第一個節點。

(3) 第 66~73 行的 last() 函式，將會回傳串列的最後一個節點位址。

10.6.4 其它各類鏈結串列

在此我們只介紹其它各類鏈結串列的形式（如圖 10-14、10-15、10-16），而不多加說明其他各類鏈結串列的演算法，有興趣的讀者可參考筆者所著之『資料結構初學指引』一書。事實上，各種串列皆有其優缺點，例如雙向環狀串列在尋找工作節點的上一節點時，只要透過左鏈結即可輕易完成，但其缺點是每個節點必須多存放一個指標，增加了記憶體的需求。

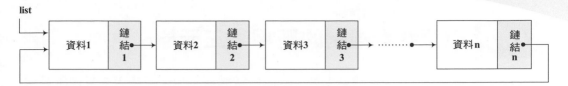

圖 10-14　（單向）環狀鏈結串列

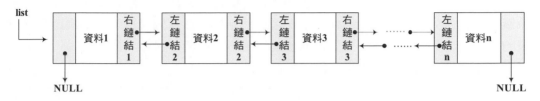

圖 10-15　雙向鏈結串列

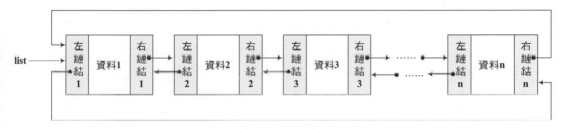

圖 10-16　雙向環狀鏈結串列

　　由圖形中，讀者可以看出環狀串列與非環狀串列的節點結構並無不同，差別只在於最後的鏈結所指之處。而雙向鏈結串列的節點則比單向鏈結串列的節點多出一個鏈結，因此，我們可以如下設計其節點結構。

```
struct Node
{
    int data;
    struct Node *rlink;
    struct Node *llink;
};
typedef struct Node node;      /* 定義 Node 結構的別名為 node */
typedef node *nodePointer;     /* nodePointer 為可指向 node 結構的指標型態 */
```

表 10-2　C 語言宣告雙向鏈結串列的節點

10.7 自我參考機制的應用：二元樹

自我參考機制可以製作鏈結串列，相同的鏈結觀念也可以使用在其他眾多場合，例如二元樹。

什麼是二元樹呢？首先我們必須由『樹』開始介紹起，樹狀結構在電腦領域中分量極重，例如磁碟的目錄結構就是一種樹狀結構。在每個目錄下可以建立不論數量的子目錄，而子目錄底下又可以繼續建立更下一層的子目錄。換句話說，樹狀結構是一種遞迴定義的結構，其定義如下：

【定義】樹的定義

樹 (Tree) 是由一個以上的節點所構成的有限集合，它必須滿足下列兩個條件：

(1) 具有唯一的特殊節點，稱為樹根或根節點 (root)。

(2) 剩下的節點分為 n 個互斥集合 $T_1, T_2, T_3, ..., T_n$ $(n \geq 0)$，每一個集合 T_i 也都是一棵獨立的樹，並稱為樹根的子樹 (subtree)。

【定義說明】

以圖 10-17 為例，『A』是根節點，並有三個子樹，其樹根分別為『B』、『C』、『D』。請特別注意定義的第二點，子樹 $T_1, T_2, ..., T_n$ 必須是互斥且獨立的集合，也就是這些子樹不可以連接在一起。

此外，在遞迴定義中，我們可以發現，除了根節點之外，樹的任何一個節點必定為某一個子樹的根節點。以『G』節點為例，它是『G』子樹的根節點，且『G』並未擁有子樹，而這仍符合定義的第二項規定，只是此時 n 恰為 0。

10.7.1 樹狀結構的專有名詞

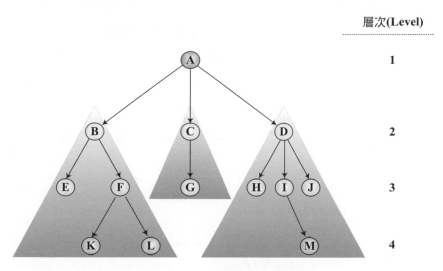

層次(Level)

圖 10-17　樹的表示法與專有名詞

　　在了解樹的定義之後，我們還必須介紹樹的相關專有名詞，我們透過圖 10-17 為例，說明其他必須了解的專有名詞（習慣上，我們會將樹根畫在最上面）

(1) 節點（node）：代表某項資料及其指向其它資料項的分支（branch），這個分支是個有方向性的邊（directed edge），如圖 10-17 的根節點的資料項目為 A，分支有 3 個。

(2) 父節點（parent node）與子節點（children node）：若節點 X 的分支連接的節點為 Y，則節點 Y 為節點 X 的子節點；並且，節點 X 為節點 Y 的父節點。例如 H、I、J 為 D 的子節點；並且，D 為 H、I、J 等三個節點的父節點。

(3) 根節點（root node）：沒有父節點的節點，一棵樹必須也只能有唯一的根節點。例如 A 為根節點。

(4) 兄弟節點（sibling node）：兩個節點的父節點相同時，兩節點互為兄弟節點，例如 H、I、J 互為兄弟節點。

(5) 祖先節點（ancestor node）與子孫節點（descendant node）：節點 X 具有一條路徑通往另一節點 Y，則節點 Y 為節點 X 的子孫節點；並且，節點 X 為節點 Y 的祖先節點。例如 A、B、F 為 K 的祖先節點，E、F、K、L 為 B 的子孫節點。

(6) 非終結節點（non-terminal node）：有子節點的節點稱為非終結節點。如 A、B、F、C、D、I。

(7) 終結節點（terminal node）：一般稱為樹葉節點（leaf node），凡是沒有子節點的節點稱為樹葉節點。如 K、L、E、G、M、H、J。

(8) 分支度（degree）：一個節點的子節點數目（分支數目）稱為該節點的分支度。例如 A 與 D 的分支度皆為 3，F 的分支度為 2。

(9) 樹的分支度：一棵樹的分支度為任一節點所擁有的最大分支度，例如圖 10-17 的樹分支度為 3。

(10)層次（Level）：節點在樹中的世代關係，其中根節點的層次為 1，然後往下遞增。例如 K、L、M 的層次為 4。

(11)樹的高度（height）：又稱為樹的深度（depth），代表一棵樹中所有節點的最大層次，例如圖 10-17 的樹高度為 4。

10.7.2 二元樹 (binary tree)

二元樹 (binary tree) 是一種特殊的樹，如圖 10-18，看起來像是分支度為 2 的樹，但其實不然。以下是二元樹的定義。

【定義】二元樹定義

二元樹是 0 個節點的集合，當非空集合時，它包含了一個根節點及兩個獨立的左右子樹，兩個子樹也都是二元樹，第一個（左邊的）子樹稱為左子樹；第二個（右邊的）稱為右子樹。左右子樹的根節點分別稱為根節點的左子節點 (Left child node) 與右子節點 (Right child node)。

【說　明】

由上述定義我們可以看出二元樹與分支度為 2 的樹有下列不同之處：

(1) 二元樹可以是空的（0 個節點），而樹不能是空的。

(2) 二元樹的子樹具有順序性，而樹的子樹沒有順序性。

一個二元樹的範例如圖 10-18 所示，該二元樹的根節點為 A，其中 B,C 為 A 的左右子節點。而 F 的左子樹為空的二元樹；F 的右子樹為以 J 為根節點的 JKL 二元樹。其餘依此類推。

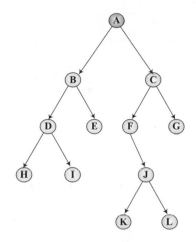

圖 10-18　二元樹範例（圖內的箭頭可省略）

那麼我們應該如何以程式來儲存二元樹的結構呢？其實方法與鏈結串列非常類似，同樣是透過鏈結即可完成，只不過每一個節點有兩個鏈結而已，並且這兩個鏈結必須分別指向左子節點與右子節點，相關程式碼及圖例如下：

```
struct Node
{
    int data;     /* 如為字元資料改為 char data; 依此類推 */
    struct Node *left_child;
    struct Node *right_child;
};
typedef struct Node node;      /* 定義 Node 結構的別名為 node */
typedef node *bt;              /* bt 為指向 node 的指標型態別名 */
```

【說　明】

(1) 若無左子節點，則 left_child 指向 NULL；若無右子節點，則 right_child 指向 NULL。

(2) 通常二元樹的樹根會以一個指標指向來代表整棵樹，該指標可用上述的自定結構指標別名 bt 來宣告（例如 bt T;）。

(3) 使用鏈結表示法存放二元樹的示意圖，如圖 10-19。

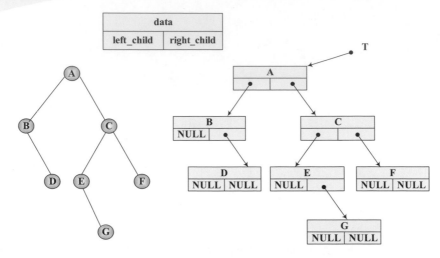

圖 10-19　使用鏈結表示法儲存二元樹

> **註** 上述的鏈結表示法在尋找父節點方面較為困難，有時候在特殊應用時，可彈性考慮是否多用一個鏈結欄位指向父節點，這也說明了，程式設計師可以視情況自行設計合適的結構，以便應付待解決的問題。

10.7.3 二元樹走訪

二元樹的走訪（traversing a binary tree；又可稱為二元樹的追蹤）代表的是走訪每一個節點各一次。當我們從根節點開始出發走訪時只有三種動作，L（向左移動造訪左子樹）、D（印出此節點的資料）、R（向右移動造訪右子樹），如此透過遞迴定義每棵子樹都以相同方式造訪，就可以完成整棵樹的造訪。

走訪分為三大類，依據資料所在位置分別被命名為 LDR 中序走訪、DLR 前序走訪、LRD 後序走訪，其詳細意義如下。

- ▣ LDR 中序走訪（Inoder Traversal）：先造訪左子樹→然後造訪根節點→最後造訪右子樹。

- ▣ DLR 前序走訪（Preoder Traversal）：先造訪根節點→然後造訪左子樹→最後造訪右子樹。

- ▣ LRD 後序走訪（Postoder Traversal）：先造訪左子樹→然後造訪右子樹→最後造訪根節點。

如果我們想要完成中序走訪，則下列遞迴函式可以達到目的。

```c
void inorder(bt ptr) /* 中序走訪 */
{
 /* prt 一開始應該指向樹的根節點 */
  if(ptr)        /* 若 ptr 非 NULL */
  {
    inorder(ptr->left_child);
    printf("%d ",ptr->data);     /* 如為字元資料改為 %c */
    inorder(ptr->right_child);
  }
}
```

【說　明】

假設有右列二元樹，內存放著運算式（圖 10-20），則中序走訪可印出人類常使用的中序運算式 a+b*c+d*e。

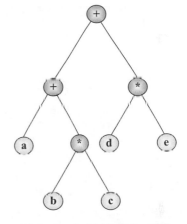

圖 10-20　內存運算式的二元樹

【觀念範例 10-10】請以圖 10-20 為例，設計一個程式儲存二元樹，並依照中序走訪方式，將二元樹的內容印出。

範例**10-10** ch10_10.c（ch10\ch10_10.c）。

```
1   /*     檔名:ch10_10.c      功能：使用鏈結儲存二元樹並進行中序走訪     */
2
3   #include <stdio.h>
4   #include <stdlib.h>
5   #include <malloc.h>
6
7   struct Node
8   {
9       char data;
```

```
10      struct Node *left_child;
11      struct Node *right_child;
12   };
13   typedef struct Node node;        /* 定義 Node 結構的別名為 node */
14   typedef node *bt;                /* bt 為指向 node 的指標型態別名 */
15
16
17   void inorder(bt ptr) /* 中序走訪 */
18   {
19    /* prt 一開始應該指向樹的根節點 */
20     if(ptr)        /* 若 ptr 非 NULL */
21     {
22        inorder(ptr->left_child);
23        printf("%c",ptr->data);
24        inorder(ptr->right_child);
25     }
26   }
27
28   bt GetNode()
29   {
30    bt NewNode;
31    NewNode=(bt) malloc(sizeof(node));
32    if(NewNode==NULL)
33    {
34        printf(" 記憶體不足 !");
35        exit(1);
36    }
37    return  NewNode;
38   }
39
40   int main(void)
41   {
42     bt N1,N2,N3,N4,N5,N6,N7,N8,N9;
43
44     N1=GetNode();   N2=GetNode();   N3=GetNode();
45     N4=GetNode();   N5=GetNode();   N6=GetNode();
46     N7=GetNode();   N8=GetNode();   N9=GetNode();
47
48     N1->left_child=N2;   N1->right_child=N3;   N1->data='+';
49     N2->left_child=N4;   N2->right_child=N5;   N2->data='+';
50     N3->left_child=N6;   N3->right_child=N7;   N3->data='*';
51     N4->left_child=NULL; N4->right_child=NULL; N4->data='a';
52     N5->left_child=N8;   N5->right_child=N9;   N5->data='*';
53     N6->left_child=NULL; N6->right_child=NULL; N6->data='d';
54     N7->left_child=NULL; N7->right_child=NULL; N7->data='e';
55     N8->left_child=NULL; N8->right_child=NULL; N8->data='b';
56     N9->left_child=NULL; N9->right_child=NULL; N9->data='c';
57
```

執行結果
a+b*c+d*e

```
58      inorder(N1);
59
60      /* system("pause"); */
61      return 0;
62  }
```

➔ 範例說明

(1) 第 44~46 行，向系統要求配置 9 個節點的記憶體空間，並且分別以 N1~N9 指標來指向其記憶體位址。

(2) 第 48~56 行，設定各節點的內容與鏈結目標。

(3) 第 58 行，呼叫 inorder(N1) 函式，代表從根節點開始進行走訪。

10.8 本章回顧

在本章中，我們介紹了 C 語言的進階機制，包含 typedef、enum、struct、union 等等，其意義分述如下：

(1) 資料型態別名：我們可以透過 typedef 為資料型態（包含基本資料型態、自訂資料型態）另外訂一個別名，以便表示資料的實質意義。

(2) 列舉資料型態：有的時候，我們會希望變數內容被侷限在某些合法的範圍內，此時，我們可以將所有可能的狀況列舉出來，並透過 C 語言提供的列舉資料型態 enum 來加以宣告。

(3) 結構體：C 語言允許程式設計師將多種資料變數，組合成一個獨特的資料型態，構成一個結構體，結構體分為兩種，分別由 struct 與 union 加以定義。struct 定義的結構體稱為標準結構體；而 union 定義的結構體，稱為聯合結構體。union 聯合結構體與 struct 結構體非常相似，但在記憶體空間的使用效率上則大不相同。聯合結構體是一種特殊的結構體，在聯合結構體中的資料變數將會共同分享同一塊記憶體空間，因此，分享記憶體空間的總容量是「該結構體中佔用最多空間的資料變數」。

上述的各種機制，使得 C 程式設計更具有彈性，也更有效率。在資料結構 (Data Structure) 的課程中，常透過這些機制完成特定資料結構的設計。

在本章中，我們先預覽了如何使用自我參考機制設計鏈結串列，進而延伸到使用自我參考機制設計二元樹。您將會在資料結構的課程中，見到更多有關於這些資料結構的細節。然而，您應該注意的是，程式設計應該是活的，您應該依照所面對的問題，設計出最適當的資料結構，即便這些資料結構可能會與教科書上介紹的有一點點的出入也無妨。

筆記頁

問答題

1. 試由記憶體內容與資料型態兩方面，比較結構與陣列的異同點。

2. 結構體可以分為哪兩種？兩者有何差異？

3. 試說明 typedef 與 enum 兩個關鍵字，在 C 語言中有什麼用途？

4. 宣告一個書目的結構體 book，包含作者、書名、出版社、ISBN 等資訊。

5. 複數必須使用到兩個係數，分別代表實數係數與虛數係數，例如 x=a+bi。試宣告一個結構 complex 來代表複數的資料型態。

6. 試宣告一個點的平面座標結構 point，其中包含兩項資料，分別代表 X 軸座標與 Y 軸座標。

7. 假設有下列敘述，請問程式中若出現 iPod_touch，則其值為多少？

```
enum manufacturer {iPhone=1,iPad=3,iPod=5,iPod_touch};
```

8. 試解釋當指標沒有想要指向的變數實體時，為何應將之指向 NULL？這樣做有什麼好處。

9. 假設有下列程式，請問 sizeof(s1) 為多少？（假設在 32 位元環境下）

```
struct s
{
    short int i;
    int j;
    long int k;
}s1;
```

10. 假設有下列程式，請問 sizeof(u1) 為多少？（假設在 32 位元環境下）

```
union u
{
    short int i;
    int j;
    long int k;
}u1;
```

實作題

1. 利用問答題第 4 題所設計的結構體 book，設計一個程式，使用者可以輸入書目的資料（最多 100 筆），並整齊地列印在螢幕上（如下列執行結果）。

執行結果

```
新增一筆資料嗎 (y/n)?y
請輸入作者、書名、出版社、ISBN：陳錦輝 Java 初學指引 博碩文化 9789861973
新增一筆資料嗎 (y/n)?y
請輸入作者、書名、出版社、ISBN：陳湘揚 網路概論 博碩文化 9789862014219
新增一筆資料嗎 (y/n)?y
請輸入作者、書名、出版社、ISBN：陳錦輝 ASP 初學指引 博碩文化  9789862011263
新增一筆資料嗎 (y/n)?n
```

陳錦輝	Java 初學指引	博碩文化	9789862011973
陳湘揚	網路概論	博碩文化	9789862014219
陳錦輝	ASP 初學指引	博碩文化	9789862011263

2. 利用問答題第 5 題所設計的結構（代表複數的資料型態），設計兩個函式 complex complex_add(complex x,complex y)、complex complex_mul(complex x,complex y)，分別用來計算兩個複數之和與乘積。

   提示：

```
若 x = 1+2i  ,  y =  3-4i
則
x+y = 4-2i
x*y = 3-4i+6i+(-1)(2*-4) = 3+2i+8 = 11+2i
```

3. 利用問答題第 6 題所設計的結構（代表點的 X-Y 軸座標），設計一個函式 float distance(point *a,point *b)，用來計算平面上兩點 a 與 b 的距離。

   執行結果

```
請輸入第一點座標
X=1
Y=2
請輸入第二點座標
X=4
Y=6
(1,2)-(4,6) 的距離為 5.000000
```

4. 請以 enum 宣告 24 小時制時間，包含小時 h00,h01,...,h23、分 m00,m01,...,m59、秒 s00,s01,...,s59，分別對應之序號皆由 0 開始，直到 23 與 59。然後接受使用者輸入數值時間，並印出對應的時間。

5. 請宣告另一個列舉型態，包含 AM/PM，並將上題之輸入改輸出 AM/PM 制。其中，小時改為 hh12,hh01,hh02,...,hh11。

6. 請宣告一個結構體型態 time1，包含三個項目時、分、秒，並使用第 4 題的列舉項目侷限所有可能值。然後撰寫一個 display() 函式，以傳值呼叫方式，呼叫 display() 函式顯示出第 4 題之輸出。

7. 延續上一題，請宣告一個結構體型態 time2，包含四個項目 AM/PM、時、分、秒，並使用第 5 題的列舉項目侷限所有可能值。然後撰寫一個 display() 函式，以傳值呼叫方式，呼叫 display() 函式顯示出第 5 題之輸出。

8. 延續上兩題，請撰寫一個 chage() 函式，以傳值呼叫方式傳入 time1 型態之變數，經由 chage() 函式轉換為 time2 型態的結構並回傳給呼叫端，最後透過第 7 題之 display() 函式將轉換後之結果輸出。

9. 請使用鏈結串列存放大樂透開獎之號碼。每個節點包含號碼與鏈結，最後一個節點則為特別號節點。請依序存放隨機產生的節點，每產生一個不重複號碼後，才透過動態記憶體 malloc() 要求配置一個節點。

10. 改寫上一題，在隨機產生不重複的號碼後，將新節點插入在鏈結串列的適當處，使得最終鏈結串列的內容依序遞增（特別號除外）。

專題實作

從本章開始，我們以遊戲盤作為專案題目，逐步完成相關的程式。

【遊戲說明】

遊戲盤是一個 9 塊拼盤的遊戲，拼盤中有一個空格，其餘的小拼盤被編號為 1~8，小拼盤可以移動到旁邊的空格，最終目標是要讓由左而右、由上而下成為 1,2,3,4...,8，而右下角為空格，這樣就算是完成了遊戲。

【程式設計目標】

我們想要撰寫一個程式，能夠移動拼盤的空格直到完成遊戲為止。這牽涉到一點點的人工智慧，而搜尋是一種簡單的人工智慧策略，本題可以透過廣度優先來尋找遊戲樹的解。

【廣度優先圖示說明】

廣度優先是應用於資料結構圖形的常見演算法，在此處應用時，圖形將像是一棵樹。假設我們將初始的遊戲盤稱之為 Initial State，則目標盤稱為 Goal State。若我們以樹來表示空格之變化，其子節點將展示空格向下右左上移動之變化（最少有兩個子節點，最多四個子節點），如下：

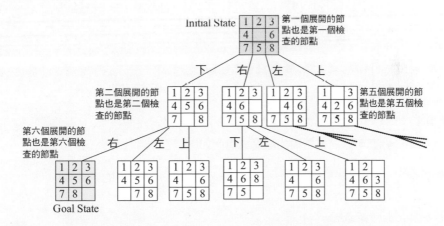

上圖若使用廣度優先搜尋展開遊戲樹，則在子節點展開後檢查是否為 Goal State，若是，代表已經找到解答。若不是，則代表必須繼續展開其他子節點，直到出現解答為止。

我們欲儲存上述的遊戲樹結構，將每一個遊戲盤 (puzzle) 當作一個節點，則節點的資料欄位部分可使用整數一維陣列 I[9] 存放遊戲盤的各種狀態，其中，空白格以 0 來代替。例如 Initial State 節點的 I[9]={1,2,3,4,0,6,7,5,8}，而 Goal State 節點的 I[9]={1,2,3,4,5,6,7,8,0}。

為了要在找出 Goal State 時，方便印出解答之過程，因此節點包含一個鏈結欄位 parent，指向其父節點。

廣度優先搜尋及展開在此問題中，將會從根節點開始進行走訪與展開，然後再展開下一層的子節點，並且整個走訪與展開的順序為由上而下，由左而右，拜訪時必須檢查是否為 Goal State。

【資料結構說明】

除了 parent 鏈結之外，我們另外在節點內設計一個 next 鏈結欄位，我們可以設計 next 鏈結用於指向下一個要拜訪的節點。換句話說，每一層的節點間透過鏈結 next 串列在一起，而每一層的最右邊的節點之鏈結 next 將指向下一層最左邊的節點。因此，上圖可以使用下圖來表示，整體而言，整棵樹透過了鏈結 next 而形成一個單向鏈結串列。(您如果有其他想法，也可以將 next 鏈結移作他用，只要程式能夠符合廣度優先的特性即可)

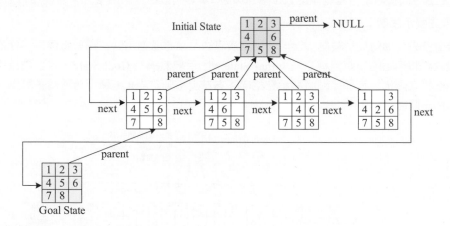

【節點結構】

依照上述說明，我們可以將遊戲樹的節點結構體如下宣告：

```
struct node
{
    int l[9];
    struct node *parent;
    struct node *next;
};
```

【專題程式設計】

1. 請設計一個程式，使用廣度優先搜尋展開遊戲樹，直到發現節點為 Goal State 時停止，並將其檢查節點的過程列印出來，每列印一個節點後換行。【hint: 您必須在需要新增節點時，才進行動態記憶體配置】(60%)

2. 當找到 Goal State 之後，延著 parent 鏈結往上拜訪，直到 Initial State(根) 為止，並將拜訪的過程列印出來，這個過程將會是遊戲解答的相反。(10%)

 由於廣度優先搜尋在遊戲樹並非優良的解法，因此只需要測試下列資料即可（Initial State 設定如下表），不需要測試其他資料，因為將可能導致記憶體不足或計算時間過久等問題。

初始資料	需測試之節點數量
1 2 3 4 0 6 7 5 8	需要測試 6 個節點
1 2 3 4 5 6 0 7 8	需要測試 4 個節點
2 3 5 1 8 6 4 7 0	需要測試 37081 個節點

11

檔案處理

　　除了使用鍵盤輸入資料之外，另一個常見的資料來源就是檔案。將資料存放在檔案中，即使程式執行完畢，仍舊可以保留這些資料，即便重新開機也無妨。因為變數是存放在記憶體中，而檔案是存放在磁碟中。

除了鍵盤之外，我們也可以將資料來源設定為檔案。舉例來說，以往我們在程式執行中輸入資料，此時資料將存放在某個變數或陣列中，一旦結束程式再重新啟動程式後，上一次輸入的資料將會消失，這是因為程式的資料是儲存在主記憶體中，當程式結束時，程式佔用的主記憶體空間將被釋放，因此資料無法被儲存到下一次重新執行程式時。

不過，如果我們先將資料存放到檔案中，在下一次重新執行程式時，就可以由檔案中載入上次執行的資料，並且即使是重新開機，資料也不會消失，這是由於檔案是存放在磁碟中，而非主記憶體。除此之外，檔案也可以作為一個中介存放媒體，例如：我們可以將要排序的資料存放在資料檔內，經由排序程式的處理，形成有用的已排序資訊再回存到檔案中，以便於下次搜尋資料時，可以使用比較快速的搜尋演算法來搜尋資料。

11.1 C語言的檔案處理

在第四章中，我們曾經提及 C 語言本身並不負責 IO 的處理，檔案存取也是 IO 的一種，因此，C 語言同樣把檔案處理的責任交給了 stdio.h 函式庫。

C 語言將檔案的處理，視為一個**串流 (stream)**，不論在哪種硬體及作業系統環境下，檔案都被看成是由眾多字元所組成的串流，因此程式設計師在做檔案方面的處理時，面對的其實是一個資料流，如圖 11-1 示意。

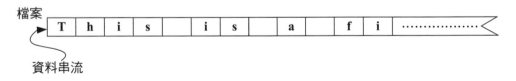

圖 11-1　檔案是一種資料串流

C 語言利用 FILE 結構體（FILE 結構體定義於 stdio.h 內，是一個以 typedef 命名的別名，在此您可以將之視為一個檔案指標）與檔案串流及實體檔案建立溝通的橋樑，因此，程式設計師實際上必須透過 FILE 來存取檔案串流的資料，而檔案串流的內容則為實際的檔案內容，如圖 11-2 表示：

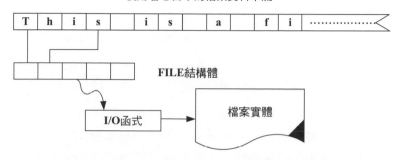

圖 11-2　程式設計師必須透過 FILE 結構體存取檔案資料

11.2 檔案類型

對於 C 語言而言，檔案分為兩種：文字檔（Text file）與二進位檔（Binary file），其特色如下。

▣ **文字檔**

方便閱讀，但較無保密性。其他使用者也可以透過純文字編輯器開啟並成功閱讀。

▣ **二進位檔**

I/O 處理速度較快並具有保密性，但檔案內容需透過程式轉譯才能閱讀。二進位檔的資料是由一連串的位元組 (Byte) 所組成，通常使用在某些特殊用途（例如圖檔）。

由存取特性來區分，我們則可以將存取方式分為**循序存取** (Sequential Access) 及**隨機存取** (Random Access) 兩種。

▣ **循序存取 (Sequential Access)**

循序存取在寫入磁碟時，輸入的資料必須放在已經存在的最後一筆資料的後面，並且按照資料的先後次序一個一個地循序存放。而在讀取資料時，則必須由第一筆資料開始，慢慢往後讀取資料。

由於新增的資料將會存放在舊資料的後面。因此，循序檔的每一筆資料長度都可以不一樣，如此一來將比較節省空間，但在搜尋資料時卻必須花費較多的時間。因為每次查詢資料時，都必須從頭開始尋找，若資料放在很後面，就會花費很長的時間。

◉ 隨機存取 (Random Access)

隨機存取資料存入磁碟的方式並沒有先後次序限制。但最好將隨機檔的每一筆資料長度設為相同長度，如此一來，在搜尋資料時，只要知道要尋找的資料是第幾筆資料，就可以利用簡單的公式計算出資料的實際位置，因此可以快速地取得資料。並且不論資料存放在檔案的哪一段位置，搜尋的時間也相差不遠。

為了使得每筆資料都可以放入檔案中，因此隨機存取的檔案中，通常必須以最長的一筆資料長度做為資料長度的基準。如果每一筆資料的實際長度差異很大時，對於實際長度較小的資料而言，就浪費了很多的磁碟空間。

11.3 開檔與關檔

　　C 語言程式要存取檔案資料，首先必須透過 fopen 函式將資料檔打開，資料檔才能被存取。當檔案使用完畢，則使用 fclose 函式來關閉檔案。各位最好養成關閉檔案的習慣，尤其是資料存取狀態處於「寫入」狀態時，若忘了關檔，則暫存在緩衝區的資料可能會遺失。

fopen( )－開啟檔案

```
標頭檔：#include <stdio.h>
語法：FILE *fopen (const char *path, const char *mode);
功能：開啟一個檔案
```

【語法說明】

(1) 回傳值：函式回傳一個 FILE 指標指向檔案開頭，使得程式能夠透過這個 FILE 指標存取檔案內的資料。若開啟檔案有誤，則回傳 NULL。

(2) path：這是一個字串變數，代表要處理檔案的檔名（含路徑），如果與程式檔位在同一目錄下，則可省略路徑。

(3) mode：這是一個字串變數，代表檔案的處理模式。一共有『r』、『w』、『a』、『+』、『b』等 5 種模式選擇符號，並可組合成更多種開檔模式，如下表格。

mode	開檔模式說明
"r"	開啟檔案，並準備讀取檔案內容。檔案若不存在，則發生錯誤。
"w"	開啟檔案，先清除檔案內容，再重新準備寫入資料。若檔案尚未建立（檔案不存在），則建立新檔。
"a"	開啟檔案，並將寫入新資料，新的資料會加在檔案原始資料的後面。
"r+"	開啟檔案，檔案可讀／寫。若檔案不存在，則發生錯誤。
"w+"	開啟檔案，檔案可讀／寫。若檔案已存在，則先清除檔案內容。
"a+"	開啟檔案，檔案可讀／寫，寫入的資料會加在檔案原始資料的後面。
"rb"	開啟二進位檔案，並準備讀取檔案。檔案若不存在，則發生錯誤。
"wb"	開啟二進位檔案，先清除檔案內容，再重新準備寫入資料。若檔案尚未建立（檔案不存在），則建立新檔。
"ab"	開啟二進位檔案，並將寫入新資料，新的資料會加在檔案原始資料的後面。
"r+b"	開啟二進位檔案，檔案可讀／寫。若檔案不存在，則發生錯誤。
"w+b"	開啟二進位檔案，檔案可讀／寫。若檔案已存在，則先清除檔案內容。
"a+b"	開啟二進位檔案，檔案可讀／寫，寫入的資料會加在檔案原始資料的後面。

表 11-1　開檔模式參數 mode 說明

fclose( ) －關閉檔案

```
標頭檔：#include <stdio.h>
語法：int fclose(FILE *stream);
功能：關閉檔案
```

【語法說明】

(1) 回傳值：當回傳值為 -1 時，代表關閉檔案時發生錯誤。當回傳值等於 0，則表示成功關閉檔案。

(2) stream：是一個已開啟的檔案指標，代表要關閉的檔案串流。

(3) 使用 C 語言開檔並處理資料完畢之後，記得要將檔案關閉，否則可能產生無法預期的結果。

【觀念範例 11-1】：開檔與關檔的練習。

範例**11-1** ch11_01.c（ch11\ch11_01.c）。

```
1   /*      檔名:ch11_01.c      功能:開檔與關檔      */
2
3   #include <stdlib.h>
4   #include <stdio.h>
5
6   FILE *fp1;
7
8   void main(void)
9   {
10   char filename[80];
11
12   printf(" 請輸入檔名 ( 可含路徑 ):");
13   scanf("%s",filename);
14
15   fp1 = fopen(filename, "r");
16   if(fp1 != NULL)
17   {
18      printf(" 檔案 %s 開啟中 ...\n",filename);
19   }
20   else
21   {
22      printf(" 檔案 %s 開啟失敗 \n",filename);
23      exit(1); /* 強迫結束程式 */
24   }
25
26   fclose(fp1);
27   printf(" 檔案 %S 關閉 \n",filename);
28   /* system("pause"); */
29   }
```

以唯讀模式開啟檔案

記得關閉檔案

執行結果

【第一次執行結果】（假設指定目錄下有一個文字檔 data1.txt）

```
請輸入檔名 ( 可含路徑 ):C:\C_language\ch11\data1.txt
檔案 C:\C_language\ch11\data1.txt 開啟中 ...
檔案關閉
```

【第二次執行結果】

```
請輸入檔名 ( 可含路徑 ):test1.txt
檔案 test1.txt 開啟失敗
```

➡ 範例說明

(1) 第 6 行：宣告一個檔案指標 fp1。

(2) 第 15 行：執行開檔動作，如果檔案開啟失敗，fp1 將指向 NULL。

(3) 第 26 行：關閉 fp1 指向的檔案。

(4) 執行結果中，由於 data1.txt 已存在 C:\C_language\ch11\ 目錄下，所以開檔成功。而 test1.txt 由於不位於執行檔的目錄下，因此開檔失敗。

 註

(1) 一般在執行開啟檔案時，除了指定開啟的檔案之外，還會開啟 3 個與標準輸出入有關的文字檔案資料流如下：

檔案指標名稱	IO	用途
stdin	input	標準輸入，也就是鍵盤。
stdout	output	標準輸出，也就是螢幕。
stderr	outpu	標準錯誤輸出，也就是螢幕。

(2) 在某些系統中，開啟檔案的數目並非毫無限制，例如在 stdio_lim.h 中，定義了最大開啟檔案數目為 16 個，由於某些系統已經固定曾開啟 3 個，因此使用者最多只能開啟 13 個檔案。

11.4 檔案I/O函式

　　成功開檔後，無非就是要存取檔案內的資料，C 語言的 stdio.h 函式庫中，提供了多種存取檔案資料的函式，我們將陸續加以介紹。

11.4.1 讀寫單一字元：fgetc( )、fputc( )

　　fgetc( ) 和 fputc( ) 可以從檔案串流中讀出或寫入單一字元。

fgetc( )－從檔案串流中，讀出一個字元

```
標頭檔：#include <stdio.h>
語法：int fgetc(FILE *stream);
功能：讀出檔案內的字元
```

【語法說明】

(1) 回傳值：讀出的字元將回傳 ASCII 碼。若已讀到檔案尾部，則回傳 EOF。EOF（End Of File 的縮寫），代表檔案指標已指到檔案盡頭。

(2) stream：一個已開啟的檔案指標，代表要讀出的檔案串流來源。

(3) 當讀取檔案資料時，我們可以假想有一個檔案指標指向檔案串流的某個位置，當開啟檔案串流後，檔案指標會指向檔案的第一個字元，接著就隨著 I/O 的動作，循序地對檔案串流做讀寫動作。

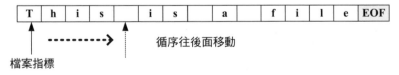

圖 11-3　檔案指標循序往後移動

fputc( )－寫入一個字元到檔案串流內

```
標頭檔：#include <stdio.h>
語法：int fputc(int c, FILE *stream);
功能：寫入字元到檔案中
```

【語法說明】

(1) 回傳值：當 c 字元成功寫到檔案串流，則回傳值等於 c；若回傳值為 EOF，則表示寫入過程中出現錯誤。

(2) c：寫入字元的 ASCII 碼。

(3) stream：一個已開啟的檔案指標，代表要寫入的目標檔案串流。

【觀念及實用範例 11-2】：利用 fgetc 與 fputc 函式，模擬 Dos 的 copy 或 Linux 的 cp 指令，複製一個文字檔。

範例11-2 ch11_02.c（ch11\ch11_02.c）。

```
 1  /*    檔名:ch11_02.c    功能:複製檔案(使用 fgetc 與 fputc)   */
 2
 3  #include <stdlib.h>
 4  #include <stdio.h>
 5
 6  FILE *fp1,*fp2;
 7
 8  void main(void)
 9  {
10   char filename1[80],filename2[80];
11   char c;
12
13   printf("請輸入來源檔名:");
14   scanf("%s",filename1);
15   printf("請輸入目的檔名:");
16   scanf("%s",filename2);
17
18   fp1 = fopen(filename1, "r");
19   fp2 = fopen(filename2, "w");
20
21   if((fp1 == NULL) || (fp2 == NULL))
22   {
23    printf("檔案發生錯誤 \n");
24    exit(1);    /* 強迫結束程式 */
25   }
26
27   printf("讀取並寫入中 ......\n");
28
29   while((c=fgetc(fp1))!=EOF)       /*  使用迴圈讀取來源檔內容   */
30   {
31       printf("%c",c);
32       fputc(c,fp2); /*  使用迴圈寫入目的檔內容   */
33   }
```

一個字元
一個字元
的複製

```
34   printf("\n 讀取並寫入完畢 ......\n");
35
36   fclose(fp1);
37   fclose(fp2);
38   /* system("pause"); */
39   }
```

● 執行結果

（假設執行檔所在的目錄下有一個文字檔 data1.txt）

```
…請編譯成 ch11_02.exe…
C:\C_language\ch11>ch11_02
請輸入來源檔名 :data1.txt
請輸入目的檔名 :test2.txt
讀取並寫入中 ......
S9703501 89 84 75
S9703502 77 69 87
S9703503 65 68 77
讀取並寫入完畢 ......
```

● 範例說明

　　第 29~33 行：使用迴圈一次讀取 fp1 檔案串流中的一個字元，並將之寫入到 fp2 檔案串流中，以及輸出到螢幕上，執行完畢後，您可以檢查 test2.txt 內容將與 data1.txt 內容相同。

11.4.2 讀寫字串：fgets( )、fputs( )

　　除了一個一個字元的處理之外，我們也可以採用字串為單位對檔案進行讀寫動作。

fgets( )－從檔案串流中，讀出一段文字

```
標頭檔：#include <stdio.h>
語法：char *fgets(char *s, int size, FILE *stream);
功能：由檔案讀取字串
```

【語法說明】

(1) 回傳值：當回傳值為字串，代表讀取成功；當回傳值等於 NULL 時，則代表檔案讀取指標已經讀到檔案盡頭。

(2) s：存放讀入的字串。

(3) size：設定要讀入的字串長度，size 為讀入字串長度 +1。

(4) stream：一個已開啟的檔案指標，代表要讀取的檔案串流。

fputs( )－寫入字串到檔案串流內

```
標頭檔：#include <stdio.h>
語法：int fputs(const char *s, FILE *stream);
功能：寫入字串到檔案中
```

【語法說明】

(1) 回傳值：當回傳值等於 EOF，代表寫入出現錯誤；當回傳值不等於 EOF，代表寫入成功。

(2) s：欲寫入的字串。

(3) stream：一個已開啟的檔案指標，代表要寫入的檔案串流。

【觀念及實用範例 11-3】：利用 fgets 與 fputs 函式，模擬 Dos 的 copy 或 Linux 的 cp 指令，複製一個文字檔。

範例11-3 ch11_03.c（ch11\ch11_03.c）。

```
1   /*    檔名:ch11_03.c    功能：複製檔案 ( 使用 fgets 與 fputs)    */
2
3   #include <stdlib.h>
4   #include <stdio.h>
5
6   FILE *fp1,*fp2;
7
8   void main(void)
9   {
10   char filename1[80],filename2[80];
11   char tempstr[32];
12
13   printf(" 請輸入來源檔名 :");
14   scanf("%s",filename1);
15   printf(" 請輸入目的檔名 :");
16   scanf("%s",filename2);
17
```

```
18    fp1 = fopen(filename1, "r");
19    fp2 = fopen(filename2, "w");
20
21    if((fp1 == NULL) || (fp2 == NULL))
22    {
23       printf(" 檔案發生錯誤 \n");
24       exit(1);    /* 強迫結束程式 */
25    }
26
27    printf(" 讀取並寫入中 ......\n");
28
29    while((fgets(tempstr,32,fp1))!=NULL)    /*  使用迴圈讀取來源檔內容   */
30    {
31        printf("%s",tempstr);
32        fputs(tempstr,fp2);    /*  使用迴圈寫入目的檔內容   */
33    }
34    printf("\n 讀取並寫入完畢 ......\n");
35
36    fclose(fp1);
37    fclose(fp2);
38    /* system("pause"); */
39 }
```

➲ 執行結果

（假設執行檔所在的目錄下有一個文字檔 data1.txt）

```
…請編譯成 ch11_03.exe…
C:\C_language\ch11>ch11_03
請輸入來源檔名 :data1.txt
請輸入目的檔名 :test3.txt
讀取並寫入中 ......
S9703501 89 84 75
S9703502 77 69 87
S9703503 65 68 77
讀取並寫入完畢 ......
```

➲ 範例說明

　　第 29~33 行：使用迴圈讀取 fp1 檔案串流中的字串（每一次讀取 31 個字元），並將之寫入到 fp2 檔案串流中，以及輸出到螢幕上，執行完畢後，您可以檢查 test3. txt 內容將與 data1.txt 內容相同。

11.4.3 格式化檔案輸出入函式：fscanf( )、fprintf( )

前面介紹的 4 個函式，只能做單純的檔案輸出入動作，若想要規範讀出與寫入資料的格式，則可以利用 fscanf( ) 和 fprintf( ) 來處理，這兩個函式的用法與 scanf( ) 和 printf( ) 非常相似，差別僅在於，現在的輸入來源為檔案而非鍵盤，輸出目標也是檔案而非螢幕。

fscanf( )－從檔案串流中，讀出一段固定格式的文字

```
標頭檔：#include <stdio.h>
語法：int fscanf(FILE *stream, const char *format, ...);
功能：從檔案中，讀出一段固定格式的文字
```

【語法說明】

(1) 回傳值：當回傳值等於正整數時，代表讀取成功，當回傳值等於 EOF，則代表已經讀到檔案盡頭或是讀檔發生錯誤。

(2) format：輸入控制字串。（同 4.2.1 節 scanf 函式）

(3) stream：一個已開啟的檔案指標，代表要讀取的檔案串流。

fprintf( )－寫入一段格式化的文字到檔案串流內

```
標頭檔：#include <stdio.h>
語法：int fprintf(FILE *stream, const char *format, ...);
功能：寫入字串到檔案中
```

【語法說明】

(1) 回傳值：當回傳值等於 EOF，代表寫入出現錯誤；當回傳值不等於 EOF，代表寫入成功。

(2) format：輸出控制字串。（同 4.1.2 節 printf 函式）

(3) stream：一個已開啟的檔案指標，代表要寫入的檔案串流。

【觀念及實用範例 11-4】：利用 fscanf 與 fprintf 函式，將檔案內容之空白換成【換行】，複製到另外一個檔案中。

範例*11-4* ch11_04.c（ch11\ch11_04.c）。

```
1    /*      檔名:ch11_04.c       功能:複製檔案(使用 fscanf 與 fprintf)     */
2
3    #include <stdlib.h>
4    #include <stdio.h>
5
6    FILE *fp1,*fp2;
7
8    void main(void)
9    {
10    char filename1[80],filename2[80];
11    char tempstr[32];
12
13    printf(" 請輸入來源檔名:");
14    scanf("%s",filename1);
15    printf(" 請輸入目的檔名:");
16    scanf("%s",filename2);
17
18    fp1 = fopen(filename1, "r");
19    fp2 = fopen(filename2, "w");
20
21    if((fp1 == NULL) || (fp2 == NULL))
22    {
23       printf(" 檔案發生錯誤 \n");
24       exit(1);    /* 強迫結束程式 */
25    }
26
27    printf(" 讀取並寫入中 ......\n");
28
29    while((fscanf(fp1,"%s",tempstr))!=EOF)   /* 使用迴圈讀取來源檔內容 */
30    {
31        /*  printf("%s\n",tempstr); */
32        fprintf(fp2,"%s\n",tempstr); /* 使用迴圈寫入目的檔內容 */
33    }
34    printf(" 讀取並寫入完畢 ......\n");
35
36    fclose(fp1);
37    fclose(fp2);
38    /* system("pause"); */
39    }
```

⊙ 執行結果

（假設執行檔所在的目錄下有一個文字檔 data1.txt）

```
…請編譯成 ch11_04.exe…
C:\C_language\ch11>ch11_04
請輸入來源檔名：data1.txt
請輸入目的檔名：data2.txt
讀取並寫入中……
讀取並寫入完畢……
```

data1.txt 內容

```
S9703501 89 84 75
S9703502 77 69 87
S9703503 65 68 77
```

data2.txt 內容

```
S9703501
89
84
75
S9703502
77
69
87
S9703503
65
68
77
```

⊙ 範例說明

　　第 29~33 行：使用迴圈讀取 fp1 檔案串流中的字串，並將之寫入到 fp2 檔案串流中。由於 fscanf 和 scanf 一樣，遇到空白就會停止讀取，所以我們在寫入時，若加上換行符號，就可以清楚看出迴圈每次使用 fscanf 讀出的字串為何。

11.5 隨機式存取

　　前面範例所使用的檔案處理都是**循序式**（sequential）處理，換句話說，每次開檔後，檔案指標一定會指向最前面的字元，然後慢慢往後面處理。這樣的處理方式是非常沒有效率的，例如當我們突然想要讀取檔案的第 1000 個字元，如果依照循序式處理，則必須先讀取前面 999 個字元，檔案指標才會移動到我們想要的位置。

　　除了循序式處理之外，C 語言函式庫還提供 fseek( ) 函式，透過 fseek 函式，我們就可以自由地把檔案指標直接往前或往後移動任意字元來讀取資料，而這種讀取資料的方式，則稱為**隨機式**（random）處理。

　　fseek( ) 函式可以任意移動檔案指標，大多使用在二進位檔的讀取（但文字檔也可以使用），例如某些特殊應用程式會先寫入一些特殊資料，然後才是真正的資料記錄，此時就可以使用 fseek 來快速移動檔案指標，略過不想讀取的地方。

fseek( )－移動檔案指標

```
標頭檔：#include <stdio.h>
語法：int fseek(FILE *stream, long offset, int whence);
功能：任意移動檔案指標
```

【語法說明】

(1)　fseek( ) 會將檔案指標從指定的起始點（由 whence 決定）開始往後移動 offset 個位置。

(2)　回傳值：當回傳值等於 0 表示移動成功；若回傳值不為 0，則為失敗。

(3)　offset：偏移檔案指標 offset 個位置。

(4)　whence：指定起始點，若指定為 SEEK_SET 代表從檔頭開始偏移。若指定為 SEEK_CUR 代表從目前位置開始偏移。若指定為 SEEK_END 代表從由檔尾開始偏移。這些特殊的格式一般都被宣告為列舉或巨集定義。

(5)　stream：一個已開啟的檔案指標，代表要存取的檔案串流。

【觀念範例 11-5】：反向移動檔案指標到距離檔尾 17 個字元處。

範例**11-5** ch11_05.c（ch11\ch11_05.c）。

```
1   /*     檔名:ch11_05.c     功能：移動檔案指標（使用 fseek）    */
2
3   #include <stdlib.h>
4   #include <stdio.h>
5
6   FILE *fp1;
7
8   void main(void)
9   {
10   char filename1[80];
11   char tempstr[32];
12
13   printf(" 請輸入檔名:");
```

```
14    scanf("%s",filename1);
15
16    fp1 = fopen(filename1, "r");
17
18    if(fp1 == NULL)
19    {
20        printf(" 檔案發生錯誤 \n");
21        exit(1);    /* 強迫結束程式 */
22    }
23
24    if(fseek(fp1,-17L,SEEK_END) == 0)
25    {
26        fscanf(fp1,"%s",tempstr);
27        printf(" 檔尾倒數 17 個字元處的 token 是 %s\n",tempstr);
28    }
29    else
30    {
31        printf("fseek 產生錯誤 \n");
32    }
33
34    fclose(fp1);
35    /* system("pause"); */
36 }
```

➜ 執行結果

（假設執行檔所在的目錄下有一個文字檔 data1.txt）

```
…請編譯成 ch11_05.exe…
C:\C_language\ch11>ch11_05
請輸入檔名 :data1.txt
檔尾倒數 17 個字元處的 token 是 S9703503
```

data1.txt 內容

```
S9703501 89 84 75
S9703502 77 69 87
S9703503 65 68 77
```

➜ 範例說明

　　第 24 行：將檔案指標移動到距離檔尾 17 個字元處，如下圖。

圖 11-4　反向移動檔案指標

11-17

11.6 二進位檔的存取

二進位檔在開啟與存取時，皆與文字檔有些不同，在本節中，我們將說明如何開啟二進位檔以及使用 fread( )、fwrite( ) 來存取二進位檔的技巧。

11.6.1 開啟二進位檔

之前的範例，我們處理的檔案都是文字檔，其實在介紹 fopen 函式時，我們就已經提到過 C 語言的檔案處理函式也可以處理二進位檔案，您只要在開檔時，多加上參數『b』即可，如下三種範例。

```
fopen(filename,"rb");        /*   開檔時，指定讀取 binary 檔案   */
fopen(filename,"wb");        /*   開檔時，指定寫入資料到 binary 檔案   */
fopen(filename,"ab");        /*   開檔時，指定將資料加在 binary 檔案的後面   */
```

【觀念及實用範例 11-6】：製作一個可以複製二進位檔案的程式，並將來源檔與目的檔列於命令列中，真實模擬 Dos － copy 及 Linux － cp 指令的複製功能。

範例**11-6** ch11_06.c（ch11\ch11_06.c）。

```
1   /*      檔名:ch11_06.c      功能:複製檔案(可複製二進位檔)     */
2
3   #include <stdlib.h>
4   #include <stdio.h>
5   #include <string.h>
6
7   FILE *fp1, *fp2;
8
9   void main(int argc, char *argv[])
10  {
11
12   char src_filename[128];   /*   來源檔案   */
13   char dest_filename[128]; /*   目的檔   */
14
15   int ch;
16
17   if(argc <= 2) /*   提示使用者輸入來源檔名與目的檔名   */
18   {
19       printf(" 請輸入來源檔名與目的檔名 \n");
20       exit(0);
21   }
22   else
```

```
23  {
24      strcpy(src_filename,argv[1]);
25      strcpy(dest_filename,argv[2]);
26  }
27
28  if((fp1 = fopen(src_filename, "rb")) == NULL)
29  {
30      printf(" 開啟來源檔 %s 錯誤 \n",src_filename);
31      exit(0);
32  }
33
34  if((fp2 = fopen(dest_filename, "wb")) == NULL)
35  {
36      printf(" 無法建立目的檔 %s\n",dest_filename);
37      exit(0);
38  }
39
40  while((ch = fgetc(fp1)) != EOF)   /*  當讀到 EOF 時，表示檔案結束  */
41  {
42      fputc(ch,fp2);
43  }
44
45  fclose(fp1);
46  fclose(fp2);
47  /* system("pause"); */
48  }
```

執行結果

…先把 ch10_03.c 複製到 ch11 目錄中，並編譯為執行檔 ch10_03.exe，作為二進位來源檔…
…請將本範例編譯成 ch11_06.exe…

```
C:\C_language\ch11>ch11_06 ch10_03.exe Mybin.exe
C:\C_language\ch11>Mybin
學號              計概      數學      英文      平均
---------------------------------------------------------
S9703501         89        84        75        82.6667
S9703502         77        69        87        77.6667
S9703503         65        68        77        70.0000
```

範例說明

(1) 第 28 行：用二進位方式開啟檔案，並可讀取該檔。

(2) 第 34 行：用二進位方式開啟檔案，並可寫入該檔。

(3) 第 40~43 行：使用 fgetc 一個一個字元的讀出資料，並使用 fputc 一個一個字元的寫入資料。

11.6.2 檔案讀寫函式：fread( )、fwrite( )

上一個範例中，我們一次只讀寫一個字元，顯得比較沒有效率，事實上，我們在讀寫二進位檔案時，更常使用的是 fread 與 fwrite 函式。

fread( )－讀出檔案串流資料

```
標頭檔：#include <stdio.h>
語法：size_t fread(void *ptr, size_t size, size_t nmemb, FILE *stream);
功能：讀出檔案串流資料
```

【語法說明】

(1) 回傳值：實際讀取的資料筆數，size_t 資料型態定義於 stdio.h，通常是 unsigned int 的別名。

(2) ptr：存放資料的緩衝區指標。

(3) size：要讀取的資料型態大小。

(4) nmemb：要讀取的資料筆數。

(5) stream：一個已開啟的檔案指標，代表要讀取的檔案串流。

fwrite( )－寫入資料到檔案串流

```
標頭檔：#include <stdio.h>
語法：
size_t fwrite(const void *ptr, size_t size, size_t nmemb,FILE *stream);
功能：寫入資料到檔案串流
```

【語法說明】

(1) 回傳值：實際寫入的資料筆數，size_t 資料型態定義於 stdio.h，通常是 unsigned int 的別名。

(2) ptr：存放資料的緩衝區指標。

(3) size：要寫入的資料型態大小。

(4) nmemb：要寫入的資料筆數。

(5) stream：一個已開啟的檔案指標，代表要寫入的檔案串流。

【觀念範例 11-7】：利用 fread 與 fwrite 函式，讀寫二進位檔。

範例*11-7*　ch11_07.c（ch11\ch11_07.c）。

```
1    /*      檔名:ch11_07.c      功能:讀寫二進位檔    */
2
3    #include <stdlib.h>
4    #include <stdio.h>
5
6    FILE *fp;
7
8    void main(int argc, char *argv[])
9    {
10
11     char output[]="This is a binary file!";
12     char input[100]={0};
13     int num;
14
15     /*********** 寫入二進位檔 ****************/
16     if((fp = fopen("data3", "wb")) == NULL)
17     {
18       printf(" 檔案錯誤 \n");
19       exit(0);
20     }
21
22     num = fwrite(output,sizeof(char),sizeof(output),fp);
23     printf(" 二進位檔寫入完成 \n");
24     fclose(fp);
25
26     /*********** 讀取二進位檔 ****************/
27
28     if((fp = fopen("data3", "rb")) == NULL)
29     {
30       printf(" 檔案錯誤 \n");
31       exit(0);
32     }
33     num = fread(input,sizeof(char),23,fp);
34     printf(" 二進位檔讀取完成 \n");
35     printf(" 二進位檔內容如下 \n");
36     printf("%s\n",input);
37     fclose(fp);
38     /* system("pause"); */
39    }
```

⊙ 執行結果

…請將本範例編譯成 ch11_07.exe…
C:\C_language\ch11>**ch11_07**

```
二進位檔寫入完成
二進位檔讀取完成
二進位檔內容如下
This is a binary file!
```

→ 範例說明

(1) 第 22 行：使用 fwrite 函式寫入 sizeof(output) 長度的資料。

(2) 第 33 行：使用 fread 函式讀取 23bytes 長度的資料。可是問題是我們怎麼知道要一次讀取 23 個 bytes 呢？的確不容易知道，但卻常常和結構體一起配合使用，請看下面兩個範例。

【觀念及實用範例 11-8】：配合結構體，寫入二進位檔資料。

範例11-8 ch11_08.c（ch11\ch11_08.c）。

```c
1   /*     檔名:ch11_08.c      功能:配合結構體寫入二進位檔資料     */
2
3   #include <stdlib.h>
4   #include <stdio.h>
5   #include <string.h>
6
7   struct student
8   {
9     char   stu_id[12];
10    int    ScoreComputer;
11    int    ScoreMath;
12    int    ScoreEng;
13    float  ScoreAvg;
14  };
15
16  FILE *fp;
17
18  /*************main*************/
19  void main(void)
20  {
21   int score[3][3]={{89,84,75},
22                    {77,69,87},
23                    {65,68,77}};
24
25    struct student IM[3];
26    int i,Total,num;
27
28    strcpy(IM[0].stu_id,"S9703501");
29    strcpy(IM[1].stu_id,"S9703502");
30    strcpy(IM[2].stu_id,"S9703503");
```

```
31    for(i=0;i<3;i++)
32    {
33        Total=0;
34        IM[i].ScoreComputer=score[i][0];
35        IM[i].ScoreMath     =score[i][1];
36        IM[i].ScoreEng      =score[i][2];
37        Total=score[i][0]+score[i][1]+score[i][2];
38        IM[i].ScoreAvg=((float)Total)/3;
39    }
40    if((fp = fopen("data4", "w+b")) == NULL)
41    {
42      printf(" 檔案錯誤 \n");
43      exit(0);
44     }
45
46    num = fwrite(IM,sizeof(struct student),3,fp);
47
48    printf(" 二進位檔寫入完成 \n");
49    fclose(fp);
50    /* system("pause"); */
51 }
```

➜ 執行結果

```
…請將本範例編譯成 ch11_08.exe…
C:\C_language\ch11>ch11_08
二進位檔寫入完成
```

➜ 範例說明

第 46 行：使用 fwrite 函式寫入 sizeof(struct student)*3 長度的資料，也就是 IM
整個結構體陣列。由於使用二進位檔儲存，因此具有保密效果，當我們在 Dos 下使
用 Type 指令（Linux 使用 more 指令）觀察 data4 檔案內容時，無法看到詳細資料（會
出現亂碼），而必須使用下面一個範例來讀取二進位檔的資料。

```
C:\C_language\ch11>type data4
S9703501 踵   Y    T    K    UU且S9703502    @M   E    W    UU  S9703503 $bA
    D    M
```

【觀念及實用範例 11-9】：配合結構體，讀取二進位檔資料。

範例**11-9** ch11_09.c（ch11\ch11_09.c）。

```
1    /*     檔名:ch11_09.c      功能:配合結構體讀取二進位檔資料    */
2
3    #include <stdlib.h>
4    #include <stdio.h>
5
6    struct student
7    {
8      char   stu_id[12];
9      int    ScoreComputer;
10     int    ScoreMath;
11     int    ScoreEng;
12     float  ScoreAvg;
13   };
14
15   FILE *fp;
16
17   void display(struct student);
18
19   void display(struct student tempStu)
20   {
21     printf("%s\t%d\t%d\t%d\t%.4f\n",\
22              tempStu.stu_id,tempStu.ScoreComputer,tempStu.ScoreMath,\
23              tempStu.ScoreEng,tempStu.ScoreAvg);
24   }
25
26   /**************main*************/
27   void main(void)
28   {
29
30     struct student IM[50];
31     int i,num;
32
33     if((fp = fopen("data4", "rb")) == NULL)
34     {
35       printf(" 檔案錯誤 \n");
36       exit(0);
37     }
38
39     num = fread(IM,sizeof(struct student),2,fp);
40
41     printf(" 二進位檔讀取完成 , 前兩筆學生資料如下 \n");
42     fclose(fp);
```

```
43
44    for(i=0;i<2;i++)
45        display(IM[i]);
46    /* system("pause"); */
47 }
```

⊙ 執行結果

…請將本範例編譯成 ch11_09.exe…（並且需要事先執行範例 11-8，產生 data4 檔）
C:\C_language\ch11>**ch11_09**
二進位檔讀取完成，前兩筆學生資料如下
S9703501   89   84   75   82.6667
S9703502   77   69   87   77.6667

⊙ 範例說明

第 39 行：使用 fread 函式讀取 sizeof(struct student)*2 長度的資料，也就是只讀取 data4 檔案中的前兩筆學生資料。您可以將之改為 3 筆，就可以讀出 data4 檔案的全部資料了。

11.6.3 讀寫 BMP 圖片檔

在前面我們曾經提及，圖片檔屬於二進位檔，事實上，眾多圖片檔所存放的格式皆有所不同，其中 BMP 檔為點陣圖。BMP 檔的內容包含了表頭資訊與像素資訊兩部分，我們首先可透過檔案總管觀察圖檔的大小如下。

就該圖為例，PG30009.bmp 是 24 位元色彩的 BMP 圖檔，檔案大小為 102,774 位元組，由於寬與高為 160×214=34,240，而每一個像素點的深度為 3 個位元組 (24bits)，故要存放所有像素點必須使用 34,240×3=102,720 個位元組，這和 102,774 仍相差了 54 個位元組，這 54 個位元組即為表頭資訊。

❶滑鼠游標移到圖檔上方,可觀測寬與高

❷點選圖檔按下滑鼠右鍵,執行快顯功能表的【內容】指令。

檔案大小❸

　　BMP 圖檔的表頭資訊分為兩大部分,第一段佔用 14 個位元組(例如檔案大小記錄於此區間),第二段佔用 40 個位元組(例如寬與高記錄於此區間),詳細資訊整理如表 11-2。

位元組編號	說明
(第一段) #0-1	代表點陣圖的標識。 這兩個位元組固定為 424DH,對應 ASCII 則為 BM。
#2-5	代表**檔案大小**。
#6-9	保留(因此皆為 0),可作為往後擴充使用。
#10-13	記錄圖形資料的起始位址。
(第二段) #14-17	一個常數值,用來描述影像區塊的大小。 在不同的系統中,常數值並不相同,在 Windows 中為 28H

位元組編號	說明
#18-21	點陣圖的**寬度**（以像素點數量表示）。
#22-25	點陣圖的**高度**（以像素點數量表示）。
#26-27	彩色平面數，通常為 1（十六色影像則為 4）。
#28-29	每個像素的顏色位元數，亦即深度。常用值是 1、4、8（灰階）和 24（全彩）。
#30-33	記錄所使用的壓縮演算法，可能的值為 0、1、2、3、4、5。 若未壓縮則其值為 0；JPEG 壓縮則為 4。
#34-37	實際圖形檔的字組大小
#38-41	圖像水平解析度（單位為像素／英吋）。
#42-45	圖像垂直解析度（單位為像素／英吋）。
#46-49	所用顏色數目。
#50-53	保存所用重要顏色數目。若每個顏色都同等重要時，則與顏色數目相等。

表 11-2　BMP 圖檔的表頭資訊（54 個位元組）

想要觀察上述的 PG30009.bmp 點陣圖內容，可透過 debug 指令或 UltraEdit 等軟體開啟它，通常會以 16 進制表示各位元組內容，如下圖：

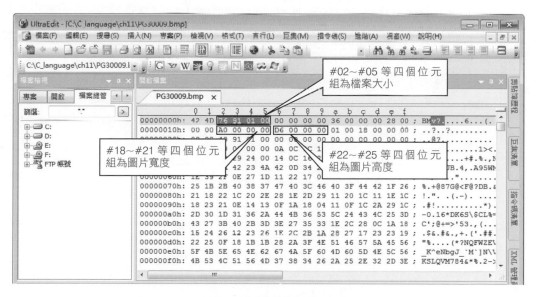

圖 11-5　觀察點陣圖 BMP 檔內容

請注意，當以四個位元組代表一組資料時，必須反過來觀看，例如圖檔之大小顯示為「76」「91」「01」「00」，實際上應該是「00」「01」「91」「76」H 四個位元組 = 102,774 個位元組。

【觀念及實用範例 11-10】：在 BMP 檔的表頭資訊中，取出檔案大小的資訊。

範例**11-10** ch11_10.c（ch11\ch11_10.c）。

```c
/*      檔名:ch11_10.c      功能：讀取二進位檔圖檔資料      */

#include <stdlib.h>
#include <stdio.h>

FILE *fp;

/**************main**************/
void main(void)
{
 unsigned char title[54];
 int i,num;
 int filesize,value1,value2,value3,value4,low,high;

 if((fp = fopen("PG30009.bmp", "rb")) == NULL)
 {
   printf(" 檔案錯誤 \n");
   exit(0);
 }

 num = fread(title,sizeof(unsigned char),54,fp);

 low=title[2]%16;
 high=(title[2]-low)/16;
 value1=high*16+low;

 low=title[3]%16;
 high=(title[3]-low)/16;
 value2=high*16*16+low*16*16;

 low=title[4]%16;
 high=(title[4]-low)/16;
 value3=high*16*16*16*16+low*16*16*16;

 low=title[5]%16;
 high=(title[5]-low)/16;
 value4=high*16*16*16*16*16*16+low*16*16*16*16*16;

 filesize=value1+value2+value3+value4;
```

```
40
41   printf(" 檔案大小為 %d 個位元組 \n",filesize);
42   fclose(fp);
43
44   /* system("pause"); */
45 }
```

執行結果

檔案大小為 102774 個位元組

範例說明

(1) 第 11 行，宣告一個大小為 54 的陣列 title，陣列元素資料型態為 unsigned char，因此只佔用一個位元組。

(2) 第 21 行：使用 fread 函式讀取檔案的前 54 個位元組資料，並存入 title 陣列中。

(3) 第 23~39 行：由前面的介紹可以得知檔案大小之資訊存放在 title[2] title[5] 之中，但我們必須轉換進制才能求得正確之檔案大小。

11.7 本章回顧

在本章中，我們介紹了 C 語言關於檔案的操作，檔案可以分為文字檔與二進位檔，文字檔簡單易懂，但缺乏保密性；二進位檔則節省檔案佔用空間，並且具有保密性。不論對檔案進行任何型式的操作，基本上，我們都是透過 C 語言函式庫提供的函式來加以操作，這些函式則包含在 stdio.h 函式庫之中，我們將之整理如下表：

函式	用途
fopen( )	開啟檔案
fclose( )	關閉檔案
fgetc( )	從檔案串流中，讀出一個字元
fputc( )	寫入一個字元到檔案串流內
fgets( )	從檔案串流中，讀出一段文字
fputs( )	寫入字串到檔案串流內
fscanf( )	從檔案串流中，讀出一段固定格式的文字
fprintf( )	寫入一段格式化的文字到檔案串流內
fseek( )	移動檔案指標

函式	用途
fread( )	讀出檔案串流資料
fwrite( )	寫入資料到檔案串流

　　事實上，C 語言除了可以使用 stdio.h 函式庫的函式來操作檔案之外，在作業系統的支援下，還可以使用系統呼叫來執行如建立目錄、複製檔案等的函式，但由於當您學習過 C++ 及視窗程式設計後將有更方便的元件可以直接取用，因此我們不在本章中對系統呼叫多加介紹，若您使用的是 Unix/Linux 作業系統，則可以透過 man 指令來查詢系統呼叫函式庫（請參閱附錄 E）。

筆記頁

問答題

1. 在 C 語言中，我們必須使用哪一種結構體與實體檔案進行溝通？請畫出程式設計師、結構體及檔案串流的關係示意圖。

2. 讀取檔案資料之前，必須先做什麼動作？當檔案資料存取完畢後，應該做什麼動作，以避免資料的意外流失？

3. 試說明二進位檔為何較節省磁碟空間，又為何具有保密特性？

4. 下列何者為文字檔？【複選】

   (A) txt 檔　(B) html 網頁檔　(C) BMP 圖檔　(D) C 程式檔　(E) 以上皆非。

5. 下列何者為二進位檔？【複選】

   (A) txt 檔　(B) exe 執行檔　(C) BMP 圖檔　(D) C 程式檔　(E) 以上皆非。

實作題

1. 將第 10 章習題實作第 1 題的程式改寫，使得原本要輸出到螢幕的資料，改為整齊地輸出到 ex11_01.txt 文字檔中。

   執行結果（ex11_01.txt 檔案內容）：

陳錦輝	Java 初學指引	博碩文化	9789862011973
陳湘揚	網路概論	博碩文化	9789862014219
陳錦輝	ASP 初學指引	博碩文化	9789862011263

2. 設計一個程式，可讀入任何文字檔，並將文字內容中所有的英文字母『i』刪除，然後將結果轉存到 ex11_02.txt 中。

   例如：

source.txt		ex11_02.txt
This is a book	經程式處理後	Ths s a book

3. 設計一個程式，可讀入下列的文字檔 ex11_03.txt（內含許多數字），並將數字做分類，奇數的放入 ex11_03_1.txt 中、偶數的放入 ex11_03_2.txt 中。

   （來源檔案內容 ex11_03.txt）：

   ```
   1235321
   123876
   3247582
   87563
   456986
   234987
   2346
   21398
   432897
   ```

```
456
973
9375
12054
1437
```

執行結果

ex11_03_1.txt 檔案內容：

```
1235321
87563
234987
432897
973
9375
1437
```

ex11_03_2.txt 檔案內容：

```
123876
3247582
456986
2346
21398
456
12054
```

4. 將第 10 章習題實作第 1 題的程式改寫，使得原本要輸出到螢幕的資料，改為輸出到 ex11_04.dat 二進位檔案中。並符合下列兩項要求：

   (1) 以結構體為單位，完整寫入資料。

   (2) 資料不會被覆蓋，每次執行程式後，會將輸入的資料加在 ex11_04.dat 原有資料的後面，達到累積的功能。請將第 10 章的 3 筆測試資料分兩次輸入，也就是第一次執行程式時，只輸入前兩筆資料；第二次執行程式時，再輸入第三筆資料。（可以利用第 5 題驗證，原始資料是否不會被覆蓋）

   【第一次執行過程】

   ```
   新增一筆資料嗎 (y/n)?y
   請輸入作者、書名、出版社、ISBN：陳錦輝 Java 初學指引 博碩文化 9789862011973
   新增一筆資料嗎 (y/n)?y
   請輸入作者、書名、出版社、ISBN：陳湘揚 網路概論 博碩文化 9789862014219
   新增一筆資料嗎 (y/n)?n
   資料寫入檔案完畢……
   ```

   【第二次執行過程】

   ```
   新增一筆資料嗎 (y/n)?y
   請輸入作者、書名、出版社、ISBN：陳錦輝 ASP 初學指引 博碩文化 9789862011263
   新增一筆資料嗎 (y/n)?n
   資料寫入檔案完畢……
   ```

5. 讀取「實作第 4 題的目標二進位檔案 ex11_04.dat」，使用結構體將資料讀出，完整並整齊地展現在螢幕上，顯示格式同實作第 1 題。

   執行結果

陳錦輝	Java 初學指引	博碩文化	9789862011973
陳湘揚	網路概論	博碩文化	9789862014219
陳錦輝	ASP 初學指引	博碩文化	9789862011263

6. 請改寫範例 11-10，將圖片的寬度與高度由表頭處取出並顯示。

執行結果

檔案大小為 102774 個位元組
圖片寬度為 160
圖片高度為 214

7. 請改寫範例 11-10，複製 PG30009.bmp 圖片為 result.bmp，但使得圖片的上下左右圖像皆顛倒。【註】由於只是圖像顛倒，因此表頭資訊部分並不需要改變

執行後產生此顛倒的圖片檔

【專題程式設計】

延續上一章的專題，將資料來源改為檔案，尋找過程與最終結果也改為輸出到檔案中。

3. Initial State 事先儲存於 init.txt 文字檔的第一行。程式必須開啟 init.txt 檔案以便取得 Initial State。同樣地，我們只需要測試上一章所提的二種 Initial State 即可。(5%)

4. 將尋找解答過程經歷的所有節點之內容輸出到檔案 (BFS.txt) 中，每一個節點佔一行。例如若初始為 2 3 5 1 8 6 4 7 0，則 BFS.txt 應有 37081 行。(5%)

5. 當找到 Goal State 之後，將沿著 parent 鏈結往上拜訪，直到 Initial State(根) 為止的過程儲存在檔案 (ReSol.txt) 中。(5%)

第三單元

預覽篇

12

資料結構與演算法

　　有些資深的程式設計師認為『程式』的本質就是『資料結構』與『演算法』。的確沒錯,而且兩者密不可分,演算法是解決問題的步驟,而資料結構是儲存資料的方式。換句話說,當我們要透過程式解決問題時,就代表著我們必須設計一套演算法,而演算法必須建構於某種資料結構之上。

資料結構與演算法密不可分的特性，使得大多數的資料結構課程都包含了一些簡單的演算法，例如氣泡排序演算法、快速排序演算法等通常都會在資料結構的課程中做第一次的介紹，而較高深的演算法則會另外在專門介紹演算法的課程中加以介紹及討論。這兩門課程都是程式設計課程的後續課程，也將造就本科系學生與外科系自學程式設計者最大的差別，學會這兩者，對於設計一個有效率的程式將有助益，甚至是面對問題該如何 " 下手 " 解決，起著關鍵性的作用。

對於只學習過一般的程式設計，但未學過資料結構的程式設計師而言（例如在補習班學習 C、Java 課程的學員），若要求設計一個 GPS 系統，就會不知如何下手，由此可見資料結構的重要性。因為沒有辦法有效率的使用資料結構來存放圖形，就更無法設計出相對應的演算法來解決問題。

假設您已經學會資料結構與演算法，當您想要為 GPS 設計一個程式，提供使用者由出發點到目的地的最短行程，就能馬上體會到這其實是要設計一個最短距離的演算法，並且可以將目標設定為圖形資料結構，而圖形資料結構又可使用鏈結串列資料結構來實作。

由於這兩個議題都足以開兩門以上的課程，因此在本章中，我們只會作粗略的介紹，我們首先會介紹何謂『演算法』，然後介紹電腦常用的各種資料結構（重點將放在佇列與堆疊），最後則會以兩個簡單的排序演算法讓讀者明瞭，為何演算法與資料結構息息相關。

12.1 演算法簡介

圖靈獎（Turing Award；相當於計算機科學的諾貝爾獎）得獎人 Nicklaus Wirth 大師曾於 1975 年出版一本名為 Algorithms + Data Structures = Programs 的著作，說明程式是由「資料結構」與「演算法」組成。

以上這句名言，在 1995 年之前都成立，而在 1995 年之後則稍有改變，此一改變我們會在下一章說明，首先，我們先來了解何謂「演算法」以及如何評估演算法的效能。

12.1.1 演算法的定義

什麼是演算法 (Algorithm) 呢？簡單來說，就是「解決問題的步驟」。而詳細的演算法定義如下：

> **【定義 12-1】演算法**
> ◇◇◇◇◇◇◇◇◇◇◇◇◇◇◇◇◇◇◇
>
> 演算法是有限個命令的集合，其目的是為了解決某一項特定工作。
>
> 演算法並具有下列特性（缺一不可）：
>
> (1) 輸入 (input)：可以有零個以上的輸入資料。
>
> (2) 輸出 (output)：至少需有一個以上的輸出資料。
>
> (3) 明確性 (definiteness)：每個指令都必須是「非模擬兩可」的明確指令。
>
> (4) 有限性 (finiteness)：追蹤演算法的實行，必須能在有限個步驟後停止。
>
> (5) 有效性 (effectiveness)：每個指令都應該是基本的，並且能夠透過紙與筆加以模擬。換句話說，它必須是一個可實現的運算。同時整個演算法也必須能夠得到正確的結果，因此本特性又稱為正確性 (Correctness)。

12.1.2 演算法的表達方式

演算法的閱讀對象是「人」，它可使用多種方式表達，常見的表示方式如下：

1. **文字與數字**

   此處所指的文字是自然語言的文字，如中文、英文、法文等。

2. **虛擬語言 (Pseudo-Language)**

   虛擬語言是一種混合自然語言與高階程式語言的特殊語言，常見的有 PASCAL-LIKE, SPARKS 等等。使用虛擬語言撰寫的演算法，比較容易轉換為電腦可執行的程式。

3. **流程圖 (Flowchart)**

   附錄 A 介紹的一般流程圖 (flowchart) 與各類流程圖也可以用來表示小型簡單的演算法，例如工作流程圖 (Workflow Diagram)、資料流程圖 (DFD)、控制流程圖 (CFD) 等等。

4. 程式語言

雖然演算法是供人閱讀，但實際應用於電腦領域時，最終亦須透過程式來實現，因此，直接使用程式語言表達演算法也是一種方式。早期有一種高階程式語言 ALGOL(ALGOrithm Language 的縮寫)，特別適合用於描述演算法，其功能亦成為 Pascal、C、Ada 等著名程式語言的基本需求。換句話說，在使用程式語言描述演算法時，一般都採用高階的程序性程式語言來表示演算法。而機器語言、組合語言與推論性人工智慧語言則較不適合。

在前面的章節中，我們了解到結構化程式（例如 C 程式）是由眾多程序（例如 C 函式）所構成，而程序 (Procedure) 與演算法有些許的不同，如下所述：

▣ 特性的不同

程序可以無止盡地執行下去，例如傳統的某些作業系統（如 Dos），當開機完成後，程序將位於一個無窮的等待迴圈中 (waiting loop)，等候使用者輸入的命令，要關機只能直接按下【Power】鈕來完成。而演算法的有限性 (finiteness) 則不允許演算法永無止盡地執行下去。

▣ 對象的不同

演算法的對象是閱讀該演算法的「人」。而程序的對象是「人」與「電腦」，此處的人，指的是撰寫與維護程序的人（如程式設計師）；而「電腦」指的則是電腦的軟硬體，例如編譯器、直譯器、組譯器、作業系統等等。

12.1.3 演算法的範例

範例12-1 請設計一個尋找 10 個整數中最大值的演算法。並使用流程圖表達該演算法。

```
Input：10 個整數存放在陣列 data[0]~data[9] 中。
Output：輸出 M，M 是 data[0]~data[9] 陣列元素的最大值。
Step1：M ← 0
Step2：i ← 0
Step3：若 i<10, 則執行 Step4，否則執行 Step6
Step4：若 M<data[i], 則 M ← data[i]
Step5：i ← i+1, 執行 Step3
Step6：輸出 M
```

範例 12-1 是一個非常標準的演算法,它符合演算法的五大特性,並使用「自然語言」方式撰寫而成。除了使用明確的 Step 方式記錄每一個步驟,我們也可以結合程式語言來撰寫演算法(諸如眾多虛擬語言,如 PASCAL-LIKE 就是使用這種方式)。其對應之流程圖如右。

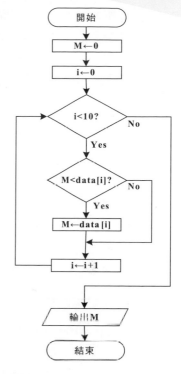

範例12-2 請設計一個 Max 演算法,功能為尋找 10 個整數中的最大值。

```
Algorithm   Max(data,M)

Input:10 個整數存放在陣列 data[0]~data[9] 中。
Output:輸出 M,M 是 data[0]~data[9] 陣列元素的最大值。
  M←0
  for(i=0;i<10;i++){
      若 M<data[i], 則 M←data[i]
  }
  return M
End of Algorithm
```

範例 12-2 是一個演算法,它也符合演算法的五大特性,並使用介於 C 語言與自然語言的方式撰寫而成,但它僅適用於已經了解 C 語言 for 迴圈的閱讀者,並且更容易替換為 C 語言程序(也就是函式)。

12.1.4 演算法的效能評估

欲透過電腦來解決問題,則演算法終究需要轉換為程式來實現,然而我們在撰寫程式後,除了正確性的需求外,我們還會關注程式的執行效率,分析程式的執行效率一般都會著重於記憶體的使用量以及執行的速度,而在評估一個演算法的效能時,則可對應為「空間複雜度」與「時間複雜度」來分析。

空間複雜度 (Space Complexity)

空間的複雜度代表演算法執行時所需要的記憶體空間,它又可以分為固定的記憶體空間需求及變動的記憶體空間需求,分述如下:

◨ **固定的記憶體空間需求**

當演算法實作為程式並執行時,一定會有固定的記憶體空間需求,這些需求包含儲存程式碼的空間、儲存靜態變數、全域變數及常數的空間。

它與輸出和輸入的資料沒有關係,也與程式運作時實際執行的狀況沒有關係,這些固定的記憶體空間需求,在程式編譯完成時,就可以確定。

◨ **變動的記憶體空間需求**

變動的記憶體空間需求通常與使用者的輸入有關,或者和程式執行的過程有關,例如某一個程式可以用來開出大小樂透(49 取 6 與 38 取 6),它接受使用者的輸入,決定總球數,並透過動態記憶體配置方式(例如 C 語言的 malloc 函式、C++ 的 new 即具備此功能)取得記憶體,所以這部分屬於變動的記憶體空間需求。

另一種狀況則是函式呼叫的深度,由於函式呼叫是透過「系統堆疊」進行處理,每一次函式呼叫代表疊入(push)一筆新的資料(這些資料包含區域變數等等),當函式返回時,則代表疊出(pop)一筆資料,因此,若遇到遞迴呼叫,則可能在遇到邊界條件前將耗費大量的堆疊空間,而在程式執行前就先預測函式呼叫的次數是很困難的,因為有時候它也與使用者的輸入有關,例如計算 N! 的遞迴函式,其函式呼叫次數與 N 有關。

正如前述所言,當使用演算法分析「空間複雜度」時,通常只關注於使用的陣列維度、物件個數以及函式呼叫層次。因其餘實際程式所佔用記憶體,可能與編譯器的最佳化有關。

時間複雜度 (Time Complexity)

一個程式的執行時間可透過特定的時間函式求得,例如 C 語言的 clock()、time() 等函式。但在評估演算法的時間複雜度時,只需要關注於被執行敘述的總次數,並且由於電腦的速度會依照硬體的發展而呈現倍數的成長,因此,一般可以忽略常數倍數項,以及非最高次項。換句話說,對於演算法的每一個敘述而言,終究會存在某一個敘述是被執行最多次的,我們只需要關注於該敘述會被執行幾次即可。因此,一般評估演算法的時間複雜度時,會採用漸近式表示法來評估,也就是 O、Ω、θ 等三種漸近式函數來評估,其中又以 O(唸作 Big-O)函數最為常用,這三種函數的定義如下:

【定義 12-2】Big-O 表示法

若且唯若有兩個大於 0 的常數 c 與 n_0,當所有 $n \geq n_0$ 都滿足 $|f(n)| \leq c|g(n)|$,則 f(n) is O(g(n))。

其中 f(n) is O(g(n)) 唸作 f(n) is Big-O of g(n)。

數學式如下:

$$f(n) \text{ is } O(g(n)) \quad \Leftrightarrow \quad \exists c \exists n_0 \forall n(n \geq n_0 \rightarrow |f(n)| \leq c|g(n)|)$$

【註】有時為了以完整數學式表達,上述的 is 會寫為「=」。

【定義 12-3】Omega(Ω) 表示法

若且唯若有兩個大於 0 的常數 c 與 n_0,當所有 $n \geq n_0$ 都滿足 $|f(n)| \geq c|g(n)|$,則 f(n) is Ω(g(n))。

數學式如下:

$$f(n) \text{ is } \Omega(g(n)) \quad \Leftrightarrow \quad \exists c \exists n_0 \forall n(n \geq n_0 \rightarrow |f(n)| \geq c|g(n)|)$$

【定義 12-4】Theta(θ) 示法

若且唯若有三個大於 0 的常數 c_1, c_2 與 n_0,

當所有 $n \geq n_0$ 都滿足 $c_1|g(n)| \leq |f(n)| \leq c_2|g(n)|$,則 f(n) is θ(g(n))。

數學式如下:

$$f(n) \text{ is } \theta(g(n)) \quad \Leftrightarrow \quad \exists c_1 \exists c_2 \exists n_0 \forall n(n \geq n_0 \rightarrow c_1|g(n)| \leq |f(n)| \leq c_2|g(n)|)$$

上述定義較難理解,但實際上只不過是規範增長速度的上下限而已。舉例來說,假設 f(n) 取 Big-O 為 O(g(n)),其代表的含意是「當 n 夠大時(n ≥ n_0 時),g(n) 是 f(n) 的上限」,也就是「f(n) 的增長絕對不會超過 g(n) 的增長」。

例如假設 f(n)=n²，則 f(n) 增長不會超過 n² 的增長，也不會超過 n³ 的增長，所以 g(n) 可以是 n² 也可以是 n³，而為了取得唯一性，所以使用上述 Big-O 定義時，必須加上一個條件，也就是「g(n) 必須是最小的函數」，故 f(n)=n²= $O(n^2)$。

除此之外，由於在定義 12-2 中，允許 g(n) 乘上一個常數 c，因此，3n³=O(n³) 與 5n³=O(n³) 都是正確的，只不過兩者的常數 c 不同而已。

相對於 Big-O 規範的是 f(n) 的上限，Ω 規範的則是 f(n) 的下限，而 θ 則同時規範了 f(n) 的上限與下限。

想要讓 Big-O 具有實用性，除了上述定義外，一般還會利用其多項式定理來求得演算法複雜度的 Big-O，定理如下：

【定理 12-1】多項式的 Big-O 表示法

若 $f(n)=a_p n^p + a_{p-1} n^{p-1} + ... + a_1 n + a_0$

則 $f(n)=O(n^p)$

【註】正式的證明請見筆者所著之資料結構初學指引一書。

上述定理很容易理解，上述定理要表達的是，當 n 夠大時，最高項次的影響足以涵蓋其他較低項次的影響，亦即 3n³ ≧ 2n³+10n² （當 n 夠大時，例如 n ≧ 10 ）。因此，既然 g(n)=n³ 可以作為 3n³ 的上限（請回頭見定義之說明），自然也可以作為 2n³+10n² 的上限，故 2n³+10n² 也是 O(n³)，亦即 2n³+10n²= $O(n^3)$。

使用 Big-O 可以很容易地分析演算法的效能，例如右列的雙層迴圈演算法的時間複雜度為 $O(n^2)$。

右列演算法被執行最多次的敘述為 sum=sum+i*j;，它會被執行 n² 次，故時間複雜度為 $O(n^2)$，就算您加上其他敘述的次數也不會影響其 Big-O 表示法的結果。假設我們改變內層迴圈的執行上限為 j<=n-1，則 sum=sum+i*j; 的執行次數為 n(n-1) 次，時間複雜度仍舊是 $O(n^2)$，因此，採用 Big-O 評估演算法的時間複雜度時，通常可用迴圈層次來作初步的判定。下表是常見的 Big-O 函數，其對應的增長圖形如圖 12-1。

```
sum=0;
for(i=1;i<=n;i++)
{
    for(j=1;j<=n;j++)
    {
        sum=sum+i*j;
    }
}
```

Big-O 函數	名稱
$O(1)$	常數時間 (constant)
$O(\log_2 n)$	次線性時間 (sub-linear) 或對數時間 (logarithm)
$O(n)$	線性時間 (linear)
$O(n\log_2 n)$	次平方時間 (sub- quadratic)
$O(n^2)$	平方時間 (quadratic)
$O(n^3)$	立方時間 (cubic)
$O(2^n)$	指數時間 (exponential)
$O(n!)$	階乘時間 (factorial)

表 12-1　常見的 Big-O 函數

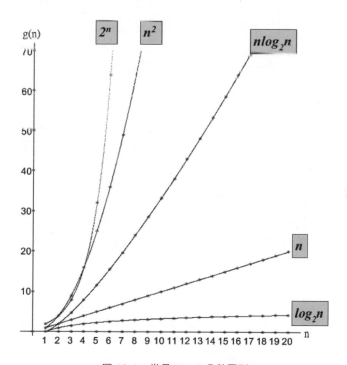

圖 12-1　常見 Big-O 函數圖形

12.1.5 常見演算法種類

　　演算法為了解答問題，常使用各種技巧，這些常見的演算法技巧有各個擊破法、動態規劃法、貪婪演算法、近似解法、隨機解法、樹狀搜尋法等等，其特性皆有所不同，適用處也有所不同，如下介紹。

Divide-and-Conquer Strategy（各個擊破法）

Divide-and Conquer 是眾多演算法使用的技巧之一，它將原始問題分割為彼此獨立的眾多子問題，每一個子問題都與原始問題接近但較小些。然後對子問題進行解答後，最後（若必要時）再將子問題的解答合併作為原始問題的最終解答。通常，演算法在結構上具有遞迴解決子問題者，都是採用本法來解決問題。而資料結構本身也具備遞迴定義之性質時，也可採用本法來解決問題。

使用此法設計的演算法較簡潔、易懂（不過也需要習慣於遞迴的邏輯思考），但效能較差（因大多採用遞迴的設計）。

例如使用遞迴方式計算 n!、費氏數列，使用遞迴解決河內塔問題、快速排序問題、二元搜尋問題等都屬於此類演算法。而在二元樹資料結構中，也常使用此法解答問題，因二元樹的定義本身具有遞迴定義之性質。

Dynamic Programming Strategy（動態規劃法）

Dynamic Programming 技巧使用在求問題的最佳解上【註】，它與 Divide-and-Conquer 技巧相似，但它的子問題並非彼此獨立，而是互相分享解法的，因此，Dynamic Programming 對於每一個子問題只解決一次，並將解答存入表格中，透過查表以避免在遇到同類問題時重新求出解答。

Dynamic Programming 採用的是由下而上（Bottom-Up）的設計技巧，每一個上層的結果都必須參考自下層的結果，因此，其輸出必定是整體最佳解（Global Optimal Solution）。求任兩點最短路徑時採用的 Floy'd algorithm 即使用 Dynamic Programming 技巧來設計。

 註　一個問題的解法有許多種，而每一種解法都會產生一個對應的解答值，這些解答值將有一個是最佳值。所謂問題的最佳解（an optimal solution to the problem），代表的是該解答將可以產生最佳值。

Greedy Strategy（貪婪演算法）

Greedy Strategy 也是求最佳解演算法常使用的技巧之一。Greedy 採用的是由上而下（Top-Down）的解答技巧，若一個最佳解問題將產生一連串選擇以求得最佳解，則使用 Greedy 技巧將每一次都選擇區域最佳解（Local Optimal Solution），以便求出最終的解答。Greedy Strategy 無法保證解答為整體最佳解，它只能保證解答為區域最佳解，但它比 Dynamic Programming 較省時間。求最小成本生成樹 (min cost spanning tree) 使用的 Prim, Kruskal 演算法都是使用 Greedy Strategy 來設計。

Approximation Algorithm（近似解法）

由於在大多數現實例子中，近似最佳解（near-optimality）已經夠好了（例如求最佳解需要費時非常久，而近似最佳解可以較快速求得），因此某些演算法將只以產生近似最佳解為目標，這類的演算法稱之為 Approximation Algorithm。

Randomized Algorithm（隨機解法）

使用此法之演算法將產生一些隨機選擇，以避免產生最差狀況（大部分都是平均狀況）。

Tree searching strategy（樹狀搜尋法）

許多問題都可以使用樹狀結構來表達，並使用樹狀結構的相關演算法來求得解答，演算法若使用 Tree searching 技巧，則將會拜訪樹中各節點，以求得解答。

 註　上述的 Floy'd algorithm、Prim's algorithm、Kruskal's Algorithm 都會在資料結構或演算法的課程中深入介紹。本書將不特別加以介紹。

12.2　資料結構簡介

在前一節中，我們已經瞭解了何謂演算法，而什麼是「資料結構」呢？這是將來在學習「資料結構」課程時的一個基本問題，也是最廣泛的問題，因此，我們打算在本書中，使用相當篇幅來說明這個問題，期望讓讀者在未來的學習上，能夠先建立起正確的觀念。

事實上，在不同的時代中，對於上述問題，也存在著不同的答案。我們首先在本節中，以結構化程式語言的角度來說明何謂「資料結構」，而在下一章中，我們將以物件導向程式語言的角度來說明何謂「資料結構」。

12.2.1 資料抽象化

資料結構實際上是資料抽象化 (Data Abstraction) 的一種結果,而資料抽象化包含了下列兩大項目:

▣ **資料的定義與組識方式**:亦即「資料」的抽象化。

▣ **和資料有關的運算操作**:亦即「運算」的抽象化。

抽象化就如同它的本文,抽象而難以理解,但事實上,在真實世界中,許多個體都是資料抽象化的結果,例如,一架飛機,代表的其實是許多個體與功能的集合,其內的個體包含座椅、引擎、操縱桿等等,甚至在這些個體被組裝後,它還具備了某些特性(例如重量、載重量等),也可能具備某些功能(例如引擎點火、起飛、降落、逃生等)。換句話說,在真實世界中,當我們提及『飛機』時,事實上,是提到「眾多特定個體與功能的集合」。因此,『飛機』事實上是資料抽象化後的名詞,而通常抽象化的目的是為了溝通方便。

圖 12-2 當不使用資料抽象化,會導致溝通困難

圖 12-3 即便使用資料抽象化,也必須雙方了解該名詞

由圖 12-2 與 12-3 中，您可以發現，資料抽象化及學習各名詞的重要性。舉例來說，假設某一位資深的軟體設計師告訴您，二元搜尋樹可以解決此一搜尋問題，對於沒有學過資料結構與學過資料結構的人而言，可能會有下列不同的反應。

圖 12-4　個人的知識背景將導致不同的結果

因此，學習資料結構的最大用意在於了解各抽象化後之名詞（各種資料結構）的實質意義，例如二元搜尋樹是一種資料結構，它是 個抽象化後的名詞，背後包含了以某種順序配置資料等的詳細意義，而在資料結構的課程中將會詳細介紹它。

「資料結構」是電腦程式設計中，常使用的資料項目（亦即抽象化後的資料項目），這些資料項目包含「串列」、「樹」、「圖」等等，當進行程式設計時，我們常常需要取用這些資料結構來完成應用的設計，因此資訊相關科系必須修讀資料結構課程。幾個常見應用資料結構的範例如下：

◙ **資料結構應用一：樂透歷史記錄**

假設我們需要記錄樂透開獎之歷史記錄，也需要將各期獎號進行遞增排序，則可以使用「陣列」這種資料結構來完成，因為陣列可以依照順序存放多個相同的資料型態，例如整數，並且新型態的陣列（例如 C# 的陣列）也提供了排序功能。

◙ **資料結構應用二：GPS**

GPS 衛星定位導航系統是目前常見的車用電腦設備，假設我們要從高雄出發抵達宜蘭，則 GPS 能夠找出一條最短行程作為建議並引導您如何前進。而 GPS

事實上是將實際地圖轉化（或抽象化）為資料結構的「加權圖」，並藉由「最短路徑」運算找出最短行程。由實際的經驗可知，GPS 提供的路徑常常會出現各種問題，例如有時會帶您走崎曲的山路或嚴重塞車的路段，這些問題是由於將實際地圖 (Map) 轉化為加權圖 (Weighted Graph) 時，考量的因素不夠所導致。

◨ 資料結構應用三：資料庫

假設我們需要儲存全台灣的人口資料並能夠快速尋找所需資料。大量資料一般會使用資料庫來存放，而為了要讓搜尋資料能夠快速完成，通常會製作索引，而資料庫的索引則通常使用「B+ 樹」這種樹狀資料結構來設計。

對於只學習過一般的程式設計，但未學過資料結構的程式設計師而言（例如在補習班學習 C、Java 課程的學員），則以上的三個範例，則可能只了解何謂「陣列」，但並不了解何謂「加權圖」與「B+ 樹」。而此時若要求設計一個 GPS 系統，就會不知如何下手，由此可見資料結構的重要性。

在完整的「資料結構」課程中，會詳細介紹各種資料結構以及各種運算應該如何設計。而本書並非資料結構專書，故只會進行初步的介紹，例如我們在第十章簡單介紹了何謂「樹」，但並未深入介紹何謂「B+ 樹」。

12.2.2 資料與結構化

我們首先回顧 Nicklaus Wirth 大師的名言 Algorithms + Data Structures = Programs。其中，演算法指的是程式的邏輯之處，也就是如何組織各種指令、敘述完成程式之目的，而資料結構則指的是將各種資料組織「結構化」後作為一個個體來使用。

該名言源自 1975 年，當時「資料結構」視為「資料」的結構，因此造就此一名詞。就如同現實物體的結構般，我們想要生產一架戰鬥機，首先必須了解戰鬥機的結構，想要生產一輛戰車，則必須了解戰車的結構。而戰鬥機與戰車都是一些實際存在於世界上的武器物體，因此，若有一門名為「武器結構」的課程，則該課程將會先介紹何謂戰鬥機、何謂戰車、何謂航空母艦等等，以及介紹這些武器的內部結構。更進一步者，還可能會介紹其下的改良品，例如隱形戰鬥機。

要理解武器結構的「武器」兩字非常容易，而想要理解資料結構的「資料」，似乎有些困難。對於只學過簡單程式設計的 C 語言程式設計師而言，他會在程式中，使用 int,double,char 等宣告一些資料項目，然後對這些資料項目進行運算以完成工作。這些資料項目是資料結構嗎？嚴格來說，並不是，因為它們沒有一個系統化的組織，通常是想到需要什麼資料項，就宣告該資料項（例如迴圈需要一個迴圈變數 i，就宣告一個 i 整數變數），並沒有更高一層的意義。不過有兩個特例，即「陣列」與「結構」。在 C 語言程式設計中，陣列可用來存放多個相同意義的資料，例如 int Month[12];。每一個陣列元素代表一個月份的收入，所有的陣列元素合起來就是整年的收入。

更明顯者，則是 C 語言的結構（或稱結構體），C 語言允許使用 struct 宣告一個結構體，組織各種不同的資料（struct 關鍵字源自於英文的 structure）。因此在第 10 章中，我們可利用 struct 宣告學生成績結構體，當中可包含學生姓名、學生學號、平均成績等。此時，我們可以將之視為「學生成績」資料的結構，但這種資料結構通用性不大，可能只應用於您所設計的程式，所以別人不需要理解。

而在資料結構課程與本章中，將會介紹「堆疊」資料的結構、「佇列」資料的結構等等。這些種類的資料結構常被使用在計算機科學的應用中，因此資訊相關科系的學生必須理解，以利於其他課程的教學及未來的應用。這也是資料結構課程安排在程式設計之後，其他更深入課程之前的原因。

假設我們已經將學生的成績存入我們宣告的結構體中，而現在要求以平均成績為準，遞減輸出各學生的資料時，我們就需要對此結構體進行排序，而排序有許多種方法，這些方法的細節就是「演算法」。換句話說，只有資料結構而無演算法，則程式無法達到目的，就如同現在收到一個任務，要求轟炸機前往甲地轟炸，則光有轟炸機並無法達到目的，還必須讓轟炸機起飛、前進抵達目的地、放下炸彈才能達到目的。而要讓轟炸機起飛有一定的操作順序，這些操作順序就是轟炸機起飛的演算法。

資料結構化與程式開發效率

沒有資料結構只有演算法是否能夠撰寫程式呢？當然還是可以的，不過開發程式時較無效率。撰寫程式的過程就如同堆積木般，因此，我們以「樂高」積木來作比喻。

假設我們想要以樂高完成一艘航空母艦，我們可以利用一塊塊的小型樂高積木慢慢堆積並完成航空母艦的外觀，而此時若想要在其甲板上放置『戰鬥機』，則可以同樣慢慢以樂高拼湊出戰鬥機的外觀（當中可能需要使用各種基本樂高積木，包含長條形、方形、甚至是輪胎），然後放到甲板上，不過這樣頗為費時。樂高公司為了方便玩家，後來直接推出了『戰鬥機』樂高積木，如此，我們只要購買多架的『戰鬥機』，然後放置到甲板上即可。

樂高公司推出的『戰鬥機』積木並非一體成型的，此『戰鬥機』積木事實上是結構化的樂高積木，因為它包含了多種基本的樂高積木。只不過當我們設計航空母艦時，會將這些『戰鬥機』視為一個個體來看待並使用。

在 C 語言的程式設計中，int,char,double 等種類的資料變數就像是這些基本的樂高積木，而 C 語言的 struct 結構體可以將眾多不同型態的資料組織在一起成為一個個體，因此，我們可以將『戰鬥機』樂高積木視為 struct plane 結構體，事先建立，並且在需要時直接取用即可。由此可知，資料經由結構化之後，將有助於程式的設計。

 註 本節說明了「資料與結構化」的關係，至於「資料與抽象化」的關係則留待下一章再行說明。

12.3 陣列(Array)

相信各位讀者已經非常瞭解什麼是 C 語言的陣列了，在此我們將從資料結構的角度出發，重新整理關於陣列的正確觀念及相關運算。**陣列**是一種非常重要的資料結構，簡單來說，陣列是一種儲存大量同性質資料的良好環境，由於不需要使用不同的變數名稱，以及存取陣列元素的方便性，使得大多數的程式設計中，都看得到陣列的影子。

『陣列』與數學的「矩陣」非常類似。陣列中存放的每個資料稱之為**元素 (element)**，相當於一個變數，我們只要透過**索引 (index 或 subscript)**，就可以直接取得陣列的指定元素，例如：我們使用 Month[0]~Month[11] 來存放 12 個月份的營業額，當我們希望取出 8 月份的營業額時，則只要使用 Month[7] 當做變數名稱即可輕鬆取出該元素值（Month 為陣列名稱，7 為索引值）。因此，使用陣列可以免除大量變數命名的問題，使得程式具有較高的可讀性。

陣列在編譯時，編譯器會將陣列配置為連續的記憶體空間來存放，因此在實際執行程式時，陣列將會佔用**連續的記憶體空間**，這種特性造成了**空間區域性**，所以搭配硬體的階層式記憶體設計，將可以加快程式的執行效率。

不同語言的陣列索引分配方式不盡相同，就 A[n] 陣列而言，某些語言的索引值是從 1~n，而某些語言則是由 0~n-1，為了不脫離本書的主題，我們將採用 C 語言的陣列來說明，而 C 語言對於陣列索引的規範是由 0~n-1。

陣列的**長度 (length)** 指的是陣列的元素個數，除了**一維陣列 (one-dimension array)** 之外，我們也可以使用**多維陣列 (multi-dimension array)**，以二維陣列為例，就如同數學的二維矩陣一般，必須透過兩個索引來表示元素。理論上，陣列的長度與維度不應該有所限制，但就實務上而言，由於陣列必須使用大量的連續空間，因此不同語言都對於陣列的長度與維度有所限制。另一方面，在函式傳遞引數時，若引數為整個陣列，則通常會將其位址傳遞給被呼叫端，所謂的『位址』，則代表陣列的起始位址，同時，在 C 語言當中，也必須傳遞陣列長度給被呼叫端，被呼叫端有了這兩種資料，就可以取用陣列元素，這是因為陣列會佔用大量連續記憶體空間所致。

一維陣列

一維陣列可以用來存放同性質的資料，例如記錄當年每月的營業額，可以使用包含 12 個元素的一維陣列 Month[12] 來存放。

C 語言宣告一維陣列及設定元素值的範例如下：

```
int A[6];        /* 宣告整數一維陣列 A，陣列長度為 6，索引從 0~5 */
A[3]=100;        /* 設定 A[3] 陣列元素值為 100，符合整數資料型態的規範 */
```

上述的 A 陣列會被編譯器配置連續的 6 個記憶體空間，每一個都可以存放整數資料型態，如圖 12-5：

假設 A 陣列的記憶體起始位址在 α，則上述 A 陣列的每一個元素 A[i] 的位址如下公式所列：

【公式 12-1】 C 語言一維陣列的元素位址公式

A[i] 位址 = α + i × sizeof(int)

α 為陣列 A 的起始位址

【說　明】

其中 sizeof(int) 代表 int 整數型態所佔用的記憶體空間大小，在 32 位元的平台上，C 語言的 int 整數型態將佔用 4 個位元組。舉例來說，A[3] 位址 = α+3×4=α+12。

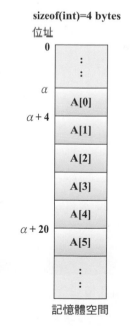

圖 12-5　一維陣列的記憶體配置

二維陣列

二維陣列是由列（Row）與行（Column）組合而成（註：列為橫列，行為直行），而每一個元素恰恰落在特定之某一列的某一行。其中『列』也就是二維陣列的第一維索引，而『行』則是二維陣列的第二維索引。

C 語言宣告二維陣列及設定元素值的範例如下：

```
int A[3][2];       /* 宣告 3 列 2 行的整數二維陣列 A，陣列大小為 3*2=6 個元素 */
A[2][1]=70;        /* 設定 A[2][1] 陣列元素值為 70，符合整數資料型態的規範 */
```

上述的 A 陣列會被編譯器配置連續的 6 個記憶體空間（3 列 2 行），每一個都可以存放整數資料型態，如圖 12-6：

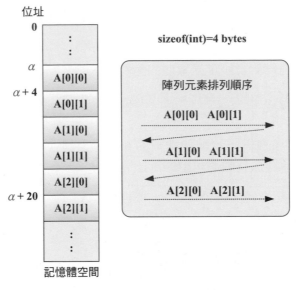

圖 12-6　二維陣列的記憶體配置

假設 A 陣列的記憶體起始位址在 α，則上述 A 陣列的每一個元素 A[i][j] 的位址如下公式所列：

【公式 12-2】C 語言二維陣列的元素位址公式

A[i][j] 位址 = α + ((i * n)+ j) × sizeof(int)

α 為陣列 A 的起始位址

n 為 A[m][n] 陣列的總行數

【 說　明 】

上例的 A[2][1] 元素位址 $= \alpha +((2*2)+1)\times 4= \alpha +20$。

由上述可知，我們可以用二維陣列來表示複雜的資料，例如使用橫列來表示各分公司的營運狀況，直行表示各季的營業額，則可以如下表安排整間公司的總體營運狀況。

	第一季	第二季	第三季	第四季
台北總公司 (第 1 列)	A[0][0]	A[0][1]	A[0][2]	A[0][3]
新竹園區 （ 第 2 列 ）	A[1][0]	A[1][1]	A[1][2]	A[1][3]
高雄分公司 (第 3 列)	A[2][0]	A[2][1]	A[2][2]	A[2][3]

 註　請回顧範例 8-15，並與公式 12-2 相比較，就可以發現此公式恰可應用在傳遞二維陣列上。

高維度陣列

一維陣列可以使用表格來加以示意，三維陣列則需要使用二度空間圖形加以示意，更多維度的陣列則無法使用幾何圖形來示意，但存取方法則大同小異。

三維陣列 A[l][m][n] 的元素個數共有 l×m×n 個。而 n 維陣列 A[U_0] [U_1] [U_2] … [U_{n-1}] 的元素個數共有 $U_0 \times U_1 \times U_2 \times \cdots \times U_{n-1} = \prod_{i=0}^{n-1} U_i$ 個。

三維陣列元素 A[i][j][k] 的位址如下公式：

【 公式 12-3 】C 語言三維陣列的元素位址公式

A[i][j][k] 位址 $= \alpha + (((\, i\times m\times n)+j\times n)+k\,)\times$ 一個元素佔用記憶體的大小

α 為陣列 A[l][m][n] 陣列的起始位址

n 維陣列元素 A[i_0][i_1][i_2] ⋯ [i_{n-1}] 的位址則如下公式（α 是陣列的記憶體起始位址）：

【公式 12-4】C 語言 n 維陣列的元素位址公式

A[i_0][i_1][i_2] ... [i_{n-1}] 位址

$\quad$ = α + 一個元素佔用記憶體的大小 ×

$\qquad$ ($i_0 \times U_1 \times U_2 \times...\times U_{n-1}$

$\qquad$ + $i_1 \times U_2 \times U_3 \times...\times U_{n-1}$

$\qquad$ + $i_2 \times U_3 \times U_4 \times...\times U_{n-1}$

$\qquad$ + ...

$\qquad$ + $i_{n-2} \times U_{n-1}$

$\qquad$ + i_{n-1})

$\quad$ = α + 一個元素佔用記憶體的大小 $\times(\sum_{p=0}^{n-2}(i_p \times \prod_{q=p+1}^{n-1} U_q) + i_{n-1})$

陣列與資料型態

陣列早已是程式語言提供的資料型態，在早期的程式語言中（如 C 語言），陣列常用來與結構相比較，屬於結構型資料型態。差別在於，陣列只能組織相同資料型態的資料項目為一個單位，而結構則可以組織不同資料型態的資料項目為一個單位。

而近期的物件導向程式語言（例如 C#），已經將陣列設計為類別（在下一章中，您將會看到類別比結構的抽象化能力更強），換句話說，有某些運算可以直接運作於陣列類別上，亦即陣列類別的方法，例如 C# 的所有陣列都是繼承自 System. Array 類別，並擁有 Sort() 排序方法可對陣列元素進行排序，而此 Sort() 方法的效率已經是目前所知排序演算法中最快的，因此，使用者不必再為其進行改良（除非有特殊需求）。

陣列的缺點

陣列是常用的資料結構，但它也有一些缺點，例如若要在陣列 A[n] 中插入一個元素就必須花費 O(n) 時間來完成，因為其後的所有元素都必須一一往後搬移；同理，在陣列中刪除一個元素也需要 O(n) 時間來完成。這個問題在第十章所介紹的鏈結串列中就不會發生，因為在鏈結串列中，插入與刪除元素只需要 O(1) 時間即可完成，但鏈結串列比陣列花費了更多的記憶體空間。

12.4 堆疊與佇列

陣列和鏈結串列都是基本的資料結構，它們可以用來製作更複雜的資料結構。例如可以做為堆疊與佇列的儲存方式。堆疊 (Stack) 具有先進後出 (FILO) 的特性，而佇列 (Queue) 則具有先進先出 (FIFO) 的特性。這兩種資料結構將會在電腦領域中時常出現，甚至電腦本身就已經提供了系統堆疊。

12.4.1 堆疊 (Stack)

堆疊是一種有序串列 (ordered list)，其特色為插入與刪除運算都發生在同一端，此端稱為頂端 (top)；而另一端則稱為底端 (bottom)。令堆疊 $S=(d_0,d_1,...,d_{n-1})$，則 $d_i(0 \leq i \leq n-1)$ 為堆疊 S 的元素，而 d_{n-1} 稱為頂端元素，d_0 稱為底端元素。

堆疊的示意圖如同一個下方有底而上方有開口的容器，每一個元素的寬度恰與容器寬度相同，由於只有頂端有開口，因此，放入元素只能由頂端放入，所以先被放入的元素將會在越底部，而越晚被放入的元素則會在越頂部。故元素 a_i 在元素 a_{i-1} 之上，其中 $0<i<n$。也由於只有頂端有開口，因此，取出元素的動作也只能由頂端取出，因此，越晚被放入的元素勢必越早被取出，故堆疊是一種後進先出 (Last In Fisrt Out;LIFO) 串列或先進後出 (First In Last Out；FILO) 串列。

堆疊的加入元素動作稱為疊入 (push)，而刪除元素則稱為疊出 (pop)。舉例來說，假設堆疊 $S=(d_0,d_1,...,d_{n-2},d_{n-1})$，$d_{n-1}$ 為頂端，d_0 為底端。若疊入新資料 d_n 後，則 $S=(d_0,d_1,...,d_{n-2},d_{n-1},d_n)$，$d_n$ 為頂端，d_0 為底端不變（如圖 12-7 所示）。

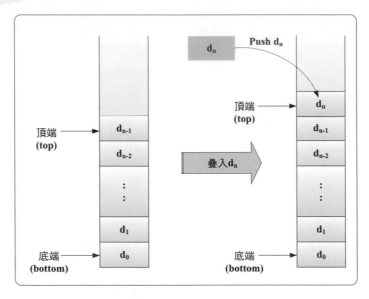

圖 12-7　堆疊的疊入 (push)

　　若疊出 (pop) 資料後，則會彈出頂端的資料 d_{n-1}，並且堆疊將變成 $S=(d_0,d_1,...,d_{n-2})$，d_{n-2} 為頂端，d_0 為底端不變（如圖 12-8 所示）。

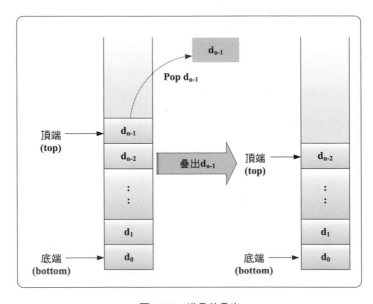

圖 12-8　堆疊的疊出

　　堆疊可以使用陣列來實作，而記憶體空間是有限的，因此透過陣列實作堆疊時也必須事先宣告堆疊的長度。堆疊的動作只有兩種（疊入一個元素與疊出一個元

素)；在疊入元素時，必須判定是否堆疊已滿 (Stack Full)；在疊出元素時，則必須判定是否堆疊已空 (Stack Empty)。若堆疊元素為整數，範例 12-1 是使用 C 語言實現疊入與疊出的演算法。

【觀念及實用範例 12-1】使用陣列實作堆疊。

範例*12-1* ch12_01.c (ch12\ch12_01.c)。

```c
1  /*      檔名 :ch12_01.c    功能 : 實現堆疊之疊入與疊出    */
2
3  #include <stdio.h>
4  #include <stdlib.h>
5
6  #define MaxStackSize 100      /* 堆疊元素最大容量 */
7
8  typedef struct{      /* 宣告堆疊資料結構，當中包含一個頂端指示與陣列 */
9     int stack[MaxStackSize];
10    int top;
11 }StackADT;
12
13 StackADT CreateStack()         /*  建立堆疊以及初始化堆疊 */
14 {
15   StackADT NewStack;
16   NewStack.top=-1;
17   return NewStack;
18 }
19
20 int isEmpty(StackADT S)       /*   測試堆疊 S 是否已空 */
21 {
22    if(S.top<0) return 1;
23    else return 0;
24 }
25
26 int isFull(StackADT S)        /*   測試堆疊 S 是否已滿 */
27 {
28    if(S.top>=MaxStackSize-1) return 1;
29    else return 0;
30 }
31
32 void push(StackADT *S,int item)       /*   將 item push 到堆疊 S 內 */
33 {
34   if(isFull(*S)==1)
35   {
36      printf(" 堆疊已滿 !");
37      exit(1);
38   }
39   else
```

> 這個結構沒有名字，但有別名 StackADT

```
40        S->stack[++S->top]=item;
41  }
42
43  int pop(StackADT *S)                    /* 由堆疊 S pop 出一個元素   */
44  {
45    if(isEmpty(*S)==1)
46    {
47        printf(" 堆疊已空 !");
48        exit(1);
49    }
50    else
51        return   S->stack[S->top--];
52  }
53
54  int main(void)
55  {
56   int data;
57
58   StackADT S1;
59   S1=CreateStack();        /* 建立堆疊 */
60
61   push(&S1,10);            /* 疊入 10 */
62   push(&S1,20);            /* 疊入 20 */
63   push(&S1,30);            /* 疊入 30 */
64   data=pop(&S1);           /* 疊出 ,data 應該為 30 */
65   printf("data=%d\n",data);
66   data=pop(&S1);           /* 疊出 ,data 應該為 20 */
67   printf("data=%d\n",data);
68   /*   system("pause");   */
69   return 0;
70  }
```

執行結果
data=30
data=20

範例說明

(1) 第 8~11 行：結構沒有名字，但有別名 StackADT，這種宣告語法雖然在本章之前沒有使用過，但也是合法的，如果您想要宣告此結構的型態變數，可以使用別名來宣告，例如第 15 行。

(2) 第 61~63 行：執行了三次 push，因此堆疊內的資料為 10,20,30，其中 10 位於頂部。

(3) 第 64、66 行：執行了兩次 pop，第一次會 pop 出 30、第二次會 pop 出 20，因此堆疊內剩餘資料為 10。

> **註** 上述範例當堆疊內的元素超過 100 個時，就會產生堆疊已滿的現象，如果改用鏈結串列來實作，那麼除非系統已經沒有記憶體可配置了，否則不會發生堆疊已滿的現象，我們將這個實作保留到習題中，留給讀者來完成。

堆疊的應用有很多，凡是具有後進先出性質的需求，都可以用堆疊來加以實作，例如：中序表示式轉為後序表示式、程序呼叫等等。

程序呼叫與系統堆疊

堆疊是電腦內建的一種資料結構，因為所有的電腦都有一個稱之為『系統堆疊』的記憶體區塊，用來處理與記錄副程式的呼叫。

當程式執行時如果遇到函式呼叫 (function call)，控制權將會被移轉到被呼叫的函式中。事實上，函式在被呼叫後（即函式開始執行時），系統會配置一塊記憶體空間來記錄相關必要資訊，稱之為該函式的**活動記錄**（activation record）或堆疊框架（stack frame）。活動記錄至少存放著該函式的區域變數、執行完畢的返回位址（return address）以及相關鏈結指標（含有靜態連結 [參考到非區域變數用] 與動態鏈結 [參考到呼叫者的活動記錄]）等等。

當函式被呼叫後，活動記錄將被產生並 push 到系統堆疊中，系統可以在此記錄內讀取到區域變數，也可以透過活動記錄內的鏈結指標，正確讀取傳遞引數（這和程式語言的規定有關）。無論如何，活動記錄內一定曾記載的是函式執行完畢後的返回位址，如此一來，當函式執行完畢時，就能夠由此將控制權交還給呼叫敘述的下一敘述。同時，函式執行完畢時，活動記錄將被 pop 出系統堆疊，因此，區域變數也會隨之消失，亦即區域變數的生命週期結束了（因為佔用的記憶體被釋放了）。

由於函式呼叫採用堆疊記錄，因此也具有先進後出的特性，故呼叫時若為 main 呼叫 A，A 呼叫 B，則返回順序為 B、A、main。

12.4.2 佇列 (Queue)

佇列也是一種有序串列，其特色為加入運算發生在串列的某一端，稱之為**尾端**（rear；或稱為後端），而刪除運算則發生在另一端，稱之為**前端 (front)**。令佇列 $Q=(d_0,d_1,...,d_{n-1})$，則 $d_i(0 \leq i \leq n-1)$ 為佇列 Q 的元素，而 d_0 稱為前端元素，d_{n-1} 稱為尾端元素。

佇列的示意圖如同一個有前後兩個開口的容器，每一個元素的寬度恰與容器寬度相同，放入元素只能由尾端放入，所以先被放入的元素將會在越前面，而越晚放入的元素則會在越後面。故元素 d_{i+1} 在元素 d_i 之後，其中 $0 \leq i<n-1$。而取出元素的動作也只能由前端取出，因此，越早被放入的元素勢必越早被取出，故佇列是一種先進先出 (First In Fisrt Out;FIFO) 串列。

　　舉例來說，假設佇列 $Q=(d_0,d_1,...,d_{n-2},d_{n-1})$，$d_{n-1}$ 為後端（尾端），d_0 為前端。若新增資料 d_n 後，則 $Q=(d_0,d_1,...,d_{n-2},d_{n-1},d_n)$，$d_n$ 為後端，d_0 為前端不變（如圖 12-9 所示）。若刪除資料，則會刪除前端的資料 d_0，並且佇列將變成 $Q=(d_1,...,d_{n-2},d_{n-1})$，$d_{n-1}$ 為後端不變，而 d_1 為前端（如圖 12-10 所示）。

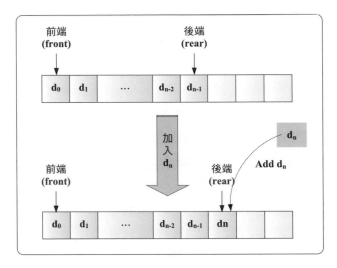

圖 12-9　佇列的加入

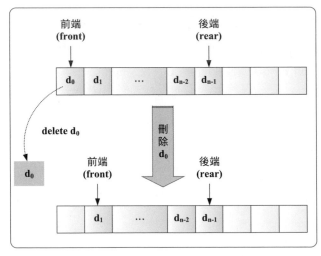

圖 12-10　佇列的刪除

　　佇列也可以使用陣列來實作，使用陣列作為佇列元素的存放空間，我們需要為佇列設定兩個變數，分別是 front 代表前端，rear 代表尾端，並且也必須事先宣告佇列的長度。

在加入佇列元素時，必須判定是否佇列已滿 (Queue Full)；在佇列刪除元素時，則必須判定是否佇列已空 (Queue Empty)，前端比後端更後面時即為完全沒有元素在佇列中。範例 12-2 是使用 C 語言實現佇列元素的加入 AddQ 與刪除 DeleteQ 演算法。

【觀念及實用範例 12-2】使用陣列實作佇列。

範例12-2 ch12_02.c（ch12\ch12_02.c）。

```
1    /*     檔名:ch12_02.c      功能:實現佇列之加入與刪除     */
2
3    #include <stdio.h>
4    #include <stdlib.h>
5
6    #define MaxQueueSize 100        /* 佇列元素最大容量 */
7
8    typedef struct{      /* 宣告佇列資料結構，當中包含前端，尾端變數與陣列 */
9       int queue[MaxQueueSize];
10      int front;
11      int rear;
12   }QueueADT;
13
14   QueueADT CreateQueue()              /*  建立佇列以及初始化佇列 */
15   {
16     QueueADT NewQueue;
17     NewQueue.front=-1;
18     NewQueue.rear=-1;
19     return NewQueue;
20   }
21
22   int isEmpty(QueueADT Q)        /*  測試佇列 Q 是否已空 */
23   {
24      if(Q.front>=Q.rear) return 1;
25      else return 0;
26   }
27
28   int isFull(QueueADT Q)         /*  測試佇列 Q 是否已滿 */
29   {
30      if(Q.rear>=MaxQueueSize-1) return 1;
31      else return 0;
32   }
33
34   void AddQ(QueueADT *Q,int item)      /*  將 item 加入佇列 Q 的尾端 */
35   {
36      if(isFull(*Q)==1)
37      {
```

```
38        printf(" 佇列已滿 !");
39        exit(1);
40     }
41    else
42      Q->queue[++Q->rear]=item;
43  }
44
45  int DeleteQ(QueueADT *Q)              /* 由佇列 Q 前端取出一個元素   */
46  {
47    if(isEmpty(*Q)==1)
48    {
49        printf(" 佇列已空 !");
50        exit(1);
51    }
52    else
53      return  Q->queue[++Q->front];
54  }
55
56  int main(void)
57  {
58   int data;
59
60   QueueADT Q1;
61   Q1=CreateQueue();        /* 建立佇列 */
62
63   AddQ(&Q1,10);            /* 加入 10 */
64   AddQ(&Q1,20);            /* 加入 20 */
65   AddQ(&Q1,30);            /* 加入 30 */
66   data=DeleteQ(&Q1);          /* 取出 ,data 應該為 10 */
67   printf("data=%d\n",data);
68   data=DeleteQ(&Q1);          /* 取出 ,data 應該為 20 */
69   printf("data=%d\n",data);
70   /*  system("pause");  */
71   return 0;
72  }
```

執行結果
```
data=10
data=20
```

➡ **範例說明**

(1) 第 63~65 行：執行了三次 AddQ，因此佇列內的資料為 10,20,30，其中 10 為前端資料、30 為後端資料。

(2) 第 66、68 行：執行了兩次 DeleteQ，第一次會取出佇列前端資料 10、第二次取出佇列前端資料 20，因此佇列內剩餘資料為 30。

佇列的應用有很多，凡是具有先進先出性質的需求，都可以用佇列來加以實作，例如：作業系統的先到先服務工作排程演算法，印表機的週邊線上同時處理 (SPOOL) 緩衝區等。

假設我們用陣列來實作佇列，將會發生無法有效運作的現象，這是由於宣告陣列時，不可能要求系統配置一個無限大的記憶體空間，因此，佇列將很快就發生已滿現象，例如，若您有 n 個元素空間可供使用，則進行加入動作的總次數不得超過 n 次，否則將會發生佇列已滿現象，如下範例（假設佇列長度為 5）。

| 動作 | 佇列內容 | | | | | 前端 | 尾端 |
說明	Q[0]	Q[1]	Q[2]	Q[3]	Q[4]	front	rear
初始						-1	-1
新增 d0	d0					-1	0
新增 d1	d0	d1				-1	1
新增 d2	d0	d1	d2			-1	2
刪除 d0		d1	d2			0	2
刪除 d1			d2			1	2
新增 d3			d2	d3		1	3
新增 d4			d2	d3	d4	1	4
刪除 d2				d3	d4	2	4
新增 d5	佇列已滿（rear > 佇列長度）						

詳細來評估佇列與堆疊的限制，假設進行 i 次加入／疊入、j 次刪除／疊出，佇列與堆疊的空間配置為 n 個空間，則下列是兩者分別的限制（明顯地，堆疊有效率多了）：

佇列：　i ≥ j　　否則佇列為空
　　　　i ≤ n　　否則佇列已滿

堆疊：　i ≥ j　　否則堆疊為空
　　　　(i-j) ≤ n　否則堆疊已滿

 由上述可知，使用陣列來實作佇列非常容易造成佇列已滿的狀況，除非我們能夠重複使用已經不必再使用的前端之前的記憶體。這有兩種方法可以達成，第一種方法是下面要介紹的環狀佇列。第二種方法則是使用鏈結串列，在取出資料後，釋放節點，將記憶體還給系統，而在需要新節點時，向系統要求配置記憶體，我們將這個實作保留到習題中，留給讀者來完成。

環狀佇列 (Circular Queue)

佇列會由於加入與刪除的動作，使得資料不斷地向後移動，終將把佇列空間使用殆盡。但事實上，在佇列已滿的狀況下，常常會發現佇列的前面仍有剛剛所放棄的記憶體空間（如上範例的 Q[0]、Q[1]、Q[2]）。

如果要將資料往前搬移使得空出後面的陣列空間可供使用，則由於陣列特性的緣故，其平均的時間複雜度為 O(n)，非常沒有效率。因此為了解決這個問題，我們將佇列修改為**環狀佇列 (Circular Queue)**。

環狀佇列與一般佇列最大的不同點在於，環狀佇列是繞著圈圈來存放資料（如圖 12-11），因此，可以充分利用所配置到的記憶體空間。

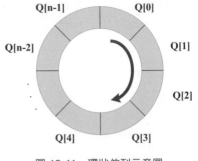

圖 12-11　環狀佇列示意圖

環狀佇列的 front 與 rear 的初始值都是 0，front 將永遠指向佇列前端第一個元素的前一個元素位置（逆時針），而 rear 則永遠指向佇列後端最後一個元素的位置。值得注意的是，由於必須判斷佇列已滿與佇列已空，因此長度為 n 的環狀佇列只能存放 n-1 個元素（必須保留一個空的元素位置）。

假設環狀佇列 CQ 的長度為 n，且 $CQ=(d_0,d_1,\cdots d_{m-2},d_{m-1})$，$d_{m-1}$ 為後端，d_0 的前一個為前端。若新增資料 d_m 後，則 $CQ=(d_0,d_1,\cdots d_{m-2},d_{m-1},d_m)$，$d_m$ 為後端，d_0 的前一個為前端不變（如圖 12-12 所示）。

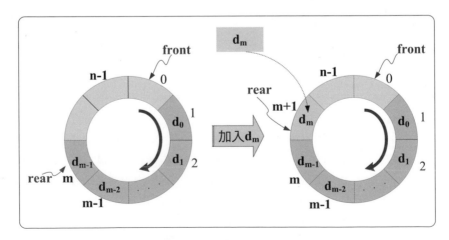

圖 12-12　環狀佇列的加入

　　若刪除資料後，則會刪除前端的下一個資料 d_0，並且佇列將變成 $CQ=(d_1, \cdots d_{m-2}, d_{m-1})$，$d_{m-1}$ 為後端不變，而 d_1 的前一個為前端（如圖 12-13 所示）。

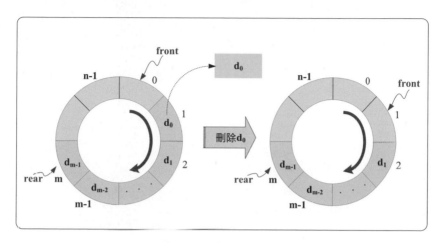

圖 12-13　環狀佇列的刪除

　　由於環狀佇列是順時針繞著圓圈跑，所以加入元素時必須改為 rear=(rear+1)%n，而刪除元素時則為 front=(front+1)%n，其中『%』代表『取餘數』，n 則為陣列長度。而不管是環狀佇列已滿 (CQueuc Full)；或環狀佇列已空 (CQueue Empty) 都是在 front==rear 時才會發生，所以長度 n 的環狀佇列最多只能存放 n-1 個元素。範例 12-3 是使用 C 語言實現環狀佇列加入元素與刪除元素的演算法。

【觀念及實用範例 12-3】使用陣列實作環狀佇列。

範例 *12-3* ch12_03.c（ch12\ch12_03.c）。

```
1    /*     檔名:ch12_03.c      功能：使用陣列實現環狀佇列      */
2
3    #include <stdio.h>
4    #include <stdlib.h>
5
6    #define MaxCQueueSize 100      /* 環狀佇列元素容量 */
7
8    typedef struct{   /* 宣告環狀佇列資料結構，當中包含前端，尾端變數與陣列 */
9       int cqueue[MaxCQueueSize];
10      int front;
11      int rear;
12   }CQueueADT;
13
14   CQueueADT CreateCQueue()      /*   建立環狀佇列以及初始化佇列 */
```

```
15  {
16    CQueueADT NewCQueue;
17    NewCQueue.front=0;
18    NewCQueue.rear=0;
19    return NewCQueue;
20  }
21
22  int isEmpty(CQueueADT CQ)          /*  測試環狀佇列 CQ 是否已空 */
23  {
24     if(CQ.front==CQ.rear) return 1;
25     else return 0;
26  }
27                                     /*  測試環狀佇列 CQ 是否已滿 */
28  int isFull(CQueueADT CQ)
29  {
30     if(CQ.front==CQ.rear) return 1;
31     else return 0;
32  }
33
34  void AddCQ(CQueueADT *CQ,int item) /*  將 item 加入環狀佇列 CQ 的尾端 */
35  {
36    CQ->rear=(CQ->rear+1) % MaxCQueueSize;        /*  使用餘數決定 */
37    if(isFull(*CQ)==1)
38    {
39       printf(" 佇列已滿 !");
40       exit(1);
41    }
42    else
43      CQ->cqueue[CQ->rear]=item;
44  }
45
46  int DeleteCQ(CQueueADT *CQ)       /*  由環狀佇列 CQ 前端取出一個元素  */
47  {
48    if(isEmpty(*CQ)==1)
49    {
50       printf(" 佇列已空 !");
51       exit(1);
52    }
53    else
54    {
55      CQ->front=(CQ->front+1)%MaxCQueueSize;
56      return  CQ->cqueue[CQ->front];
57    }
58  }
59
60  int main(void)
61  {
62   int data;
```

必須取餘數才知道要將
資料存放到哪一個位置

執行結果
data=10
data=20

```
63
64    CQueueADT CQ1;
65    CQ1=CreateCQueue();         /* 建立環狀佇列 */
66
67    AddCQ(&CQ1,10);             /* 加入 10 */
68    AddCQ(&CQ1,20);             /* 加入 20 */
69    AddCQ(&CQ1,30);             /* 加入 30 */
70    data=DeleteCQ(&CQ1);              /* 取出 ,data 應該為 10 */
71    printf("data=%d\n",data);
72    data=DeleteCQ(&CQ1);              /* 取出 ,data 應該為 20 */
73    printf("data=%d\n",data);
74    /*  system("pause");  */
75    return 0;
76 }
```

➡ 範例說明

(1) 第 36 行：環狀佇列的關鍵在於加入元素時，必須透過餘數運算找到要加入的位置。

(2) 第 67~69 行，由於加入了 3 個元素，所以只能再加入 96 個元素。第 70~72 行，由於取出了 2 個元素，所以還能再加入 98 個元素，亦即空間可以被重複利用。

假設我們使用環狀佇列來執行上一個範例就不曾發生佇列已滿的現象，假設陣列大小同樣為 5，則詳細過程如下表。

動作說明	環狀佇列內容					前端 front	尾端 rear
	CQ[0]	CQ[1]	CQ[2]	CQ[3]	CQ[4]		
初始						0	0
新增 4	N	4				0	1
新增 5	N	4	5			0	2
新增 7	N	4	5	7		0	3
新增 8	N	4	5	7	8	0	4
刪除 4		N	5	7	8	1	4
刪除 5			N	7	8	2	4
新增 9	9		N	7	8	2	0
刪除 7	9			N	8	3	0
新增 2	9	2		N	8	3	1
新增 3	9	2	3	N	8	3	2

詳細來評估環狀佇列的限制，假設進行 i 次加入，j 次刪除，環狀佇列的空間配置為 n 個空間，則下列是其限制（明顯地，環狀佇列改善了許多）。如果您還想要利用那浪費的 1 個空間，則必須在程式中加上一個 Tag 變數來判斷，在此不再多做介紹。

環狀佇列：　　 i ≥ j　　否則環狀佇列為空

　　　　　　(i-j) ≤ n-1　否則環狀佇列已滿

12.5 特殊二元樹

在第十章中，我們曾經簡單介紹過樹與二元樹，其中二元樹的每個節點最多只能有兩個子節點，並且允許沒有子節點，因此使用鏈結方式來儲存是比較節省記憶體空間的。

然而有些特殊的二元樹卻是使用陣列來儲存較節省空間，並且還能讓相關演算法快速完成。這些特殊的二元樹包含了完全二元樹 (fully binary tree) 與完整二元樹 (complete binary tree)。定義如下：

> **【定義 12-5】完全二元樹（fully binary tree）或稱滿枝二元樹**
>
> 一個二元樹，深度為 k(k ≥ 0)，且具有 2^k-1 個節點，稱之為「深度為 k 的完全二元樹」。

【說　明】

滿枝二元樹是所有同深度二元樹中，節點數量最多的，且該深度僅有唯一的一個完全二元樹，因此，它的節點可以按順序循序編號，如圖 12-14 所示。所以滿枝二元樹適用於循序法（陣列）儲存（fully binary tree 一般中文翻為**滿枝二元樹**較不易搞混）。

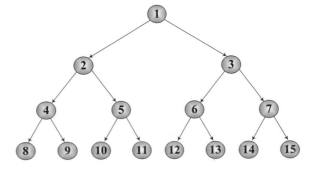

圖 12-14　完全二元樹（或稱滿枝二元樹）

【定義 12-6】完整二元樹（complete binary tree）

一個二元樹 T，深度為 k，有 n 個節點若且唯若 T 的節點與深度為 k 的滿枝二元樹的編號 1~n 節點完全一致時，稱 T 為完整二元樹。

【說明】

由上述定義可知，深度為 k(k>1) 的完整二元樹不止一個（共有 2^{k-1} 個），例如圖 12-14、12-15、12-16 都是深度為 4 的完整二元樹。同時由於編號一致，因此也適用於循序法（陣列）儲存。

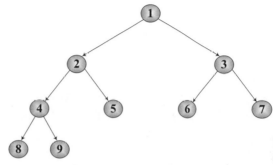

圖 12-15　完整二元樹（一）

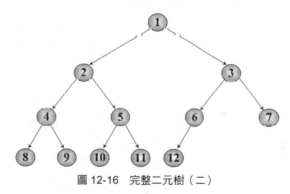

圖 12-16　完整二元樹（二）

二元樹的循序表示法

使用循序表示法即使用『陣列』存放二元樹，由於陣列索引具有連續編號特性，因此較適合使用在完整二元樹或滿枝二元樹的儲存，原因是存取速度快。

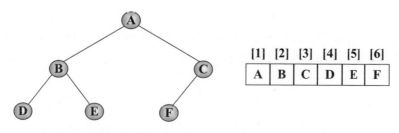

[1]	[2]	[3]	[4]	[5]	[6]
A	B	C	D	E	F

圖 12-17　使用陣列儲存二元樹（C 語言可放棄 [0] 元素不使用）

由之前的定義可知,完整二元樹或滿枝二元樹的節點可以依序編號,假設一 n 個節點的完整二元樹,順序為 1, 2, ..., n,則對於任一個節點 i(1 ≦ i ≦ n),具有下列特性:

(1) 該樹深度為 $\lfloor \log_2 n+1 \rfloor$。

(2) 若 i=1,則 i 為樹根(無父節點);若 i ≠ 1,則節點 i 的父節點為節點 $\lfloor \dfrac{i}{2} \rfloor$。

(3) 若 2i ≦ n,則節點 i 的左子節點為節點 2i;若 2i>n,則節點 i 無左子節點。

(4) 若 2i+1 ≦ n,則節點 i 的右子節點為節點 2i+1;若 2i+1>n,則節點 i 無右子節點。

有了上述的這些公式,對於演算法之中,需要進行父子節點對調時非常方便,例如最大累堆 (Max Heap) 是一棵完整二元樹(如圖 12-18),並且所有的父節點之值大於等於子節點之值。

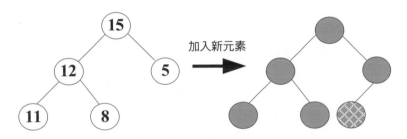

加入新元素

圖 12-18　最大累堆加入新元素,必須進行調整以維持最大累堆的特性

當要加入一個新的節點時,為了要保持最大累堆的特性,樹必須進行調整,而調整則可透過下列演算法進行,在此我們不深究演算法如何運作,只讓您專注於當中的 heap[i]=heap[i/2] 等敘述,您會發現,就是因為使用了陣列來存放,才使得調動節點值可快速完成。換句話說,演算法與資料結構息息相關,使用了不同的資料結構可能使得原本的演算法效能產生改變,我們將於下一節中讓讀者更看清楚此一特性。

 註　除了樹、二元樹之外,圖也是常用的資料結構,礙於篇幅,我們無法在本書中補充,您可以在任何一本資料結構的書籍中找到相關資訊,並且在專題實作中的寬度優先搜尋,也是圖常用的一種頂點造訪演算法。

```
void insert_maxheap(element item,int *n)  /* 插入新元素到累堆 */
{
  int i;
  if(HeapFull(*n)) { printf("Heap is Full!\n"); exit(1); }

  (*n)++;
  i=*n;
  while(i!=1)
  {
    if(!(item.key > heap[i/2].key))  break;
    heap[i]=heap[i/2];          /* 將父節點往下降 */
    i=i/2;                      /* 由於宣告為 int,所以相當於取下高斯 */
  }
  heap[i]=item;                 /* 最後將新元素插入累堆正確位置 */
}
```

表 12-1　最大累堆加入元素演算法

12.6 資料結構與演算法的關係

　　當您閱讀至本書末尾時,相信讀者已經能夠設計出許多的程式,在此,我們希望傳達給讀者的是,如何作為一個優良的程式設計師,這不得不考慮到資料結構與演算法,我們透過兩個排序演算法來看看資料結構的重要性。

　　假設有一位老師要求「現在有一個排序需求,要將英文字典裏面的單字進行排序,並且日後還會新增單字,新增單字也必須能夠插入在正確的位置」。請 A、B、C 三位學生上網找一找,有哪種排序法速度比較快,能夠解決這樣的排序需求。

　　A 學生上 google 輸入『快速』、『排序』,因此,找到了快速排序法來實作並交差,B 與 C 學生上 google 輸入『插入』、『排序』,因此,找到了插入排序法來實作並交差,但 B 學生使用鏈結串列來儲存資料,而 C 學生則使用陣列來儲存資料。最後老師各給 A 學生 70 分、B 學生 80 分、C 學生 40 分,這是為什麼呢?我們在最後一小節再來討論。首先請讀者先看看何謂快速排序法與插入排序法。

12.6.1 快速排序法 (Quick Sort)

　　快速排序法是目前公認平均效率最快的排序法,以下是其相關介紹。

原理簡介

快速排序法顧名思義就是效率不錯的排序法,快速排序法可以將平均狀況的時間複雜度降到 O(nlogn),是目前公認平均狀況最好的排序法,某些程式語言類別庫中,陣列類別的 Sort() 方法就是以快速排序法實作。

快速排序法每一次將某筆記錄插入到適當位置,不過插入的鍵值依據是一個虛擬的基準鍵值(以未排序之最左一筆資料做為基準鍵值),當該筆記錄插入後,全部的記錄就分為左與右兩個部分,然後再針對這兩個部分重複相同的方法處理,直到全部排序完成。

> 註　鍵值 (key-value) 是記錄用以比較的欄位值,如果記錄只有一個欄位,那麼該欄位就是鍵值,如果一筆記錄有許多欄位,則鍵值可選擇,端看使用者之需求。例如每一筆學生成績記錄包含英文成績欄位、數學成績欄位、總分成績欄位,那麼在排序時,就可以指定要以哪一個欄位進行排序,而該欄位就是鍵值。

快速排序法又稱為**劃分排序法 (Partition Exchange Sort)**,在其運作過程中,每一次的基準一定會位於最後排序完成之正確的位置。然後再對左邊及右邊的資料分別進行排序,如此遞迴重複此動作,就可以將所有資料排序完畢。

假設有 n 筆記錄 $R_1, R_2, ..., R_n$,鍵值分別為 $K_1, K_2, ..., K_n$,則快速排序法的處理步驟如下:

(1) 設定 K 為第一筆鍵值,$K \leftarrow K_1$。

(2) 由左向右找出鍵值 K_i,使得 $K_i \geq K$

(3) 由右向左找出鍵值 K_j,使得 $K_j \leq K$

(4) 若 i<j,則 $K_i \leftrightarrow K_j$,並重複 (2)(3)。

(5) 若 $i \geq j$,則 $K_1 \leftrightarrow K_j$,並以 j 為基準點繼續將資料再切割為左右兩部份,然後左右兩半皆以 (2)(3) 遞迴執行分別排序,直到排序完成。

演算過程及圖解

假設有 10 筆資料僅有鍵值一欄,其數值分別為 30,24,27,16,29,33,25,18,32,35,則下列為快速排序的演算過程:

(1) 一開始，K=K₁=30。

(2) i 由左至右，找尋到 $K_6 \geq K$，所以 i=6。

(3) j 由右至左，找尋到 $K_8 \leq K$，所以 j=8。

(4) 因為 i<j，所以 $K_6 \leftrightarrow K_8$，繼續 i 由左至右，找尋到 $K_8 \geq K$；繼續 j 由右至左，找尋到 $K_7 \leq K$。所以 i=8，j=7。

(5) 因為 i ≧ j，所以 $K_1 \leftrightarrow K_7$。並以 K_7=30 為基準點，將資料再切割為左右兩部份。

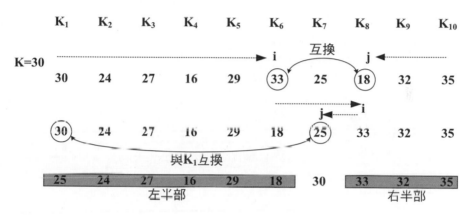

> **註** 請注意，此時右半部都比 30 大，而左半部都比 30 小。

(6) 左右兩半皆以遞迴執行分別排序，直到排序完成。每次切割的遞迴排序過程如下：

K₁	K₂	K₃	K₄	K₅	K₆	K₇	K₈	K₉	K₁₀
25	24	27	16	29	18	30	33	32	35
16	24	18	25	29	27	30	33	32	35
16	24	18	25	29	27	30	33	32	35
16	18	24	25	29	27	30	33	32	35
16	18	24	25	29	27	30	33	32	35
16	18	24	25	27	29	30	33	32	35
16	18	24	25	27	29	30	33	32	35
16	18	24	25	27	29	30	32	33	35
16	18	24	25	27	29	30	32	33	35
16	18	24	25	27	29	30	32	33	35

圖 12-19　快速排序法

演算法

(1) 資料結構：可使用陣列或鏈結串列存放資料。由於有互換動作，且陣列比鏈結串列節省空間，因此以陣列作為資料結構較佳，下列為其演算法。

(2) 演算法：

```
Algorithm  Quick Sort(x[],left,right)

Input：n 筆資料存放在陣列 x[1:n]。
Output：陣列內的 x[left]~x[right] 已排序。

Procedure Quick Sort(x[],left,right)
  If (left<right) then
  [
    i ← left+1;
    j ← right;
    K ← x[left];
    Do While
        While (x[i]<K) do
          i ← i+1            /* 由左向右尋找正確位置 */
        endWhile
        While (x[j]>K) do
          j ← j-1            /*  由右向左尋找正確位置 */
        endWhile
        If (i<j) then [ x[i]↔x[j] ]
    endDoWhile(i<j)
    x[left]↔x[j];
    QuickSort(x,left,j-1);   /* 左半部繼續排序 */
    QuickSort(x,j+1 ,right)  /* 右半部繼續排序 */
  ]
endProcedure

End of Algorithm
```

表 10-2　快速排序演算法

效能討論

(1) 可適用於陣列或鏈結串列，但由於只是對調資料，故以陣列較為方便。只需要一個額外的空間，以便對調資料，此部分空間複雜度為 $O(1)$。但由於使用遞迴呼叫，需要使用到系統堆疊空間，此部分的平均空間複雜度為 $O(\log n)$，而最差狀況發生在切割最差的情況，也就是僅將前面 n-1 筆記錄與最後一筆記錄切割，此時需要的堆疊空間為 $O(n)$，但事實上，由於較小部分若不超過 2 筆，其實並不用放入堆疊，若將較小部分先排序，可減少使用堆疊空間，如此一來，空間複雜度也為 O(logn)。

(2) 最佳狀況的時間複雜度為 $O(nlog_2n)$、平均狀況的時間複雜度為 $O(nlog_en)$、最差狀況的時間複雜度為 $O(n^2)$。詳細之討論請見演算法專書。

(3) 由於平均狀況時間複雜度佳，且在不考慮特殊資料排列狀況下，是目前已知最快的平均狀況時間複雜度 $O(nlog_en)$，特別適合對雜亂無序的資料進行排序。

12.6.2 插入排序法 (Insertion Sort)

插入排序法原理非常簡單，概念與插入撲克牌相同，當撲克牌發牌時（以排七為例），一般人會將拿到的牌插入手上已有牌間的適當位置，一般以花色來區分，然後以遞增或遞減方式排列。插入排序法則是將記錄逐一插入在已排序好的資料之間的適當位置（前面的資料比它小，後面的資料比它大）。

原理簡介

使用插入排序時，我們假裝對於串列中的記錄，一次只能看到一筆記錄 R_i。並將 R_i 插入長度為 i-1 的已排序串列 $R_1,R_2,...,R_{i-1}(Key_1 \leq Key_2 \leq .... \leq Key_{l-1})$，使之成為長度為 i 的已排序串列。一開始序列為 R_1，陸續插入 $R_2,R_3,...R_n$，由於每次插入都保持序列順序，因此，在第 n 次插入時，就完成 n 筆記錄的排序。

演算過程及圖解

假設有 5 筆資料僅有鍵值一欄，其數值為 24,21,16,42,25，則下列為插入排序演算過程：

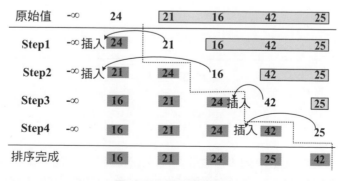

圖 12-20　插入排序法

一開始可以假設序列包含『-∞』一值，然後只看到 24，因此將 24 插入『-∞』之後。然後只看到 21，將 21 插入『-∞』與『24』之間。依此類推，直到所有記錄都被插入在正確位置。由於插入第 i 筆記錄時，序列中已經有 i-1 筆記錄，為了要將記錄插入在正確位置，最差狀況需要比較 i-1 次。所以最差狀況共需比較 1+2+3+...+n-1=n(n-1)/2 次。最佳狀況發生在原始資料已經排序完成，只需要比較 1+1+....+1=n 次（why? 見下列演算法）。

演算法

(1) 資料結構：可使用陣列或鏈結串列存放資料，由於有插入動作，需要進行資料的大量搬移，所以**鏈結串列是比較適當的資料存放方式**。下列演算法以陣列為儲存結構。（鏈結串列之實作留作習題，供讀者練習）

(2) 演算法：

```
Algorithm  Insertion Sort(x[])

Input：n 筆資料存放在陣列 x[1:n]。
Output：n 筆已排序資料存放在陣列 x[1:n]。

Function Insertion Sort(x[])
   X[0] ← -∞
   For (j ← 2 to n) do
       temp ← x[j]
       i ← j-1
       While (temp < x[i]) do   /* 往後搬移資料，以騰出空間插入新資料 */
          x[i+1] ← x[i]
          i ← i-1
       endWhile
       x[i+1] ← temp   /* 騰出的空間存入新資料 */
   endFor
   return x[]
endFunction

End of Algorithm
```

在迴圈內將陣列資料一一往後移，因此成為雙層迴圈

表 10-3　插入排序演算法

效能討論

(1) 可適用於陣列或鏈結串列，但由於需要插入資料，以鏈結串列較為方便。只需要一個額外的空間，以便暫存欲插入的資料，故空間複雜度為 O(1)。

(2) 最佳狀況需比較 n 次，時間複雜度為 O(n)。最差狀況需比較 n(n-1)/2 次，時間複雜度為 $O(n^2)$。平均狀況的時間複雜度為 $O(n^2)$~$O(n+d)$，d 是每兩筆資料大小順序相反的次數。

(3) 由於時間複雜度不佳，故適用資料量較小的排序。由於以插入方式進行排序，**特別適合做為在某些已經排序完成的序列中，加入新資料時的排序選擇**。也就是**中途若暫停**，則前面已工作完畢的資料將會完成排序，之後若繼續執行工作，則不需要從第一筆資料開始排序，只需要往後處理尚未排序的資料即可。所以是一種**遞增型排序** (Increment Sort)。

12.6.3 演算法與資料結構搭配的重要性

經由上述兩小節的介紹，相信讀者已經對於快速排序法與插入排序法有了基本的認識。我們現在回到最原始的英文字典排序問題。理論上，當所有單字都未曾排序過時，我們可以選擇使用快速排序法來排序，假設共有 5 萬個未曾排序的單字存放在檔案中，則此時將之載入到陣列中，然後使用快速排序會比插入排序的效能來得好很多，一方面速度快，另一方面也節省記憶體。當使用快速排序完成這 5 萬字的排序之後，應該將之回存到檔案中。

當又有新單字需要加入到英文字典時（假設被加入在檔案結尾），則此時應該採用插入排序法，並將單字從檔案載入到鏈結串列中，雖然這會需要多出 50,001*4bytes=200,004 bytes ≒ 200kB 記憶體作為鏈結欄位，但仍在容許的範圍內。而如此作卻能在速度上獲得大幅的改善。換句話說，A 學生與 B 學生的解答都屬於及格的答案。而 C 學生的答案則毫無道理可言，因為其方法的平均速度既比快速排序法慢，又比快速排序法浪費記憶體空間。

12.7 本章回顧

在本章中，我們主要是要灌輸讀者一個觀念，小即程式、資料結構、演算法三者之間的關係，是密不可分的。一位優良的程式設計師必須學習並善用資料結構與演算法。

為了說明程式、資料結構、演算法的關係，首先我們先釐清何謂演算法，它與函式有何區別，接著我們介紹了常見的演算法種類。

　　在資料結構方面，我們在前面章節中已經介紹過陣列與鏈結串列兩種基本的資料結構，而在本章中，我們還使用了陣列來實作堆疊、佇列、特殊二元樹、最大累堆等進階的資料結構。事實上，使用鏈結串列也可以完成這些進階的資料結構，差別只在於適當與否的問題。本章所介紹的資料結構如下：

(1) 我們重新討論了陣列，並學習到陣列元素在記憶體位址的計算公式。

(2) 堆疊具有先進後出的特性，而佇列具有先進先出的特性，這兩種資料結構可以應用在許多場合之中，並且我們可以很容易地透過陣列及鏈結串列來加以實現。

(3) 一般的二元樹可使用鏈結串列方式來儲存，而對於特殊的完全與完整二元樹而言，使用陣列來儲存更節省空間，並且有助於相關演算法的效能改善。

　　在本章的最後，我們透過兩個排序演算法（插入排序法與快速排序法）來討論演算法與資料結構的關係。演算法可以視為設計程式的邏輯之處，而您必須要注意的是，當您在設計程式時，如果採用的資料結構不同，將可能導致最終的執行效率差距頗大。因此，選擇適當的資料結構對於程式設計而言，是非常重要的一件事。您也將於不久的未來接觸到資料結構或演算法等進階的課程，當中如果課程呈現偏向理論的情況，請您回頭翻閱本章，就可以發現，那些理論都是為了讓程式設計更有效率而發展的。

問答題

1.　堆疊與佇列的最大差別在何處？

2.　環狀佇列相對於一般佇列而言，有何優點？

3.　請以 Big-O 表示法，評估前面章節所介紹的氣泡排序法之時間複雜度。

4.　請以 Big-O 表示法，評估前面章節所介紹的循序搜尋法與二分搜尋法之時間複雜度。

5.　在 C 語言中宣告 long Ary[10][15]，已知 sizeof(long) = 8 且 &Ary[5][6] = 0x0240FF28H，
　　請問 &Ary[8][9] = ？

實作題

1.　請改寫範例 12-1，以鏈結串列實作堆疊，其示意圖如下：

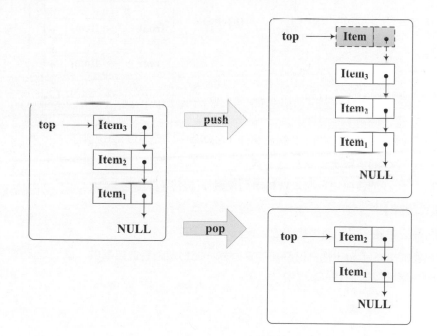

2. 請改寫範例 12-2，以鏈結串列實作佇列，其示意圖如下：

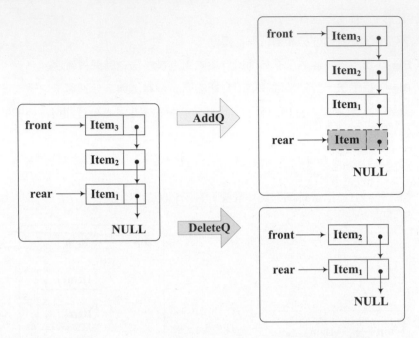

3. 請將表 12-2 的演算法，以 C 語言實作，並改為由大到小的快速排序法。

4. 請將表 12-3 的演算法，以 C 語言實作，並改為由大到小的插入排序法。

5. 請將表 12-3 的演算法，改以鏈結串列來實作（使用 C 語言）。

【專題程式設計】

延續上兩章的專題，請利用堆疊或佇列達到下列目的。

6. 第 5 題的 ReSol.txt，恰為遊戲盤的逆解答，這對遊戲者並無幫助，請將之順序反向後，輸出到螢幕與檔案 (Sol.txt) 中。（10%）

13

邁向物件導向之路

　　傳統程序式的程式語言（例如 C、Pascal）逐漸不敷中大型程式的維護需求，因此，這些程式語言逐步加上物件導向功能。物件導向程式設計非常重要，例如目前的視窗程式設計就是建構在此基礎之上，因此，在學習完 C 語言的基本知識之後，讀者應該跨入物件導向程式設計，而在本章中，我們將由 C 語言的函式指標開始介紹，逐步讓您理解 C++ 是如何提供物件導向機制的。

物件導向是現今發展大型程式的主要方式，因為採用這種方式來設計程式，可使得程式較容易維護與擴充，傳統程序式的程式語言後來也大多增加了物件導向機制，例如 Pascal 加上了物件導向而成為 Object Pascal；而 C 語言加上物件導向機制後，則分為了兩大支派，C++ 與 Objective C，前者較為普遍流行，後者則僅只使用在早期的 Apple 系列的電腦，例如早期的 iOS 與 Mac OS。

在本章中，我們將介紹何謂物件導向以及 C 語言留下了哪些機制可支援物件導向的多型。並且在下一章中，我們會利用一些現成的物件，設計簡單的 C++ 程式，讓您體驗物件導向程式設計的方便性，期待讀者能夠於本書學習完畢之後，繼續學習物件導向程式設計。

13.1 物件導向程式設計簡介

目前主流的應用程式為視窗程式，視窗程式設計其實是由『物件導向程式設計』搭配『事件驅動機制』而完成。舉例來說，下圖是一個小算盤視窗程式，當中的每一個按鈕、顯示框都是一個物件，當物件被按下後代表觸發了一個事件，然後系統會去執行對應的事件處理函式，以進行記憶、計算或顯示等等的動作。

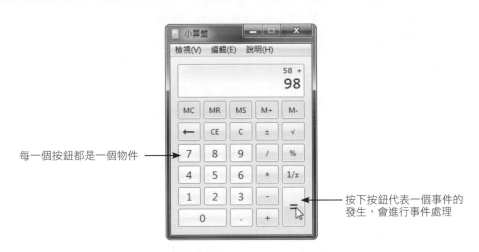

每一個按鈕都是一個物件 →

← 按下按鈕代表一個事件的發生，會進行事件處理

圖 13-1　視窗程式的核心技術為是物件導向與事件處理

在學習程式設計的道路上，相信讀者已經學會了 C 程式設計（結構化程式設計），接下來應該學習的是物件導向程式設計，例如 C++、Java 或 C# 程式設計。在視窗化的物件導向程式設計中，將會提供一個事件驅動的機制供程式設計師設計視窗程式，例如 VC++(Visual C++)、VC#(Visual C#) 等，其方便性隨著 IDE 而有所不

同。本章將不探討事件驅動的機制，僅先介紹何謂物件導向設計，事實上，事件驅動也是建立在物件導向的基礎之上來完成的。

13.1.1 什麼是物件導向程式設計

結構化程式語言（例如 C、Pascal）佔據程式開發市場約有十多年之譜，隨著時代演進，使用者對軟體功能的要求也越來越多，而結構化程式設計卻在發展大型軟體時遭遇到許多問題。

結構化程式設計將問題切割成許多小問題（模組），由於這些模組的存在目的是為了解決大問題而設計的，因此，這些模組可能會存取同一個資料結構，這將導致模組之間的獨立性質降低，舉例來說，某兩個模組可能都會修改陣列資料結構中的元素，因此當我們希望將某一個模組的操控對象從「陣列」改為「鏈結串列」時，另外一個模組也必須跟著改變。

因此，結構化程式設計雖然對於某些問題可以快速尋得解決方案，但對於日後的維護則顯得不足，故後來又發展了以物件為基礎的程式語言。並且又可以分為物件基礎程式語言與物件導向程式語言兩類。這兩類程式語言都是以物件為出發點，藉由物件與物件之間的互動完成問題的解答，比較符合真實世界環境。

物件之間的互動是透過訊息 (Message) 的傳遞來達成，發送訊息的物件稱之為發送者 (sender)，接受訊息的物件稱之為接收者 (receiver)，當物件需要其他物件服務時，會發送訊息給接收者，接收者在收到訊息後，會執行符合要求的方法完成任務以提供服務。

由於每一個物件都是一個獨立的個體，因此改良某一物件的內容時，其他不同類別的物件並不需要跟隨著變動。如此一來，在尋求大型或超大型方案的解答時，不但比結構化程式設計容易分析問題，更有助於日後的維護與修改。

物件導向程式語言 (OOPL) 與物件基礎程式語言（Object-based Programming Language）

物件導向型態的程式語言最早起源於 Kristen Nygaard 與 Ole-Johan Dahly 在 1961~1967 年所發展的 Simula I 和 Simula 67。爾後則有 SmallTalk、C++、Object Pascal、Java、Visual Basic.NET、C# 等等語言都屬於物件導向程式語言。其中有些屬於純物件導向（例如 Java、Smalltalk），有些則包容了傳統結構化程式設計方式（例如 C++ 包含了 C 的設計方式）。

物件導向程式設計（Object-Oriented Programming；簡稱 OOP），是一種以物件觀念來設計程式的方法。在純物件導向的程式中，每一個運作實體都可視為某種類別衍生出來的物件，而類別則較具抽象的概念，也就是某些具有共同特性物件的集合，換句話說，物件就是類別的實體。

物件導向具有封裝、繼承、多型等特性，原則上每個物件相互獨立且無關聯性，而物件導向程式設計就是依照物件的方法產生互動以完成要求。

至於什麼是物件基礎程式語言呢？它與物件導向程式語言最大的差別在於，物件基礎程式語言並不包含繼承等的功能，換句話說，物件基礎程式語言雖然也以**物件**為出發點來設計程式，但並不適合擴充程式，故通常也只是用來開發中小型程式使用。例如網頁瀏覽器執行的 JavaScript，在發展之初就是屬於物件基礎程式語言。以下內容，我們將不再探討物件基礎語言，只針對物件導向語言進行介紹。

13.1.2 什麼是物件

每個物件都擁有某些特性 (attribute) 與行為 (method)，在 OOP 中則稱之屬性 (property) 與方法 (method)。

物件 (Object)

真實世界中的所有具體或抽象的事物，都可以將之視為一個『物件』。例如：您可以把一架飛機想像成是一個**物件 (Object)**；而飛機的零件（例如：座椅、引擎、操縱桿）則是較小的物件，明顯地，這些物件仍舊可以再細分為更小的物件（例如：螺絲釘）。

C++ 為**物件導向程式語言** (OOPL;Object-Oriented Programming Language)，C++ 的物件實際上是一些程式碼和資料的組合，物件必須能夠單獨成為一個完整單元，也可以組合成更大的物件。例如：一個按鈕或一個表單都是一個物件。而一個應用程式最大的物件就是應用程式的本身。

屬性 (Property)

物件擁有許多特性 (attribute)，這些特性代表了一個物件的外觀或某些性質，例如：民航機物件的最高速度就代表了該飛機的一種特性、民航機物件的重量、載重量…等等也都可以用來代表飛機的某些特性。這些特性在物件導向程式設計中稱之為**屬性 (Property)**，事實上，有的時候在取得物件的某些屬性時，所得到的也可能是另一個（子）物件（若該屬性的資料型態是一個類別）。例如：民航機的引擎也是一個物件，因為它可以由更多更小的零件來組成，同時引擎物件也存在自己的**方法 (Method)**，例如：引擎點火。

在程式設計或執行階段，我們可以藉由改變屬性值來改變整個物件的某些特性，完成我們想要的物件表示形式。例如：將民航機物件的機殼漆成藍色，將按鈕背景顏色設為黃色。

在 C++ 語言中，**屬性（Property）**被稱為**成員資料變數**，並且被區分為 3 種等級，某些等級的成員資料變數並不允許外部程式加以修改，而必須透過該物件的方法，才能夠修改這些成員資料變數。因此具備保護資料的功能。

方法 (Method)

每個物件都擁有不同數量的行為 (method)，這些行為在物件導向程式設計中稱之為**方法 (Method)**。不同種類的物件所擁有的方法大多不同，但同類物件擁有的方法則大致相同。所謂方法，也就是為了完成該物件某些目標的處理方式。例如：飛機類別的物件有許多方法使得飛機變得有些用途，這些方法如起飛、降落、逃生等等。每個方法都有許多的細節，例如起飛，可能包含『發動引擎、、、、直到拉動操縱桿』，這些就是起飛方法的細節。

在 C++ 中，仍將**方法**稱之為**函式**（也就是**成員函式**），以便增加 C 語言愛好者的接受度。同時 C++ 的成員函式也和成員資料變數一樣，被區分為 3 種等級，某些等級的成員函式同樣不允許外部程式呼叫執行（只能做為內部成員函式呼叫執行的對象），因此達到封裝物件的功能。

對於某些由他人完成的物件而言，該物件同樣必須提供許多關於物件的方法，如此一來，我們就不需要了解這些方法的細節，而能夠快速運用物件來完成工作。例如飛機物件提供了起飛方法，我們只要指定執行起飛方法，而不需要了解起飛過程的種種細節，飛機就會起飛。

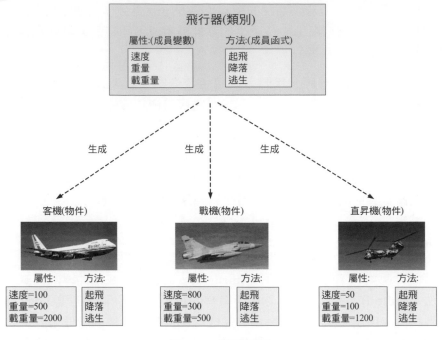

圖 13-2　類別與物件

13.1.3 什麼是類別

　　不同的物件可以擁有相同的屬性及方法，例如：「一架民航機」和「一架戰鬥機」各是一個物件，但兩者的速度、爬升力、重量、載重量雖不相同，但卻同樣擁有這些屬性以便表達完整物件的各個特性。所以，不同的物件若擁有共同的屬性，但因為屬性內容的不同，因此可以創造出同類性質但卻獨立的不同物件。而同類型的物件，則構成了**類別 (Class)**。例如每一個按鈕都是一個物件，屬於按鈕類別之下所建造出來的物件實體，但是由於按鈕的名稱不同，因此視為不同且獨立的物件。

　　更明確地說，**類別才是物件導向程式設計最基本的單元**，以上例來說，「民航機」和「戰鬥機」都是物件，而『飛行器』或『飛機』才是類別。不同的只是在建立該類別的實體物件時，給予不同的屬性而已。事實上，在實際的物件導向程式設計中，我們必須先定義類別，然後才能夠透過類別宣告各個屬於該類別下的物件。

　　在純物件導向的程式中，程式碼是以類別為基礎，物件只是類別的實體，就如同汽車是一個類別，它是一個抽象的名詞；而車牌號碼為 010、015 等的車輛是汽車類別的兩個物件，實際運作時通常依靠的是物件。我們將於下一小節中，更深入介紹物件導向程式語言的特性。

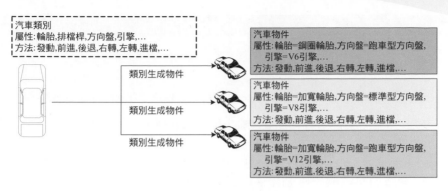

圖 13-3　類別生成物件

13.1.4　物件導向程式設計的三大特性

物件導向程式設計具有某些特點如下，使得它更適合用以開發、管理大型程式。

封裝性 (encapsulation)

封裝性可以將物件區分為可被外界使用的特性及受保護的內部特性；換句話說，除非是允許外部程式存取的資料，否則外部程式無法改變物件內的資料。如此就能夠達到封裝保護資料的特性。

更細分來說，物件導向程式設計將物件的資料與方法至少區分為三種等級：

- ▣　public　　：公用等級

- ▣　private　　：私用等級

- ▣　protected　：保護等級

其中私用 (private) 等級的資料與方法，只允許相同類別內的程式碼取用；而保護 (protected) 等級的資料與方法，只允許相同類別及衍生類別（何謂衍生類別後述）的程式碼取用；至於公用 (public) 等級的資料與方法，則開放給任何程式碼取用。

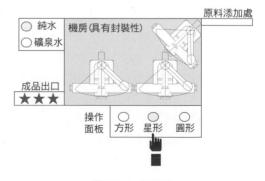

圖 13-4　封裝性

機房物件
公開屬性：原料、成品
私有屬性：水
公開方法：使用純水、使用礦泉水、方形餅乾製作、星形餅乾製作、圓形餅乾製作
私有方法：機器 A 啟動、機器 B 啟動、機器 A 快轉、、、、、

以圖 13-4 為例，一個講究衛生的食品餅乾工廠，其內部機房就具有封裝特性，對外，它只開放原料與成品兩個可存取的屬性，並且提供製作方形餅乾、製作星形餅乾、製作圓形餅乾等操作方法的按鈕。原料屬性對外是可存取的，例如您可能放入的是三號麵粉，但也可以改為二號麵粉。成品也是可以存取的，例如您可以把餅乾吃掉、裝箱或捏碎報廢。被封裝的屬性則是不可存取的，除非透過外部方法間接存取，例如製作過程中，可能需要水，而我們無法直接變動水的種類，必須透過對外的外部方法（也就是純水或礦泉水按鈕）來完成，換句話說，在這個範例中，我們無法隨意將水變更為海洋深層水，因為我們無法直接進入到機房內部。

同理，由於我們無法進入機房內部直接操作機器，所以只能透過對外操作面板上的三個按鈕選擇要執行的製作程序。當我們按下某一個按鈕時，相當於呼叫機房物件的一個**公開**方法，此方法的細節則可以動用到機房內的所有資源，可是機房的設計一但完成後，這些方法的細節也就固定了，對於使用機房物件的使用者而言，他只能選擇執行某一個按鈕方法，而無法更動按鈕方法的執行內容細節。

更進一步來說，假設我們是設計機房物件的程式設計師，這代表著我們可以進入機房，也可以設計各種餅乾的製作細節，但即使進入了機房，當我們面對每一台機器時，由於每一台機器也都是一個物件（同樣也具有封裝性），故我們只能操作機器對外的按鈕，而無法進入機器的內部。

因此，封裝性使得問題變為分層負責的狀態，更符合生活上的作事原則。設計物件者有責任將物件設計的完整且不會出錯，也需要留下一些對外可操作的方法，必須時也可留下一些外部可存取的屬性。而使用物件者，則只能夠透過物件對外的屬性與方法來利用物件達到自己的需求。

小試身手 13-1

「電子鬧鐘」物件具有封裝性，試以電子鬧鐘為例，說明電子鬧鐘的哪一些屬性為公開屬性？哪一些為私有屬性？哪一些為公開方法？哪一些為私有方法？

繼承性 (inheritance)

繼承性是為了達成重覆使用的目的所採取的一種策略，例如：一個滑鼠類別只要加上滾輪裝置，就變成了滾輪滑鼠，但滾輪滑鼠也同樣可以上下左右移動改變指標位置，也可以按兩下執行程式，只不過現在又多了一個滾輪使得瀏覽網頁時更加方便，因此，這個滾輪滑鼠類別可繼承滑鼠類別再加以擴充。

在物件導向程式設計中，允許使用者定義**基底類別** (base class) 與**衍生類別** (derived class)，其中衍生類別允許**繼承**基底類別的屬性及方法，並「加入新的屬性及方法」或者覆蓋改寫 (override) 某些繼承的方法，改成適用於本身的方法。有了這項特性，在開發大型程式時，我們就可以延續已經完成的技術，再加擴充。

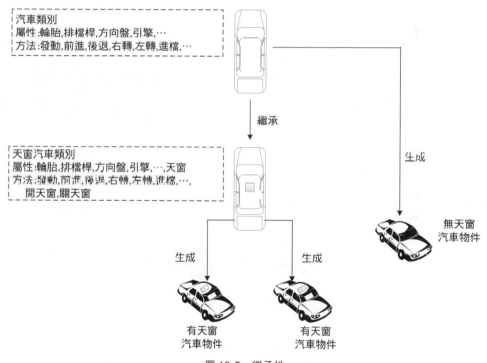

圖 13-5　繼承性

多型性 (polymophism)

就多型性而言，其實它是一個非常抽象的名詞，代表著一種彈性。舉例來說，所謂開水人人會煮，各有巧妙不同，基本上，瓦斯爐、電磁爐、熱水瓶都可以煮開水，所以『煮開水』其實是一個相當抽象的名詞，使用瓦斯爐、電磁爐、熱水瓶的煮開水方式都不一樣，但『煮開水』一詞卻涵蓋了這些差異性的行為，而此種特質則稱為「多型性」。

多型的實作方法有很多種，其中一種是覆蓋改寫 (override；簡稱覆寫)，它與繼承有關，例如瓦斯爐衍生類別、電磁爐衍生類別、熱水瓶衍生類別都繼承自加熱器基底類別，該基底類別中定義了加熱的方法，我們則必須在衍生類別內，覆蓋改寫這個方法，使得加熱的細節有所不同，如此一來，由不同衍生類別所產生的物件，執行方法時的細節就會不同了。

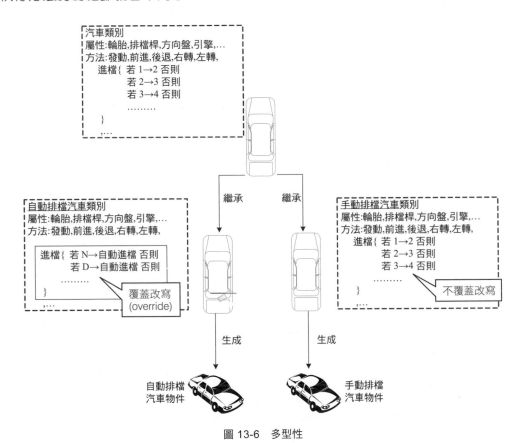

圖 13-6　多型性

另一種屬於多型的技術稱之為多載 (overload)，它允許程式中出現相同名稱的副程式，但參數宣告處略有不同。在以往的 C 語言 (C89) 中，這是不合法的宣告，例如，我們想要計算兩數之和，而將函式命名為 Sum(int x,int y)，而要計算三數之和，就必須替函式另取一個名字，例如 Sum3(int x,int y,int z)，甚至有時參數的數量是相同的，只不過資料型態不同而已，仍必須取不同的名稱，例如 SumInt(int x,int y) 與 SumFloat(float x,float y)，這是非常不方便的，因此，物件導向程式語言提供了多載，讓您在這種狀況下使用相同的名稱 Sum(int x,int y)、Sum(int x,int y,int z)、Sum(float x,float y)。

由以上兩種多型的機制可知，多型是一種呼叫相同名稱副程式，但卻可執行不同副程式內容的機制，因此，又有人將『多型』稱之為『同名異式』。

編譯器在實作多型的功能時，依靠的是動態繫結來達成。傳統上（在非物件導向語言中），我們在呼叫副程式時，必定會註明要呼叫哪一個副程式，而編譯器在編譯階段就可以知道各個副程式在記憶體中的位址（當然這是個相對位址），因此只要我們註明了要呼叫哪一個副程式，編譯器在編譯階段就可以將該位址記錄在機器碼中，所以執行到該機器碼指令時，就會去呼叫那一個副程式，不可能執行別的副程式。

而動態繫結則是，程式碼中可能有好幾個同名的副程式，我們雖然指明了要執行哪一個名稱的副程式，但並未完全指定要執行同名中的哪一個副程式。因此，編譯器在處理這種副程式呼叫時，會編譯為傳入引數來決定要執行哪一個副程式，而這個引數將會是副程式的起始位址，所以只有等到程式真的執行到該機器碼並傳入引數時，才會知道要執行的是哪一個副程式。

上述的物件導向程式設計基本技巧，C++ 只實全部都支援了，不過在本章中，我們只會介紹 C++ 如何完成物件導向中軟體元件的封裝性與多型性，但在多型性方面，只會介紹其中的多載 (overload)，因為覆寫牽涉到繼承，所以暫不介紹。至於其他物件導向特性的實作，請參閱 C++ 專書或物件導向專書。

事實上，C 語言也提供了多型的功能，這是我們在前面章節所未曾介紹過的機制，當然 C 語言提供的多型與多載及覆寫都不相同，但仍符合同名異式的道理，亦即呼叫相同名稱的函式，但卻可執行不同的函式內容。在接下來的內容中，我們也將介紹這種特殊的 C 語言機制：函式指標。

13.2 C語言的多型

C 語言同樣提供了多型的機制，這全有賴於函式指標的幫助，在本節中，我們將介紹各種函式指標的應用，並示範如何利用函式指標達到多型（同名異式）的目的。

> **註** 本節內容極為複雜，但卻並非必要，只適合想要深入了解 C 語言編譯器、系統配置記憶體、探究 C 語言奧秘者閱讀。如果只是想要學習物件導向程式設計，可直接前往 13.3 節閱讀，略過本節，並不影響您學習 C++。或許您可以在學習過整個 C++ 之後（包含閱讀其他 C++ 專書之後），才回頭來看本節內容，更能理解 C 語言的奧秘，以及多型（同名異式）是如何辦到的。

13.2.1 C 語言的函式指標

我們即將結束 C 語言的所有介紹，在此我們介紹 C 語言的一項複雜技術：函式指標。

首先我們可以理解函式屬於程式的一部分，因此，在編譯與連結成為執行檔後，將變成執行檔案的某些機器碼指令。當執行執行檔時，這些指令將會被載入到記憶體中，因此，函式在執行時，也將佔用一部分的記憶體空間。

C 語言允許透過一個函式指標指向函式在記憶體的起始點，其宣告方式如下範例：

```
int func(int x,int y)
{
 ...........
 return 1;
}

int main()
{

 int (*pfunc)(int,int);          /* 宣告 pfunc 函式指標 */
 pfunc=func;            /* pfunc 指向 func 函式起始位址 */
 ...........
}
```

【說　明】

(1) func 為一個函式，參數為兩個整數，回傳值為整數。

(2) pfunc 為指標，這個指標是一個函式指標，只能指向函式的起始位址，而由於在宣告時，已經指定了函式的種類，因此它只能指向參數為兩個整數，回傳值為整數的函式起始位址。

(3) pfunc=func 代表將 pfunc 指標指向 func 函式的起始位址。

除了上述方式之外，我們也可以利用別名定義的方式，來宣告一個函式指標型態的別名，如下範例：

```
int func(int x)
{
 ...........
 return 1;
}

int main()
{
 typedef int (*funcT)(int);  /* 定義 funcT 為函式指標型態的別名 */
 funcT pfunc;                /* 利用別名，宣告 pfunc 函式指標 */
 pfunc=func;                 /* pfunc 指向 func 函式起始位址 */
 ...........
}
```

【說　明】

定義函式指標型態的別名時，同樣必須先定義好所指向之函式的參數與回傳值種類。

有了上述的函式指標概念後，我們藉由範例 13-1 來觀察 Wintel 系統如何配置 C 程式的各種資料（含程式碼）。

【觀念範例 13-1】透過觀察指標變數的內容或取址運算子，理解全域變數與陣列、靜態區域變數、一般區域變數與陣列、常數字串以及函式在記憶體中的配置狀況。

範例13-1　ch13_01.c（ch13\ch13_01.c）。

```
1    /*     檔名 :ch13_01.c      功能：觀察各種資料在記憶體的配置     */
2
3    #include <stdlib.h>
4    #include <stdio.h>
5
6    int x;
7    int ar1[10];
8
9    void f1(int a)
10   {
11     int b;
12     static int y;
13     static int ar2[10];
14
15     printf("f1 的參數 a 的位址  \t:%p\n",&a);
16     printf("f1 的區域變數 b 的位址 \t:%p\n",&b);
```

```
17      printf("f1 靜態區域變數 y 位址 \t:%p\n",&y);
18      printf("f1 的靜態陣列 ar2 位址 \t:%p\n",&ar2);
19  }
20
21  void f2(int c)
22  {
23      int d;
24      int ar3[10];
25      printf("f2 的參數 c 的位址   \t:%p\n",&c);
26      printf("f2 的區域變數 d 的位址 \t:%p\n",&d);
27      printf("f2 的一般陣列 ar3 的位址 \t:%p\n",&ar3);
28  }
29
30  void main(void)
31  {
32      int w;
33      char* const s1="abc";
34      char s2[]="abc";
35      void (*pfunc)(int);
36
37      int *p=&x;
38
39      printf(" 全域變數 x 的位址   \t:%p\n",p);
40      printf(" 全域陣列 ar1 的位址 \t:%p\n",&ar1);
41      printf(" 一般區域變數 w 的位址 \t:%p\n",&w);
42      /* *(s1+1)='k'; */
43      /* 上一行，編譯時合法，但執行會有執行階段的錯誤，原因在於您改了常數區的值 */
44      printf("s1 字串 abc 的起始位址 \t:%p\n",s1);
45      *(s2+1)='k';
46      printf("s2 字串 abc 的起始位址 \t:%p\n",s2);
47      printf(" 指標變數 pfunc 的位址 \t:%p\n",&pfunc);
48      printf(" 指標變數 p 的位址 \t\t:%p\n",&p);
49      pfunc=f1;
50      printf(" 函式 f1 的起始位址    \t:%p\n",pfunc);
51      f1(3);
52
53      pfunc=f2;
54      printf(" 函式 f2 的起始位址 \t:%p\n",pfunc);
55      f2(5);
56      pfunc=main;
57      printf(" 函式 main 的起始位址 \t:%p\n",pfunc);
58      /* system("pause"); */
59  }
```

老師的叮嚀

圖 13-7 如果全部看得懂，那代表您在 C 語言的理解上已經非常深入了。

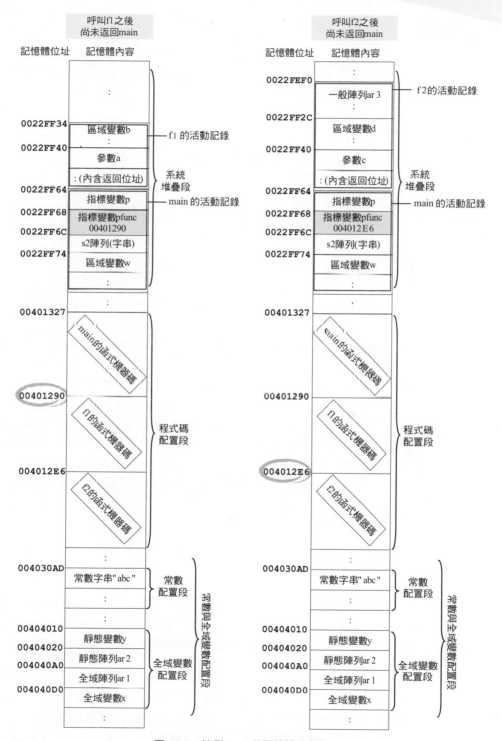

圖 13-7 範例 13-1 的記憶體示意圖

● 執行結果

```
全域變數 x 的位址               :004040D0
全域陣列 ar1 的位址             :004040A0
一般區域變數 w 的位址           :0022FF74
s1 字串 abc 的起始位址          :004030AD
s2 字串 abc 的起始位址          :0022FF6C
指標變數 pfunc 的位址           :0022FF68
指標變數 p 的位址               :0022FF64
函式 f1 的起始位址              :00401290
f1 的參數 a 的位址              :0022FF40
f1 的區域變數 b 的位址          :0022FF34
f1 靜態區域變數 y 位址          :00404010
f1 的靜態陣列 ar2 位址          :00404020
函式 f2 的起始位址              :004012E6
f2 的參數 c 的位址              :0022FF40
f2 的區域變數 d 的位址          :0022FF2C
f2 的一般陣列 ar3 的位址        :0022FEF0
函式 main 的起始位址            :00401327
```

● 範例說明

(1) 由於 C 語言編譯器只能配置所有的位址為相對位址，實際位址必須由作業系統來分配，因此，讀者的執行結果可能與上述不同，但相對的位址是相同的。根據上述位址，我們可以將記憶體的配置繪製如圖 13-7。

(2) 圖 13-7 顯示了非常多的資訊，首先是上一章所提到的活動記錄。當函式被呼叫時，其區域變數、參數與返回位址會被 push 到系統堆疊中，而當返回時，則釋放活動記錄，並從中取得返回位址以便執行原呼叫敘述的下一個敘述。我們未顯示出參數 a 或參數 c 之下的內容，這是因為返回位址的計算公式牽涉到 CS:IP 兩個暫存器，故考量讀者沒有組合語言之基礎而省略。讀者只要知道該處會存放返回位址即可，而參數 a 或參數 c 之下的返回位址勢必經過計算 CS:IP 後會得到 00401327~00401290 之間的值，但兩者不會相同，因為兩者返回後的下一個指令是不同的。

(3) 由於參數與區域變數被配置在系統堆疊區段中，因此當函式返回後，它就被 pop 而釋放了，因此，參數 a 與參數 c 使用的是相同的記憶體空間，但是在不同時機點存在。這也說明了參數 a 與參數 c 的生命週期在函式返回後就結束了。

(4) 在 s2 字串部分，您可以發現到，雖然我們只使用了前 4 個位元組來存放 'a'、'b'、'c'、'\0' 字元，但編譯器配置了最多 8 個位元組給 s2 字串。而且如果我們使用 *(s2+9) 來存取記憶體，則會存取到區域變數 w 的部分內容而非 s2 字串的內容，因此，C 語言的指標為何低階又危險，在此處獲得一個印證。

(5) 在圖 13-7 中，您還可以發現，靜態變數與全域變數被分配到特殊的區域中，由於該區域不在系統堆疊中，因此不會被 pop 出去，這使得靜態變數與全域變數的生命週期得以跨越數個函式，直到整個程式結束為止。

(6) 在圖 13-7 中有一塊特別的區域是用來存放常數的，編譯器會在原始程式中找尋所有的常數，然後將之放在常數區域，請注意，既然此區域放的是常數，就不應該被改變，所以第 42 行是很危險的程式碼，它可以通過編譯，但卻可能造成執行時期的錯誤。因為，有可能別的字串也被指向該字串常數，如此一來，當第 42 行被執行時，常數就被改變了，這會導致其他字串也跟著改變。這是另一個證明 C 語言的指標低階又危險的證據。

(7) 前面的說明都是在複習之前所學的內容，而本節的重點在於，函式被編譯為機器碼後，也會放在某塊記憶體區域中，我們稱此區域為程式碼配置段，由於我們可以宣告函式指標指向函式的起始位址，因此，我們在執行結果中，可以明確知道三個函式的起始位址在哪裡。

13.2.2 透過函式指標執行函式

上述的函式指標除了可以設定為函式的起始位址外，還有什麼用途呢？對於一般指標，使用 * 指標可以間接存取記憶體內容（變數或陣列元素內容），但使用 * 函式指標，能做什麼呢，那裡的記憶體內容是一段程式碼，該不會是修改程式碼吧？當然不是，否則可能程式會大亂。

事實上，C 語言編譯器並不允許單獨執行 * 函式指標，但允許使用下列兩種語法，透過函式指標來執行函式。

```
int func(int x,int y)
{
 ...........
 return 1;
}

int main()
{
 int  (*pfunc)(int,int);      /* 宣告 pfunc 函式指標 */
 int a,b;
 pfunc=func;                  /* pfunc 指向 func 函式起始位址 */
```

```
    a=pfunc(3,5);                /* 執行 func 函式  */
    b=(*pfunc)(2,4);             /* 再一次執行 func 函式  */
    ..........
}
```

【說　明】

上述程式可以透過 pfunc 函式指標執行兩次 func 函式，那麼如果在其中修改了 pfunc 函式指標，使之指向另一個函式的起始位址，那麼是否可以使用相同語法卻執行不同的函式呢？答案是可以的。請見範例 13-2。

【觀念範例 13-2】透過函式指標執行不同的函式。

範例13-2　ch13_02.c（ch13\ch13_02.c）。

```
1   /*     檔名:ch13_02.c     功能：透過函式指標執行不同的函式    */
2
3   #include <stdlib.h>
4   #include <stdio.h>
5
6   int add(int a,int b)
7   {
8       return a+b;
9   }
10
11  int mul(int a,int b)
12  {
13      return a*b;
14  }
15
16  void main(void)
17  {
18    int result1,result2;
19    typedef int (*funcT)(int,int);  /* 定義 funcT 為函式指標型態的別名 */
20    funcT pfunc;                 /* 利用別名，宣告 pfunc 函式指標 */
21    pfunc=add;                   /* pfunc 指向 add 函式起始位址 */
22    result1=pfunc(3,5);/* 說明 1 */ /* 可替換為 result1=(*pfunc)(3,5);*/
23    printf("result1=%d\n",result1);
24    pfunc=mul;                   /* pfunc 指向 mul 函式起始位址 */
25    result2=(*pfunc)(3,5);/* 見說明 2 */ /* 可替換為 result2=pfunc(3,5);*/
26    printf("result2=%d\n",result2);
27    /* system("pause"); */
28  }
```

執行結果
result1=8
result2=15

→ 範例說明

(1) 第 21~22 行，先設定函式指標指向 add 函式起始位址，然後透過函式指標要求執行 add 函式，效能等同於 result1=add(3,5);。

(2) 第 24~25 行，先設定函式指標指向 mul 函式起始位址，然後透過函式指標要求執行 mul 函式，效能等同於 result2=mul(3,5);。

13.2.3 實現 C 語言的多型

有了上述兩小節的基本知識，在本小節中，我們將示範如何在函式中，只使用一條呼叫敘述，卻可以呼叫不同的函式，而達到同名異式（多型）的效果。在前面我們已知，要設定 (assign) 函式指標的值，應該要在等號右方設定一個函式名稱，而如果在使用傳指標呼叫函式時，接收端是一個函式指標參數，我們應該傳送什麼引數資料給它呢？答案很簡單，當然就是函式名稱。請見範例 13-3 的示範，它使用了上述的所有知識達到了多型的效果。

【觀念範例 13-3】實現 C 語言的同名異式（多型）。

範例13-3 ch13_03.c（ch13\ch13_03.c）。

```
1    /*  檔名:ch13_03.c  功能:C 語言的多型   */
2
3    #include <stdlib.h>
4    #include <stdio.h>
5
6    void action(int *k,void (*pf)(int *k));    /* pf 是一種函式指標 */
7    void inc(int *i);
8    void dec(int *i);
9
10   void inc(int *i)
11   {
12     (*i)++;
13   }
14   void dec(int *i)
15   {
16     (*i)--;
17   }
18
19   void action(int *k,void (*pf)(int *k))
20   {
21     pf(k);          /* 請注意這一行，看似函式呼叫，但實際上可能執行不同的函式 */
22   }
```

執行結果
資料開始為 100
資料最後為 101

```
23
24   void main(void)
25   {
26    int a=100;
27
28    printf(" 資料開始為 %d\n",a);
29    action(&a,inc);
30    action(&a,inc);
31    action(&a,dec);
32    printf(" 資料最後為 %d\n",a);
33    /* system("pause"); */
34   }
```

● 範例說明

(1) 第 10~13 行：這只是很簡單的將變數值遞增 1（因使用傳指標呼叫，故會影響呼叫的引數 a）。

(2) 第 14~17 行：這只是很簡單的將變數值遞減 1（因使用傳指標呼叫，故會影響呼叫的引數 a）。

(3) 第 19~22 行：action 函式的作用是用來執行另一個函式，至於執行哪一個函式，則必須要等到呼叫 action 時，傳入的 pf 函式指標才能得知。

(4) 第 21 行：請特別注意這一行，如果您將 pf 當作是函式名稱，那麼 pf(k)，感覺就是要執行 pf 函式，並傳入引數 k。但實際上，編譯器在編譯此敘述時，還不知道這個敘述究竟會執行哪一個函式，必須等到真正執行時才決定，也就是動態繫結的效果，因此而達到了多型的目的。

(5) 第 29~31 行：呼叫 action 函式，並傳入不同的函式名稱要求執行。我們要求 action 函式幫忙執行 2 次 inc 函式以及一次 dec 函式，並且執行的目標資料為 a。所以執行結果中，a 被遞增兩次又遞減一次，所以答案是 101。

(6) 本範例的第 29~31 行可改寫為 inc(&a)、inc(&a)、dec(&a)，看似作為中介之用的 action 函式並無存在的必要，這是因為 C 語言未替函式定義等級，而在 C++ 中，由於函式被定義了等級，因此有時候想要執行某一個保護等級的函式就必須透過其他公開等級的函式作為中介（稱為介面）才能達成。

13.2.4 C 語言的結構執行函式

函式指標也是一種變數，型態為指標型態，如果我們將函式指標變數宣告在結構體內成為一個項目，那麼存取結構體的該項目時，會是什麼樣的情形呢？答案當然是執行某個函式，換句話說，我們可以做到「以下列敘述來執行函式」的功能。

```
xxx.func(... 引數 ...);
```

【說　明】

xxx 是結構體變數。func 是結構體的一個項目，資料型態為函式指標。

【觀念範例 13-4】將函式指標宣告為結構體的一個項目，使得 xxx.func(... 引數 ...) 得以完成函式的呼叫。

範例**13-4** ch13_04.c（ch13\ch13_04.c）。

```c
1   /*  檔名:ch13_04.c    功能：結構體中包含函式指標    */
2
3   #include <stdlib.h>
4   #include <stdio.h>
5
6   struct student
7   {
8     int     ScoreComputer;
9     int     ScoreMath;
10    int     ScoreEng;
11    float   ScoreAvg;
12    void (*pf)(struct student *k);     /* 函式指標成為結構體的一個成員 */
13  };
14
15  void ComputeAvg(struct student *i);
16  void display(struct student *tempStu);
17
18  void ComputeAvg(struct student *i)
19  {
20    i->ScoreAvg=(float)(i->ScoreComputer+i->ScoreMath+i->ScoreEng)/3;
21  }
22
23  void display(struct student *tempStu)
24  {
25    printf(" 計概 \t 數學 \t 英文 \t 平均 \n");
26    printf("%d\t%d\t%d\t%.4f\n",\
27            tempStu->ScoreComputer,tempStu->ScoreMath,\
28            tempStu->ScoreEng,tempStu->ScoreAvg);
29  }
```

```
30
31  void main(void)
32  {
33    struct student a;
34
35    a.ScoreComputer=80;
36    a.ScorcMath=70;
37    a.ScoreEng=50;
38    a.pf=ComputeAvg;
39    a.pf(&a);                    /* 執行 ComputeAvg 函式計算平均 */
40    a.pf=display;
41    a.pf(&a);                    /* 執行 display 函式輸出成績 */
42    /* system("pause"); */
43  }
```

◆ 執行結果

計概	數學	英文	平均
80	70	50	66.6667

◆ 範例說明

(1) 雖然在 C 語言中，無法直接在結構體內宣告函式（在 C++ 的結構體內可以宣告函式），但在結構體內宣告變數是絕對沒有問題的。而指標變數也是一種變數，因此，我們可以在結構體內宣告指標變數。同時函式指標也是一個指標變數，因此我們可以在結構體內宣告一個函式指標。如同本範例的第 12 行。

(2) 既然在結構體中已經宣告了一個函式指標，那麼我們就可以利用這個指標來執行函式。只要先將函式在記憶體的位址指定給該函式指標即可。例如第 38 行，我們將結構體 a 的函式指標 pf 指向 ComputeAvg。當函式指標指向函式後，我們就可以利用這個指標來執行程式，例如第 39 行，它將會執行 ComputeAvg 函式。

(3) 事實上，我們的目標是希望設定結構體資料的格式與結構體執行某個函式的格式越接近越好。在這個範例中，我們幾乎已經達成了此項要求，例如第 35~41 行。不過還是有一些小瑕疵，例如，如果第 39 行可以改寫為 a.pf() 而非 a.pf(&a)，該有多好！（因為傳入 a 的位址實在是多此一舉，我們本來就在前面註明了使用結構體 a 來執行函式）。或者若能將第 38 行與第 39 行合併為 a.ComputeAvg()，就太完美了。不過這在 C 語言是無法達到的，因為 C 語言不允許直接在結構體中定義函式。此外，如果我們能夠限制 ComputeAvg 函式只能被 student 衍生出來的結構體呼叫的話，那就更棒了。這些期望，在 C++ 中都變成輕而易舉,在下一小節中,我們將示範 C++ 的 struct 真的可以做到這些功能。

13.2.5 以 C++ 的結構體執行函式

在本小節中,我們希望的仍然是可以執行下列敘述,並且在呼叫函式時若不需要輸入引數時,可以不輸入引數。

```
xxx.func();
```

【說　明】

xxx 是結構體變數。func 是結構體的一個項目。

【觀念範例 13-5】初探 C++ 與 C 語言之 struct 的不同。

範例*13-5* ch13_05.cpp（ch13\ch13_05.cpp）。

```
 1   /*  檔名:ch13_05.cpp  功能:初探 C++ 與 C 語言之 struct 的不同。     */
 2
 3   #include <stdlib.h>
 4   #include <stdio.h>
 5
 6   struct student
 7   {
 8     int     ScoreComputer;
 9     int     ScoreMath;
10     int     ScoreEng;
11     float   ScoreAvg;
12     void ComputeAvg()       /* 函式也成為結構體的一個成員 */
13     {
14         ScoreAvg=(float)(ScoreComputer+ScoreMath+ScoreEng)/3;
15     }
16     void display()          /* 函式也成為結構體的一個成員 */
17     {
18         printf("計概 \t 數學 \t 英文 \t 平均 \n");
19         printf("%d\t%d\t%d\t%.4f\n",\
20                 ScoreComputer,ScoreMath,ScoreEng,ScoreAvg);
21     }
22   };
23
24   int main(void)
25   {
26     struct student a,b;
27
```

```
28    a.ScoreComputer=80;
29    a.ScoreMath=70;
30    a.ScoreEng=50;
31    a.ComputeAvg();              /* 結構體 a 執行 ComputeAvg 函式計算平均 */
32    a.display();                 /* 結構體 a 執行 display 函式輸出成績 */
33    /* system("pause"); */ system("pause");
34    return 0;
35  }
```

● 執行結果

```
計概      數學      英文      平均
80        70        50        66.6667
```

● 範例說明

(1) 第 12~21 行：我們在結構體裡面宣告了兩個函式，代表這兩個函式也是結構體的成員項目，**請注意，這必須是 C++ 才允許的語法。**

(2) 第 12~21 行：這兩個函式內容中，所標示的變數（例如 ScoreAvg）都是結構體既有的成員，如果要存取非既有的成員，則可以在函式內宣告區域變數來使用。

(3) 第 31~32 行：直接透過結構體變數指定要執行哪一個函式項目，請注意，這些函式在運作時，存取的變數（例如 ScoreAvg）是專屬於該結構體變數 a 的項目，而不是結構體變數 b 的項目。有許多物件導向程式語言的編譯器，會在編譯此類語法時，自動加入一個參數，用以表示該物件或結構體的位址，也就是之前 C 語言範例時的 &a，而這個代表物件或結構體本身的記憶體位址，在這些語言中會以關鍵字 this 來表示。

(4) 事實上，在 C++ 的語法中，第 26 行的 struct 還可以省略，因為 C++ 編譯器已經由第 6 行的宣告得知 student 是一個結構。

✋ 小試身手 13-2

請將範例 13-5，存檔為 ch13_05.c 重新編譯，看看會有什麼結果。藉此得知 struct 在 C 語言與 C++ 中，具有不同的意義。

13.3 類別與物件

　　相信經過前面的介紹，讀者已經迫不及待的想要學習 C++ 物件導向程式設計，以下我們從物件導向程式最基本的單位：類別與物件開始介紹，但只會介紹 C++ 如何實踐封裝性，下一章則會介紹一些好用的標準函式庫物件，讀者如果對 C++ 有興趣深入學習者，應另外參考 C++ 程式設計的專書。

13.3.1 類別

　　類別是物件導向程式最基本的單元，是產生同一類物件的基礎，類別其實也是一種使用者自定的資料型態，在 C++ 中定義類別，非常像在傳統 C 語言中定義結構體的方式，所以類別有許多行為與結構體類似，以下是定義類別的語法：

【定義類別語法】

```
class 類別名稱
{
    public:
        公用資料與函式
    private:
        私用資料與函式
    protected:
        保護性資料與函式
};
```

【語法說明】

(1) 類別中可以定義三種資料存取等級如下，在本章中，我們將說明『公用資料型態』及『私用資料型態』，而『保護性資料型態』則是專為繼承所設計。

　　public：公用資料型態

　　private：私用資料型態

　　protected：保護性資料型態

(2) 在類別中宣告成員變數，不可設定初值，例如：『int a=0;』就不合法。

(3) 在類別中,『不同的存取等級』代表『不同的資料保護方式』,資料之所以需要保護,最主要的目的是為了讓各類別的資料獨立開來,且不易被其他不相干的函式所修改,達到物件導向程式設計中,資料封裝及資料隱藏的功能。

(4) 根據上述定義類別的語法,我們可以透過下圖來示意類別的內部結構:

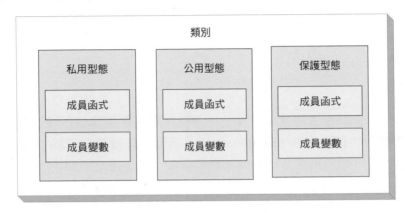

圖 13-8 資料等級

(5) 私用型態資料只能被同一個類別的成員函式存取,而公用型態的資料則除了類別內的成員可以存取之外,其他外部的變數、函式也都可以存取宣告為公用型態的資料。

(6) 在類別定義中,若未特別註明,則成員變數與成員函式將被視為私用型態。

(7) 資料存取修飾字(public、private、protected)並不限定只能設定一次。

【範例 1】

定義一個 student 類別,將其成績、地址、電話宣告為『私用資料型態』;學號、姓名、科系宣告為『公用資料型態』。

```
class student
{
   private:
      float    score;
      char     address[40];
      int      phone;
   public:
      int      id;
      char     name[10];
      char     major[20];
};
```

　　或

```
class student
{
        float    score;
        char     address[40];
        int      phone;
    public:
        int      id;
        char     name[10];
        char     major[20];
};
```

　　或

```
class student
{
    private:
        float    score;
        char     address[40];
    public:
        int      id;
    private:
        int      phone;
    public:
        char     name[10];
        char     major[20];
};
```

【範例 2】

　　延續範例 1，在 student 類別中，宣告兩個『公用資料型態』的（成員）函式，分別為 ShowId( ) 和 ShowMajor( )，函式用途分別為『顯示學號』及『顯示科系』。

```
class student
{
    private:
        float score;
        char  address[40];
        int   phone;
    public:
        int  id;
        char name[10];
        char major[20];
        int  ShowId();       // 宣告成員函式，顯示並回傳學號，回傳型態為 int
        void ShowMajor();    // 宣告成員函式，顯示科系，回傳型態為 void
};
```

【說　明】

上述範例，當物件被實際建立之後，id,name,major 都可以被外部函式所取用，ShowId() 與 ShowMajor() 也可以被外部程式所執行，但 score、address 與 phone 只能被同一類別的成員函式存取。

13.3.2 物件

類別是許多資料變數及函式合成的資料型態，和結構體很相似（不過 C 語言結構體無法在其中定義函式）。當我們想要使用類別時，必須透過宣告變數實體才能夠使用，而由類別宣告的變數實體，稱之為**物件**。

從由下而上的角度來看（請參閱圖 13-2），類別是許多同類物件的集合，所謂同類物件，代表擁有相同資料變數及成員函式的物件，例如：每一台『飛行器』類別下的物件，都包含「速度」、「爬升力」、「重量」、「載重量」等變數，也包含「起飛」、「降落」、「逃生」等成員函式，以便完成工作。由於我們可以將這些變數設定不同的屬性值，因此可以在該類別下造就各式各樣的物件，如同「民航機」和「戰鬥機」各是一個物件，而『飛行器』則是類別。在其他物件導向程式設計的語言中，有些會將這些變數稱之為『屬性』、並將這些成員函式稱之為『方法』，也就是一個物件的屬性（代表該物件某方面的特性），以及一個物件的方法（代表透過方法來操作物件）。

宣告物件實體

宣告**物件實體**，又可以稱為**類別生成物件**。在 C++ 語言中，宣告類別下的物件實體的語法如下：

【類別宣告物件語法】

```
類別名稱       物件名稱；
```

【語法說明】

除了先定義類別，我們也可以模仿結構體的定義方式，在定義類別時，同時宣告一個物件實體。

【範　例】

宣告一個 student 類別的物件，物件名稱為 John。

```
student John;
```

　　或

```
class student
{
   …類別定義…
}John;           /*   類別定義時，同時生成物件 John   */
```

存取資料與執行函式

　　當物件實體被產生以後，我們就可以合法存取公用型態資料變數以及執行公用型態的成員函式，而且存取方法很簡單，和結構體差不多，我們只要在物件與欲取用資料之間加上『.』或『->』符號即可，如下語法：

【存取成員資料與執行成員函式語法】

```
物件 . 成員資料
物件 . 成員函式
```

　　或

```
指標物件 -> 成員資料
指標物件 -> 成員函式
```

【語法說明】

　　私用資料與函式，只能被類別內的成員函式存取。

【範例 1】

　　將 John 物件的學號變數設定為 8923807，設定 John 物件的名稱為 "John"。

```
John.id = 8923807;
strcpy(John.name,"John");
```

【範例 2】

　　透過 ShowMajor() 成員函式顯示 John 的科系名稱。

```
John.ShowMajor();
```

【範例 3】

若範例 1、2 的物件為指標型態，則必須透過「->」符號來存取資料。

```
pJohn->id = 8923807;
pJohn->ShowMajor();
```

【錯誤範例】

私用資料與函式，只能被類別內的成員函式存取，所以下列是錯誤的敘述：

```
John.score = 85.5;                      // score 是私用資料
strcpy(John.address,"台北市大安區");   // address 是私用資料
```

【觀念範例 13-6】：宣告類別與生成物件。

範例**13-6** ch13_06.cpp（ch13\ch13_06.cpp）。

```
1    /*      檔名 :ch13_06.cpp      功能：宣告汽車類別與 3 個物件      */
2
3    #include <stdlib.h>
4    #include <stdio.h>
5    #include <string.h>
6
7    class car
8    {
9      public:                        類別 car 的宣告
10        int wheel;
11        int person;
12        char name[20];
13      private:
14        char engine[20];
15    };
16
17   int main(void)
18   {
19     car bus,truck,taxi;            生成 3 個物件 bus,truck,taxi
20
21     strcpy(bus.name," 公車 ");
22     bus.wheel=6;
23     bus.person=40;
24
25     strcpy(truck.name," 卡車 ");
26     truck.wheel=8;
27     truck.person=3;
28
29     strcpy(taxi.name," 計程車 ");
30     taxi.wheel=4;
```

```
31    taxi.person=5;
32   //strcpy(taxi.engine,"V16");              不可存取私用型態的變數
33
34   printf("%s 有 %d 個輪子 , 可載 %d 人 \n",bus.name,bus.wheel,bus.person);
35   printf("%s 有 %d 個輪子 , 可載 %d 人 \n",truck.name,truck.wheel,truck.person);
36   printf("%s 有 %d 個輪子 , 可載 %d 人 \n",taxi.name,taxi.wheel,taxi.person);
37   /* system("pause"); */
38   return 0;
39 }
```

執行結果

公車有 6 個輪子 , 可載 40 人
卡車有 8 個輪子 , 可載 3 人
計程車有 4 個輪子 , 可載 5 人

範例說明

(1) 第 7~15 行，定義了 car 類別，該類別下宣告了 3 個公用型態變數 int wheel、int person、char name[20]，以及一個私用型態變數 char engine[20]。

(2) 第 19 行，宣告了 car 類別下的 3 個物件實體，名稱分別為 bus,truck,taxi。

(3) 第 21~23 行，設定 bus 物件的公用型態變數。第 25~27 行，設定 truck 物件的公用型態變數。第 29~31 行，設定 taxi 物件的公用型態變數。

(4) 第 32 行是不合法的敘述，因為 engine 是私用變數，所以不允許外部程式存取該變數（但允許相同類別下的成員函式存取，詳見下一節）。而我們在此使用 C++ 的單行註解格式『//』，凡是『//』後面的整行（不跨行）都將被視為註解。

13.4 成員函式

成員函式其實就是一般物件導向程式設計中的『方法』，它仍然依據宣告的區段，可以分為 public、private、protected 三種等級。並且只有 public 的成員函式可以被外部程式呼叫執行。唯一比較特別的是，private 的成員變數可以被同一類別的成員函式所取用，因此不但達到封裝的目的，也在類別中增加了設計程式的彈性。

13.4.1 定義成員函式

在類別內宣告的函式稱之為**成員函式**（member function），在前面我們已經示範過如何『宣告』成員函式，但我們並未介紹如何定義成員函式，事實上，定義成員函式和定義普通函式非常相似，我們可以在類別之外（與宣告分開來）定義函式；也可以在類別內將成員函式的宣告與定義合併寫在一起，以下是定義成員函式的語法：

【在類別內定義成員函式語法】（定義與宣告合併）

```
成員函式回傳值型態 成員函式名稱（資料型態 ［參數1］, 資料型態 ［參數2］,…）
{
    …成員函式定義…
}
```

【在類別外定義成員函式語法】（定義與宣告分開）

```
成員函式回傳值型態 類別名稱 :: 成員函式名稱（資料型態 ［參數1］, … ）
{
    …成員函式定義…
}
```

【語法說明】

若我們將定義與宣告成員函式分開，則必須在定義成員函式時，透過 C++ 的範圍運算子『::』指定該成員函式所屬類別。請見下面兩個範例。

【範　例】

　　請宣告與定義 myclass 類別中兩個公用型態的成員函式 funcA 與 funcB，其中 funcA 無回傳值，也不接受任何引數；funcB 則接受兩個整數引數，並回傳一個整數回傳值。

　　定義與宣告分開：

```
class myclass
{
   public:
       void funA();             // 成員函式宣告
       int funcB(int,int);      // 成員函式宣告
   private:
       私用資料與函式
   protected:
       保護性資料與函式
};

void myclass::funcA()                    // 成員函式定義
{
       ......成員函式定義......
}
int myclass::funB(int m,int n)           // 成員函式定義
{
       ......成員函式定義......
}
```

　　或

　　定義與宣告合併在類別內：

```
class myclass
{
   public:

       void funA()
       {
           ......成員函式定義......
       }
       int funcB(int m,int n)
       {
           ......成員函式定義......
       }
   private:
       私用資料與函式
   protected:
       保護性資料與函式
};
```

13.4.2 透過成員函式存取私用性資料變數

私用性（private）資料變數無法被外部程式來存取，但可以透過同一類別的成員函式來存取它，以便彈性應用私用資料變數。

【觀念範例 13-7】：透過公用成員函式存取私用資料與成員函式。

範例*13-7*　ch13_07.cpp（ch13\ch13_07.cpp）。

```
1   /*      檔名:ch13_07.cpp      功能:透過公用成員函式存取私用資料與成員函式      */
2
3   #include <stdlib.h>
4   #include <stdio.h>
5
6   class myclass
7   {
8     public:
9        void InitVar();
10       void AddVar(int b);
11       void ShowVar();
12    private:
13       int Var;                          私有成員變數
14       void RealShow();                  私有成員函式
15   };
16
17  void myclass::InitVar()
18  {
19      Var=0;                            成員函式的定義
20  }
21
22  void myclass::AddVar(int b)
23  {
24      Var=Var+b;                        成員函式的定義
25  }
26
27  void myclass::ShowVar()
28  {
29      RealShow();   // 執行 private 的函式    成員函式的定義
30  }
31
32  void myclass::RealShow()
33  {
34      printf("Var=%d\n",Var);           成員函式的定義
35  }
36
37  int main(void)
38  {
```

```
39    myclass X,Y;
40
41    X.InitVar();         // 在 X 物件上，執行 InitVar 成員函式
42    Y.InitVar();         // 在 Y 物件上，執行 InitVar 成員函式
43
44    X.AddVar(10);        // 在 X 物件上，執行 AddVar 成員函式
45    printf(" 物件 X\t");
46    X.ShowVar();
47
48    printf(" 物件 Y\t");
49    Y.AddVar(5);         // 在 Y 物件上，執行 AddVar 成員函式
50    Y.ShowVar();
51
52    printf(" 物件 Y\t");
53    Y.AddVar(3);         // 在 Y 物件上，執行 AddVar 成員函式
54    Y.ShowVar();
55    /* system("pause"); */
56    return 0;
57 }
```

⯈ 執行結果

```
物件 X    Var=10
物件 Y    Var=5
物件 Y    Var=8
```

⯈ 範例說明

(1) 第 9~11 行，宣告了 3 個公用的成員函式，可以被外部程式呼叫。第 13~14 行，宣告了 1 個私用的變數與成員函式，不可以被外部程式存取與呼叫。

(2) 第 17~35 行，分別是四個成員函式的定義（其實我們也可以將宣告與定義合併在類別內）。

(3) 變數 Var 與成員函式 RealShow 雖然不能夠被外部程式存取與呼叫，但可以被同一類別的成員函式存取與呼叫，例如第 19、24、29 行。

(4) 程式執行時，記憶體內部呈現下列變化。

STEP 1　第 39 行執行完畢，記憶體中將同時存在兩個物件以及它的成員資料。

```
myclass X,Y;
```

Var　????　物件 X

⋮
⋮

Var　????　物件 Y

STEP 2　第 41~42 行執行完畢，將兩個物件的資料變數 Var 都設為0。

```
X.InitVar();
Y.InitVar();
```

Var　0　物件 X

⋮
⋮

Var　0　物件 Y

STEP 3　第 44 行執行完畢，將物件 X 的資料變數 Var 設為 10。

```
X.AddVar(10);
```

Var　10　物件 X

⋮
⋮

Var　0　物件 Y

STEP 4　第 49 行執行完畢，將物件 Y 的資料變數 Var 設為 5。

```
Y.AddVar(5);
```

Var　10　物件 X

⋮
⋮

Var　5　物件 Y

5 STEP 第 53 行執行完畢，物件 Y 的 資料變數 Var 被設為 8。

`Y.AddVar(3);`

【觀念範例 13-8】：改寫範例 13-7，使得宣告與定義成員函式合併在類別內。

範例 13-8 ch13_08.cpp（ch13\ch13_08.cpp）。

```
1   /*      檔名:ch13_08.cpp      功能：合併定義與宣告成員函式      */
2
3   #include <stdlib.h>
4   #include <stdio.h>
5
6   class myclass
7   {
8     public:
9       void InitVar()
10      {
11        Var=0;                      成員函式宣告與定義
12      }
13      void AddVar(int b)
14      {
15        Var=Var+b;                  成員函式宣告與定義
16      }
17      void ShowVar()
18      {
19        RealShow();   // 執行 private 的函式      成員函式宣告與定義
20      }
21    private:
22      int Var;
23      void RealShow()
24      {
25        printf("Var=%d\n",Var);     成員函式宣告與定義
26      }
27   };
28
29   int main(void)
30   {
31     myclass X,Y;
32
```

```
33    X.InitVar();          // 在 X 物件上, 執行 InitVar 成員函式
34    Y.InitVar();          // 在 Y 物件上, 執行 InitVar 成員函式
35
36    X.AddVar(10);         // 在 X 物件上, 執行 AddVar 成員函式
37    printf("物件 X\t");
38    X.ShowVar();
39
40    printf("物件 Y\t");
41    Y.AddVar(5);          // 在 Y 物件上, 執行 AddVar 成員函式
42    Y.ShowVar();
43
44    printf("物件 Y\t");
45    Y.AddVar(3);          // 在 Y 物件上, 執行 AddVar 成員函式
46    Y.ShowVar();
47    /* system("pause"); */
48    return 0;
49  }
```

➲ 執行結果

```
物件 X    Var=10
物件 Y    Var=5
物件 Y    Var=8
```

➲ 範例說明

　　我們將 4 個成員函式在宣告時同時定義函式內容,所以可以省略類別名稱『myclass』與『::』範圍運算子。

13.5 建構函式與解構函式

　　在前面的範例中,我們必須先執行 InitVar 函式將成員變數的初始值設定為 0,這是因為 C++ 延續了 C 語言的特性所致(範例 13-9 也會出現這個問題)。但是這樣子其實是非常不方便的,而且程式設計師常常會忘了做初始動作,而導致程式發生錯誤。如果在產生物件時,能夠自動幫我們把物件清理乾淨(例如設定成員變數的初始值)不是使得設計程式方便多了嗎?是的,C++ 也考慮到了這一點,而且我們可以在建構函式中來完成這些事情。相對於建構函式是生成物件時自動執行的函式,C++ 也提供了消滅物件時,自動執行的解構函式。這兩個函式,我們將在本節中加以介紹與示範。

【觀念範例 13-9】：不使用建構函式初始化成員變數，而手動將公用型的資料變數設定初始值。

範例13-9 ch13_09.cpp（ch13\ch13_09.cpp）。

```
1    /*      檔名 :ch13_09.cpp      功能 : 手動設定成員變數初值     */
2
3    #include <stdlib.h>
4    #include <stdio.h>
5
6    class myclass
7    {
8      public:                      這是公用變數
9          int VarA;
10         void ShowVar();
11     private:                     這是私用變數
12         int VarB;
13    };
14    void myclass::ShowVar()
15    {
16        printf("VarA=%d\n",VarA);
17        printf("VarB=%d\n",VarB);
18    }
19
20    int main(void)
21    {
22     int i;
23     myclass X[3];
24
25     printf(" 設定初值前 \n");
26     for(i=0;i<3;i++)
27        X[i].ShowVar();
28
29     for(i=0;i<3;i++)
30     {
31        X[i].VarA=0;
32        //X[i].VarB=0;        // 無法取用私用成員變數
33     }
34
35     printf(" 設定初值後 \n");
36     for(i=0;i<3;i++)
37        X[i].ShowVar();
38    /* system("pause"); */
39     return 0;
40    }
```

◑ 執行結果

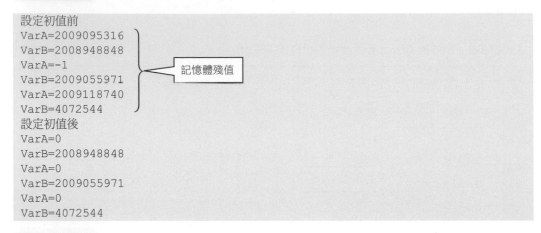

```
設定初值前
VarA=2009095316
VarB=2008948848
VarA=-1                    記憶體殘值
VarB=2009055971
VarA=2009118740
VarB=4072544
設定初值後
VarA=0
VarB=2008948848
VarA=0
VarB=2009055971
VarA=0
VarB=4072544
```

◑ 範例說明

(1) 第 23 行，宣告一個物件陣列，陣列中，一共有 3 個物件 X[0]~X[2]。

(2) 雖然我們可以利用外部程式設定公用成員變數 VarA 的初值。但仍無法使用外部程式來設定私有成員變數 VarB 的初值。

(3) 請特別注意，我們不能夠在宣告成員變數時設定初值，例如：『int VarB=0;』是不合法的敘述。

13.5.1 建構函式

建構函式（constructor）是生成物件時，會自動執行的函式，所以我們可以將所有要對該類別物件的初始化設定置於其中。在 C++ 中，建構函式的名稱與類別名稱相同，而且不需回傳值，建構函式的宣告及定義語法如下：

【建構函式的宣告語法】

```
建構函式名稱 ( );
```

【建構函式的定義語法】

```
類別名稱::建構函式名稱 ( )
{
  ……函式內容……
}
```

【語法說明】

(1) 建構函式名稱一定要和類別名稱相同。

(2) 建構函式的宣告與定義也可以合併在類別內定義。

(3) 宣告建構函式一定要在 public 等級中宣告。

【觀念範例 13-10】：使用建構函式改寫範例 13-9，使得物件的成員變數在宣告後就自動初始化。

範例**13-10** ch13_10.cpp（ch13\ch13_10.cpp）。

```
1   /*      檔名:ch13_10.cpp      功能：建構函式設定成員變數初值      */
2
3   #include <stdlib.h>
4   #include <stdio.h>
5
6   class myclass
7   {
8     public:
9         int VarA;
10        myclass();            宣告建構函式(與類別同名)
11        void ShowVar();
12    private:
13        int VarB;
14   };
15   myclass::myclass()
16   {
17       VarA=0;
18       VarB=0;              定義建構函式
19       printf(" 成員資料已初始化 \n");
20   }
21   void myclass::ShowVar()
22   {
23       printf("VarA=%d\n",VarA);
24       printf("VarB=%d\n",VarB);
25   }
26
27   int main(void)
28   {                        生成物件時會自動執行建構函式
29       myclass X;
30
31       X.ShowVar();
32       /* system("pause"); */
33       return 0;
34   }
```

執行結果

```
成員資料已初始化
VarA=0
VarB=0
```

範例說明

(1) 第 10 行，宣告建構函式，函式名稱一定要和類別名稱相同。

(2) 第 15~20 行，定義建構函式，函式名稱一定要和類別名稱相同。

(3) 第 29 行，宣告物件 X，當物件 X 生成時，就會自動立刻執行該類別的建構函式，也就是執行第 15~20 行程式。

【實用範例 13-11】將範例 12-1 的堆疊結構，改以堆疊類別來設計，將 pop 與 push 設計為公用成員函式，isEmpty 與 isFull 設計為私用成員函式。並將 CreateStack() 函式改為建構函式，以便初始化物件成員。

範例 **13-11** ch13_11.cpp（ch13\ch13_11.cpp）。

```cpp
1   /*     檔名:ch13_11.cpp     功能:利用建構函式初始化堆疊的 top 變數     */
2
3   #include <stdlib.h>
4   #include <stdio.h>
5
6   #define MaxStackSize 100        // 堆疊元素最大容量
7
8   class StackADT
9   {
10    private:
11       int stack[MaxStackSize];
12       int top;
13       bool isEmpty()      //  測試堆疊是否已空
14       {
15          if(top<0) return true;
16          else return false;
17       }
18       bool isFull()       //  測試堆疊是否已滿
19       {
20          if(top>=MaxStackSize-1) return true;
21          else return false;
22       }
23    public:
24       StackADT()                      // 建構函式，會在物件實體建立時自動執行
25       {
```

```
26          top=-1;
27        }
28      void push(int item)        //  將 item push 到堆疊內
29      {
30          if(isFull()==true)
31          {
32              printf(" 堆疊已滿 !");
33              exit(1);
34          }
35          else
36              stack[++top]=item;
37      }
38      int pop()                   //  由堆疊 pop 出一個元素
39      {
40          if(isEmpty()==true)
41          {
42              printf(" 堆疊已空 !");
43              exit(1);
44          }
45          else
46              return  stack[top--];
47      }
48   };
49
50   int main(void)                      //  主函式測試堆疊功能
51   {
52    int data;
53    StackADT S1;              //  建立一個堆疊物件實體 S1, 會自動執行建構函式
54
55    S1.push(10);             //  疊入 10
56    S1.push(20);             //  疊入 20
57    S1.push(30);             //  疊入 30
58    data= S1.pop();          //  疊出 , data 應該為 30
59    printf("data=%d\n",data);
60    data= S1.pop();          //  疊出 , data 應該為 20
61    printf("data=%d\n",data);
62    /* system("pause"); */
63    return 0;
64   }
```

執行結果

```
data=30
data=20
```

範例說明

(1) bool 是 C++ 提供的資料型態，可用來表示 false 或 true 兩種布林值。

(2) 這個程式仍屬於 C/C++ 程式，但已經非常接近純物件導向的 C++ 程式，如果搭配後面介紹的 cout 物件來取代 printf() 函式，則是一個完整的物件導向程式。

(3) isEmpty 與 isFull 只會被其他成員函式呼叫，因此設計為私有成員函式是合理的。stack[] 與 top 變數並不希望讓外界程式隨意更改，因此宣告為私有成員變數也是合理的。

(4) 由於外界對於堆疊會進行疊入與疊出的動作，因此 push 與 pop 必須設計為公用成員函式。

(5) 當第 53 行執行時，不但會產生一個堆疊物件實體 S1，S1 物件還會馬上自動執行建構函式 StackADT()。請注意建構函式一定要宣告為公用函式，因為物件的生成是由外界程式碼要求的。

13.5.2 建構函式的參數

在範例 13-10 中，我們在建構函式中設定了 VarA、VarB 的初始值，所以任何 myclass 類別生成的物件，其變數初始值都會是 0。也就是說，當您在範例 13-10 中，加上宣告 myclass Y 物件時，Y 物件的 VarA、VarB 初始值也會為 0。可是這樣的設計方式，略顯彈性不足，有的時候，我們會希望產生不同物件時（雖然是同一類別下的物件），每個物件的初始值由我們自由決定且不一定相同時，該怎麼辦呢？沒關係，因為建構函式也可以接受引數的輸入，透過這些引數，我們就可以達到生成物件時，自由指定初值的結果了。

由於建構函式也可以接受引數，所以我們將建構函式的宣告與定義語法修正如下：

【建構函式（含參數）的宣告語法】

```
建構函式名稱 （資料型態 [參數 1], 資料型態 [參數 2] ……）;
```

【建構函式（含參數）的定義語法】

```
類別名稱 :: 建構函式名稱 （資料型態 參數 1, 資料型態 參數 2 ……）
{
……函式內容……
}
```

【傳遞引數給建構函式的語法】

類別名稱　物件名稱（引數 1, 引數 2 ⋯⋯）；

【語法說明】

(1) 建構函式名稱一定要和類別名稱相同。

(2) 宣告建構函式一定要在 public 等級中宣告。

(3) 宣告物件時，同時指定引數給建構函式。

【觀念範例 13-12】：改寫範例 13-10 的建構函式，使其能夠依照輸入引數來設定成員變數的初值。

範例*13-12* ch13_12.cpp（ch13\ch13_12.cpp）。

```cpp
1  /*      檔名:ch13_12.cpp      功能：建構函式的參數應用    */
2
3  #include <stdlib.h>
4  #include <stdio.h>
5
6  class myclass
7  {
8    public:
9        int VarA;
10       myclass(int,int);            // 宣告建構函式
11       void ShowVar();
12   private:
13       int VarB;
14  };
15  myclass::myclass(int a,int b)      // 定義建構函式
16  {
17      VarA=a;
18      VarB=a+b;
19  }
20  void myclass::ShowVar()
21  {
22      printf("VarA=%d\n",VarA);
23      printf("VarB=%d\n",VarB);
24  }
25
26  int main(void)
27  {
28      myclass X(3,10);
29      myclass Y(5,40);
```

生成物件時傳遞引數給建構函式

生成物件時傳遞引數給建構函式

執行結果
物件 X
VarA=3
VarB=10
物件 Y
VarA=5
VarB=40

```
30
31      printf(" 物件 X\n");
32      X.ShowVar();
33
34      printf(" 物件 Y\n");
35      Y.ShowVar();
36      /* system("pause"); */
37      return 0;
38   }
```

⊙ 範例說明

(1) 第 10 行，宣告建構函式，並設定兩個參數的資料型態為 int。

(2) 第 15~19 行，定義建構函式，並設定兩個參數的資料型態為 int，名稱分別為 a,b。

(3) 第 28 行，宣告物件 X 並傳遞給建構函式兩個引數 3、10，當物件 X 生成時，建構函式會收到這兩個引數並自動被執行，也就是執行第 15~19 行程式（如右圖示意）。第 28 行的 Y 物件也是相同道理。

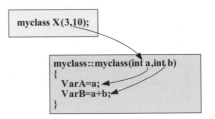

建構函式參數的初始值

事實上，建構函式仍然是一個函式，由於 C++ 可以設定參數初值，所以一樣可以用 7.6 節所介紹的普通函式設定參數初始值的方法來設定建構函式參數的初始值，而且會在未傳入引數的狀況下，自動依照規定以初始值設定參數值，請看下面這個範例的示範。

【觀念範例 13-13】：改寫範例 13-12 的建構函式參數串列，使得能夠在引數不足時，自動補上參數值。

範例13-13 ch13_13.cpp（ch13\ch13_13.cpp）。

```
1    /*     檔名:ch13_13.cpp     功能：建構函式的參數初值應用     */
2
3    #include <stdlib.h>
4    #include <stdio.h>
5
6    class myclass
7    {
```

```
 8     public:
 9         int VarA;
10         myclass(int,int);              // 宣告建構函式
11         void ShowVar();
12     private:
13         int VarB;
14    };
15    myclass::myclass(int a=0,int b=0)      // 定義建構函式
16    {
17        VarA=a;
18        VarB=a+b;
19    }
20    void myclass::ShowVar()
21    {
22        printf("VarA=%d\n",VarA);
23        printf("VarB=%d\n",VarB);
24    }
25
26    int main(void)
27    {
28        int i;
29        myclass X[3];
30        myclass Y(5,40);
31
32        printf(" 物件 Y\n");
33        Y.ShowVar();
34
35        for (i=0;i<3;i++)
36        {
37            printf(" 物件 X[%d]\n",i);
38            X[i].ShowVar();
39        }
40        /* system("pause"); */
41        return 0;
42    }
```

引數不足時，補上參數初值 0

➜ 執行結果

```
物件 Y
VarA=5
VarB=45
物件 X[0]
VarA=0
VarB=0
物件 X[1]
VarA=0
VarB=0
物件 X[2]
VarA=0
VarB=0
```

範例說明

(1) 第 15 行，設定了建構函式的參數初始值為 0。為了同時符合 X 物件陣列（第 29 行）與 Y 物件（第 30 行）的宣告格式，因此，我們必須設定參數初始值，否則將出現引數不足的錯誤。

(2) 其實，我們還可以利用另外一種 C++ 的技巧－多載 (overload) 來改寫本範例，同樣可以避免出現參數不足的錯誤，詳見下一小節的說明。

建構函式的成員變數初始列

如果您傳遞引數給建構函式，只是單純為了設定各成員變數的初始值的話，您也可以將成員變數的初始值列於建構函式定義區之後，語法如下：

【建構函式的成員變數初始列語法】：

```
類別名稱 :: 建構函式 ( 型態 參數 1, 型態 參數 2 …): 成員變數 1( 參數 1), 成員變數 2( 參數 2)
…
{
……函式內容……
}
```

【語法說明】

『:』後面就是成員變數的初始列。編譯器會自動在生成物件時，將成員變數初始值對應到『()』內的參數值。

【觀念範例 13-14】：使用建構函式的成員變數初始列，設定成員變數初始值。

範例 13-14 ch13_14.cpp（ch13\ch13_14.cpp）。

```
1    /*    檔名:ch13_14.cpp    功能：建構函式的成員變數初始列應用   */
2
3    #include <stdlib.h>
4    #include <stdio.h>
5
6    class myclass
7    {
8      public:
9        int VarA;
10       myclass(int,int);              // 宣告建構函式
11       void ShowVar();
```

```
12      private:
13          int VarB;
14   };
15   myclass::myclass(int a,int b):VarA(a),VarB(b)        // 定義建構函式
16   {
17   }
18   void myclass::ShowVar()
19   {
20          printf("VarA=%d\n",VarA);
21          printf("VarB=%d\n",VarB);
22   }
23
24   int main(void)
25   {
26      myclass X(3,10);
27      myclass Y(5,40);
28
29      printf(" 物件 X\n");
30      X.ShowVar();
31
32      printf(" 物件 Y\n");
33      Y.ShowVar();
34      /* system("pause"); */
35      return 0;
36   }
```

> 直接以 a 之值設定為 VarA 之值,以 b 之值設定為 VarB 之值

▶ 執行結果

```
物件 X
VarA=3
VarB=10
物件 Y
VarA=5
VarB=40
```

▶ 範例說明

　　第 15~17 行是建構函式的定義,在第 15 行中,我們使用了成員變數初始列來設定成員變數的初值,所以建構函式的內容即使是空的,也仍然會初始成員變數。

預設的建構函式

　　事實上,不論您是否定義了建構函式,在程式載入時,編譯器都會產生一個**預設建構函式 (Default Constructor)**。由編譯器產生的預設建構函式其實不會做任何的動作,不過,我們也可以自行製作一個預設建構函式,例如:『myclass(){};』。

當呼叫建構函式且未傳入任何引數的時候,就會去呼叫「預設建構函式」而非「建構函式」,請見以下的範例。

【觀念範例 13-15】:預設建構函式的應用。

範例 **13-15** ch13_15.cpp(ch13\ch13_15.cpp)。

```
1   /*      檔名:ch13_15.cpp      功能:預設建構函式的應用      */
2
3   #include <stdlib.h>
4   #include <stdio.h>
5
6   class myclass
7   {
8     public:
9        int VarA;
10       myclass(){};                // 預設建構函式
11       myclass(int,int);           // 宣告建構函式
12       void ShowVar();
13     private:
14       int VarB;
15  };
16  myclass::myclass(int a,int b)    // 定義建構函式
17  {
18      VarA=a;
19      VarB=a+b;
20  }
21  void myclass::ShowVar()
22  {
23      printf("VarA=%d\n",VarA);
24      printf("VarB=%d\n",VarB);
25  }
26
27  int main(void)
28  {
29     myclass X(3,10);
30     myclass Y;                    生成物件時,未輸入任
31                                   何引數,也無括號,會
32     printf(" 物件 X\n");          呼叫預設建構函式
33     X.ShowVar();
34
35     printf(" 物件 Y\n");
36     Y.ShowVar();
37     /* system("pause"); */
38     return 0;
39  }
```

⊃ 執行結果

```
物件 X
VarA=3
VarB=13
物件 Y
VarA=2088763392
VarB=2293672
```
記憶體殘值

⊃ 範例說明

(1) 第 10 行是預設建構函式。

(2) 第 29 行是生成 X 物件，此時會去呼叫第 16~20 行的建構函式。

(3) 第 30 行是生成 Y 物件，此時會去呼叫第 10 行的預設建構函式。請特別注意的一點是，第 30 行是『myclass Y;』而非『myclass Y();』。

(4) 由於生成 Y 物件時，執行的是預設建構函式，而預設建構函式並無內容，所以 Y 物件的 VarA 與 VarB 的內容都是紊亂的。

13.5.3 多載與建構函式

多載 (overload) 是 C++ 提供的另一種成員函式功能，簡單的說，多載允許重複定義多個同名的成員函式（我們將在下一節中示範），只要參數的資料型態或數目或順序不同即可。多載也可以應用在建構函式中（您也可以將建構函式視為一個自動被執行的成員函式），定義多個不同參數的建構函式，以便提供生成物件時更大的彈性。

【觀念範例 13-16】：多載建構函式，使得在生成物件時，可以依照不同情況執行不同的建構函式。

範例13-16 ch13_16.cpp（ch13\ch13_16.cpp）。

```
1   /*      檔名:ch13_16.cpp      功能：建構函式的多載   */
2
3   #include <stdlib.h>
4   #include <stdio.h>
5
6   class myclass
7   {
8     public:
9       double VarA;
```

```
10        myclass();                    // 宣告無參數的建構函式
11        myclass(int,int);             // 宣告兩個整數參數的建構函式
12        myclass(double,double);       // 宣告兩個浮點數參數的建構函式
13        void ShowVar();
14    private:
15        double VarB;
16  };
17  myclass::myclass()                  // 定義無參數的建構函式
18  {
19        VarA=10;
20        VarB=10;
21  }
22  myclass::myclass(int a,int b)       // 定義兩個整數參數的建構函式
23  {
24        VarA=a;
25        VarB=a+b;
26  }
27  myclass::myclass(double a,double b)     // 定義兩個浮點數參數的建構函式
28  {
29        VarA=a;
30        VarB=a*b;
31  }
32  void myclass::ShowVar()
33  {
34        printf("VarA=%.2f\n",VarA);
35        printf("VarB=%.2f\n",VarB);
36  }
37
38  int main(void)
39  {
40     int i;
41     myclass X[3];
42     myclass Y(5,40);
43     myclass Z(20.3,30.6);
44
45     for (i=0;i<3;i++)
46     {
47        printf(" 物件 X[%d]\n",i);
48        X[i].ShowVar();
49     }
50
51     printf(" 物件 Y\n");
52     Y.ShowVar();
53
54     printf(" 物件 Z\n");
55     Z.ShowVar();
56     /* system("pause"); */
57     return 0;
58  }
```

➡ 執行結果

```
物件 X[0]
VarA=10.00
VarB=10.00
物件 X[1]
VarA=10.00
VarB=10.00
物件 X[2]
VarA=10.00
VarB=10.00
物件 Y
VarA=5.00
VarB=45.00
物件 Z
VarA=20.30
VarB=621.18
```

➡ 範例說明

(1) 第 10~12 行宣告了 3 個建構函式，但參數的個數或資料型態卻不相同。

(2) 第 17~31 行是 3 個建構函式的定義，其內的建構內容並不相同。

(3) 第 41 行生成 X 物件陣列，由於沒有引數，所以會執行第 17~21 行的建構函式。

(4) 第 42 行生成 Y 物件，由於有 2 個整數引數，所以會執行第 22~26 行的建構函式。

(5) 第 43 行生成 Z 物件，由於有 2 個浮點數引數，所以會執行第 27~31 行的建構函式。

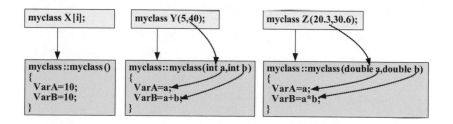

13.5.4 解構函式

相對於建構函式，C++ 的類別也提供了解構函式。**解構函式 (Destructor)**，又稱破壞函式，顧名思義，解構函式與建構函式的功能剛好相反。當生成物件時會自動執行建構函式，而在物件將被消滅時，則會自動執行解構函式。宣告與定義解構函式的語法如下：

【解構函式的宣告語法】

```
解構函式名稱 ();
```

【解構函式的定義語法】

```
類別名稱 :: 解構函式名稱 ()
{
 ……函式內容……
}
```

【語法說明】

解構函式的名稱也和類別名稱相同，不過前面要多加「~」符號。

【觀念範例 13-17】：觀察解構函式的執行時機。

範例*13-17*　ch13_17.cpp（ch13\ch13_17.cpp）。

```cpp
1    /*      檔名:ch13_17.cpp      功能：觀察解建構函式的執行時機      */
2
3    #include <stdlib.h>
4    #include <stdio.h>
5
6    class myclass
7    {
8      public:
9        myclass();             // 宣告建構函式
10       ~myclass();            // 宣告解構函式
11   };
12   myclass::myclass()      // 定義建構函式
13   {
14       printf(" 建構函式執行中 ..........\n");
15   }
16   myclass::~myclass()      // 定義解構函式
17   {
18       printf(" 解構函式執行中 ..........\n");
19   }
20
21   int main(void)
22   {
23       printf(" 程式開始執行 \n");
24
25       printf(" 準備生成物件 \n");
26       myclass X;
```

```
27        printf(" 物件生成完畢 \n");
28
29        printf(" 程式即將結束 \n");
30        /* system("pause"); */
31        return 0;
32  }
```

執行結果

```
程式開始執行
準備生成物件
建構函式執行中..........
物件生成完畢
程式即將結束
解構函式執行中..........
```

範例說明

(1) 從執行結果中，我們可以發現，執行物件的解構函式將會在主函式結束之後才執行，這是因為在主函式中所宣告的物件 X 為區域變數，因此當主函式執行完畢時，物件 X 才會被系統從記憶體中刪除，此時解構函式才會被執行，而當解構函式執行完畢後，程式才真的宣告結束，整個執行流程如下圖。

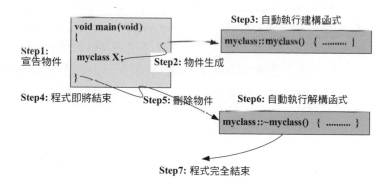

圖 13-9 物件的生成與消失

(2) 或許讀者會覺得奇怪，本範例若未撰寫解構函式，似乎並不會造成任何影響，因為程式結束時，本來就會刪除物件，歸還記憶體給系統。的確話是沒錯，不過，有的時候，並不是這樣的，特別是在動態配置記憶體以及運用指標時，若不在解構函式中做一些處理，就很容易出現問題。

13.6 多載與成員函式多功能化

C++ 為了讓程式設計師在使用物件的時候，能夠更彈性也更具一致性，所以允許在類別中宣告同名但參數不盡相同的成員函式，這就是所謂的**多載 (overload)** 功能。

物件導向程式設計的一大目標是為了開發更大型的專案時，方便程式的開發與維護。換句話說，最底層的程式設計師可以設計許多的類別與物件，供上層應用的程式設計師取用。對上層應用的程式設計師而言，他只需要知道目前有哪些類別／物件可以使用，並且該類別／物件提供了哪些屬性（即公用的資料變數）以及方法（即公用的成員函式）即可。然後運用這些物件的屬性與方法來完成工作。

對上層應用的程式設計師而言，不但不必知道方法的內部運作方式，而且最好同一類的方法也使用相同的名稱，而使用者不必考慮引數的數量及資料型態的差別。亦即物件導向應提供同名異式的功能，此即多型。多載也是多型的一種實現方式。另一種實現多型的方式稱為覆寫 (override)，且專使用於繼承（或實作），本書並不討論此一方式。

舉例來說，假設某一個物件 X 的某一個方法名稱為 Sum，功能為加總，我們只要指定 X.Sum(1,3)、X.Sum(1.5,5.6)、X.Sum(1,2,3)、、、等等，它就會自動幫我們把輸入的引數加起來並回傳，而不必考慮引數的數量及資料型態。為了做到這樣的功能，因此，C++ 必須允許定義相同名稱的成員函式，以便提高類別／物件的方便性，我們直接用下面這個範例，看看到底 C++ 是如何做到的。

【觀念範例 13-18】：使用多載設計成員函式。

範例 *13-18* ch13_18.cpp（ch13\ch13_18.cpp）。

```
1    /*      檔名:ch13_18.cpp      功能:成員函式的多載      */
2
3    #include <stdlib.h>
4    #include <stdio.h>
5
6    class myclass
7    {
8      public:
9        int Sum(int,int);
10       double Sum(double,double);
11       int Sum(int,int,int);
12       double Sum(double,double,double);
```

> 利用多載可宣告多個同名的函式。

```
13   };
14   int myclass::Sum(int a,int b)
15   {
16       return a+b;
17   }
18   double myclass::Sum(double a,double b)
19   {
20       return a+b;
21   }
22   int myclass::Sum(int a,int b,int c)
23   {
24       return a+b+c;
25   }
26   double myclass::Sum(double a,double b,double c)
27   {
28       return a+b+c;
29   }
30
31   int main(void)
32   {
33      myclass X;
34
35      printf("X.Sum(1,2)=%d\n",X.Sum(1,2));
36      printf("X.Sum(1.5,2.3)=%.1f\n",X.Sum(1.5,2.3));
37      printf("X.Sum(1,2,3)=%d\n",X.Sum(1,2,3));
38      printf("X.Sum(1.5,2.3,3.7)=%.1f\n",X.Sum(1.5,2.3,3.7));
39      /* system("pause"); */
40      return 0;
41   }
```

⊙ 執行結果

```
X.Sum(1,2)=3
X.Sum(1.5,2.3)=3.8
X.Sum(1,2,3)=6
X.Sum(1.5,2.3,3.7)=7.5
```

⊙ 範例說明

(1) 第 9~12 行，利用多載技巧宣告了 4 個成員函式 Sum，其參數數目或資料型態有所不同。

(2) 第 14~29 行，4 個成員函式 Sum 的定義。

(3) 第 35~38 行，呼叫 4 次的 Sum 成員函式，編譯器會依據不同的引數數目及資料型態，正確地執行對應的成員函式，如下圖。

```
int myclass::Sum(int a,int b) { return a+b; }
```

```
double myclass::Sum(double a,double b) { return a+b; }
```

```
int myclass::Sum(int a,int b,int c) { return a+b+c; }
```

```
double myclass::Sum(double a,double b,double c) { return a+b+c; }
```

X.Sum(1,2)
X.Sum(1.5,2.3)
X.Sum(1,2,3)
X.Sum(1.5,2.3,3.7)

【觀念範例 13-19】：使用多載設計成員函式，並且接受引數為其他類別的物件。

範例 13-19　ch13_19.cpp（ch13\ch13_19.cpp）。

```
1   /*      檔名:ch13_19.cpp     功能：成員函式的多載     */
2
3   #include <stdlib.h>
4   #include <stdio.h>
5
6   class Vector2
7   {
8     public:
9         double x,y;
10        void Set(double,double);
11  };
12
13  class myclass
14  {
15    public:
16        int Sum(int,int);
17        double Sum(double,double);
18        int Sum(int,int,int);
19        double Sum(double,double,double);
20        Vector2 Sum(Vector2,Vector2);
21  };
22
23  int myclass::Sum(int a,int b)
24  {
25        return a+b;
26  }
27  double myclass::Sum(double a,double b)
28  {
29        return a+b;
30  }
31  int myclass::Sum(int a,int b,int c)
32  {
33        return a+b+c;
34  }
35  double myclass::Sum(double a,double b,double c)
36  {
37        return a+b+c;
```

參數型態與回傳值型態
也可以是類別型態

```
38   }
39   Vector2 myclass::Sum(Vector2 a,Vector2 b)
40   {
41       Vector2 tempVector;
42       tempVector.x=a.x+b.x;
43       tempVector.y=a.y+b.y;
44       return tempVector;
45   }
46
47   void Vector2::Set(double m,double n)
48   {
49       x=m;
50       y=n;
51   }
52
53   int main(void)
54   {
55      myclass X;
56      Vector2 i;
57      i.Set(20,40);
58      Vector2 j;
59      j.Set(15,45);
60      printf("Vector i=(%.0f,%.0f)\n",i.x,i.y);
61      printf("Vector j=(%.0f,%.0f)\n",j.x,j.y);
62
63      Vector2 k;
63      k=X.Sum(i,j);
64      printf("Vector k=(%.0f,%.0f)\n",k.x,k.y);
65      /* system("pause"); */
66      return 0;
67   }
```

➡ 執行結果

```
Vector i=(20,40)
Vector j=(15,45)
Vector k=(35,85)
```

➡ 範例說明

(1) 這個範例是範例 13-18 的擴充,在本範例中,我們在第 6~11 行,宣告了另一個類別 Vector2,用來代表二維向量,並提供一個 Set 成員函式在第 47~51 行。

(2) 第 20 行,我們又增加了 myclass 的另一個成員函式 Sum,它接受的引數是兩個 Vector2 類別的物件,並且回傳一個 Vector2 類別的物件。

(3) 第 39~45 行，是新增 myclass 類別的成員函式 Sum 的程式碼，它會做二維向量的加法，並回傳二維向量。

(4) 第 56~57 行，宣告一個 Vector2 類別的物件 i，並設定成員變數為 (20,40)。

(5) 第 58~59 行，宣告一個 Vector2 類別的物件 j，並設定成員變數為 (15,45)。

(6) 第 63 行，宣告一個 Vector2 類別的物件 k。請注意，在 C++ 中，區域變數的宣告只需要在第一次使用前宣告即可，而不必在函式一開始就宣告。

(7) 第 64 行，透過 X 物件的 Sum 成員函式，幫我們做 Vector2 的加法，所以 k 向量 =(35,85)。在這個範例中，我們將 myclass 類別的 Sum 成員函式功能又擴充到了二維向量的加法。

13.7 this指標

　　this 指標是一個非常特別的指標，對於任何類別而言，this 就是代表著該類別本身的指標，當我們存取或執行類別中的成員變數或成員函式時，實際上都是透過 this 指標達成的。舉例來說，假設有一類別 mycalss 定義如下，事實上，在成員函式 add( ) 的敘述『x=100;』，其實應該是『this->a=100;』，但由於 this 是一個隱性指標，所以可以省略不寫。

```
class myclass
{
   public:
       void add( ){x=100;};
       int x;
};
```

【觀念範例 13-20】：使用 this 指標設定成員變數。

範例13-20 ch13_20.cpp（ch13\ch13_20.cpp）。

```
1    /*    檔名:ch13_20.cpp    功能:this 指標    */
2
3    #include <stdlib.h>
4    #include <stdio.h>
5
6    class myclass
7    {
```

```
 8     public:
 9        void SetVarA(int);
10      void SetVarB(int);
11      void ShowData();
12    private:
13        int VarA;
14        int VarB;
15   };
16
17   void myclass::SetVarA(int value)
18   {
19        this->VarA=value;
20   }
21   void myclass::SetVarB(int value)
22   {
23        this->VarB=value;
24   }
25   void myclass::ShowData()
26   {
27        printf("VarA=%d\n",this->VarA);
28        printf("VarB=%d\n",this->VarB);
29   }
30
31   int main(void)
32   {
33      myclass ObjX;
34
35      ObjX.SetVarA(100);
36      ObjX.SetVarB(200);
37      ObjX.ShowData();
38      /* system("pause"); */
39      return 0;
40   }
```

➲ 執行結果

```
VarA=100
VarB=200
```

➲ 範例說明

　　在第 19、23、27~28 行的成員函式中，我們存取成員變數 VarA 與 VarB 都是
透過 this 指標完成的，事實上，有沒有註明這個 this 指標都沒關係，結果其實是一
樣的。

13.8 class 與 struct 的比較

class 其實是源自於 struct 的語法衍生而來的，但 C 語言的 struct 結構體具有兩大特色 (1)C 語言的 struct 無法區分資料的存取等級、(2)C 語言的 struct 無法建立成員函式。

C++ 對於 C 語言的 struct 做了兩大變革如下：

(1) 仍延續的 C 語言的 struct 語法並加以擴充為 C++ 的 struct 語法。

(2) 改變為 class 語法。

class 語法在前面章節中，我們已經有了基本的認識。在範例 13-5 中，我們也曾嘗試在 C++ 程式中使用 struct，那到底什麼是 C++ 的 struct 語法呢？其實它和 class 語法差不多，同樣具有區分資料存取等級的功能，而且也允許存在成員函式。而 C++ 的 struct 語法和 class 語法唯一的差別在於『預設的保護等級』。

對於 class 而言，所有未明確宣告等級的資料及成員函式，**其預設等級皆為 private**；而對於 struct 而言，所有未明確宣告等級的資料及成員函式，**其預設等級皆為 public**。（所以如果所有的資料與函式都被明確宣告等級的話，C++ 的 struct 與 class 幾乎是同義的兩種指令。）

【觀念範例 13-21】：改寫範例 13-7，使用 C++ 的 struct 語法改寫 class 語法。

範例**13-21** ch13_21.cpp（ch13\ch13_21.c）。

```cpp
1   /*    檔名:ch13_21.cpp    功能:使用 struct 替代 class    */
2
3   #include <stdlib.h>
4   #include <stdio.h>
5
6   struct myclass
7   {
8     public:
9        void InitVar();
10       void AddVar(int b);
11       void ShowVar();
12    private:
13       int Var;
14       void RealShow();
15   };
16
```

```
17  void myclass::InitVar()
18  {
19     Var=0;
20  }
21
22  void myclass::AddVar(int b)
23  {
24     Var=Var+b;
25  }
26
27  void myclass::ShowVar()
28  {
29     RealShow();   // 執行 private 的函式
30  }
31
32  void myclass::RealShow()
33  {
34     printf("Var=%d\n",Var);
35  }
36
37  int main(void)
38  {
39     myclass X,Y;
40
41     X.InitVar();        // 在 X 物件上，執行 InitVar 成員函式
42     Y.InitVar();        // 在 Y 物件上，執行 InitVar 成員函式
43
44     X.AddVar(10);       // 在 X 物件上，執行 AddVar 成員函式
45     printf(" 物件 X\t");
46     X.ShowVar();
47
48     printf(" 物件 Y\t");
49     Y.AddVar(5);        // 在 Y 物件上，執行 AddVar 成員函式
50     Y.ShowVar();
51
52     printf(" 物件 Y\t");
53     Y.AddVar(3);        // 在 Y 物件上，執行 AddVar 成員函式
54     Y.ShowVar();
55     /* system("pause"); */
56     return 0;
57  }
```

⊙ 執行結果

```
物件 X    Var=10
物件 Y    Var=5
物件 Y    Var=8
```

→ 範例說明

這個範例和範例 13-7 的差別僅在於第 6 行，在第 6 行中，我們使用了 struct 來取代 class。這是因為所有的資料變數與成員函式都已經被明確宣告了等級，所以我們只需要直接替換關鍵字就可以了。

13.9 新觀念的資料結構

在 12.2.1 節介紹資料結構時，我們曾經說明資料結構實際上是資料抽象化（Data Abstraction）的一種結果，而資料抽象化包含了「資料」與「運算」的抽象化兩大項目。也曾經說明，抽象化的目的之一是為了容易溝通，而事實上，抽象化之所以可以達到容易溝通的目的，是透過『簡化』的手段。

在 12.2.2 節中，我們討論了資料與結構化，也就是 C 語言透過結構體 struct，使得資料具備了結構化，某種程度地簡化了程式的設計。事實上，資料抽象化在程式語言支援的資料型態中，包含三個層次的抽象化如下：

(1) 基本資料型態：無抽象化。

(2) 結構資料型態：資料抽象化。

(3) 類別資料型態：資料與運算抽象化。

C 語言只支援了 (1)(2) 的資料型態，而 C++ 則支援了上述三大類資料型態，比 C 語言更進一步，提供了資料與運算的抽象化。

資料與抽象化

在 12.1 節中，我們曾經提及圖靈獎得獎人 Nicklaus Wirth 大師曾說 Algorithms + Data Structures = Programs，說明程式是由「資料結構」與「演算法」組成。其主要目的是為了說明，將資料結構化，有助於程式開發效率。此觀念在 1975 年之後的 20 年內普遍被接受。而大約在西元 1995 年之後，一種新觀念的資料結構也開始被重新思考。此一改變在於物件導向程式語言的流行所造成。

在 1995 年之後，C++ 開始發展 STL 標準樣板類別庫（這是一個提供眾多常用類別的類別庫），而 Java 語言也在此時誕生。在此階段，資料結構已經提升為抽象化的資料型式。這明顯的改變可以由上一節 struct 關鍵字在 C 與 C++ 中的不同來觀察。

讓我們檢視 Algorithms + Data Structures = Programs 之名言,在此名言中,資料結構代表的可說是結構化後的資料,但光有資料結構是無法運作的,因此需要演算法使得程式變成是「活」的。舉例來說,光是組織一艘航空母艦是不能完成工作的,必須有前進演算法,使得航空母艦能夠前進。然而航空母艦上的戰鬥機也有前進演算法,明顯地,它與航空母艦的前進演算法應該不同,因此,這些演算法應該只侷限於該個體使用。

物件導向程式語言提供了以 class 類別來撰寫程式的新思維,藉由類別生成的物件實體之互動來達到程式設計之目的。而 C++ 的類別與 C 語言的結構最大的差別在於,類別除了能夠組織資料,還能夠宣告所屬運算以及設計運算的細節。例如 C 語言的結構只能宣告「航空母艦」結構、「戰鬥機」結構,而 C++ 的類別,不但能宣告「航空母艦」類別、「戰鬥機」類別,並且這些類別內還可以包含「前進」、「左彎」、「右彎」等成員函式,這些成員函式的內容就是演算法的步驟。

到了 Java 流行的年代,上述名言可改為 Programs = Classes,因為 Java 的每一行程式都必定隸屬於某一個類別中,絕對不會在類別之外。而這與原名言是否有衝突呢?嚴格來說,原名言仍是正確的,只需要小幅修正,因為此階段的資料結構已經包含了運算以及實現運算的演算法。

換句話說,在純物件導向的程式設計中,Programs = Data Structures = Classes。更明確地來說,兩者的 Data Structures 意函並不完全相同,如下整理:

- ▣ 1975~1995 年:Programs(in Proc) = Algorithms + Old Data Structures
- ▣ 1995~20xx 年:Programs(in OOP) = New Data Structures = Classes
- ▣ 而 New Data Structures= Algorithms + Old Data Structures

struct 關鍵字可用來觀察上述的時代演變。在 C++ 的程式設計中,建議以類別方式來設計程式,但 C++ 的 struct 結構體也可以如 class 類別般宣告成員函式,只不過預設的保護等級不同而已。換句話說,如果明確地宣告各成員的保護等級時,則使用 struct 與使用 class 具有相同效果。

由此可知,C++'s struct (New Data Structures) = C's struct(Old Data Structures) + Algorithms(implement in MemberFunctions)。正由於有此轉變,因此新型態的資料結構已經不能再以文字上的意義-「結構」來解釋,它還應該包含了運算。因此使用類別來設計資料結構是更高層次抽象化的一種程式設計方式。

類別在程式語言的設計中，稱之為抽象資料型態，而結構則是稱為結構型資料型態。結構化的程式語言（例如 C 語言）僅提供結構型資料型態，而物件導向程式語言（例如 C++、Java）則提供了抽象資料型態。

13.10 C/C++語法整理

在前面的小節中，我們學習了 C++ 基本的程式設計方式－『類別』與『物件』，也釐清了物件導向程式設計與結構化程式設計在資料抽象化方面的差異。

C++ 提供的物件導向程式設計技巧還有很多，例如友誼函式、運算子多載、類別繼承、虛擬函式、例外處理等等，不過礙於篇幅，我們將不介紹這些主題。在本小節中，我們將介紹一些由 C 轉變為 C++ 時的一些變革。事實上，某些 C 與 C++ 語法上的差異，有些我們已經在前面介紹過了，並且在介紹時已經標明兩者的不同，如下表。

C	C++	說明
`(int) a;`	`int (a);`	強迫資料轉型
`int *p;`	`int* p;`	宣告指標

`int i;`
`for(i=0;i<=5;i++)`
`{`
`   ......`
`}`
	`for(int i=0;i<=5;i++)`
	`{`
	`   ......`
	`}`
		C++ 可隨處宣告變數，而 C 必須在區段一開始處就宣告變數。

	`bool x;`	新的布林資料型態
`/* ... */`	`//`	註解格式
	`::`	可使用範圍運算子『::』存取外在變數。
不提供參數預設值的設定	提供參數預設值的設定	函式的參數預設值宣告是 C++ 的新功能
	`private,throw…`	C++ 多了一些關鍵字
不檢查 enum 型態	檢查 enum 型態	必須視編譯器版本而定
`struct`	`struct`	C++ 的結構體可以區分資料保護等級，並可包含函式。
`#include <stdio.h>`	`#include <iostream>` `using namespace std;`	引入標頭檔不需要加上 .h 副檔名並且應該使用名稱空間。（我們將在下一章介紹）

C	C++	說明
`malloc();` `free();`	`new` `delete`	動態配置記憶體

表 13-1　C 與 C++ 差異整理

除了上述的幾個簡單語法的轉變之外，C++ 還改變了 C 語言的許多語法，並且提供了以物件導向觀念設計的標準 C++ 函式庫（例如：iostream.h）。在後面的章節中，我們將介紹這些技術與函式庫。您將發現 C++ 提供的這些新功能，使得程式設計變得更方便。

13.11 C++語言的動態記憶體配置

在第 8 章中，我們曾經介紹過使用 malloc 與 free 函式來向系統要求配置記憶體空間與釋放記憶體空間，而這兩個函式是由標準 C 函式庫 <malloc.h> 所提供。在本節中，我們將介紹 C++ 的動態記憶體配置 new 與 delete，它們比 malloc 及 free 還好用許多。

13.11.1 new

在 C++ 中，我們可以透過『new』，向系統要求配置一塊記憶體空間以供使用，語法如下：

new：記憶體生成

```
語法：指標變數 = new 變數型態 [Length];
功能：動態配置記憶體
```

或

```
語法：指標變數 = new 資料型態 ( 初始值 );
功能：動態配置記憶體並設定初值。
```

【語法說明】

(1) new 會向系統要求配置 Length 長度的記憶體給指標變數，而且還會自行計算該長度所需要的 bytes 數，同時不必對配置出來的記憶體做轉型的動作（這一點與 malloc() 大不相同）。

(2) new 的對象可以是基本資料型態，也可以是使用者自訂的資料型態或類別，當為類別時，代表產生一個物件，並回傳該物件位址給指標變數。

(3) 當只宣告一個變數時，我們也可以設定指標指向內容的初始值。

【範　例】 配置一個記憶體空間給整數指標變數。

```
int* ptr;                       //C 語法為 int *ptr;
ptr = new int;
```

　　或

```
int* ptr = new int;            // 也可以為 int *ptr = new int;
```

【範　例】 配置一塊陣列長度為 8 的記憶體空間給指標變數。

```
int* ptr;                              //C 語法為 int *ptr;
ptr = new int[8];
```

　　或

```
int* ptr = new int[8];                 // 也可以為 int *ptr = new int[8];
```

【範　例】 配置記憶體給整數指標，並設定它的初始值為 45。

```
int* p;                                //C 語法為 int *p;
p = new int(45);
```

　　或

```
int* p = new int(45);          // 也可以為 int *p=new int(45);
```

【說　明】

　　我們可以在 new 配置記憶體空間時，同時設定指標指向內容的初始值，但是只能針對一個變數加以設定（若宣告為陣列，則無法設定初值）。

【範　例】 配置長度為 2 的記憶體空間給整數指標變數，並設定它的初始值為
12、23。

```
int* p;                          //C 語法為 int *p;
p = new int[2];
p[0] = 12;
p[1] = 23;
```

【範　例】 動態配置一塊 8*10 的整數二維陣列。

```
int** p;                         //C 語法為 int **p;
p = new int*[8];
for(int i=0;i<8;i++)
{
   p[i] = new int[10];
}
```

【說　明】

(1)　二維陣列實際上就是一種指標的指標。所以我們宣告
　　『int** p;』。

(2)　『p=new int*[8];』代表配置 8 個整數指標給 p，所以
　　此時雙重指標 p 將指向一個指標陣列，如右圖示意。

(3)　最後透過迴圈，再對指標陣列中的指標元素做動態記
　　憶體生成，結果如下圖示意。如此一來就配置完成一
　　個 8*10 的記憶體空間。

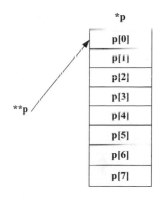

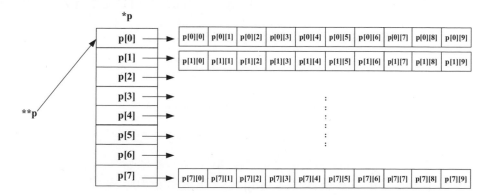

13.11.2 delete

在 C++ 中，我們可以透過『delete』，釋放取得的記憶體空間。如果我們在程式中向系統要求配置一塊記憶體，而程式結束前未將其空間釋放還給系統，則這個記憶體空間會變成記憶體中的『垃圾』（既無指標指向它，又不能再配置給其他程式），由於 C++ 對於垃圾收集並未提供完善又簡單的解決方案，因此，程式設計師最好記得釋放不用的記憶體空間，否則程式執行久了，系統的記憶體就會被耗費殆盡（此時你就必須重新開機來加以解決或執行某些專門尋找垃圾記憶體的程式來清除記憶體了）。使用 delete 釋放記憶體的語法如下：

delete：釋放記憶體

```
語法：delete 指標變數；                    // 指標變數長度為 1
功能：釋放配置記憶體
```

或

```
語法：delete [ ] 指標變數；                 // 指標變數長度大於 1
功能：釋放配置記憶體。
```

【語法說明】

(1) delete 將釋放由 new 動態宣告出來的記憶體。

(2) 若指標長度大於 1（例如物件陣列），則需要使用 delete[ ] 才會完全釋放記憶體。

【範　例】 釋放配置的整數記憶體空間。

```
a = new int;
delete a;
```

【範　例】 釋放配置的一維整數陣列（長度為 8）空間。

```
a = new int[8];
delete [ ] a;
```

【範　例】 釋放配置的二維整數陣列 p[8][10]（長度為 8*10）空間。

```
delete [ ] p;
```

或

```
for(i=0 ; i<8 ; i++ )
{
   delete [ ] p[i];
}
delete [ ] p;
```

【說　明】

您可以一次釋放整個二維陣列。也可以先釋放第二維陣列，再釋放第一維的指標。

【實用及觀念範例 13-22】：使用 new 及 delete 改寫範例 8-17。

範例**13-22** ch13_22.cpp（ch13\ch13_22.c）。

```
 1   /*      檔名 :ch13_22.cpp      功能 :new 及 delete 的應用   */
 2
 3   #include <stdio.h>
 4   #include <stdlib.h>
 5   #include "./lotto.h"
 6
 7   /*************main()*************/
 8   int main(int argc,char *arqv[])
 9   {
10    int i,special,ball_qty=6,temp;
11    int* lotto;   // 這是 C++ 宣告指標的語法
12
13    if(argc>1)
14    {
15       ball_qty=atoi(argv[1]);   /* atoi 須引入 stdlib.h */
16       if(ball_qty==0)
17       {
18          printf(" 參數錯誤 , 例如輸入球數非數字 \n");
19          return -1;
20       }
21       if(!((ball_qty>=1) && (ball_qty<=48)))
22       {
23          printf(" 參數錯誤 , 例如輸入球數非 1~48\n");
24          return -1;
25       }
26    }
27    lotto=new int[ball_qty];
28    generate_lotto_sort(&special,lotto,ball_qty);
29
30    printf(" 樂透號碼如下 .....\n");
31    for(i=0;i<ball_qty;i++)
32    {
```

```
33      if((i%6==0) && (i!=0))
34          printf("\n");
35      printf("%d\t",lotto[i]);
36  }
37  if(ball_qty==1)
38      delete lotto;
39  else
40      delete [] lotto;
41  printf("\n");
42  printf(" 特別號 :%d\n",special);
43  return 1;
44  }
```

⊙ 執行結果

```
... 先將範例編譯成 ch13_22.exe...
C:\C_language\ch13>ch13_22
樂透號碼如下 .....
3       7       8       14      39      48
特別號 :32
C:\C_language\ch13>ch13_22 10
樂透號碼如下 .....
6       12      15      17      19      20
27      29      37      38
特別號 :30
```

⊙ 範例說明

(1) 第 11 行：lotto 是一個整數指標變數。

(2) 第 27 行：經過動態記憶體配置，lotto 指向分配到的「ball_qty」個整數空間的開頭處。

(3) 在執行結果中，當使用者輸入 6 球或未輸入球數參數時，lotto 指向的記憶體空間大小為 6 個整數空間。若使用者輸入 10 球，則 lotto 指向的記憶體空間大小為 10 個整數空間，完全不會浪費記憶體空間。

(4) 我們發現到，當第 31~36 行執行完畢後，就不再需要 lotto 陣列，因此將之釋放（第 37~40 行）。

13.11.3 解構函式與動態記憶體配置

在範例 13-17 中，我們曾經說明解構函式會在一個物件即將消失之前自動被執行，這對於一般的物件而言似乎並沒有太大的作用，但如果在動態記憶體配置的應用場合時，就非常重要了。由於動態記憶體必須有借有還（否則記憶體將被耗盡），所以當某一個物件從生成到結束之間，若發生任何動態配置記憶體的動作，則我們應該在該物件將被刪除時，將配置得到的記憶體空間全部歸還給系統，否則程式完全結束後，這些空間就會變成記憶體中的垃圾。而這個歸還的動作，自然是放在該物件的解構函式來執行最為恰當了，因為當物件消失後，我們將不會再用到這些記憶體空間，所以不必煩惱到底應該在哪裡加入釋放記憶體的敘述。

【觀念範例 13-23】：使用 delete[ ] 刪除物件陣列，並觀察解構函式的執行時機。

範例 13-23 ch13_23.cpp（ch13\ch13_23.cpp）。

```
1   /*      檔名:ch13_23.cpp      功能:解構函式與動態記憶體配置      */
2
3   #include <stdio.h>
4   #include <stdlib.h>
5
6   class student
7   {
8    public:
9       ~student();
10      int stu_size();
11      void showdata();
12
13   private:
14     struct stu
15     {
16       char    stu_id[12];
17       int     ScoreComputer;
18       int     ScoreMath;
19       int     ScoreEng;
20       float   ScoreAvg;
21     };
22     stu Entry;      //C++ 語法
23   };
24
25   student::~student()
26   {
27     printf(" 正在刪除 1 個 student 類別的物件 \n");
28       // 您還可以在這邊做其他事喔 ~
29   }
30
31   int student::stu_size()
32     {
33       return sizeof(stu);    //C++ 語法
34     }
35
```

```
36   void student::showdata()
37   {
38     printf("%s\t%d\t%d\t%d\t%f\n",Entry.stu_id,Entry.ScoreComputer, \
39             Entry.ScoreMath,Entry.ScoreEng,Entry.ScoreAvg);
40   }
41
42   FILE* fp;          //C++ 語法
43
44   /***************main**************/
45   int main(void)
46   {
47     student* IM;        //C++ 語法
48     IM=new student[10];
49     int i;
50
51     if((fp = fopen("data4", "rb")) == NULL)
52     {
53       printf(" 檔案錯誤 \n");
54       exit(0);
55     }
56     int num = fread(IM,sizeof(student),2,fp);    //C++ 語法
57     fclose(fp);
58
59     printf(" 二進位檔讀取完成，前兩筆學生資料如下 \n");
60
61     for(i=0;i<2;i++)
62        IM[i].showdata();
63     delete [] IM;
64     system("pause");
65     return 0;
66   }
```

➡ 執行結果

```
... 先編譯範例 11-8 並執行 ch11_08.exe 將產生 data4 二進位檔 ...
... 將 ch11\data4 二進位檔複製到 ch13\...
…將範例編譯成 ch13_23.exe…
C:\C_language\ch13>ch13_23
二進位檔讀取完成，前兩筆學生資料如下
S9703501        89      84      75      82.666664
S9703502        77      69      87      77.666664
正在刪除 1 個 student 類別的物件
正在刪除 1 個 student 類別的物件
正在刪除 1 個 student 類別的物件
正在刪除 1 個 student 類別的物件
正在刪除 1 個 student 類別的物件
正在刪除 1 個 student 類別的物件
正在刪除 1 個 student 類別的物件
正在刪除 1 個 student 類別的物件
```

正在刪除 1 個 student 類別的物件
正在刪除 1 個 student 類別的物件

➡ 範例說明

(1) 本範例標註 C++ 語法處為傳統 C 語言不支援的語法,例如結構體的宣告及任意位置的變數宣告。

(2) 這個範例和範例 11-9 有相同效果。所以先從 ch11 目錄中複製檔案 data4 到 ch13 目錄中。

(3) data4 檔案內實際上有 3 筆學生成績,但我們只讀取了其中兩筆。

(4) 第 48 行使用 new 配置 10 個 student 類別的物件陣列。

(5) 當第 63 行的 delete[ ] 執行時,將會自動先執行 IM 物件的解構函式,由於陣列有 10 個物件,所以解構函式也會被執行 10 次。

13.12 本章回顧

在本章中,我們簡單介紹了物件導向的程式設計技巧,我們也初次嘗試透過 C++ 的類別與物件來設計程式,在這兩個主題之下,我們學習到了下列相關技術:

(1) 類別是 C++ 物件導向程式最基本的單元,是產生同一類物件的基礎,類別其實也是一種使用者自定的資料型態,在 C++ 中定義類別,非常像在傳統 C 語言定義結構體的方式。C++ 的類別可以定義三種資料存取等級如下:

public ：公用資料型態

private ：私用資料型態

protected ：保護性資料型態

(2) 公用資料變數與函式允許由類別以外的程式存取或呼叫,但私用資料變數與成員函式只允許被同一個類別中的成員函式(或友誼函式)存取或呼叫。

(3) 定義類別語法如下:

```
class  類別名稱
{
   public:
       公用資料與函式
```

```
   private:
       私用資料與函式
   protected:
       保護性資料與函式
};
```

(4) 類別宣告物件語法如下：

```
類別名稱        物件名稱；
```

(5) 在類別 (class) 的定義中，若未明確宣告等級，則成員變數與成員函式預設為私用型態等級 (private)。而在 C++ 的結構體 (struct) 定義中，若未明確宣告等級，則成員變數與成員函式預設為公用型態等級 (public)。

(6) 存取成員資料與執行成員函式語法：

```
物件 . 成員資料
物件 . 成員函式
```

或

```
指標物件 -> 成員資料
指標物件 -> 成員函式
```

(7) 當物件生成後，會馬上自動執行建構函式，而建構函式的名稱與類別名稱相同。

(8) 當物件即將被刪除時，也會馬上自動執行解構函式，而解構函式的名稱則是類別名稱前面加上『～』符號。

(9) 多載 (overload) 允許重複定義多個同名的成員函式，只要參數的資料型態或數目或順序不同即可，使得程式設計具有更大的彈性。同時，多載也可以應用在建構函式之中。

(10) 對於任何類別而言，this 指標就是代表著該類別本身的指標，當我們存取或執行類別中的成員變數或成員函式時，實際上都是透過 this 指標達成的。但由於 this 是一個隱性指標，所以在很多狀況下都可以省略不寫。

(11) C++ 語言的動態記憶體配置，使用的是 new 與 delete，它們比 malloc 及 free 還好用許多。

(12) 在 C++ 中，我們可以透過『new』，向系統要求配置一塊記憶體空間以供使用，語法如下：

```
語法：指標變數 = new 變數型態 [Length]；
功能：動態配置記憶體
```

或

```
語法：指標變數 = new 資料型態（初始值）；
功能：動態配置記憶體並設定初值。
```

(13) 在 C++ 中，我們可以透過『delete』，釋放取得的記憶體空間，避免記憶體空間變成『垃圾』，導致系統的記憶體被耗費殆盡。使用 delete 釋放記憶體的語法如下：

```
語法：delete 指標變數；            // 指標變數長度為 1
功能：釋放配置記憶體
```

或

```
語法：delete [ ] 指標變數；         // 指標變數長度大於 1
功能：釋放配置記憶體。
```

　　除了上述各種 C++ 的特性之外，我們還釐清了資料結構與抽象化的關係，簡單來說，物件導向程式語言提供了抽象資料型態：類別，使得不但能夠將資料進行抽象化，還能將運算也進行抽象化。由於在純物件導向的程式設計（例如 Java 程式）中，所有的程式碼都必須隸屬於某一個類別，因此，我們可以將 Programs = Algorithms + Data Structures 之名言，依照結構化程式語言年代與物件導向程式語言年代區分如下：

- ◼ 1975~1995 年：Programs(in Proc) = Algorithms + Old Data Structures

- ◼ 1995~20xx 年：Programs(in OOP) = New Data Structures = Classes

- ◼ 而 New Data Structures= Algorithms + Old Data Structures

問答題

1. 何謂物件與類別？試以『車輛』為例加以說明，例如大巴士、卡車、小汽車、三輪車、機車等等。

2. 請簡單說明物件導向的三大特性。

3. 在 C++ 的類別定義中，資料分為哪些不同的存取保護等級？

4. 若 object1 與 object2 是同屬於 class1 類別所宣告的物件，請問下列哪些敘述是合法的？
   (1) object1 == object2   (2) object1 = object2
   (3) object1 > object2   (4) object1 < object2

5. 請問下面的類別定義，出現了什麼錯誤？

```
class myClass
{
   private:
      int x = 10;
   public:
      int y;
};
```

6. 建構函式與解構函式會在什麼時候自動被執行？

7. 試比較結構體 (struct) 與類別 (class) 在 C++ 的差別？

8. delete 與 delete[ ] 有何差別？

9. 試從結構化程式語言與物件導向程式語言在抽象化的支援程度來解釋資料結構、演算法與程式的關係。

10. 在 C++ 中，宣告指標變數與 C 語言有何不同？是否能夠在 C++ 程式中，使用 C 語言的語法來宣告指標變數？

實作題

1. 請定義人事資料類別，公用資料包含『姓名』、『年齡』、『職別』、『部門』，私用資料包含『電話』、『身分證號碼』、『月薪資』。

2. 利用上一題的人事資料類別，另外設計一個會計類別，可以讓使用者輸入個人資料，並將資料儲存在此會計類別中，最多可儲存 100 筆人事資料。會計類別下並包含成員函式，使得可以分別按照『部門』、『月薪資』加以重新排序，並輸出到螢幕。

3. 利用 new 動態記憶體配置，將上題的最多可儲存 100 筆人事資料改為可由使用者輸入最多想要儲存幾筆資料。

4. 請仿照範例 13-11，將範例 12-2 的佇列結構改寫為類別，並做適當的修正，以符合物件導向之精神。並且請更進一步，以 new 產生物件進行操作。

5. 請仿照範例 13-11，將範例 12-3 的環狀佇列結構改寫為類別，並做適當的修正，以符合物件導向之精神。並且請更進一步，以 new 產生物件進行操作。

本章習題

【專題程式設計】

延續前三章的專題，以物件導向方式改寫程式。

7. 請透過本章所學習的 C++ 程式設計技巧，以類別取代結構體，以 new 實作為動態記憶體配置，改寫之前所完成的程式。(5%)

筆記頁

14

好用的C++標準函式庫

　　物件導向適合開發中大型程式，這其實代表著我們可以使用許多現成的類別，這些類別可能是由不同廠商提供的，在本章中，我們將說明 C++ 標準函式庫，這是每一個 C++ 編譯器都必須提供的函式庫。在使用這些函式庫的類別產生物件時，您會發現，它比 C 語言的函式還好用許多，因為它採用了物件導向的繼承、封裝、多型、運算子多載等特性來設計類別。

在本章中，我們將說明幾個好用的 C++ 標準函式庫，包含標準輸出入函式庫 <iostream> 的 cout 與 cin，字串函式庫 <string> 的 string 類別，檔案存取函式庫 ifstream 與 ofstream 類別等等。而在使用別人的函式庫之前，我們必須先理解何謂名稱空間，如此才能避免程式間的名稱衝突。

14.1 名稱空間與C++的可見度

名稱空間（Namespaces），在傳統上，指的是一群名字的集合，並且在該集合內不會發生重複的現象，也就是說，名稱空間內的所有名稱都具有唯一性。

14.1.1 C++ 為何需要名稱空間

C 語言允許使用者自行定義函式並製作成函式庫，這意味著，這些名稱對於定義者而言是簡單易懂並具有文字語意的，舉例來說，如果該函式內的功能是二分搜尋法，我們常常會將該函式名稱宣告為 search 或 Search，使得我們在維護上可以一目了然。

由於函式名稱可以由使用者定義，並且可能不同的程式設計師都發展了一些函式庫，當我們使用多人分別發展完成的函式庫時，就很難保證所有的函式名稱以及外部變數名稱都不相同。舉例來說，可能 A 函式庫的 search 函式代表的是二分搜尋法，而 B 函式庫的 search 函式代表的是循序搜尋法。而 A 函式庫與 B 函式庫是由不同的程式設計師，甚至是不同廠商所設計，因此上述狀況是非常有可能會發生的，當這種狀況發生時，而我們又同時引入這兩個標頭檔，就會產生函式名稱衝突的問題（尤其是外部變數同名的狀況尤其顯著）。

事實上，變數名稱衝突牽扯到的是變數的視野或稱為可見度範圍 (scope)，在第 9 章中，我們曾經提及 C 語言提供的 5 種變數等級，在引入不同函式庫時會產生外部變數名稱衝突的問題（發生在跨檔案視野的全域變數，如果使用的是檔案內的全域變數就不會出現這種問題）。

對於 C++ 而言，除了繼續支援 C 語言的 4 種視野之外，另外又多增加了 3 種 scope；其一是類別的視野 (class scope)，這在前面章節中，我們已經見識過了，另一種是條件視野 (condition scope)，代表可以在迴圈（如表 13-1 的 for 迴圈）之條件敘述處宣告變數。而最後一種則是 namespace（名稱空間）。

14.1.2 定義名稱空間

在本章前面的範例中，我們曾透過 C++ 的範圍運算子『::』指定該成員函式所屬的類別。事實上，這也就是 scope 的基本觀念，並且 C++ 還將它擴充到了外在變數的引用。因此只要我們能夠告訴編譯器，目前所使用的是哪一個檔案的變數、函式，就可以避免名稱衝突的問題了，而這也就是 namespace 的技巧根據（每一個名稱空間區段有每一個區段的 scope）。

為了讓程式開發者只關心自己所開發檔案內的函式與變數名稱，而不用理會是否與其他檔案的函式、變數名稱產生衝突。程式開發者必須在程式之中宣告、定義 namespace，以及 namespace 的範圍。

宣告與定義 namespace 的三種語法：

（一）宣告並同時定義 namespace 的語法：

```
namespace 空間名稱
{
    ...namespace 涵蓋範圍內容...
}
```

【語法說明】

(1) {} 其實就是 C 語言的自定程式區段，只不過我們在 C 語言中，不可以為該區段取一個名字，而在 C++ 中，我們可以為該區段取一個空間名稱（區段名稱）。

(2) 區段內的所有函式與變數名稱都將被套用『空間名稱』。

（二）接續定義已宣告的 namespace 語法：

```
namespace 已定義的空間名稱
{
    ...namespace 涵蓋範圍內容...
}
```

【語法說明】

名稱空間不一定要連續，您可以為一個已宣告的空間名稱，追加另一個程式區段。

(三) 不具名的 namespace 語法

```
namespace
{
    …namespace 涵蓋範圍內容…
}
```

【語法說明】

我們也可以不設定『空間名稱』，此時稱之為一個『不具名的空間名稱』。

namespace 的規定

當我們根據上述三種語法定義好每一個程式區段的 namespace 之後，事實上，我們只有一個規則需要遵循，這個規則就是『同一空間名稱的程式區段內的變數、函式名稱不可以重複』。至於不同空間的變數、函式名稱就可以重複了。

【範　例】

```
namespace myNamespace1
{
 int a=0;              // 宣告變數 a（空間名稱為 myNamespace1）
 void func1(void);     // 宣告函式 func1（空間名稱為 myNamespace1）
}

namespace myNamespace2
{
 int a=10;             // 宣告變數 a（空間名稱為 myNamespace2）
 void func1(void);     // 宣告函式 func1（空間名稱為 myNamespace2）
}

namespace myNamespace1
{
 int b=100;            // 宣告變數 b（空間名稱為 myNamespace1）
 void func2(void);     // 宣告函式 func2（空間名稱為 myNamespace1）
}
```

【說　明】

(1) 名稱空間 myNamespace1 內包含了變數 a,b、函式 func1,func2。沒有發生名稱衝突的現象。

(2) 名稱空間 myNamespace2 內包含了變數 a、函式 func1。沒有發生名稱衝突的現象。

(3) 雖然 myNamespace1 與 myNamespace2 都包含了變數 a 與函式 func1，但由於隸屬於不同的名稱空間範圍，所以並沒有違反規定。

巢狀 namespace 的規定

在名稱空間的區段內也可以再定義另一個名稱空間區段，只要同一層的『空間名稱』不相同，而且每一層相同『空間名稱』區段內的變數或函式名稱不相同就可以了。至於不同層但『空間名稱』相同的變數、函式則可以同名。

【範　例】

```
namespace n_a
{
 namespace n_a { int a; }
 namespace n_b { int a; }

 int a;
}
```

【說　明】

我們一共定義了 3 個變數 a，但分屬不同的 namespace，分別是『內層 n_a』的變數 a、『內層 n_b』的變數 a、『外層 n_a』的變數 a。所以這個範例是合法的。

14.1.3 存取名稱空間內的成員

雖然我們可以在不同名稱空間區段中宣告相同的變數與函式，而且在同一區段內存取這些變數與函式並不會出現名稱混亂的問題（因為 scope 相同，侷限在該區段內）。但是如果想要取用別的名稱空間區段內的變數或函式時，就必須使用『::』範圍運算子來達到目的了。

存取名稱空間內的成員（變數與函式），又分為下列三種方式（前提是該名稱空間不能是不具名的名稱空間）：

 註　14.1.3 節語法有些複雜，稍微看過即可，等到真的要認真學習 C++ 時，才需要深入認識。在此提出，是為了說明 14.1.5 節的標準 C++ 函式庫之名稱空間，該處才是重點。

（一）明確方式存取名稱空間的成員

明確存取名稱空間的成員時，必須要使用『::』來區隔每一層名稱空間。其語法如下：

【明確方式存取名稱空間成員的語法】

```
最外層名稱空間::內一層名稱空間:: ......... ::最內層名稱空間::變數
```

【語法說明】

由於名稱空間允許巢狀的定義方式，因此，當我們將所有階層的名稱空間都串聯起來時，再加上變數，就一定是唯一的（您可以想像為檔案放在不同的目錄中，即可維持檔案路徑的唯一性）。

（二）using directive 存取名稱空間的成員

如果我們的名稱空間數量不多，而且不會常常跨越到其他名稱空間區段的話，其實我們可以先將 scope 切換（擴充）到某一個名稱空間內，此時，您就可以直接取用該名稱空間的變數與函式了，這種切換名稱空間 scope 的方式稱之為 using directive，其語法如下：

【using directive 切換（擴充）名稱空間的語法】

```
using namespace   最外層名稱空間:: ......... ::最內層名稱空間;
```

【語法說明】

如果要切換（擴充）的名稱空間只有一層，則只需要直接指定空間名稱即可。

（三）using declaration 存取名稱空間的成員

在 using directive 方式當中，我們會發現「using directive」明顯地比「明確式取用」方便多了，因為我們不必每次存取名稱空間成員時都加上很長的階層名稱。不過使用 using directive 仍舊會有一些問題，尤其是當名稱空間數量越來越多時，由於擴充 scope 的關係，將會使得變數名稱衝突的現象再度發生。因此，C++ 提供了最後一種方式來存取名稱空間的成員，那就是「using declaration」。

使用 using declaration 來存取某個名稱空間的成員時，會將該成員視為目前 namespace 的區域成員之一，因此可以慢慢增加目前的 scope。其語法如下：

【using declaration 擴充名稱空間成員的語法】

```
using 最外層名稱空間:: ......... ::最內層名稱空間::最內層名稱空間成員;
```

【語法說明】

using declaration 必須指定要擴充的空間名稱以及要擴充的成員名稱。它與 using directive 最大的差別有兩點如下：

(1) using directive 擴充 scope 時，一次擴充一個名稱空間內的所有成員。而 using declaration 擴充 scope 時，一次只會擴充某一個名稱空間的某一個成員。

(2) using directive 擴充 scope 時，如果已被擴充的不同名稱空間的變數宣告或函式宣告發生了衝突，並不會馬上產生錯誤，它只會在取用衝突的變數或函式時，才會發生錯誤。而 using declaration 擴充 scope 時，除了一次只會擴充某一個名稱空間的某一個成員之外，而且只要是變數宣告或函式宣告發生錯誤時，就會立刻發生錯誤。

14.1.4 名稱空間的別名

如果不同的變數位於同一個名稱空間且變數名稱相同，會被編譯器視為錯誤。而每一個程式的變數名稱都很多，因此很容易發生名稱衝突，所以我們只能從空間名稱著手來解決問題。為了讓空間名稱不相同，各家提供標準函式庫的廠商大多會取一個非常冗長的名稱來作為該函式庫的空間名稱，而且有時候會將名稱取的非常怪異，以避免空間名稱與別的函式庫的空間名稱相同。

為了替代冗長的空間名稱，因此 C++ 提供了**名稱空間別名**的機制，程式設計師可以為冗長的空間名稱取一個簡單易懂的別名來加以替代，不過這個名稱空間別名同樣必須不能重複。設定名稱空間別名的語法如下：

【設定名稱空間別名的語法】

```
namespace 空間名稱別名 = 空間名稱;
```

或

```
namespace 新的空間名稱別名 = 已存在的空間名稱別名;
```

【語法說明】

　　由上述兩種語法可知，我們除了可以為名稱空間取一個別名，還可以為這個別名再取另一個別名。

【範　例】

　　原本冗長的空間名稱

```
GNU_Free_Library_Quick_Sort_Float::a=10;
GNU_Free_Library_Quick_Sort_Float::b=30;
```

　　取了空間名稱別名之後

```
namespace GNU_Sort=GNU_Free_Library_Quick_Sort_Float;
GNU_Sort::a=10;
GNU_Sort::b=30;
```

14.1.5 標準 C++ 函式庫的名稱空間

　　在本節中，我們至少已經學到了下列兩件事：

(1) 一個良好的函式庫應該使用名稱空間來避免函式庫內的變數名稱與使用者的變數名稱發生衝突。

(2) 引用名稱空間內的變數時，可以有『明確指定』、『using directive』、『using declaration』等三種方法，但引入函式庫時，最好使用『using directive』方式，比較富有彈性。

　　既然如此，**標準 C++ 函式庫**應該算得上是一個良好的函式庫了，可是它的名稱空間（或別名）是什麼呢？答案很簡單也很好記，就是 std（standard 的縮寫）。

　　所以其實我們在引入標準 C++ 函式庫的各個函式庫時，應該在引入檔的後面加入下列敘述，使用『using directive』方式，擴充我們自行撰寫程式的 scope。若不加入下列敘述，就必須要在每次使用標準函式庫的物件時，註明為 std:: **物件名稱**，這樣會變得很麻煩。

```
using namespace std;
```

Coding 注意事項

有時候我們雖然引入了標準 C++ 函式庫,也未指定使用名稱空間 std,卻仍舊不會發生錯誤,這是因為許多現行的 C++ 編譯器已經將該行視為隱藏式的宣告,會幫您自動加入,所以有些較舊版本的書籍或程式都會省略了該行。但筆者確實在某些 Unix 系統下,編譯檔案時,由於未加入該行,同時也未指定編譯參數而導致編譯的錯誤。因此建議還是在引入 C++ 函式庫標頭檔後,自行加入此敘述。

14.2 標準C++函式庫與C語言標準函式庫

C 語言提供了一些標準函式庫,C++ 也提供了一些函式庫,這些函式庫的副檔名都是 .h,但在 C++ 程式中載入兩者時,有一些不同。

當在 C++ 程式中,註明載入 <xxxx> 時,代表著是載入的是 C++ 的函式庫,編譯器會自動到特定目錄尋找 xxxx.h 檔來載入。而如果註明載入 <yyyy.h> 時,則代表著要載入的是 C 的函式庫,編譯器會自動到特定目錄尋找 yyyy.h 檔來載入。這是因為兩者有些函式庫檔案名稱是衝突的,例如 C++ 函式庫提供了 string.h,而 C 函式庫也提供了相同檔名的 string.h。

為了讓所有載入函式庫的格式一致,並且讓 C++ 程式也能使用 C 語言的函式庫,因此 C++ 把 C 語言的函式庫複製了一份別名在 cyyyy.h 中,並且該檔案放置於 C++ 函式庫的路徑中,該檔案內容很簡單,就是進一步再載入 <yyyy.h>,因此,如果您想要使用 C 語言的函式庫,可以直接註明載入 <cyyyy> 即可。

舉例來說,<stdlib.h> 是 C 語言函式庫檔案,假設放在特定目錄 A 之中,而 C++ 函式庫檔案則放置在特定目錄 B 之中,我們只要如下語法載入 cstdlib.h 檔,就可以載入到 C 語言函式庫檔案。

```
#include <cstdlib>
using namespace std;     // 不要忘了要註明名稱空間喔
```

而 C++ 函式庫特定目錄 B 中的 cstdlib.h 檔案內容將會是如下:

```
#include <stdlib.h>
```

14.3　C++的輸出入函式庫：<iostream>

由於物件導向的特性（例如函式及運算子的多載），因此 C++ 標準函式庫所提供的類別及物件功能非常強大，使用起來也非常方便，以下我們將介紹兩個由 <iostream> 函式庫所提供的 C++ 標準輸出物件 (cout) 與標準輸入物件 (cin)。它實在比 C 語言 <stdio.h> 函式庫所提供的 printf( ) 函式及 scanf( ) 函式好用太多了。

標準輸入輸出物件

事實上，在 iostream 函式庫中宣告了數種標準輸入、輸出的物件，可供給 C++ 的程式設計師對他們的程式做輸入與輸出的處理，以下是這些物件的宣告：

```
namespace std {
      extern istream cin;
      extern ostream cout;
      extern ostream cerr;
      extern ostream clog;
      extern wistream wcin;
      extern wostream wcout;
      extern wostream wcerr;
      extern wostream wclog;
};
```

【說　明】

iostream 在標準名稱空間 std 中，一共宣告了八種輸出入物件，分別是 cin、cout、cerr、clog、wcin、wcout、wcerr、wclog，其中，cin、cout、cerr、clog 這四個輸出入物件屬於位元串流，而 wcin、wcout、wcerr、wclog 屬於寬字元串流，這兩類物件除了處理資料的格式不同外，本身的功能其實都是一樣的，本節將對 cin、cout 做說明。

14.3.1 cout 物件

cout 物件是由 ostream 類別所衍生而出，主要可用來將資料輸出到標準的輸出裝置（預設為螢幕）。

【宣告原型】

```
extern ostream cout;
```

【說　明】

　　cout(可念成 see out)，讀者可視為 C++ 語言的標準輸出介面，cout 搭配「<<」運算子，就可以將資料『丟』到標準輸出設備，透過 cout 輸出的資料，必須以位元組資料流的格式組成，資料送到 cout 物件時，會先儲存在緩衝區 (buffer) 中，待緩衝區 (buffer) 中塞滿了資料時，cout 才一次整批把資料輸出，如此可以節省 I/O 存取的次數，加快程式的效率。cout 輸出物件可以對各種型態的資料做輸出的動作，程式設計師不需要考慮到資料的型態。

【實用範例 14-1】：使用 cout 輸出資料。

範例 14-1　ch14_01.cpp（ch14\ch14_01.cpp）。

```
 1   /*     檔名 :ch14_01.cpp    功能 :cout 物件的練習    */
 2
 3   #include <iostream>
 4
 5   using namespace std;
 6
 7   int main()
 8   {
 9     int    a=1;
10     float b=2.3;
11     char* s="Hello C++";    //同 C 語言的 char *s
12     int* p;                 //同 C 語言的 int *p;
13
14     p=&a;
15     cout << "a=" << a << "\n";
16     cout << "b=" << b << endl;
17     cout << "s=" << s << endl;
18     cout << "p=" << p << endl;
19     return 0;
20   }
```

執行結果
```
a=1
b=2.3
s=Hello C++
p=0x22ff74
```

● 範例說明

(1) 第 15~18 行的 cout 是標準 C++ 函式庫中 <iostream.h> 提供的物件，因此我們在第 3 行引入該函式庫檔案（不必加上 .h），並在第 5 行中使用『using directive』方式，擴充函式庫 scope 到我們自行撰寫的程式中，其空間名稱之別名為 std。

(2) C++ 還是允許我們使用舊的標頭檔引入方式，所以第 3~5 行也可以更改如下，但必須注意編譯器是否仍舊支援這種語法。

```
#include <iostream.h>
```

(3) 第 9~12 行分別宣告了整數、浮點數、字串、指標，而在第 15~18 行透過 cout 輸出變數內容時完全不用考慮變數的資料型態，是不是比 printf( ) 方便多了呢！

(4) 第 16~18 行使用 endl 代表要換行，您也可以更改為 "\n"。

14.3.2 cin 物件

cin 物件是由 istream 類別所衍生而出，主要可用來將資料由標準輸入裝置（預設為鍵盤）輸入到程式中的變數。

【宣告原型】

```
extern istream cin;
```

【說　明】

cin(可念成 see in)，讀者可視為 C++ 語言的標準輸入介面，cin 搭配「>>」運算子，就可以將資料由標準輸入設備，傳送到相對應的變數中，透過 cin 輸入的資料，必須以位元組資料流的格式組成，資料送到 cin 物件時，會先儲存在緩衝區 (buffer) 中，待緩衝區 (buffer) 中塞滿了資料時，cin 才一次整批把資料輸入，如此可以節省 I/O 存取的次數，加快程式的效率。cin 輸出物件也可以對各種型態的資料做輸入的動作，程式設計師不需要考慮到資料的型態。

【實用範例 14-2】：使用 cin 輸入資料。

範例*14-2* ch14_02.cpp（ch14\ch14_02.cpp）。

```
1    /*      檔名:ch14_02.cpp     功能:cin 物件的練習     */
2
3    #include <iostream>
4
5    using namespace std;
6
7    int main()
```

```
8   {
9     int   a1,a2;
10    float b;
11    char s[100];
12    int* p;
13
14    p=&a2;                      // p 指向 a2
15    cout << "請輸入 a1,a2:";
16    cin >> a1 >> *p;
17    cout << "請輸入 b:";
18    cin >> b;
19    cout << "請輸入 s 字串:";
20    cin >> s;
21    cout << "a1=" << a1 << "\ta2=" << a2 << "\tb=" << b << "\ts=" << s << endl;
22    return 0;
23  }
```

➡ 執行結果

```
請輸入 a1,a2:10 20
請輸入 b:5.72
請輸入 s 字串:Hello C++ language
a1=10    a2=20    b=5.72   s=Hello
```

➡ 範例說明

(1) 使用 cin 讀入資料時,不必考慮變數的資料型態,比 scanf( ) 方便多了。

(2) 從執行結果中,我們可以發現 cin 對於輸入的資料,會以空白或換行做為分隔指定給相對應的變數,因此 a1 為 10、a2(即 *p) 為 20、b 為 5.72、s 字串為 "Hello",而此時緩衝區內將仍留下 "C++ language"。

14.4 C++的字串

　　以往我們在 C 語言中,若要使用字串,必須將字串宣告為『字元字串』或『指標字串』,而字元字串真的是一個怪怪的東西,連名稱都怪怪的,因為它既不是單純的『字元陣列』(因為結尾字元是 '\0'),也不能稱之為『字串陣列』(因為字串陣列容易讓人感覺到是由許多字串構成的一個陣列,而非由許多字元構成的字串)。在 C++ 出現之後,有些書籍則將之前的那兩種字串稱之為 C-style 字串。

明顯地，C-style 字串非常討人厭，常常讓程式設計師陷於莫名其妙的錯誤中（這是因為它牽扯到了指標，以及結尾字元為 '\0'，而且編譯器又不會檢查輸入的資料是否超越了配置的邊界），可是我們又不得不使用它來解決問題，這是因為標準 C 函式庫的 <string.h> 提供了許多好用的函式所導致。

既然 C++ 問世了，許多軟體開發公司或部門都會使用物件導向觀念先行開發一個 string 類別，日後這個類別將可以大幅提升開發效率。但是若每個人都使用獨自的 string 類別來開發程式，將會造成相容性極差的問題，因此，體貼的標準 C++ 函式庫提供了一個公用的 string 類別。

回顧 C 語言的字串，我們希望在 C 語言字串中，對字串做哪些處理呢？通常我們想要對字串進行下列操作：

(1) 設定字串內容。

(2) 查詢是否為空字串。

(3) 讀寫字串中的個別字元。

(4) 複製字串。（以往使用 strcpy 函式來完成）

(5) 比較字串。（以往使用 strcmp 函式來完成）

(6) 連接字串。（以往使用 strcat 函式來完成）

(7) 取得字串的字元數量（字串長度）。（以往使用 strlen 函式來完成）

以上幾件工作，幾乎都是最根本的字串應用，所以開發標準 C++ 函式庫的 string 類別時也都將之考慮在內，並使用成員函式或運算子來加以支援。以下我們就來練習一下 C++ 的 string（我們稱之為 C++-style 字串）。

14.4.1 標準 C++ 函式庫 <string> 與 string 類別

C++-style 的字串並非 C++ 語言的一部份，換句話說，它並不是一種 C++ 基本資料型態，而是標準 C++ 函式庫提供的一種類別。所以如果我們要使用 string 類別，就必須先引入標準 C++ 函式庫的 <string>。（請特別注意一點，此處的 <string> 是 C++ 函式庫的 <string>，而不是 C 函式庫的 <string.h>）

【宣告 string 類別的字串物件語法】

```
#include <string>
using namespace std;
string 字串物件名稱；
```

【語法說明】

　　string 是類別名稱(定義於 <string> 函式庫中)，所以要宣告一個字串物件實體，必須使用 string 來加以宣告。

【範　例】

```
#include <string>
using namespace std;
string str1;          //str1 是一個字串物件
```

　　接下來，我們說明 string 物件如何完成上面所討論的各種事項。

設定字串內容

　　設定字串內容，可以將之分為 (1) 宣告時設定字串內容，(2) 先宣告，然後再設定內容。其中，若先宣告然後再設定內容，其實就是複製字串的意思，所以此處暫不討論。

宣告並同時設定字串內容

C++-style 字串	C-style 字串
string str1("Hello Kitty!");	char str1[]="Hello Kitty!"; 或 char *str1="Hello Kitty!";

宣告空字串

C++-style 字串	C-style 字串
string str1;	char str1[]=""; 或 char *str1="";

【說　明】

　　不論宣告空字串或非空字串，其實只不過是執行 string 類別中不同的建構函式而已。

宣告並同時設定為另一字串內容

C++-style 字串	C-style 字串

string str1("Hello Kitty!");
string str2(str1);
// 設定 str2 內容為 str1 的內容
	無

查詢是否為空字串

傳統 C-style 查詢空字串有兩個方法，其一是查詢字串長度是否為 0，其二則是透過與空字串的比對結果判定。而 C++-style 同樣可以用這兩種方式，除此之外，還可以使用另一個成員函式 empty() 來測試是否為空字串。

查詢空字串（字串長度是否為 0）

C++-style 字串	C-style 字串

string str1;
if(!str1.size())
　// 是空字串
	char *str1="";
	if(!strlen(str1))
	　/* 是空字串 */

查詢空字串（透過與空字串的比對）

C++-style 字串	C-style 字串

string str1;
if(str1=="")
　// 是空字串
	char *str1="";
	if(!strcmp(str1,""))
	　/* 是空字串 */

【說　明】

在 C++ 中，『==』也可以用來作為字串比較。其實在 C++ 中，有很多運算子都可以透過多載運算子擴充功能。

查詢空字串（透過 empty() 成員函式來測試）

C++-style 字串	C-style 字串

string str1;
if(str1.empty())
　// 是空字串
	無

讀寫字串中的個別字元

C++-style 字串	C-style 字串
string str1("Hello Kitty!"); str1[3]='a';　　　// 改變第 4 個字元	char str1[]="Hello Kitty!"; str1[3]='a';　　/* 改變第 4 個字元 */

【 說　明 】

　　上述的 C++ 與 C 語法在設定字串中的個別字元時，並無不同。執行結果 str1 都會是『Helao Kitty!』。

複製字串（以往我們使用 strcpy 函式來完成）

C++-style 字串	C-style 字串
string str1("Hello Kitty!"); string str2; str2=str1;　　// 複製 str1 內容到 str2	char str1[]="Hello Kitty!"; char str2[]=""; strcpy(str2,str1); /* 複製 str1 內容到 str2 */

【 說　明 】

　　在 C++ 中，『=』設定運算子也可以用來作為字串的設定，這也是透過多載運算子所完成的。

比較字串。（以往我們使用 strcmp 函式來完成）

C++-style 字串	C-style 字串

string str1("Hello Kitty!");
string str2("Hello World");
if(str1==str2)
　cout << " 相等 " << endl;
if(str1!=str2)
　cout << " 不相等 " << endl;
	char str1[]="Hello Kitty!";
	char str2[]="Hello World";
	if(!strcmp(str1,str2))
	　printf(" 相等 \n");
	if(strcmp(str1,str2))
	　printf(" 不相等 \n");

【 說　明 】

　　在 C++ 中，『==』與『!=』兩個比較運算子都可以用來作為字串的比較，這也是透過多載運算子所完成的。

連接字串（以往我們使用 strcat 函式來完成）

C++-style 字串	C-style 字串

string str1("Wel");
string str2("come");
str1=str1+str2;
	char str1[]="Wel";
	char str2[]="come";
	strcat(str1,str2);

【 說　明 】

　　在 C++ 中，『+』運算子除了可做數字的加法，也可以做字串的加法（連接字串）。執行結果，C++ 與 C 語法的 str1 都會是『Welcome』。

取得字串的字元數量（字串長度）。（以往我們使用 strlen 函式來完成）

C++-style 字串	C-style 字串
`string str1="Hello Kitty!";` `int len=str1.size();`	`char *str1="Hello Kitty!";` `int len=strlen(str1);`

【說　明】

執行結果，C++ 與 C 語法的 len 都會是 12（也就是不含 '\0' 的字元數目）。

14.4.2 兩種字串的轉換

萬一我們有 C-style 的字串，也有 C++-style 的字串時，該怎麼辦呢？不用擔心，string 類別早就考慮了這個問題，請看下面這個範例。

【觀念及實用範例 14-3】：兩種字串的轉換。

範例14-3 ch14_03.cpp（ch14\ch14_03.cpp）。

```
1   /*      檔名:ch14_03.cpp      功能:兩種字串的轉換   */
2
3   #include <cstdlib>          這個函式庫其實就是 C 語言
4   #include <iostream>         的 <stdlib.h>。
5   #include <string>
6                               請注意，要使用 string 類別，
7   using namespace std;        應 該 載 入 <string>， 而 非
8                               <string.h>。
9   int main(void)
10  {
11   string str1="Wel";
12   char* str2="co";
13   string str3="me";
14   string str4;
15   const char* str5="";
16
17   str4=str1+str2+str3;
18   str5=str4.c_str();
19
20   cout << "str4=" << str4 << endl;
21   cout << "str5=" << str5 << endl;
22   system("pause");
23   return 0;
24  }
```

執行結果
```
str4=Welcome
str5=Welcome
```

(1) str1、str3、str4 是 C++-style 的字串。str2、str5 是 C-style 的字串。

(2) 第 17 行告訴我們，『+』不但可以用來做 C++-style 的字串連結，也可以包含 C-style 的字串，『=』號也是這樣子。所以從 C-style 字串轉為 C++-style 字串完全沒有問題。

(3) 通常我們不會將 C++-style 字串轉為 C-style 字串（因為 C++-style 字串比較好用）不過如果一定要轉換的話，也可以透過 string 類別的 c_str() 成員函式來完成，如第 18 行。

14.5 C++檔案函式庫：<fstream>

就和 C 函式庫一樣，C++ 也提供了許多的檔案函式庫，而事實上，對於 C++ 而言，基於 OOP 的觀念，而且檔案也是一種 I/O，所以也被納入 I/O 函式庫的衍生類別中。

C++ 的 I/O 函式庫非常龐大（如下圖），本節中，我們將介紹與檔案 I/O 處理有關的三個物件：ifstream、ofstream、fstream。

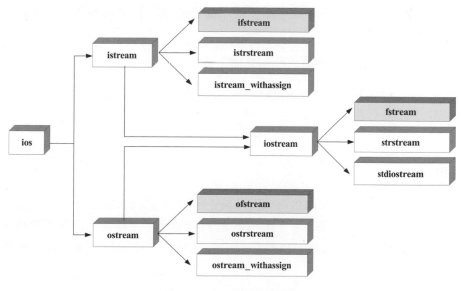

圖 14-1　C++ 的 I/O 函式庫

14.5.1 ifstream 與 ofstream 類別

ifstream 與 ofstream 兩個類別都必須引入 <fstream> 函式庫，其中 ifstream 類別是用來讀出檔案的資料，ofstream 則是寫入檔案資料。

ifstream 類別

方便是 C++ 函式庫的一大特色，所以 ifstream 也可以使用「>>」運算子來把資料從某一裝置傳送到程式中（和 cin 物件相似），而這個裝置就是檔案（精確地說應該是檔案資料流）。同理，在讀資料之前，我們必須先開啟檔案，這可以透過 ifstream 類別的建構函式來完成，如下語法：

【ifstream 類別的建構函式宣告語法】

```
ifstream();    // 暫時不開啟檔案
```

或

```
ifstream(const char *name, int mode=ios::in, int prot=0664);
```

【說　明】

在生成 ifstream 物件時，您可以不輸入任何引數，也可以輸入引數開啟某個特定檔。參數說明如下：

(1) const char *name：欲開啟的檔案名稱。

(2) int mode：檔案開啟模式，預設為 ios::in（詳見後面的 mode 說明）。

(3) int prot：檔案的保護等級，預設為 0664。

ofstream 類別

相對於透過 ifstream 開啟輸入檔案，我們也可以透過 ofstream 類別開啟一個輸出檔案，並且使用「<<」運算子，將資料寫入到檔案中（精確地說應該是檔案資料流）。同理，在寫入資料之前，我們必須先開啟檔案，這可以透過 ofstream 類別的建構函式來完成，如下語法：

【 ofstream 類別的建構函式宣告 】

```
ofstream();    // 暫時不開啟檔案
```

　　或

```
ofstream(const char *name, int mode=ios::out, int prot=0664);
```

【 說　明 】

　　在生成 ofstream 物件時，您可以不輸入任何引數，也可以輸入引數開啟某個特定檔。參數說明如下：

(1)　const char *name：欲開啟的檔案名稱。

(2)　int mode：檔案開啟模式，預設為 ios::out。

(3)　int prot：檔案的保護等級，預設為 0664。

int mode 參數說明

　　int mode 是 ifstream、ofstream、fstream 建構函式都有的一個參數，它可以有許多種參數值，分別代表不同的開檔模式，同時可以藉由『|』運算子組合多種開檔模式。

mode 參數值	檔案開啟模式
ios::in	開啟可輸入檔案，也是 ifstream 的 mode 內定值。
ios::out	開啟可輸出檔案，也是 ofstream 的 mode 內定值。
ios::app	開啟附加模式；檔案開啟後，檔案指標會直接跳到檔案資料流的末端，所以輸入的資料將接在檔案的最後面。
ios::ate	開啟附加模式；檔案開啟後，檔案指標會直接跳到檔案資料流的末端。但可以自由移動檔案指標。
ios::trunc	若檔案已存在，則檔案原始內容將被清除。(必須與 ios::out 同時設定)
ios::binary	使用二進位模式來開啟檔案。

　　下表是常用的幾種開檔模式的 C++、C 對照表，透過下表，讀者將更容易學習 C++ 開啟檔案模式與 C 開啟檔案模式。

C++	C	檔案開啟模式
ios::in	"r"	開啟唯讀檔案
ios::out|ios::trunc	"w"	開啟寫入檔案,並清除原始內容。若不存在該檔,則開新檔案。
ios::out|ios::app	"a"	開啟檔案,並將資料寫入檔尾。
ios::in|ios::out	"r+"	開啟可讀可寫的檔案。
ios::in|ios::out|ios::trunc	"w+"	開啟可讀可寫的檔案。檔案已存在時,清除原始內容。若不存在該檔,則開新檔案。
ios::in|ios::out|ios::app	"a+"	開啟可讀可寫的檔案。資料將寫入到檔尾。

ifstream 類別與 ofstream 類別的成員函式

ifstream 類別與 ofstream 類別有許多相同功能的成員函式,我們將之一併說明。

(一) open() 成員函式

ifstream 類別

```
void open(const char *name, int mode=ios::in, int prot=0664);
```

ofstream 類別

```
void open(const char *name, int mode=ios::out, int prot=0664);
```

函式功能:開啟檔案。

(二) close() 成員函式

```
void close();
```

函式功能:關閉檔案。

(三) fail() 成員函式

```
bool fail() const;
```

函式功能:當操作物件時,發生失敗動作,fail 成員函式將會回傳 true。

【範例 14-4】：使用 C++ 函式庫的 ifstream 物件改寫範例 11-1。

範例**14-4** ch14_04.cpp（ch14\ch14_04.cpp）。

```
1   /*      檔名 :ch14_04.cpp      功能 :開檔與關檔     */
2
3   #include <iostream>
4   #include <fstream>
5   #include <string>
6
7   using namespace std;
8
9   int main(void)
10  {
11    ifstream readfile;
12    string filename;
13
14    cout << " 請輸入檔名（可含路徑）:";
15    cin >> filename;
16
17    readfile.open(filename.c_str(),ios::in);
18
19    if(readfile.fail())      // 開檔失敗
20    {
21     cout << " 檔案 " << filename << " 開啟失敗 " << endl;
22     exit(1);  // 強迫結束程式
23    }
24
25    cout << " 檔案 " << filename << " 開啟中 ..." << endl;
26    readfile.close();
27    cout << " 檔案 " << filename << " 關閉 " << endl;
28    return 0;
29  }
```

▶ 執行結果

（假設執行檔所在的目錄下有一個文字檔 data1.txt）

```
... 先將範例編譯成 ch14_04.exe...
C:\C_language\ch14>ch14_04
請輸入檔名（可含路徑）:data1.txt
檔案 data1.txt 開啟中 ...
檔案 data1.txt 關閉
C:\C_language\ch14>ch14_04
請輸入檔名（可含路徑）:file1.txt
檔案 file1.txt 開啟失敗
```

範例說明

(1) 第 11 行：宣告一個 ifstream 物件 readfile。（並未同時指定開檔名稱）

(2) 第 17 行：執行開檔成員函式 open，若檔案開啟失敗、fail 成員函式將回傳 true（第 19 行）。

(3) 第 26 行：執行關檔成員函式 close，關閉檔案。

(4) 執行結果中，data1.txt 已存在同一目錄下，所以開檔成功，而 file1.txt 不存在該目錄下，因此開檔失敗。

(四) ifstream 類別的 get() 成員函式

```
get(char* ptr, int len, char delim = '\n');
get(unsigned char* ptr, int len, char delim = '\n');
get(char& c);
get(unsigned char& c);
get(signed char& c);
```

函式功能：get 成員函式是繼承 istream 類別，可以用來讀取單一字元。

(五) ofstream 類別的 put() 成員函式

```
put(char c);
put(unsigned char c);
put(signed char c);
```

函式功能：put 成員函式是繼承 ostream 類別，可以用來寫入單一字元。

【範例 14-5】：使用 C++ 函式庫的 ifstream、ofstream 物件改寫範例 11-2。

範例14-5 ch14_05.cpp（ch14\ch14_05.cpp）。

```
1  /* 檔名:ch14_05.cpp 功能：複製檔案 ( 使用 ifstream.get() 與 ofstream.put() */
2
3  #include <iostream>
4  #include <fstream>
5  #include <string>
6
7  using namespace std;
8
9  int main(void)
```

```
10  {
11    ifstream readfile;
12    ofstream writefile;
13    string filename1,filename2;
14    char c;
15
16    cout << " 請輸入來源檔名 :";
17    cin >> filename1;
18    cout << " 請輸入目的檔名 :";
19    cin >> filename2;
20
21    readfile.open(filename1.c_str());
22    writefile.open(filename2.c_str(),ios::out|ios::trunc);
23
24    if(readfile.fail() || writefile.fail())    // 開檔失敗
25    {
26      cout << " 檔案發生錯誤 " << endl;
27      exit(1); // 強迫結束程式
28    }
29
30    cout << " 讀取並寫入中 ......" << endl;
31    while(readfile.get(c))    // 使用迴圈讀取來源檔內容
32    {
33      cout << c;
34      writefile.put(c); // 使用迴圈寫入目的檔內容
35    }
36    cout << "\n 讀取並寫入完畢 ......" << endl;
37
38    readfile.close();
39    writefile.close();
40    return 0;
41  }
```

➔ 執行結果

（假設執行檔所在的目錄下有一個文字檔 data1.txt）

```
... 先將範例編譯成 ch14_05.exe...
C:\C_language\ch14>ch14_05
請輸入來源檔名 :data1.txt
請輸入目的檔名 :test1.txt
讀取並寫入中 ......
S9703501 89 84 75
S9703502 77 69 87
S9703503 65 68 77
讀取並寫入完畢 ......
```

範例說明

第 31~35 行：使用迴圈一次讀取 readfile 檔案串流中的一個字元，並將之寫入到 writefile 檔案串流中，以及輸出到螢幕上。

(六) ifstream 類別的 getline() 成員函式

```
istream& getline(char* ptr, int len, char delim = '\n');
istream& getline(unsigned char* ptr, int len, char delim = '\n');
```

　　函式功能：getline 成員函式是繼承 istream 類別，可以用來讀取指定數目 (len)
　　　　　　　的字元。

ifstream 類別與『 >> 』運算子、ofstream 類別與『 << 』運算子

正如前所述，ifstream 物件可以和 cin 物件一樣，使用『 >> 』運算子取得資料，而 ofstream 物件也可以和 cout 物件一樣，使用『 << 』運算子輸出資料。

舉例來說，如果檔案中有三筆資料如下：

```
50   70
22.032
```

依序讀到變數 x、y、z 中（其中 x、y 為整數，z 為浮點數），可以使用下列語法完成。

```
input >> x >> y >> z;
```

【說　明】

輸入物件 input 會自行判斷輸入資料的型態，舉例來說，由於第一個輸入參數 x 為整數資料型態，當 input 讀到 50 時，會自動把字串『50』轉換成整數 50，並設定給 x。所以執行結果，x=50、y=70、z=22.032。

14.5.2 從檔案中存取物件

C++ 提供的檔案函式庫功能非常強大，我們甚至可以將整個物件內容儲存到檔案中，或者由檔案中讀出物件資料，如此一來，使得程式設計更加的方便。

在前面我們曾經提及，C 函式庫可以直接寫入結構體，而在上一章中，我們也可以很容易地察覺到類別其實是結構體的延伸。而在第 11 章中，我們曾經將結構

體寫入到二進位檔案中，達到保護資料的目的（因為如果不知道結構體資料分布狀況，很難正確讀取出資料）。在 C++ 檔案函式庫中，我們同樣可以將物件寫入到二進位檔案中，達到保護資料的目的，而讀寫時使用的則是 read 與 write 成員函式。

(一) ofstream 類別的 write() 成員函式語法

```
write(const char *s, streamsize n);
write(const unsigned char *s, streamsize n);
write(const signed char *s, streamsize n);
write(const void *s, streamsize n);
```

　　函式功能：write 成員函式是繼承 ostream 類別，可以用來把物件以二進位的方式將資料寫到檔案中，達到保護資料的目的。範例如下：

【範　例】將物件 Obj 輸出到檔案中。

```
writefile.write((char*)&Obj,sizeof(Obj));
```

【說　明】

(1) writefile 是 ofstream 物件。

(2) (char*) 是強制轉型。&Obj 是物件 Obj 的位址。sizeof(Obj) 是物件 Obj 的大小。

【觀念及實用範例 14-6】：參考範例 11-8 的模式，使用 write 成員函式寫入物件到二進位檔。

範例 14-6　ch14_06.cpp（ch14\ch14_06.cpp）。

```
1    /*      檔名:ch14_06.cpp      功能：寫入物件到二進位檔      */
2
3    #include <iostream>
4    #include <fstream>
5    #include <string>
6
7    using namespace std;
8
9    class student
10   {
11    private:
12     string stu_id;
13     int    ScoreComputer;
```

```
14    int     ScoreMath;
15    int     ScoreEng;
16    float   ScoreAvg;
17   public:
18    void setdata(string a,int b,int c,int d,float e)
19    {
20      stu_id=a;
21      ScoreComputer=b;
22      ScoreMath=c;
23      ScoreEng=d;
24      ScoreAvg=e;
25    }
26    void showdata()
27    {
28      cout << stu_id << "\t" << ScoreComputer << "\t" << ScoreMath << \
29                     "\t" << ScoreEng << "\t" << ScoreAvg << endl;
30    }
31  };
31
33  /**************main**************/
34  int main(void)
35  {
36   string stu[3]={"S9703501","S9703502","S9703503"};
37   int score[3][3]={{89,84,75},
38                    {77,69,87},
39                    {65,68,77}};
40   ofstream writefile;
41   int i,Total[3];
42   student IM[3];
43
44   for(i=0;i<3;i++)
45   {
46     Total[i]=0;
47     Total[i]=score[i][0]+score[i][1]+score[i][2];
48     IM[i].setdata(stu[i],score[i][0],score[i][1] \
49                  ,score[i][2],float(Total[i])/3);    //C++ 語法
50   }
51
52   writefile.open("data5",ios::out|ios::binary|ios::trunc);
53   if(writefile.fail())    // 開檔失敗
54   {
55    cout << " 檔案發生錯誤 " << endl;
56    exit(1);  // 強迫結束程式
57   }
58
59   writefile.write((char *)&IM[i], sizeof(IM[i])*3);
60
61   cout << " 二進位檔寫入完成 " << endl;
```

```
62  writefile.close();
63  return 0;
64  }
```

```
... 先將範例編譯成 ch14_06.exe...
C:\C_language\ch14>ch14_06
二進位檔寫入完成
```

● 範例說明

　　第 59 行：使用 write 成員函式寫入 sizeof(IM[i])*3 長度的資料，也就是 IM 整個物件陣列。由於使用二進位檔儲存，因此具有保密效果，當我們用 type 指令觀察 data5 檔案內容時，無法看到詳細資料（會出現亂碼），而必須使用下面一個範例來讀取二進位檔的資料。

```
C:\C_language\ch14>type data5
?B          劻   ?U   o    c           A  `    hc 滋 A? 員
```

(二)Ifstream 類別的 read() 成員函式語法

```
read(char *ptr, streamsize n);
read(unsigned char *ptr, streamsize n)
read(signed char *ptr, streamsize n)
read(void *ptr, streamsize n)
```

　　函式功能：read 成員函式是繼承 istream 類別，可以從二進位檔案中讀取資料。
　　　　　　範例如下：

【範例】將物件 Obj 從檔案中讀出。

```
readfile.read((char*)&Obj,sizeof(Obj));
```

【說　明】

(1) readfile 是 ifstream 物件。

(2) (char*) 是強制轉型。&Obj 是物件 Obj 的位址。sizeof(Obj) 是物件 Obj 的大小。

【觀念及實用範例 14-7】：參考範例 11-9 的模式，使用 read 成員函式讀取二進位檔中的物件資料。

範例**14-7** ch14_07.cpp（ch14\ch14_07.cpp）。

```cpp
1   /*      檔名:ch14_07.cpp     功能:讀取二進位檔內的物件資料     */
2
3   #include <iostream>
4   #include <fstream>
5   #include <string>
6
7   using namespace std;
8
9   class student
10  {
11   private:
12     string stu_id;
13     int    ScoreComputer;
14     int    ScoreMath;
15     int    ScoreEng;
16     float  ScoreAvg;
17   public:
18     void setdata(string a,int b,int c,int d,float e)
19     {
20       stu_id=a;
21       ScoreComputer=b;
22       ScoreMath=c;
23       ScoreEng=d;
24       ScoreAvg=e;
25     }
26     void showdata()
27     {
28       cout << stu_id << "\t" << ScoreComputer << "\t" << ScoreMath << \
29                       "\t" << ScoreEng << "\t" << ScoreAvg << endl;
30     }
31  };
32
33  /*************main*************/
34  int main(void)
35  {
36   string stu[3]={"S9703501","S9703502","S9703503"};
37   int score[3][3]={{89,84,75},
38                    {77,69,87},
39                    {65,68,77}};
40   ifstream readfile;
41   int i,Total[3];
42   student IM[3];
43
```

```
44   for(i=0;i<3;i++)
45   {
46     Total[i]=0;
47     Total[i]=score[i][0]+score[i][1]+score[i][2];
48     IM[i].setdata(stu[i],score[i][0],score[i][1] \
49               ,score[i][2],float(Total[i])/3);   //C++ 語法
50   }
51
52   readfile.open("data5",ios::in|ios::binary);
53   if(readfile.fail())   // 開檔失敗
54   {
55    cout << " 檔案發生錯誤 " << endl;
56    exit(1); // 強迫結束程式
57   }
58
59   readfile.read((char *)&IM[i], sizeof(IM[i])*2);
60   readfile.close();
61
62   cout << " 二進位檔讀取完成，前兩筆學生資料如下 " << endl;
63
64   for(i=0;i<2;i++)
65     IM[i].showdata();
66   return 0;
67 }
```

➡ 執行結果

```
... 先將範例編譯成 ch14_07.exe...
C:\C_language\ch14>ch14_07
二進位檔讀取完成，前兩筆學生資料如下
S9703501       89        84        75        82.6667
S9703502       77        69        87        77.6667
```

➡ 範例說明

　　第 59 行：使用 read 成員函式讀取 sizeof(IM[i])*2 長度的資料，也就是只讀取 data5 檔案中的前兩筆學生物件資料。您可以將之改為 3 筆，就可以讀出 data5 檔案的全部資料了。所以當我們要讀取一個二進位檔時，我們必須事先知道該檔案內資料的物件結構。

14.5.3 fstream 類別

　　ofstream 類別繼承自 ostream 類別、ifstream 類別繼承自 istream 類別，而 fstream 類別則是繼承自 iostream 類別。fstream 與 ifstream、ofstream 最不同的點在於，fstream 衍生出來的物件可以同時處理檔案的輸入及輸出，所以您可以依照

需要在執行 open 成員函式時，設定適當的開檔模式（mode 參數）。例如想要檔案可讀可寫，就可以將引數設定為『ios::in|ios::out』。fstream 類別的成員函式大多與 ifstream、ofstream 相同，在此就不再累述。

14.6 本章回顧

在本章中，我們善用標準 C++ 函式庫提供的類別，將 C 語言程式盡量轉變為 C++ 語言程式，使用到的技術內容大致如下：

(1) 為了讓函式庫內的名稱與程式設計師自訂的變數名稱不會發生衝突，C++ 使用了**名稱空間 (Namespaces)** 來確保變數名稱的唯一性。

(2) 標準 C++ 函式庫的名稱空間（或別名）是 std（standard 的縮寫）。也就是說，我們應該在引入標準 C++ 函式庫的各個函式庫時，在引入檔的後面加入下列敘述，使用『using directive』方式，擴充我們自行撰寫程式的 scope。

```
using namespace std;
```

(3) 標準 C++ 函式庫提供一種新的字串類別 — string 類別，稱之為 C++-style 字串，使用此類字串，必須引入標準 C++ 函式庫的 <string>。

(4) C++-style 字串提供了許多好用的成員函式，使得程式設計師脫離了傳統 C-style 字串低階處理的困擾。

(5) 在 C++ 的輸出入函式庫 <iostream> 中宣告了數種標準輸入、輸出的類別，可供給 C++ 的程式設計師對他們的程式做輸入與輸出的處理，其中最常使用到的是 cin、cout 等物件。

    (1) cout 物件是由 ostream 類別所衍生而出，主要可用來將資料輸出到標準的輸出裝置（預設為螢幕）。

    (2) cin 物件是由 istream 類別所衍生而出，主要可用來將資料由標準輸入裝置（預設為鍵盤）輸入到程式中的變數。

(6) C++ 也提供了許多的檔案函式庫，而事實上，對於 C++ 而言，基於 OOP 的觀念，而且檔案也是一種 I/O，所以也被納入 I/O 函式庫的衍生類別中。C++ 的 I/O 函式庫非常龐大（如圖 14-1），在本章中我們介紹了與檔案 I/O 處理有關的三個類別：ifstream、ofstream、fstream。這三個類別都有許多好用的成員函式以便存取檔案資料。

14.7 本書回顧

經由本書的學習，您應該具備了使用 C 語言來設計程式的能力，並且試著使用 C 語言來實現一些資料結構相關的演算法。礙於篇幅所限，對於 C++ 物件導向程式設計，我們僅僅學習到重要的『封裝特性』，其他如『繼承特性』、『多型特性』則無法多加介紹。

預覽篇使得本書與其他 C 語言書籍產生了很大的區別，藉由預覽篇，您應該可以預測到將來還需要學習哪些知識及技術。在本書的最後，我們建議您採用下列任一條路徑，加強您的程式設計能力。

◉ **路徑一：** 直接學習資料結構（您可參閱筆者所著之「資料結構初學指引 - 使用 C 語言」做為學習書籍）。

◉ **路徑二：** 先學習 C++，然後再學習資料結構（請找「資料結構 - 使用 C++ 語言」之類的書籍做為學習書籍）。

◉ **路徑三：** 先學習 C++，然後再學習視窗程式設計（您可以選擇 Microsoft Visual C++ 作為開發工具）。

◉ **路徑四：** 先學習 C++，然後再學習 Unix/Linux 網路程式設計（以 socket 為主要學習重點）。

◉ **路徑五：** 直接改學 Java 或 C#。（您將強迫體驗到物件導向程式設計的優點）

本章習題

問答題

1. C++ 程式為何需要名稱空間，它是為了解決什麼問題？

2. 標準 C++ 函式庫的名稱空間是什麼？

3. 試說明 C++<iostream> 函式庫中 cout 物件、cin 物件的用途。

4. 要求一個 string 字串物件執行 c_str()，可以得到何種回傳值？

5. 使用 ifstream、ofstream、fstream 類別來操作檔案處理，應該引入哪一個 C++ 函式庫？

實作題

1. 請改寫第 13 章的習題實作第 3 題，加入標準名稱空間，並使用 cin、cout 物件來進行資料的輸入與輸出。

2. 請改寫第 13 章的習題實作第 4 題，加入標準名稱空間，並使用 cout 物件來進行資料的輸出。

3. 請改寫第 11 章的習題實作第 2 題，加入標準名稱空間，並使用 C++ 的檔案函式庫來操作檔案。

4. 請改寫第 11 章的習題實作第 3 題，加入標準名稱空間，並使用 C++ 的檔案函式庫來操作檔案。

5. 請改寫第 11 章的習題實作第 6 題，加入標準名稱空間，並使用 C++ 的檔案函式庫來操作檔案。

【專題程式設計】

延續前四章的專題，以 C++ 標準函式庫改寫程式。

8. 請透過本章所學習的技術改寫專題。請將字串改為 C++-style 字串，加入標準名稱空間，並使用 cin,cout 物件進行輸出入，在需要對檔案讀寫時，請使用 ifstream、ofstream、fstream 類別來完成。（5%）

A 流程圖

A.1 流程圖簡介

　　流程圖是一種使用圖形符號來表達解決問題順序的方法，初學程式設計者，可以藉由設計流程圖，培養邏輯能力並找出解決問題的步驟。以下是標準流程圖所使用的符號：

符號	符號名稱	功能	範例
⬭	起始／結束符號	流程圖的起點或終點	開始 結束
▭	處理符號	代表處理問題的步驟	x=10 y=x-3
▱	輸入／輸出符號	表示該步驟為資料輸入或資料輸出	輸入身高H 輸出金額M
◇	決策符號	根據符號內的條件，決定下一步驟。	a=3?　假 真
○	連結符號	當流程圖過大而必須切割時，做為兩塊流程圖之連接點	a　a

符號	符號名稱	功能	範例
	跨頁連結符號	當流程圖過大而跨頁時，做為兩頁流程圖之連接點	P2　P2
↓ →	流程方向	工作流程之方向	↓

表 A-1　流程圖符號

A.2　流程圖範例

假設現在有一個需求，要設計一個程式，讓使用者輸入一個正奇數 N，然後程式能夠輸出 Sum，Sum= 1 + 3 + 5 + … + N（即計算奇數和），則我們可以如右設計流程圖，然後再將流程圖轉換為 C 語言程式。

明顯地，左邊的回饋可以使用 do-while 迴圈來實現，而右方的分支可以使用 if-else 條件判斷來實現。

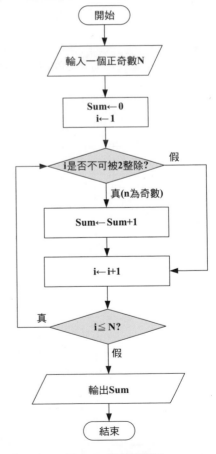

圖 A-1　流程圖範例

B

整合開發環境
Dev-C++

B.1 Dev-C++簡介

在電子附錄所介紹的 gcc、g++、gdb 等是非常成熟的 C/C++ 編譯器及除錯器，這是因為 C 語言一開始就是為了設計 UNIX 作業系統而設計的程式語言。由於 gcc、g++、gdb 屬於 GNU 版權的免費軟體，因此成為一個非常好的選擇。不過它仍舊有兩個缺點：

(1) 必須常常在編輯器、編譯器、除錯器中切換。

(2) 無法照顧到 Windows 使用者。

為了上述原因，因此 Bloodshed 將 gcc、g++、gdb 整合為一個程式開發環境 (IDE)，並且提供了眾多作業系統適用的版本（**https://sourceforge.net/projects/orwelldevcpp/**），在 1.5.5 節中，我們已經使用實例介紹如何透過 Dev-C++ 5.11（安裝後會出現在 Dev-Cpp 目錄）在 Windows 中開發單一 C 程式檔，並將之編譯為執行檔。

因此在本附錄中，我們將針對 Dev-C++ 的各項子功能做簡單的介紹。首先，Dev-C++ 在安裝後，您可以於 C 槽下的 Program Files 或 Program Files (x86) 目錄之下的『**Dev-Cpp**』或『**Dev-Cpp5**』目錄中，或其 MinGW64 子目錄中，找到底下這些檔案或子目錄，這些子目錄的用途如下：

子目錄及檔案	說明
devcpp.exe	Dev-C++ 的主檔，執行後可開啟 Dev-C++，您也可以將 C 或 C++ 檔案連結至該檔，以便檔案總管自動使用 Dev-C++ 來開啟 C 或 C++ 檔案。
bin 目錄	存放編譯執行檔、除錯執行檔等眾多執行檔，這些執行檔通常可以單獨運作。

子目錄及檔案	說明
include 目錄	內存 ANSI C 語言及 Standard C++ Library 等函式庫檔案，當然也包含一些非標準函式庫檔案。
lib 目錄	程式庫檔案
Templates 目錄	放置 GTK+ 的圖形介面 (GUI) 以及 OpenGL 的樣板。
Help 目錄	放置使用說明
Icons 目錄	放置一些小圖檔，供使用者選擇做為代表應用程式的圖示。

B.2 Bin子目錄

在 Bin 子目錄中包含各類執行檔，這些執行檔大部分都可以單獨運作，而 Dev-C++ 其實就是將這些執行檔功能整合在一起而已，並且在執行某些動作時，仍舊是呼叫這些執行檔來執行編譯、除錯等動作，這些執行檔有 ar.exe、as.exe、c++.exe、c++filt.exe、cpp.exe、dlltool.exe、dllwrap.exe、g++.exe、gcc.exe、gdb.exe、gprof.exe、ld.exe、mingw32-make.exe、windres.exe，而在本書中，我們僅使用 gcc.exe、g++.exe、gdb.exe 等檔案。

您可以在進入 Dev-C++ 之後，執行【工具／編譯器選項】指令，切換到程式頁籤，即可看到各軟體對應的執行檔名稱。

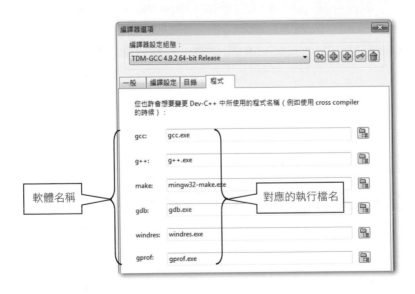

B.3 多檔案編譯

在本書第 9 章之後,我們可能會將完整的程式分割為多個 C 語言程式,在 Linux 中,我們可以使用 gcc 分別將之編譯為多個目的檔,最後再透過 gcc 將之連結在一起。當您安裝了 Dve-C++ 之後,也可以手動分開編譯,或透過 IDE 的協助自動完成多檔案的編譯。

手動分開編譯

您可以將這些檔案複製到『\Bin』目錄中分別來編譯,如下語法將會分別編譯 pro6_1.c 與 pro6_2.c 為 pro6_1.o 及 pro6_2.o 目的檔,然後再連結這兩個目的檔成為 pro6.exe 執行檔。使用系統管理員身分開啟 DOS 視窗後如下操作。

當產生 pro6.exe 執行檔後,您可以將之搬移回您想要的目錄。

自動完成編譯

1
STEP

執行【所有程式(開始/程式集)/ Bloodshed Dev-C++ / Dev-C++】指令,會開啟 Dev-C++ 5.11,然後執行【檔案/開新檔案/專案】指令,開啟一個新的程式專案。

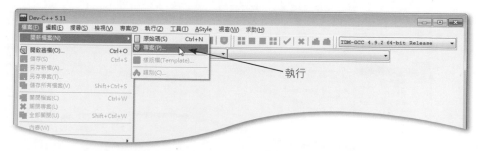

<math>\frac{2}{STEP}$ 指定為命令列式應用程式 (Console Application) 、C 語言專案，並命名為 pro7 專案。

❶ 選擇

❷ 指定

❸ 輸入

❹ 按下

$\frac{3}{STEP}$ 指定專案檔的存放目錄（例如將範例存放到 C:\C_lauage\appendix\ ）。

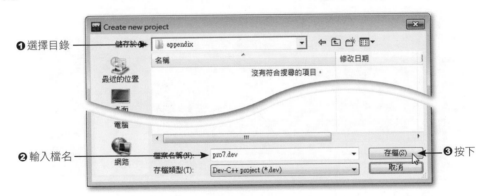

❶ 選擇目錄

❷ 輸入檔名

❸ 按下

$\frac{4}{STEP}$ 此時將開啟 C 語言程式檔，其中已經包含了一些 C 語言程式，並且被命名為 main.c 檔，這是 Dev-C++ 自動幫您加上去的程式內容，但在此我們並不想要該檔案，因此移往左方區域，點選 main.c 並按下滑鼠右鍵，執行快顯功能表內的【移除檔案】指令，移除該預設檔案。

❷ 執行

❶ 點選 main.c，按下滑鼠右鍵

5
STEP 此時會詢問您是否存檔，我們按下【No】鈕，放棄該檔案。

6
STEP 現在我們採用第一種方式，加入第一個正確的 C 語言檔案到 pro7 專案中，點選 pro7
並按下滑鼠右鍵，執行快顯功能表內的【將檔案加入專案】指令。

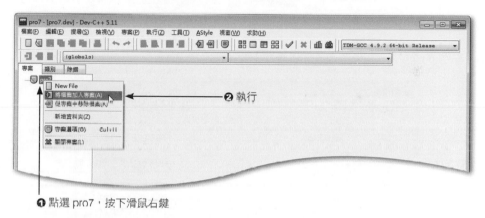

7
STEP 點選 pro7_1.c，然後按下【開啟舊檔】鈕。

8
STEP
pro7_1.c 已經加入到專案檔中了,現在我們採取第二種方式(您也可以採取與 Step6 相同的方式),加入第二個正確的 C 語言檔案到 pro7 專案中,同樣先點選 pro7,然後執行【專案/將檔案加入專案】指令。

9
STEP
點選 pro7_2.c,然後按下【開啟舊檔】鈕。

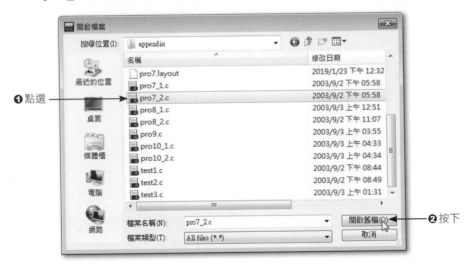

10
STEP
現在兩個檔案 pro7_1.c、pro7_2.c 都已經加入到專案檔中了,現在我們先點選 pro7 專案,然後按下**編譯快捷鈕** ,編譯整個專案所包含的所有程式。

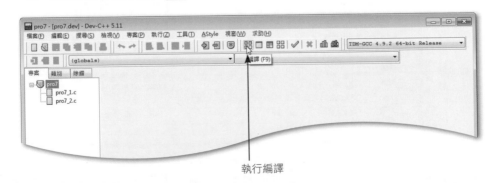

執行編譯

11
<u>STEP</u> 編譯完成後。您可以開啟 Dos 視窗,並切換到原本儲存專案檔的目錄下(C:\C_language\appendix),就會發現 pro7 專案檔已經被編譯成 pro7.exe 執行檔了,您可以直接輸入執行檔的檔名,執行該檔案。

B.4 編譯錯誤訊息

Dev-C++ 的操作其實非常直覺,若您的程式在編譯中出現錯誤,則會將錯誤顯示在錯誤訊息區,如下圖為編譯 test1.c 時出現的錯誤訊息。

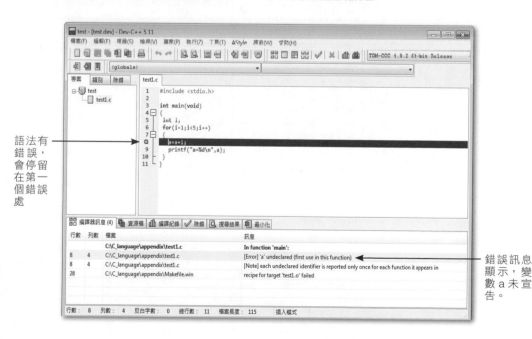

語法有錯誤,會停留在第一個錯誤處

錯誤訊息顯示,變數 a 未宣告。

B.5 執行編譯結果

本書主要是說明 Console Mode 程式，您應該在 Dos 或 Linux/Unix 的命令列中輸入檔名來執行程式，而如果您不想開啟 Dos 來輸入執行檔名，您也可以在編譯完成後，直接按下**執行快捷鈕** □ 來執行程式，此時 Dev-C++ 會自動開啟一個 Dos 視窗執行程式，但程式一但執行完畢，若未指定 system("pause");，則會自動關閉 Dos 視窗。

此外由於 main( ) 函式可以接受作業系統輸入的參數，而如果您不想要開啟 Dos 視窗輸入檔名及參數，您也可以於編譯完成後，執行【執行／參數】指令來設定要輸入的參數，然後執行【執行／執行】指令來執行程式。(以 test2.c 為例，在執行時輸入參數的流程如下)

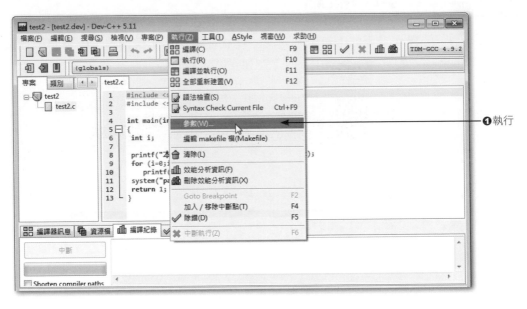

❷輸入執行時想要輸入在執行檔後面的參數

❸按下

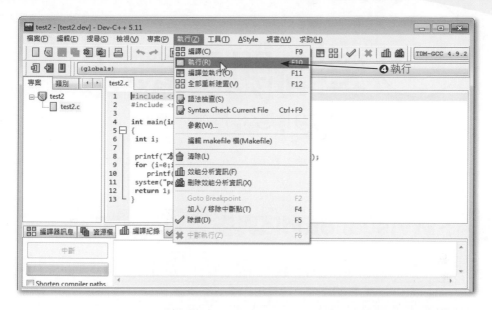

❹ 執行

❺ 包含輸入參數的執行結果

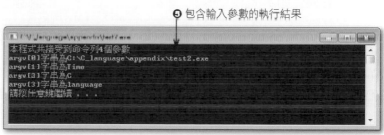

C 整合開發環境 Visual C++

C.1 下載Visual Studio與安裝Visual C++

Visual C++ 是微軟所發展的一套軟體,簡稱 VC++,隸屬於 Visual Studio 套裝開發軟體中,並且提供了免費的版本,供使用者下載安裝使用。本節以 2017 版為例,下載網址如下:

http://visualstudio.microsoft.com/zh-hant/

下載 Visual Studio Community 2017 網路安裝版

❶ 連線到上述的下載網址。

❷ 點選要下載的項目。

❸ 儲存起來。

下載完成後，請執行 Visual Studio Community 2017 網路安裝版（vs_community），
根據精靈的提示進行安裝。

按兩下，根據精靈的提示進
行安裝

Visual C++ 可以用來開發 win32 及 .NET 平台程式，它使用的是 C/C++ 語法，
版本則更新過很多次，此處示範的是 Visual Studio Community 2017。而在 Visual
Studio Community 2017 當中，Visual C++ 已經不再是預設安裝的項目，所以當您依
照精靈安裝 Visual Studio Community 2017 時，請勾選「使用 C++ 的桌面開發」選項，
如下圖。

❶ 必須勾選此項

❷ 繼續安裝

本書由於僅介紹 Console Mode（主控台）的程式設計，因此在附錄 C 中，我
們也只會介紹如何使用 VC++ 開發 Windows 的 Console Mode（主控台）程式，至
於視窗應用程式，則請參閱其他 Visual C++ 專書。

C.2 單檔案編譯

當您已安裝 Visual C++ 的 Visual Studio Community 2017，則可以開始進行如
下的 C 程式開發與編譯。

STEP 1

執行【所有程式（開始／程式集）／ Microsoft Visual Studio 2017】指令，經過帳號登入後（請事先透過 Email 註冊新帳號），會開啟 VC++ 如下圖，執行【檔案／新增／專案】指令，開啟新專案

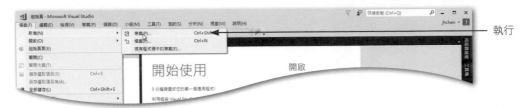

STEP 2

進入新增專案對話方塊，點選 Visual C++、空白專案、選擇位置、輸入方案名稱、取消為方案建立目錄，最後按下【確定】鈕。Visual Studio IDE 就會在該位置下建立一個以「方案名稱」為名稱的目錄。

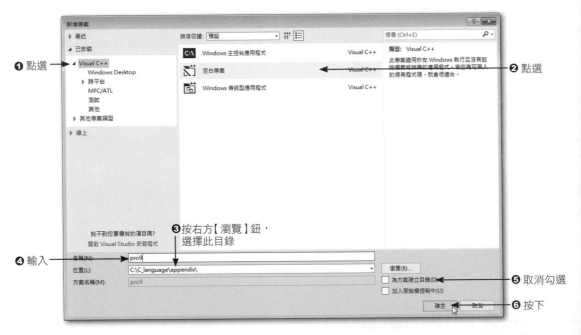

STEP 3

此時 IDE 會幫您建立一個 pro9 方案，由於我們想要在主控台執行程式，所以必須進行專案的屬性設定。執行【專案／屬性】指令，設定子系統為主控台。

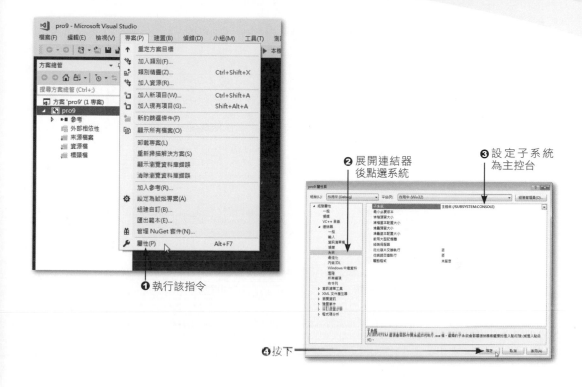

❷ 展開連結器
後點選系統

❸ 設 定 子 系 統
為主控台

❶ 執行該指令

❹ 按下

4
STEP 回到 Visual Studio IDE 主畫面後，可於左方的方案總管看到 pro9 專案，由於現在 pro9
專案是空的專案，所以我們要為專案加入 C 程式檔，請如下執行。

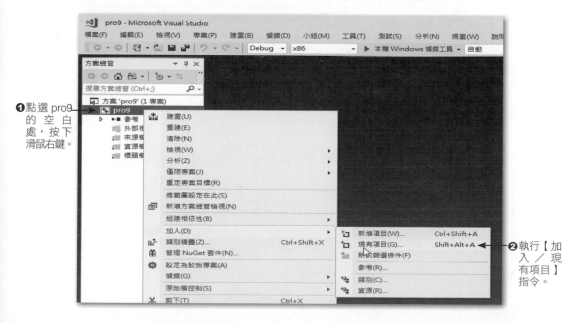

❶點選 pro9
的 空 白
處，按下
滑鼠右鍵。

❷執行【加
入 ／ 現
有項目】
指令。

5
STEP 移動到 C:\C_language\appendix\ 目錄，並點選要加入的 pro9.c，然後按下【加入】鈕。

❶移動到目
標目錄

❷點選要加
入的程式
檔

❸按下

6
STEP pro9.c 載入後，您可以於左邊的方案總管中，按兩下 pro9.c，就可以於右方看到
pro9.c 的原始程式了。現在我們要將此專案編譯為執行檔，因此執行【偵錯／建置方案】
指令。

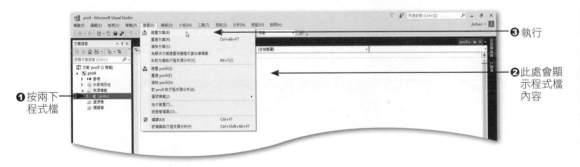

❶按兩下
程式檔

❷此處會顯
示程式檔
內容

❸執行

7
STEP 編譯完成後，它會顯示執行檔所在位置，通常位於專案目錄下的 Debug 子目錄中。

編譯無誤

此處會顯示執行
檔所在位置

8
STEP
為了觀察編譯後的結果，您可以開啟 Dos 視窗，並切換到原本儲存專案檔目錄下的
Debug 子目錄（例如 C:\C_language\appendix\pro9\Debug\），就會發現 pro9 專案檔已經
被編譯成 pro9.exe 執行檔了，您可以直接輸入執行檔的檔名，執行該檔案。

C.3 多檔案編譯

在本書第 9 章之後，我們可能會將完整的程式分割為多個 C 語言程式，因此在
這裡我們將說明如何透過 VC++ 進行多檔案編譯。

1
STEP
執行【所有程式（開始／程式集）／ Microsoft Visual Studio 2017】指令，經過帳號登
入後，會開啟 VC++，執行【檔案／新增／專案】指令，開啟一個新的空專案（如同
上個範例），但這次我們命名為 pro10。並如同上個範例，將子系統設定為主控台。

2
STEP 現在我們可以在於左方的方案總管中,看到一個 pro10 空專案,接著我們要為專案一次加入兩個 C 程式檔,請如下執行。

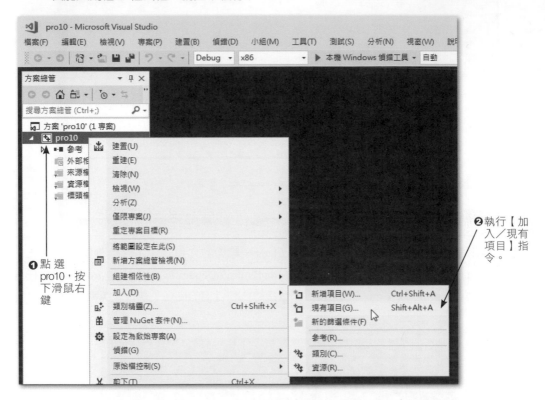

❶點選 pro10,按下滑鼠右鍵

❷執行【加入╱現有項目】指令。

3
STEP 移動到 C:\C_language\appendix\ 目錄,按下【Ctrl】鍵不放,並複選(一一點選)要加入的 pro10_1.c 與 pro10_2.c,然後按下【加入】鈕。接著就能在方案總管的來源檔案中,看到這兩個程式檔了。

❶移動到目標目錄

❷按著【Ctrl】鍵不放,一一點選要加入的兩個程式檔

❸按下

4
STEP
現在我們示範另一種編譯專案檔的方式，請點選 pro10 專案，按下滑鼠右鍵，然後執行快顯功能表的【建置】指令。

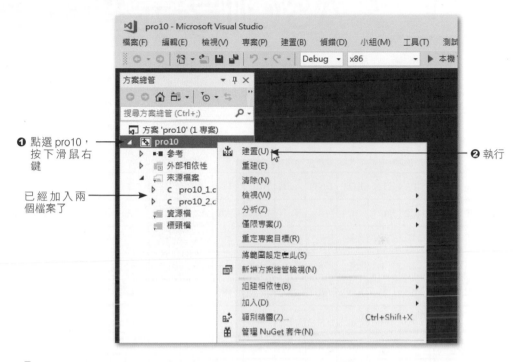

❶ 點選 pro10，
按下滑鼠右鍵

已經加入兩個檔案了

❷ 執行

5
STEP
編譯完成後，它會顯示執行檔所在位置，通常位於專案目錄下的 Debug 子目錄中。

編譯無誤

此處會顯示執行檔所在位置

6
STEP
為了觀察編譯後的結果，您可以開啟 Dos 視窗，並切換到原本儲存專案檔目錄下的 Debug 子目錄（例如 C:\C_language\appendix\pro10\Debug\），就會發現 pro10 專案檔已經被編譯成 pro10.exe 執行檔了，您可以直接輸入執行檔的檔名，執行該檔案。

ASCII字元對應表

	0	1	2	3	4	5	6	7	8	9	A	B	C	D	E	F
0	NUL	SOH	STX	ETX	EOT	ENQ	ACK	BEL	BS	HT	LF	VT	FF	CR	SO	SI
1	DLE	DC1	DC2	DC3	DC4	NAK	SYN	ETB	CAN	EM	SUB	ESC	FS	GS	RS	US
2	SPC	!	"	#	$	%	&	'	(	)	*	+	,	-	.	/
3	0	1	2	3	4	5	6	7	8	9	:	;	<	=	>	?
4	@	A	B	C	D	E	F	G	H	I	J	K	L	M	N	O
5	P	Q	R	S	T	U	V	W	X	Y	Z	[	\	]	^	_
6	`	a	b	c	d	e	f	g	h	i	j	k	l	m	n	o
7	p	q	r	s	t	u	v	w	x	y	z	{	|	}	~	DEL

使用範例：先找到想要的字元，然後對照左邊數字為第一位數、上面數字為第二位數（16 進制）。

A → 41（十六進制）= 65（十進制）

1 → 31（十六進制）= 49（十進制）

m → 6D（十六進制）= 109（十進制）

E Linux的System Call

E.1 Linux提供的System Call

　　System Call（系統呼叫）是現代作業系統的一大特色。現代作業系統通常不允許應用程式直接存取硬體資源，因此為了提供應用程式存取較低階設備的資訊或操控各項硬體設備，Linux 提供了許多的系統呼叫函式。

E.2 查詢System Call語法

　　由於 Linux 是由 C 所撰寫而成，因此也提供了 C 函式格式的系統呼叫，我們可以透過 man 指令來查詢系統呼叫的函式原型，例如 mkdir( ) 就是建立目錄的系統呼叫函式。問題是 mkdir 也是 Linux 的基本指令，因此當您使用 man 指令查詢 mkdir 時，只有第二段的說明才是 mkdir( ) 系統呼叫的說明文字，至於第一段說明則為 mkdir 指令的說明。所以我們如果要查詢 mkdir( ) 系統呼叫，可透過下列語法達成。

```
jhchen@aho:~$ man -S 2 mkdir
Reformatting mkdir(2), please wait...
MKDIR(2)                    Linux Programmer's Manual                    MKDIR(2)

NAME
      mkdir - create a directory

SYNOPSIS
      #include <sys/stat.h>
      #include <sys/types.h>

      int mkdir(const char *pathname, mode_t mode);

DESCRIPTION
```

mkdir attempts to create a directory named pathname.

mode specifies the permissions to use. It is modified by the process's umask in the usual way: the permissions of the created file are (mode & ~umask).

The newly created directory will be owned by the effective uid of the process. If the directory containing the file has the set group id bit set, or if the filesystem is mounted with BSD group semantics, the new directory will inherit the group ownership from its parent; otherwise it will be owned by the effective gid of the process.

If the parent directory has the set group id bit set then so will the newly created directory.

RETURN VALUE
    mkdir returns zero on success, or -1 if an error occurred (in which case, errno is set appropriately).

ERRORS
    EPERM The filesystem containing pathname does not support the creation
           of directories.

    EEXIST pathname already exists (not necessarily as a directory).   This
           includes the case where pathname is a symbolic link, dangling or not.

    EFAULT pathname points outside your accessible address space.

    EACCES The parent directory does not allow write permission to the pro-
           cess, or one of the directories in pathname did not allow search
           (execute) permission.

    ENAMETOOLONG
           pathname was too long.

    ENOENT A directory component in pathname does not exist or is a dan-
           gling symbolic link.

    ENOTDIR
           A component used as a directory in pathname is not, in fact, a
           directory.

    ENOMEM Insufficient kernel memory was available.

    EROFS pathname refers to a file on a read-only filesystem.

    ELOOP Too many symbolic links were encountered in resolving pathname.

    ENOSPC The device containing pathname has no room for the new
           directory.

    ENOSPC The new directory cannot be created because the user's disk
           quota is exhausted.

```
CONFORMING TO
     SVr4, POSIX, BSD, SYSV, X/OPEN.  SVr4 documents additional EIO, EMULTI-
     HOP and ENOLINK error conditions; POSIX.1 omits ELOOP.

     There are many infelicities in the protocol underlying  NFS.  Some  of
     these affect mkdir.

SEE ALSO
     mkdir(1),   chmod(2),  mknod(2),  mount(2), rmdir(2), stat(2), umask(2),
     unlink(2)

Linux 1.0                          1994-03-29                          MKDIR(2)
```

 註　標準 ANSI C 函式庫提供的函式則通常放在第三段，例如：man -S 3 strcpy。

E.3　使用System Call實例

在上一小節中，我們得知，建立目錄的 mkdir( ) 函式語法如下：

```
標頭檔：#include <sys/stat.h>
        #include <sys/types.h>
語法：int mkdir(const char *pathname, mode_t mode);
功能：建立一個檔案
```

【語法說明】

(1)　回傳值：若成功建立目錄則回傳 0，若失敗則回傳非 0 值。

(2)　pathname：欲建立目錄的路徑。

(3)　mode：目錄的存取權。它被宣告為 mode_t 資料型態，並且可以由下列欄位透過 OR 累加。而其位元之 OR 累加之後，可對比 Linux 的目錄及檔案權限。

權限代號	權限代碼
S_ISUID	04000
S_ISGID	02000
S_ISVTX	01000
S_IRUSR 或 S_IREAD	00400
S_IWUSR 或 S_IWRITE	00200
S_IXUSR 或 S_IEXEC	00100

權限代號	權限代碼
S_IRGRP	00040
S_IWGRP	00020
S_IXGRP	00010
S_IROTH	00004
S_IWOTH	00002
S_IXOTH	00001

範例 pro5.c

```
1   /**** filename:pro5.c   建立目錄  *****/
2
3   #include <stdio.h>
4   #include <sys/stat.h>
5   #include <sys/types.h>
6
7   int main(void)
8   {
9      char *path="./newdir/";
10
11     if(mkdir(path,00400|00200|00040))
12        printf("Directory %s is not create!\n",path);
13     else
14        printf("Directory %s is create!\n",path);
   }
```

執行結果

```
jhchen@aho:~/C_language/appdenix$ gcc pro5.c -o pro5
jhchen@aho:~/C_language/appdenix$ ./pro5
Directory ./newdir/ is create!
jhchen@aho:~/C_language/appdenix$ ls -l
總計 13
drw-r-----   2 jhchen   kdelab        48 2003-09-02 15:34 newdir
-rwxr-xr-x   1 jhchen   kdelab      4349 2003-09-02 15:34 pro5
-rw-r--r--   1 jhchen   kdelab       300 2003-09-02 15:34 pro5.c
```

範例說明

　　本範例將會在執行檔所在目錄下建立一個子目錄 newdir，其目錄權限為 drw-r-----，所以就是 640，相當於在 Linux 中執行 mkdir -m 640 newdir。而 00400+00200+00040=00640。

E.4 常用System Call列表

Linux 提供的 System Call 眾多，以下我們以列表方式列出常用的 System Call，其餘詳細語法，請讀者透過 man -S 2 指令自行查閱。

System Call 函式	引入標頭檔	說明
系統		
int uname(struct utsname *buf);	<sys/utsname.h>	取得作業系統版本、名稱、網路位址等相關資訊
int gethostname(char *name, size_t len);	<unistd.h>	取得作業系統的網路位址或名稱
int scthostname(const char *name, size_t len);	<unistd.h>	設定作業系統的網路位址或名稱
int sysinfo(struct sysinfo *info);	<sys/sysinfo.h>	取得作業系統的運作狀態
目錄及檔案		

int statfs(const char *path, struct statfs *buf);
或
int fstatfs(int fd, struct statfs *buf);
	<sys/vfs.h>	取得已掛載的檔案系統狀態

int stat(const char *file_name, struct stat *buf);
或
int fstat(int filedes, struct stat *buf);
或
int lstat(const char *file_name, struct stat *buf);
	<sys/types.h>
	<sys/stat.h>
	<unistd.h>
		取得檔案狀態

int mkdir(const char *pathname, mode_t mode);	<sys/stat.h> <sys/types.h>	建立目錄
int rmdir(const char *pathname);	<unistd.h>	刪除目錄

char *getcwd(char *buf, size_t size);
或
char *get_current_dir_name(void);
或
char *getwd(char *buf);
	<unistd.h>	取得目前工作目錄
		（有時位於第三段說明）

System Call 函式	引入標頭檔	說明

int chdir(const char *path);
或
int fchdir(int fd);
	<unistd.h>	切換工作目錄

int chmod(const char *path, mode_t mode);
或
int fchmod(int fildes, mode_t mode);
	<sys/types.h>
	<sys/stat.h>
		變更目錄或檔案權限

int link(const char *oldpath, const char *newpath);	<unistd.h>	建立檔案連結
int unlink(const char *pathname);	<unistd.h>	刪除檔案

F 本書C函式速查表

（一）<stdio.h>

函式	功能	頁數	章節
printf( )	輸出資料	P 4-3	4.1.2
scanf( )	讀取資料	P 4-17	4.2.1
getchar( )	讀取單一字元	P 4-22	4.3.1
putchar( )	輸出單一字元	P 4-22	4.3.1
fgets( )	從檔案輸入字串	P 4-25	4.3.3
fgets( )	從檔案輸入字串	P 6-23	6.3.1
fputs( )	輸出字串到檔案	P 4-25	4.3.3
gets( )	讀取字串	P 4-23	4.3.2
gets( )	讀取字串	P 6-23	6.3.1
puts( )	輸出字串	P 4-23	4.3.2
puts( )	輸出字串	P 6-26	6.3.1
fopen( )	開啟檔案	P 11-4	11.3
fopen( )	開啟檔案	P 11-18	11.6.1
fclose( )	關閉檔案	P 11-5	11.3
fgetc( )	從檔案中讀取單一字元	P 11-8	11.4.1
fputc( )	輸出單一字元到檔案	P 11-8	11.4.1
fgets( )	從檔案中讀取字串	P 11-10	11.4.2
fputs( )	輸出字串到檔案	P 11-11	11.4.2
fscanf( )	從檔案中讀取資料	P 11-13	11.4.3
fprintf( )	輸出資料到檔案	P 11-13	11.4.3
fseek( )	移動檔案指標	P 11-16	11.5
fread( )	從檔案中讀取資料	P 11-20	11.6.2
fwrite( )	輸出資料到檔案	P 11-20	11.6.2

（二）<string.h>

函式	功能	頁數	章節
strlen( )	計算字串長度	P 6-28	6.3.2
strcpy( )	複製字串	P 6-29	6.3.3

函式	功能	頁數	章節
strncpy( )	複製字串	P 6-29	6.3.3
strcat( )	連結字串	P 6-31	6.3.4
strncat( )	連結字串	P 6-31	6.3.4
strcmp( )	比較字串	P 6-33	6.3.5
strncmp( )	比較字串	P 6-33	6.3.5
strtok( )	從字串中取出句元	P 6-35	6.3.6

（三）<stdlib.h>

函式	功能	頁數	章節
system( )	執行系統命令	P 2-10	2.5
rand( )	取亂數	P 7-25	7.4
srand( )	設定亂數種子	P 7-25	7.4
atoi( )	字串轉整數	P 7-59	7.5.7
atol( )	字串轉長整數	P 3-35	3.6.3
atof( )	字串轉浮點數	P 3-35	3.6.3
atoi( )	字串轉整數	P 3-35	3.6.3
_itoa( )	型態轉換	P 3-37	3.6.3
_fcvt( )	型態轉換	P 3-37	3.6.3

（四）<time.h>

函式	功能	頁數	章節
time( )	取得時間	P 7-27	7.4

（五）<malloc.h>

函式	功能	頁數	章節
malloc( )	動態配置記憶體	P 8-42	8.7.1
free( )	歸還記憶體	P 8-44	8.7.2

（六）<conio.h>（非標準 C 函式庫）

函式	功能	頁數	章節
getche( )	輸入資料	P 4-28	4.4
getch( )	輸入資料	P 4-28	4.4

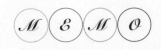